工业和信息化设计人才实训指南

After Effects 基础与实战教程

王学值 潘登 编著

電子工業出版社
Publishing House of Electronics Industry
北京 • BEIJING

读者服务

读者在阅读本书的过程中如果遇到问题，可以关注“有艺”公众号，通过公众号中的“读者反馈”功能与我们取得联系。此外，通过关注“有艺”公众号，您还可以获取艺术教程、艺术素材、新书资讯、书单推荐、优惠活动等相关信息。

扫一扫关注“有艺”

资源下载方法：关注“有艺”公众号，在“有艺学堂”的“资源下载”中获取下载链接。如果遇到无法下载的情况，可以通过以下三种方式与我们取得联系。

1.关注“有艺”公众号，通过“读者反馈”功能提交相关信息。

2.请发邮件至art@phei.com.cn，邮件标题命名方式：资源下载+书名。

3.读者服务热线：（010）88254161~88254167转1897。

投稿、团购合作：请发邮件至art@phei.com.cn。

图书在版编目（CIP）数据

After Effects基础与实战教程 / 王学值, 潘登编著. -- 北京：电子工业出版社, 2022.12
（工业和信息化设计人才实训指南）
ISBN 978-7-121-44385-5

Ⅰ.①A… Ⅱ.①王… ②潘… Ⅲ.①图像处理软件－教材 Ⅳ.①TP391.413

中国版本图书馆CIP数据核字(2022)第182672号

责任编辑：高　鹏　　特约编辑：刘红涛
印　　刷：中国电影出版社印刷厂
装　　订：中国电影出版社印刷厂
出版发行：电子工业出版社
北京市海淀区万寿路173信箱　　邮编：100036
开　　本：787×1092　1/16　　印张：18　　字数：576 千字
版　　次：2022 年 12 月第 1 版
印　　次：2022 年 12 月第 1 次印刷
定　　价：79.00元

凡所购买电子工业出版社图书有缺损问题，请向购买书店调换。若书店售缺，请与本社发行部联系，联系及邮购电话：（010）88254888，88258888。
质量投诉请发邮件至 zlts@phei.com.cn，盗版侵权举报请发邮件至 dbqq@phei.com.cn。
本书咨询联系方式：（010）88254161 ～ 88254167 转 1897。

Preface

前言

After Effects 是一款由 Adobe 公司开发的图像视频处理软件，主要用于视频后期的处理与加工。基于其强大的 2D 和 3D 视频素材处理能力、软件自身集成的丰富滤镜效果，以及与其他 Adobe 系列产品的紧密集成，让用户可以灵活、快速地完成针对影视、动画、广告等视频的创作。

本书共 12 章，比较系统地讲解了影视后期制作的基础知识、软件操作界面、效果的使用、制作流程等内容。

第 1 章介绍影视合成基础理论，包括视频格式、电视制式、文件格式和影视后期的基础知识等。

第 2 章介绍 After Effects 的工作界面、菜单、常用面板、首选项设置，使读者了解 After Effects 的基础知识，熟悉软件的操作界面和基本设置。

第 3 章介绍项目的创建和管理方法，包括素材的导入，素材的替换，素材的分类，合成的创建，效果的添加、删除、复制，预览视频和音频，以及项目的渲染与输出。

第 4 章介绍图层的相关知识，使读者掌握图层的工作原理、图层类型、图层属性，以及图层关键帧动画的制作方法。

第 5 章介绍文本的相关知识，使读者掌握文本的相关属性，以及文本动画和文本特效的制作方法。

第 6 章介绍绘画和图形工具，使读者掌握绘图工具面板的使用方法、形状图层的概念和属性、MG 动画的概念和制作技巧等。

第 7 章介绍蒙版和跟踪遮罩，使读者掌握蒙版和跟踪遮罩的概念和使用方法。

第 8 章介绍三维空间的概念、三维图层、摄像机系统、灯光的创建和属性。

第 9 章介绍跟踪工具、跟踪运动的基本原理。

第 10 章介绍色彩调节和校正的相关知识，包括色彩基础、调色基础和常用的调色效果。

第 11 章介绍抠像的相关知识，包括抠像技术的机制和原理、抠像效果的应用。

第 12 章为综合案例，通过多个案例，将软件功能应用在不同类型的项目制作中。

本书通过理论与实际案例相结合的方式进行讲解，可以让读者更加快捷地掌握软件的使用，提升学习效率。通过知识补充、提示、技巧等栏目设置，扩展知识深度和广度，使读者加深对软件技术的理解。

本书配套资源包含全书相关案例的工程文件、素材文件和教学视频，详细讲解相关案例的制作过程和方法，以供读者使用。另外，本书还提供了每章后面课后习题的答案和练习素材案例资源，以便读者学习检验，同时提供了教学配套的 PPT 课件，方便老师用于课堂教学。

本书结构完整，图文并茂、通俗易懂，每一章都穿插若干课堂案例，辅助读者理解和练习，每章结尾配有课后习题和练习作业，帮助读者检验学习成果。本书适合相关专业学生阅读，也适合视频制作爱好者阅读。由于编者水平有限，难免会有疏漏之处，敬请广大读者批评指正。

增值服务介绍

本书增值服务丰富，包括图书相关的训练营、素材文件、源文件、视频教程；设计行业相关的资讯、开眼、社群和免费素材，助力大家自学与提高。

在每日设计APP中搜索关键词"D44385"，进入图书详情页面获取；设计行业相关资源在APP主页即可获取。

训练营

书中课后习题线上练习，提交作品后，有专业老师指导。

赠送配套讲义、素材、源文件和课后习题答案，辅助学习。

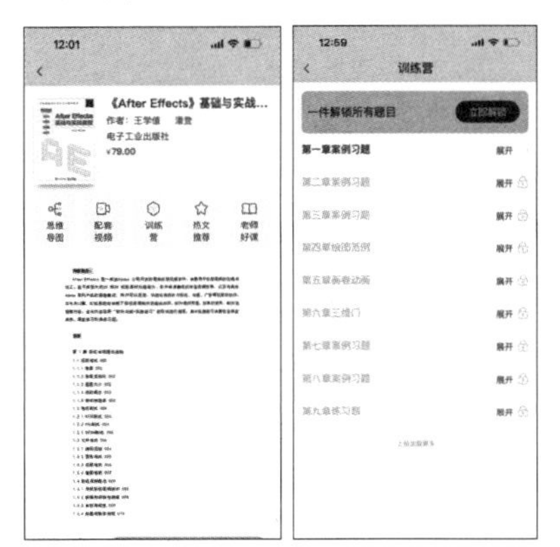

视频教程

配套视频讲解知识点，由浅入深，让你学以致用。

设计资讯

搜集设计圈内最新动态、全球尖端优秀创意案例和设计干货，了解圈内最新资讯。

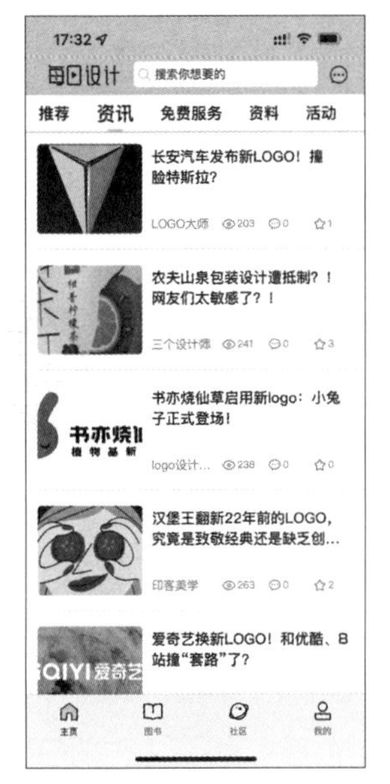

设计开眼

汇聚全球优质创作者的作品，带你遍览全球，看更好的世界，挖掘更多灵感。

设计社群

八大设计学习交流群，专业老师在线答疑，帮助你成为更好的自己。

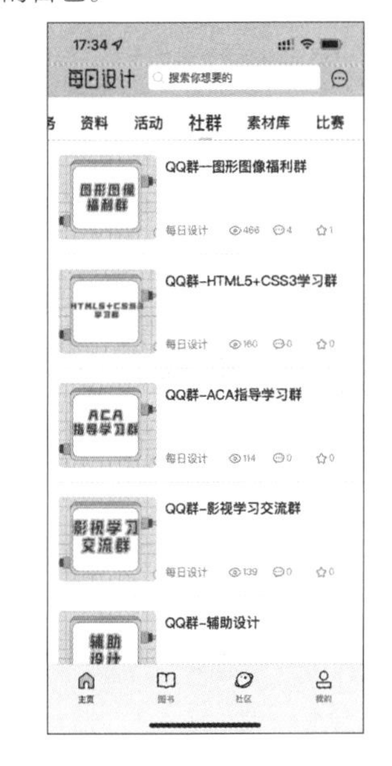

免费素材

涵盖Photoshop、Illustrator、Auto CAD、Cinema 4D、Premiere、PowerPoint等相关软件的设计素材、免费教程，满足你全方位学习需求。

目录 Contents

第1章 影视合成理论基础

第2章 软件基础面板介绍

第3章 项目的创建和管理

第4章 图层

第5章 文本动画

第6章 绘画与图形工具

第7章 蒙版和跟踪遮罩

第8章 三维空间

第9章 跟踪与稳定

第10章 色彩调节与校正

第11章 抠像

第12章 综合案例

Chapter

1

第1章

影视合成理论基础

After Effects 是一款由 Adobe 公司开发的图像视频处理软件，主要用于图像和视频的后期处理。基于其强大的 2D 和 3D 视频素材处理能力、软件自带的丰富的滤镜效果，以及与其他 Adobe 系列产品的紧密集成，用户可以灵活、快速地完成影视、动画、广告等视频的创作。本章主要介绍有关影视视频制作的基础概念和相关常识，为未来的软件学习打好理论基础。

AFTER EFFECTS

学习目标

- 熟悉视频格式的基础知识
- 熟悉电视制式的分类
- 掌握文件格式的分类
- 掌握影视后期的概念

1.1 视频格式

熟悉视频的基本组成单位和标准格式，可以更加有效地对视频进行编辑处理，在项目设置环节选择更为合适的标准，设置更为准确的文件格式。

1.1.1 像素

像素是构成数字图像的基本单位，通常以“像素 / 英寸”（pixels per inch，PPI）为单位来表示图像分辨率的大小。把图像放大数倍，会发现图像是由多个色彩相近的小方格组成的，这些小方格就是构成图像的最小单位，即像素。例如，300×300 的分辨率，表示水平方向与垂直方向上每英寸长度上的像素数都是 300，也可表示为一平方英寸内有 9 万（300×300）像素。图像中的像素点越多，色彩越丰富，图像效果越好，如图 1-1 所示。

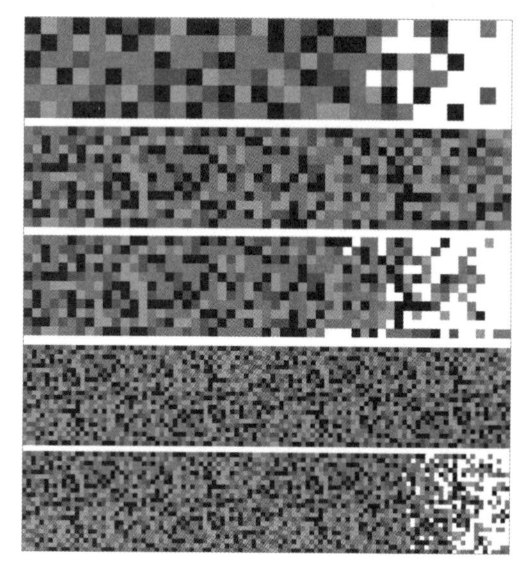

图 1-1

1.1.2 像素宽高比

像素宽高比是指图像中一个像素的宽度与高度之比，方形像素比为 1.0（1:1）。计算机产生的图像的像素比永远是 1:1，而电视设备所产生的视频图像的像素比则不一定是 1:1。例如，我国 PAL 制式视频图像的像素比是 16:15=1.07。PAL 制式规定画面宽高比为 4:3。根据宽高比的定义来推算， PAL 制式视频图像的分辨率应为 768×576，这是在像素为 1:1 的情况下。而 PAL 制式的视频图像分辨率为 720×576，因此，实际 PAL 制式视频图像的像素比是 768:720=16:15=1.07。也就是通过把正方形像素“拉长”，保证了画面 4:3 的宽高比例。

1.1.3 画面大小

数字图像是以像素为单位表示画面的高度和宽度的。标准的画面像素大小有许多种。例如，DV 画面像素大小为 720×576，HDV 画面像素大小为 1280×720 和 1400×1080，HD 高清画面像素大小为 1920×1080 等。用户也可以根据需要自定义画面像素大小。

1.1.4 场的概念

交错式扫描就是先扫描帧的奇数行，得到奇数场，再扫描偶数行，得到偶数场。每一帧由两个场（奇数场和偶数场）组成，又称为上场和下场。场以水平分隔线的方式隔行保存帧的内容，在显示时可以选择优先显示上场内容或下场内容。

计算机操作系统是以非交错扫描形式显示视频的，非交错式扫描是比交错式扫描更为先进的扫描方式，每一帧图像一次性垂直扫描完成，即为无场。

1.1.5 帧与帧速率

帧就是动态影像中的单幅影像画面，是动态影像的基本单位，相当于电影胶片上的每一格镜头。一帧就是一个静止的画面，多个画面逐渐变化的帧快速播放，就形成了动态影像，如图 1-2 所示。关键帧是指画面或物体变化过程中关键动作所在的那一帧，即比较关键的帧。关键帧与关键帧之间的动画画面可以由软件来创建，称为补间动画，中间的帧称为过渡帧或者中间帧。

图 1-2

帧频率（又称帧速率）就是每秒显示的静止图像帧数，通常用 fps 表示。帧速率越高，动画就越流畅。如果帧速率过小，视频画面就会不连贯，影响观看效果。电影的帧速率为 24fps，我国电视的帧速率为 25fps。通过改变帧速率，可以达到快速镜头或慢速镜头的效果。

1.2 电视制式

电视制式就是用来实现电视图像或声音信号所采用的一种技术标准，可以简称为制式。由于世界上各个国家执行的电视制式的标准不同，因此电视制式也是有区别的，主要表现在帧频率、分辨率和信号带宽等多方面。世界上各个国家和地区使用的电视制式主要有NTSC、PAL和SECAM三种。

1.2.1 NTSC制式

美国电视系统委员会（National Television System Committee，NTSC）制式一般被称为正交调制式彩色电视制式，是1952年由美国国家电视标准委员会制定的彩色电视广播标准，采用正交平衡调幅技术。

1.2.2 PAL制式

逐行倒相（Phase Alternating Line，PAL）一般被称为逐行倒相式彩色电视制式，是1962年由德国制定的彩色电视广播标准，它采用逐行倒相正交平衡调幅技术，克服了NTSC制式相位敏感造成色彩失真的缺点。

PAL制式根据不同的参数细节，进一步划分为G、I、D等制式，我国采用的是PAL-D制式。

1.2.3 SECAM制式

SECAM制式又称塞康制，意为按顺序传送彩色与存储，一般被称为轮流传送式彩色电视制式，是1956年由法国提出，并于1966年制定的一种新的彩色电视制式。SECAM制式的特点是不怕干扰，彩色效果好，但兼容性差。

1.3 文件格式

在编辑项目的过程中，会遇到多种图像和音视频格式，掌握这些格式的编码方式和特点，可以更好地选择合适的格式进行应用。

1.3.1 编码压缩

由于有些文件过大，占用的空间较大，为了节省空间和方便管理，需要将文件重新压缩编码，以便得到更好的效果。压缩分为无损压缩和有损压缩两种。

无损压缩就是压缩前后数据完全相同，没有损失。有损压缩就是损失一些人们不敏感的音频或图像信息，以减小文件体积。压缩的比例越大，文件损失的数据就会越多，压缩后的音视频效果就越差。

1.3.2 图像格式

图像格式是指计算机存储图像的格式，常见的图像格式有 GIF、JPEG、BMP 和 PSD 等。

1. GIF 格式

GIF（Graphics Interchange Format）是图形交换格式，是一种基于 LZW 算法的连续色调的无损压缩格式。GIF 格式的压缩率一般在 50% 左右，支持的软件较为广泛。使用 GIF 格式可以在一个文件中存储多幅彩色图像，并且可以逐渐显示，构成简单的动画效果。

2. JPEG 格式

JPEG（Joint Photographic Expert Group）是最常用的图像格式之一，由软件开发联合会组织制定，是一种有损压缩格式，能够将图像压缩在很小的存储空间中。JPEG 格式是目前网络上最流行的图像格式，可以把文件压缩到最小，即以较好的图像品质占用最少的磁盘空间。

3. TIFF 格式

TIFF（Tag Image File Format）是由 Aldus 和 Microsoft 公司为桌上出版系统研制开发的一种较为通用的图像文件格式。TIFF 格式支持多种编码方法，是最复杂的图像格式之一，具有扩展性、方便性、可改性等特点，多用于印刷领域。

4. BMP 格式

BMP 全称为 Bitmap，是 Windows 环境中的标准图像格式。BMP 采用位映射存储格式，不支持压缩，所需空间较大，支持的软件较为广泛。

5. TGA 格式

TGA（Tagged Graphics）是一种图形图像数据的通用格式，是多媒体视频编辑转换的常用格式之一。TGA 格式对不规则形状的图形图像支持较好。TGA 格式支持压缩，使用不失真的压缩算法。

6. PSD 格式

PSD（Photoshop Document）是 Photoshop 图像处理软件的专用文件格式。PSD 格式支持图层、通道、蒙版和不同色彩模式，是一种非压缩的原始文件保存格式。PSD 格式保留了图像的原始信息和制作信息，方便处理修改，但文件较大。

7. PNG 格式

PNG（Portable Network Graphics）是便携式网络图像文件格式，能够提供比 GIF 格式还要小的无损压缩。PNG 格式保留了通道信息，可以制作背景为透明的图像。

1.3.3 视频格式

视频格式是指计算机存储视频的格式，常见的视频格式有 MPEG、AVI、MOV 和 3GP 等。

1. MPEG 格式

动态图像专家组(Moving Picture Experts Group，MPEG)是针对运动图像和语音压缩制定国际标准的组织。MPEG 标准的视频压缩编码技术主要利用了具有运动补偿的帧间压缩编码技术，以减小时间冗余度，大大增强了压缩性能。MPEG 格式广泛用于各个商业领域，是主流的视频格式之一。MPEG 格式包括 MPEG-1、MPEG-2 和 MPEG-4 等。

2. AVI 格式

音频视频交错格式 (Audio Video Interleaved，AVI) ，是将语音和影像同步组合在一起的文件格式。通常情况下，一个 AVI 文件里会有一个音频流和一个视频流。AVI 格式的文件是 Windows 操作系统最基本、最常用的一种媒体文件格式。AVI 作为主流的视频文件格式之一，广泛用于影视、广告、游戏和软件等领域。但由于该格式的文件占用内存较大，经常需要进行一些压缩。

3. MOV 格式

MOV 是 Apple (苹果) 公司创立的一种视频格式，是一种优秀的视频编码格式，也是常用的视频格式之一。

4. ASF 格式

高级流格式 (Advanced Streaming format，ASF) 是一种可以在网上即时观赏的视频流媒体文件压缩格式。

5. WMV 格式

Windows Media 输出的是 WMV 格式的文件，其全称是 Windows Media Video，是微软推出的一种流媒体格式。在同等视频质量下，WMV 格式的文件可以边下载边播放，很适合在网上播放和传输，因此也成为常用的视频文件格式之一。

6. 3GP 格式

3GP 是一种 3G 流媒体的视频编码格式，主要是为了配合 3G 网络的高传输速度开发的，也是手机中较为常见的一种视频格式。

7. FLV 格式

FLV (Flash Video) 是一种流媒体视频格式。FLV 格式的文件体积小，方便网络传输，多用于在网络中播放。

8. F4V 格式

F4V 格式是 Adobe 公司为了迎接高清时代推出的，继 FLV 格式后支持 H.264 的 F4V 流媒体格式。F4V 格式和 FLV 格式的主要区别在于，FLV 格式采用的是 H.263 编码，而 F4V 则支持 H.264 编码的高清晰视频。在文件大小相同的情况下，F4V 格式的文件播放更加清晰、流畅。

1.3.4 音频格式

常见的音频格式有 WAV、MP3、MIDI 和 WMA 等。

1. WAV 格式

WAV 格式是微软公司开发的一种声音文件格式。WAV 格式支持多种压缩算法，支持多种音频位数、采样频率和声道。标准的 WAV 格式采样频率是 44.1K。WAV 格式支持的软件较为广泛。

2. MP3 格式

MP3 是 MPEG 标准中的音频部分，也就是 MPEG 的音频层。MP3 格式采用保留低音频、压缩高音频的有损压缩模式，具有 10:1 ~ 12:1 的高压缩率。因此，MP3 格式的文件体积小、音质好，成为较为流行的音频格式。

3. MIDI 格式

MIDI（Musical Instrument Digital Interface）格式允许数字合成器和其他设备交换数据。MID 文件格式就继承自 MIDI 格式。MID 文件并不是一段录制好的声音，而是记录声音信息，然后再告诉声卡如何再现音乐的一组指令。一个 MIDI 文件每保存 1 分钟的音乐，容量只有大约 5 ~ 10KB。MID 文件主要用于原始乐器作品、流行歌曲的业余表演、游戏音轨及电子贺卡等。

4. WMA 格式

WMA（Windows Media Audio）格式是微软推出的音频格式。WMA 格式的压缩率一般都可以达到 1:18 左右，WMA 格式的音质超过 MP3 格式的音质，更远胜于 RA（Real Audio）格式的音质，成为广受欢迎的音频格式之一。

5. Real Audio 格式

Real Audio（RA）是一种可以在网上实时传输和播放的音频流媒体格式。Real 文件的格式主要有 RA（RealAudio）、RM（RealMedia，RealAudio G2）和 RMX（RealAudio Secured）等。RA 格式的文件压缩比例高，可以随网络带宽的不同而改变声音的质量，带宽高的听众可以听到较好的音质。

6. ACC 格式

高级音频编码（Advanced Audio Coding，ACC）技术是杜比实验室提供的技术。AAC 格式是遵循 MPEG-2 规格开发的技术，可以在比 MP3 格式的文件小 30% 的前提下，提供更好的音质。

1.4 影视后期概念

影视后期制作，指的是对拍摄完的视频或通过软件制作的动画进行后期处理，最终制作成完整的影片。对视频的剪辑与编辑、对视频素材的合成校色、为视频添加视觉特效和文字，甚至为影片制作声音，都属于影视后期制作的范畴。

1.4.1 传统影视后期技术

这里所说的传统影视后期技术是指在计算机技术尚不成熟的年代，以电影胶片为主要载体，基于传统美术手法的影视后期技术。在以往的影视文件制作过程中，为了节约拍摄成本，实现困难或危险系数较大的摄制任务，或者提高电影镜头的艺术质量，加强艺术效果，往往会根据影片内容、氛围或画面效果，利用技术手段进行影片素材的加工。虽然与当今大多依赖数字合成技术的影视后期处理手法大相径庭，但是核心的思路与审美殊途同归。

常见的手法包括多次曝光法、模型摄影法、同期模型合成法、荧幕合成法等。鉴于年代与技术手段的进步，在本书中将不再赘述。图 1-3 所示为基于模型拍摄，使用多次曝光手法的《金刚》。

图 1-3

1.4.2 剪辑与非线性编辑

1. 剪辑

剪辑是指将制作影片所拍摄的大量素材，经过选择、取舍、分解与组接，最终完成一个连贯流畅、含义明确、主题鲜明并有艺术感染力的作品。这是影视后期处理必不可少的工作，艺术家们往往通过这一环节对作品进行最后一次再创作。具体可分为 4 个层面：镜头之间的组接；将若干场面构成段落的剪辑；对影片整体结构的剪辑；画面素材与音频素材相结合的剪辑。在计算机数字技术还不发达的年代，剪辑工作是直接在影片的胶片上真正地“剪”出来的，如图 1-4 所示。

图 1-4

2. 非线性编辑

随着技术的进步，传统的剪辑工作逐渐由计算机取代，不再需要数量和体积庞大的外部设备，对素材的存储和调用可以瞬间实现。具体的流程可以概括为：素材的采集与输入、素材的编辑、特技处理、字幕制作、输出和生成。相较于传统线性编辑，非线性编辑集录像机、切换台、数字特技机、编辑机、多轨录音机、调音台、MIDI 创作、时基等设备于一身，几乎包括所有的传统后期制作设备。这种高度的集成性，使得非线性编辑系统的优势更为明显。

市场上最常见的非线性编辑软件是 Adobe 公司的 Premiere，它是一款易学、高效、精确、自由度高的视频剪辑软件，如图 1-5 所示。

图 1-5

1.4.3 合成与校色

影视后期合成一般指对录制或渲染完成的影片素材进行再加工，使其尽可能完美地达到需要的效果。合成的类型包括静态合成、三维动态特效合成、音效合成、虚拟和现实的合成等。其中，针对原始素材的较为基础也最为重要的工序就是校色。原始的视频素材画面以中性的标准色调为主。因为在拍摄过程中，主要控制画面的曝光、白平衡、构图、视角、运动等基本指标。只有通过后期进行细腻的调色，才能做到与影片主题相吻合，恰到好处地传达视觉效果，如图 1-6 所示。

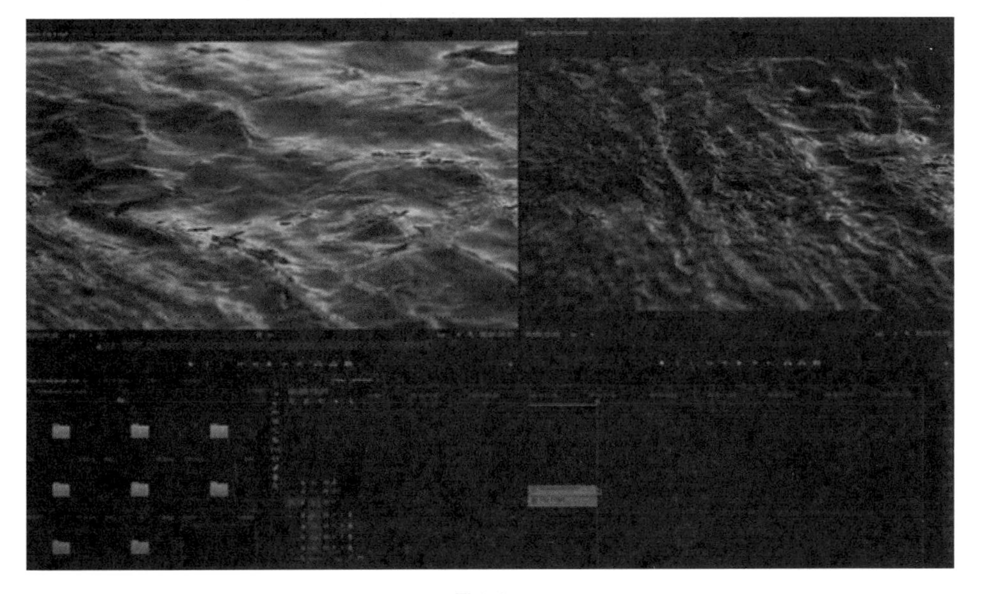

图 1-6

想要掌握影视后期的合成与校色，除了需要扎实的美术基本功，还需要依赖先进的软件工具。市场上常见的后期软件，如 Premiere、Final Cut Pro 等，都可以满足一定程度的调色需求。如 Combustion、Nuke 等，则是行业中较为常用的全能型合成软件。本书主要介绍 After Effects 的使用，结合大量插件工具的使用，After Effects 也可以发挥强大的影视后期合成能力。

1.4.4 动画与数字特效

影视特效作为电影产业不可或缺的元素之一，为电影的发展做出了巨大贡献。尤其是近年来，特效在各种影片中的比重与日俱增。影视特效突破了时间、空间、演员表演等的局限，可以使创作者们放开手脚，充分发挥想象力。

以动作捕捉这一特效为例，在前期拍摄时，除了实地拍摄，搭景、蓝幕、模型、数字天光画等镜头越来越多。为了满足抠像的要求，演员被要求在搭建蓝幕的摄影棚内拍摄。因为在摄影棚内，基本上没有场景，全靠演员想象，并且表演的情绪、动作与合成画面中的场景相符合，这无疑是对演员经历和表演功底的挑战。在获得了演员表演的动作、表情等信息后，通过三维软件制作的动画角色相结合，配合灯光、校色等手段，可以将动画角色与影片实拍素材完美地结合起来，从而达到惟妙惟肖、以假乱真的效果，如图 1-7 所示。

图 1-7

此外，数字特效技术的应用领域五花八门，从角色身体上的毛发、布料动态的模拟，到奇幻角色的动态捕捉，甚至山崩地裂、海啸台风的灾难景观，当前的技术手段几乎无所不能。After Effects 作为一款适用于视觉设计和视频特效的图形视频处理软件，可以在一定程度上满足影视公司、动画公司、个人后期工作室及多媒体工作室的视觉特效制作需求。

第2章

软件基础面板介绍

为了打好学习软件基本操作的基础，首先要对软件中的窗口和面板有一个全面的了解，以掌握软件中每种工具的分类和位置，并根据不同的制作需求，高效地进行设置。本章主要介绍 After Effects 的菜单栏、工作界面、常用面板及软件的首选项设置。

AFTER EFFECTS

学习目标

- 熟悉软件标准工作界面
- 熟悉菜单界面及其下级菜单的类型和用途
- 熟悉常用面板的类型及相关功能
- 熟练掌握首选项的设置

技能目标

- 掌握软件工作界面的设置和保存方法
- 掌握根据需求设置首选项的方法

After Effects CC简介

After Effects是Adobe公司推出的一款图形视频处理软件。它与其他Adobe软件紧密集成，并且凭借高度灵活的2D和3D合成功能，可以帮助用户快速且精确地创建绚丽的视觉效果。

用户可以通过单击【开始】按钮，选择【所有程序】选项，找到After Effects CC 2018选项并单击，即可完成软件的启动，如图2-1所示。

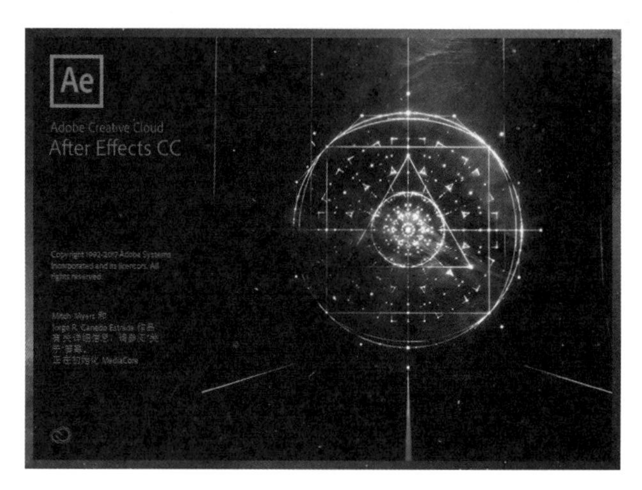

图2-1

After Effects CC的工作界面

After Effects CC 2018的工作界面采用全新的视觉设计和配色方案，在提升了用户整体视觉体验的同时，窗口和面板等元素与之前的版本相比也有了少许变化。本节将对软件中常用的窗口和面板进行较为细致的介绍。

2.2.1 标准工作界面

After Effects CC 2018为用户提供了一个可以根据需求自由定制的工作界面。用户可以根据个人的工作需求自由调整面板的位置及大小，也可以隐藏或显示某些面板。

初次启动After Effects CC 2018，软件的界面为标准工作界面，主要由【标题栏】、【菜单栏】、【工具栏】、【项目】面板、【合成】面板、【时间轴】面板等构成，如图2-2所示。

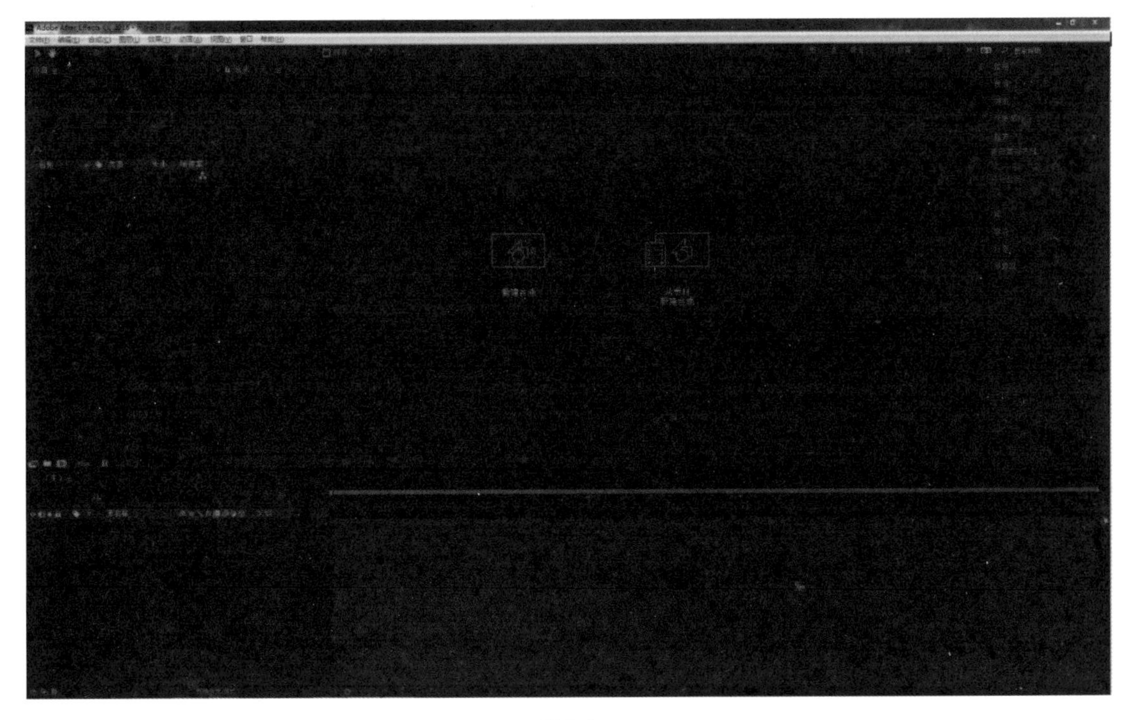

图2-2

1. 标题栏

标题栏一般位于软件的左上方，用于显示软件的图标、名称及项目名称。

2. 菜单栏

菜单栏中共包含9个菜单，分别为【文件】、【编辑】、【合成】、【图层】、【效果】、【动画】、【视图】、【窗口】和【帮助】。

3. 工具栏

工具栏中提供了常用的操作工具，如选择工具、手形工具、缩放工具、遮罩工具、钢笔工具、Rota笔刷工具等，如图2-3所示。

图2-3

4.【项目】面板

【项目】面板主要用来存储和管理素材。在【项目】面板中，用户可以查看素材的大小、持续时间及帧速率等信息，也可以对素材进行解释、替换、重命名、重新加载等操作。如果项目中的素材较多，用户也可以通过添加文件夹的方式分类和管理素材。

5.【合成】面板

【合成】面板主要用来显示各个层的效果。【合成】面板主要分为显示区域和操作区域，用户可以在【合成】面板中设置画面的显示质量、调整【合成】面板显示大小及设置多视图显示等。

6.【时间轴】面板

【时间轴】面板是用户对效果和关键帧等进行操作的主要面板。在【时间轴】面板中，主要分为两个区域，左侧为面板的控制区域，右侧为时间轴编辑区域，是 After Effects CC 2018 使用最为频繁的面板。

7. 综合控制面板

综合控制面板包括【信息】面板、【音频】面板、【字符】面板、【效果和预设】面板、【绘画】面板等，用户可以手动打开和关闭面板的显示。

上面提到的面板和菜单，在后面的章节中将有详细的说明。

在标准工作界面中，有些不常用的面板是被隐藏的，用户可以通过【窗口】菜单中的命令进行关闭或显示。在【窗口】>【工作区】菜单中，After Effects CC 2018 预设了多种工作模式供用户选择，如图 2-4 所示。

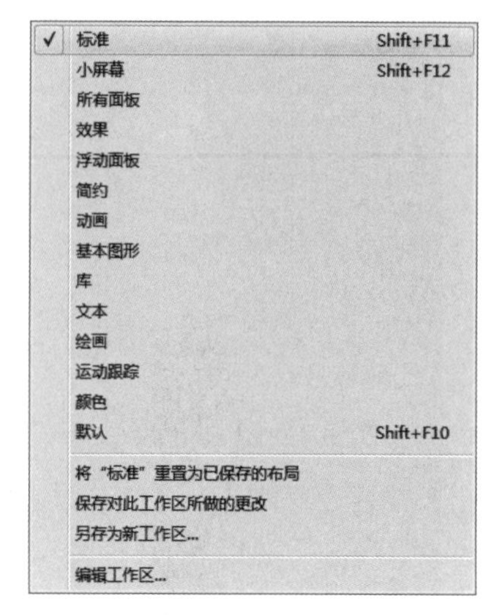

图 2-4

2.2.2 调整面板布局

用户可以自由地调节面板的位置，例如，将面板移动到组内或组外，将面板并排放在一起，以及创建浮动面板，以便浮动在应用程序窗口上方的新窗口中。当用户重新排列面板时，其他面板会自动调整大小以适应窗口。

1. 停靠和成组面板

将任意面板拖到其他面板区域时，在面板周围会出现一个分块区域，该区域就是可以放置当前面板的区域。如果将一个面板放置在当前面板的中间或者最上端的选项卡区域，面板之间会进行成组操作，如图 2-5 所示。

图 2-5

如果将该面板放置在当前面板的边缘位置，面板之间会进行大小的自适应调整，如图 2-6 所示。

图 2-6

在图 2-6 中，将选中的面板移动到了当前面板的左侧边缘，最终选中的面板也位于当前面板的左侧，所以，用户可以通过移动选中面板在当前面板中的位置（上下左右）来确定最终的停靠位置。

2. 调整面板的大小

将鼠标指针移动到两个相邻的面板边界，此时鼠标指针会变成分隔线形状 ⟛，拖动鼠标即可调整相邻面板之间在水平或竖直方向上的尺寸，如图 2-7 所示。

将鼠标指针置于三个或更多面板之间的交叉点时，鼠标指针将变为四向箭头 ✥，用户可以在水平和垂直方向上调整面板的大小。

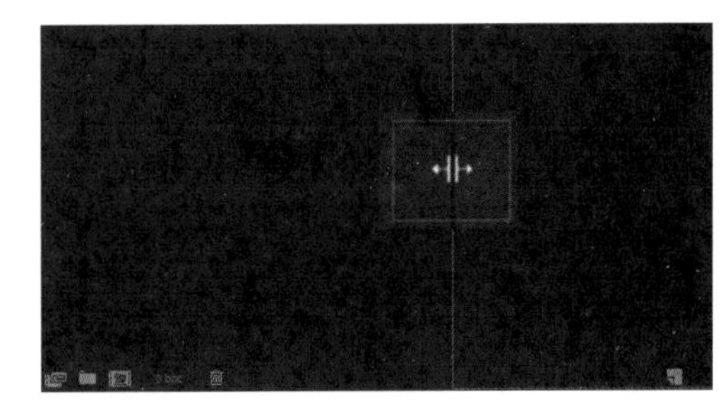

图 2-7

当将鼠标指针停留在任意面板上时，按键盘上的 ~ 键，当前面板将最大化显示，再次按下 ~ 键可以恢复到原始大小。

3. 浮动面板

选择需要浮动显示的面板，在当前面板名称上单击鼠标右键，在弹出的快捷菜单中选择【浮动面板】命令；按住 Ctrl 键将面板从当前位置脱离，或者将面板直接拖到应用程序窗口之外，也可将当前面板变为浮动状态。

4. 面板的关闭或显示

即使面板是打开的，也可能因位于其他面板下使用户无法看到。在【窗口】菜单中选择一个面板可以打开它，并将该面板置于所在面板组的前面。

要关闭面板，首先选择需要关闭的面板，在当前面板名称上单击鼠标右键，在弹出的快捷菜单中选择【关闭面板】命令。如果需要重新显示该面板，可以通过【窗口】菜单再次选择该面板。

提示

当一个面板组中包含多个面板时，有些面板将被隐藏，用户可以单击任意面板名称进行滑动，也可以单击面板组右侧的箭头»，在弹出的下拉菜单中直接进行面板的选择，如图 2-8 所示。

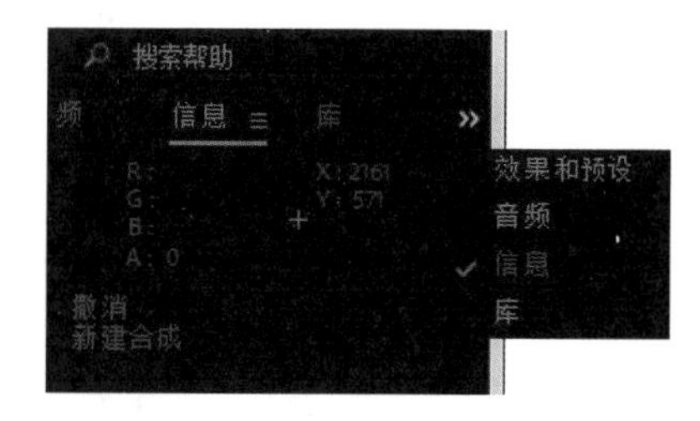

图 2-8

2.2.3 保存和调用页面布局

通过上述操作对工作界面进行个性化设置之后，可以通过执行【窗口】>【工作区】>【保存对此工作区所做的更改】命令，用调整后的页面布局覆盖原有的页面布局，如图 2-9 所示。

也可以执行【另存为新工作区】命令，在弹出的【新建工作区】对话框中进行命名，将调整后的工作界面保存为用户常用的新工作界面，如图 2-10 所示。

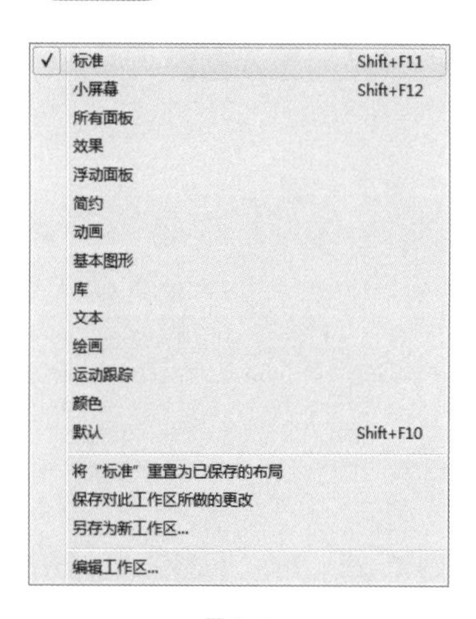

图 2-9

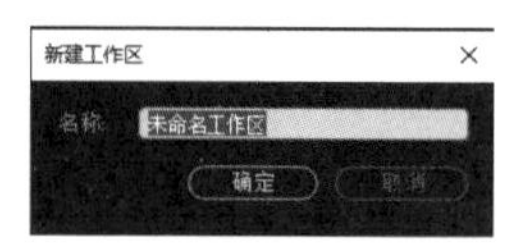

图 2-10

2.3 菜单

菜单栏中共包含 9 个菜单，分别为【文件】、【编辑】、【合成】、【图层】、【效果】、【动画】、【视图】、【窗口】和【帮助】，如图 2-11 所示。

文件(F) 编辑(E) 合成(C) 图层(L) 效果(T) 动画(A) 视图(V) 窗口 帮助(H)

图 2-11

1. 文件

【文件】菜单中的命令主要针对文件和素材的一些基本操作，如新建和存储项目、导入素材、解释素材等，如图 2-12 所示。

2. 编辑

【编辑】菜单中包含常用的编辑命令，如撤销、复制、拆分图层、清除、提取工作区域等，如图 2-13 所示。

新建(N)
打开项目(O)... Ctrl+O
打开团队项目...
打开最近的文件
在 Bridge 中浏览... Ctrl+Alt+Shift+O
关闭(C) Ctrl+W
关闭项目
保存(S) Ctrl+S
另存为(S)
增量保存 Ctrl+Alt+Shift+S
恢复(R)
导入(I)
导入最近的素材
导出(X)
从 Typekit 添加字体...
Adobe Dynamic Link
查找 Ctrl+F
将素材添加到合成 Ctrl+/
基于所选项新建合成... Alt+\
整理工程(文件)
监视文件夹(W)...
脚本
创建代理
设置代理(Y)
解释素材(G)
替换素材(E)
重新加载素材(L) Ctrl+Alt+L
许可...
在资源管理器中显示
在 Bridge 中显示
项目设置... Ctrl+Alt+Shift+K
退出(X) Ctrl+Q

图 2-12

撤消 新建固态层 Ctrl+Z
无法重做 Ctrl+Shift+Z
历史记录
剪切(T) Ctrl+X
复制(C) Ctrl+C
带属性链接复制 Ctrl+Alt+C
带相对属性链接复制
仅复制表达式
粘贴(P) Ctrl+V
清除(E) Delete
重复(D) Ctrl+D
拆分图层 Ctrl+Shift+D
提升工作区域
提取工作区域
全选(A) Ctrl+A
全部取消选择 Ctrl+Shift+A
标签(L)
清理
编辑原稿... Ctrl+E
在 Adobe Audition 中编辑
团队项目
模板(M)
首选项(F)
同步设置
键盘快捷键 Ctrl+Alt+'
Paste mocha mask

图 2-13

3. 合成

【合成】菜单中的命令主要用于对当前合成进行设置，如新建合成、合成设置，以及合成的渲染输出设置等，如图 2-14 所示。

4. 图层

【图层】菜单中包括新建、纯色设置、蒙版、3D 图层、混合模式、摄像机及文本操作等命令，如图 2-15 所示。

新建合成(C)... Ctrl+N
合成设置(T)... Ctrl+K
设置海报时间(E)
将合成裁剪到工作区(W) Ctrl+Shift+X
裁剪合成到目标区域(I)
添加到 Adobe Media Encoder 队列... Ctrl+Alt+M
添加到渲染队列(A) Ctrl+M
添加输出模块(D)
预览(P)
帧另存为(S)
预渲染...
保存当前预览(V)... Ctrl+数字小键盘 0
在基本图形中打开
合成流程图(F) Ctrl+Shift+F11
合成微型流程图(N) Tab
VR

图 2-14

新建(N)
纯色设置... Ctrl+Shift+Y
打开图层(O)
打开图层源(U) Alt+Numpad Enter
在资源管理器中显示
蒙版(M)
蒙版和形状路径
品质(Q)
开关(W)
变换(T)
时间
帧混合
3D 图层
参考线图层
环境图层
添加标记(R) Numpad *
保持透明度(E)
混合模式(D)
下一混合模式 Shift+=
上一混合模式 Shift+-
跟踪遮罩(A)
图层样式
组合形状 Ctrl+G
取消组合形状 Ctrl+Shift+G
排列
转换为可编辑文本
从文本创建形状
从文本创建蒙版
从矢量图层创建形状
从数据创建关键帧
摄像机
自动追踪...
预合成(P)... Ctrl+Shift+C

图 2-15

5. 效果

【效果】菜单中包含常用的效果命令，用户也可以通过安装插件的方式增加效果命令，如图 2-16 所示。

6. 动画

【动画】菜单中的命令主要用于设置动画关键帧以及关键帧属性等，如添加关键帧、关键帧速度、关键帧辅助、跟踪运动、显示动画的属性等，如图 2-17 所示。

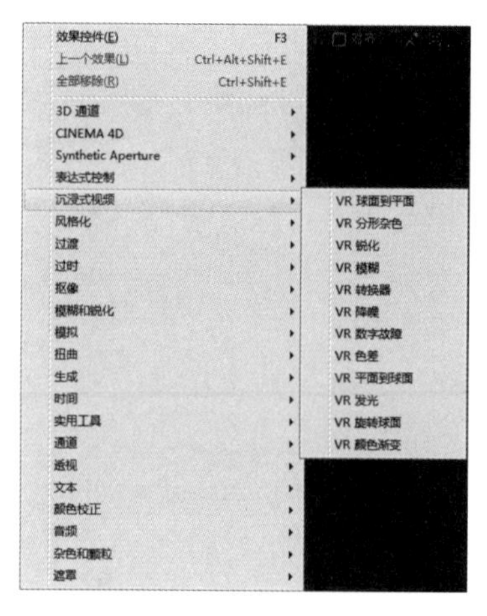

图 2-16

图 2-17

7. 视图

【视图】菜单中的命令主要用于调整视图的显示方式，如分辨率、显示参考线、显示网格、显示图层控件等，如图 2-18 所示。

8. 窗口

【窗口】菜单中的命令主要用于打开或者关闭面板或窗口，如图 2-19 所示。

9. 帮助

【帮助】菜单中的命令用于显示当前软件的版本信息等，具体包括脚本帮助、表达式引用、效果参考、动画预设、键盘快捷键、登录和管理我的账户等命令，如图 2-20 所示。

图 2-18

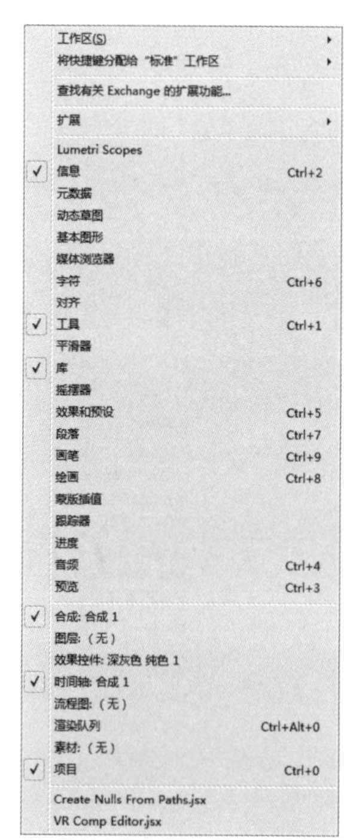

图 2-19

图 2-20

常用面板介绍

2.4.1 【项目】面板

【项目】面板主要是用来存储和管理素材。在【项目】面板中，用户可以查看素材的大小、持续时间及帧速率等信息，也可以对素材进行解释、替换、重命名、重新加载等操作，如图 2-21 所示。

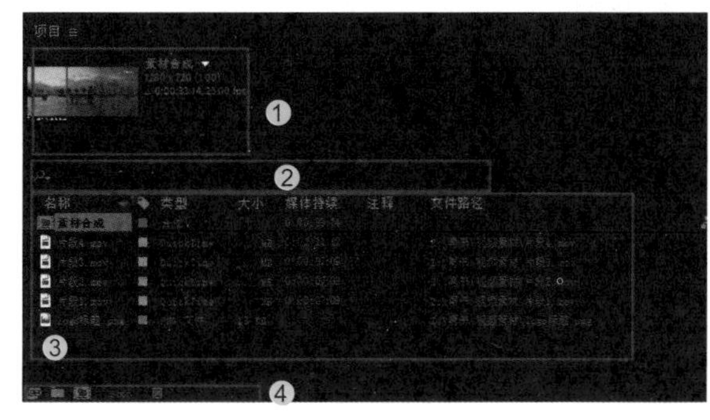

图 2-21

参数详解

❶ 用于显示被选择的素材信息，如素材的分辨率、持续时间、帧速率等。

❷ 如果素材数量庞大，文件夹较多，通过手动输入名称的方式，可以快速地完成素材的查找工作。

❸ 用于显示和排列合成中的所有素材，可以查看素材的大小、持续时间、类型、文件路径等。

❹【项目】面板中的一些常用工具按钮。

解释素材：选中素材以后，单击该按钮，会弹出【解释素材】对话框，在该对话框中可以设置 Alpha 通道、帧速率、开始时间码、场和 Pulldown、其他选项等，如图 2-22 所示。

新建文件夹：单击该按钮可以新建一个文件夹，用于分类管理各类素材。

新建合成：单击该按钮可以新建一个新的合成，也可以将素材拖至此按钮上，创建与素材尺寸相同的合成。

颜色深度：用于设置项目的颜色深度。

删除：选择需要删除的素材或者文件夹，单击该按钮即可将其删除，或者将其拖至该按钮上完成删除操作。

图 2-22

提示

8bpc（bit per channel），即每个通道的颜色深度为 8。
如果一个图片支持 256 种颜色，那么就需要用 256 个不同的值来表示这些颜色，也就是从 0 到 255。所以颜色深度是 8。颜色深度越大，图片占的空间越大。虽然颜色深度越大能显示的颜色越多，但并不意味着将高深度的图像转换为低深度（如将 24 位深度转为 8 位深度）就一定会丢失颜色信息，因为 24 位深度中的所有颜色都能用 8 位深度来表示，只是 8 位深度的颜色不能一次性表现所有 24 位深度的颜色而已。
按住 Alt 键的同时使用鼠标单击，可以循环切换项目的颜色深度。

2.4.2 【合成】面板

【合成】面板可以用来观察素材和在各个图层创建的效果，主要分为显示区域和操作区域。在【合成】面板中，可以直接单击【新建合成】按钮或【从素材新建合成】按钮，快速地创建合成项目，如图 2-23 所示。

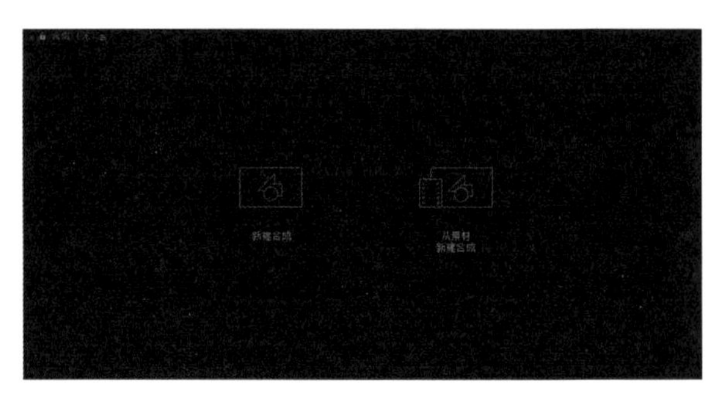

图 2-23

用户可以在【合成】面板中设置画面的显示质量、调整合成面板显示大小，以及设置多视图显示等，如图 2-24 所示。

图 2-24

参数详解

始终预览此视图：单击该按钮，将始终预览当前的视图。
主查看器：使用此查看器进行音频和外部视频预览。
放大率弹出式菜单(40.2%)：用于设置合成图像 1 的显示大小。在其下拉列表中预设了多种显示比例，用户也可以选择【适合】选项，自动调整图像显示比例。

提示

用户可以通过在【合成】面板中滚动鼠标中键对预览画面进行缩放操作，也可以通过“Ctrl+ 加号（+）”或“Ctrl+ 减号（-）”对预览画面进行放大或缩小。

选择网格和参考线选项：用于设置是否显示参考线、网格等辅助元素，如图 2-25 所示。
切换蒙版和形状路径可见性：用于设置是否显示蒙版和形状路径的可见性，如图 2-26 所示。

图 2-25

图 2-26

预览时间：用于显示【当前时间指示器】所处位置的时间信息。用户可以单击【预览时间】按钮，在弹出的【转到时间】对话框中设置【当前时间指示器】所处的位置，如图 2-27 所示。

拍摄快照：单击该按钮，将保存当前时间的图像信息。

显示快照：单击该按钮，将显示快照。

图 2-27

小技巧

执行【编辑】>【清理】>【快照】命令，可以将计算机内存中的快照删除。

显示通道及色彩管理设置：用于设置通道及色彩管理模式。在其下拉列表中提供了多种通道模式。

分辨率 / 向下采样系数：用于设置图像显示的分辨率。在其下拉列表中预设了多种显示方式。用户可以通过更改分辨率参数调整图像的显示质量，以加快渲染速度，显示质量不影响最终的输出渲染质量，如图 2-28 所示。

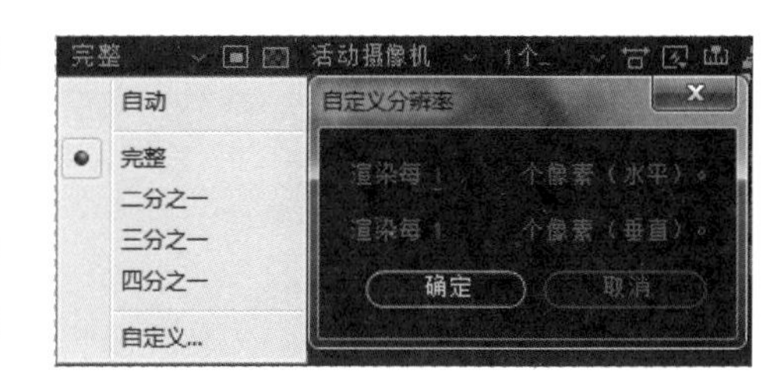

图 2-28

目标区域：用于指定图像的显示范围。单击该按钮，将显示一个矩形区域，用户可以通过调整矩形区域的大小完成图像显示范围的调整，如图 2-29 所示。

图 2-29

切换透明网格：单击该按钮，背景将以透明网格的形式显示，如图 2-30 所示。

3D 视图：用于设置用户观察的角度。当用户将普通图层转换为三维图层并添加摄像机后，可以通过多个角度观察画面效果。

选择视图布局：用于设置视图显示的数量和不同的观察方式，多用于观察三维空间动画合成中素材的位置，如图 2-31 所示。

图 2-30

图 2-31

校正像素长宽比：单击该按钮，将校正像素的长宽比。

快速预览：用于设置快速预览选项，在其下拉列表中提供了多种渲染方式，如图 2-32 所示。

时间轴：单击该按钮，将自动切换到【时间轴】面板。

合成流程图：单击该按钮，将打开【流程图】窗口，可以清晰地查看合成中素材之间的关系，如图 2-33 所示。

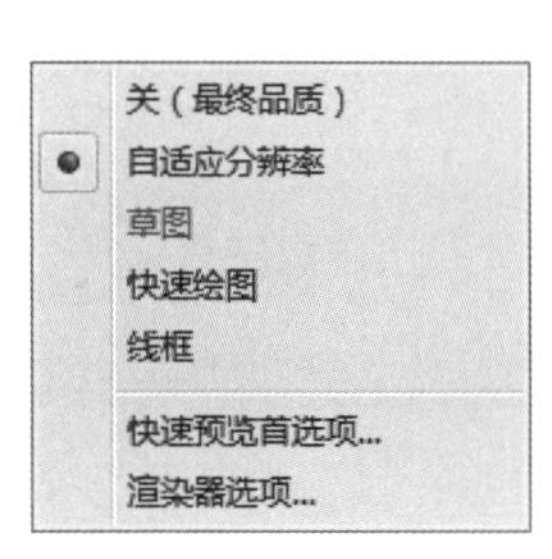

图 2-32

图 2-33

重置曝光度（仅影响视图）：单击该按钮，将重置合成中图像的曝光度。

调整曝光度（仅影响视图）：用于设置曝光的程度。

2.4.3 【时间轴】面板

【时间轴】面板是添加图层效果和制作动画的主要面板。在【时间轴】面板中，用户可以进行很多操作，例如，设置素材的出点和入点、添加动画和效果、设置图层的混合模式等。【时间轴】面板底部的图层会首先被渲染。左侧为控制面板区域，由图层控件组成，右侧是【时间轴】面板中各图层的编辑区域，如图 2-34 所示。

图 2-34

在 A 区域，主要包括一些工具按钮，如图 2-35 所示。

图 2-35

时间码：用于显示【当前时间指示器】所在的位置，用户也可以单击当前时间码，输入数字来调整【当前时间指示器】的位置。

小技巧

按住 Ctrl 键的同时单击时间码将替换当前显示样式，如图 2-36 所示。

图 2-36

搜索：用于搜索和查找图层及其他属性设置。

合成微型流程图：单击该按钮，可以快速地查看合成嵌套关系，如图 2-37 所示。

图 2-37

草稿 3D：单击该按钮，合成中的灯光、阴影、景深等效果将被忽略显示，如图 2-38 所示。

图 2-38

隐藏图层：用于设置是否隐藏利用【消隐】开关隐藏的所有图层，如图 2-39 所示。

帧混合：单击该按钮，那么设置了【帧混合】开关的所有图层将启用帧混合效果，如图 2-40 所示。

图 2-39

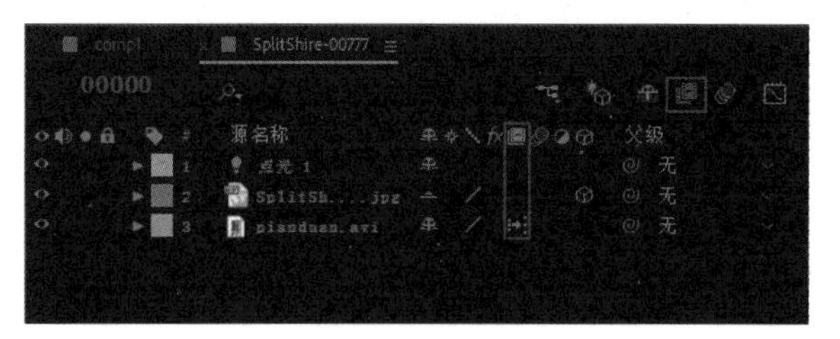

图 2-40

运动模糊：单击该按钮，则在【时间轴】面板中已经添加了运动模糊效果的图层将显示动态模糊效果，如图 2-41 所示。

图 2-41

图表编辑器：用来切换【时间轴】面板中操作区域的显示方式，如图 2-42 所示。

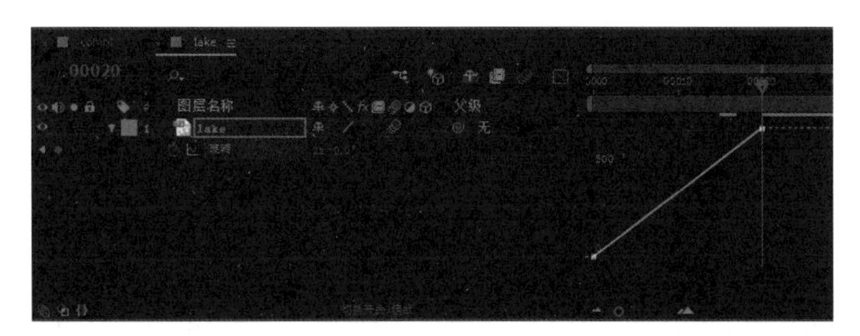

图 2-42

提示

图 2-34 中的 B 区域和 C 区域的图层按钮，将在第 4 章中进行详细的介绍。

2.4.4 其他常用面板

1.【信息】面板

在【信息】面板中，可以显示鼠标指针在【合成】面板中停留区域的颜色信息和位置信息，如图 2-43 所示。

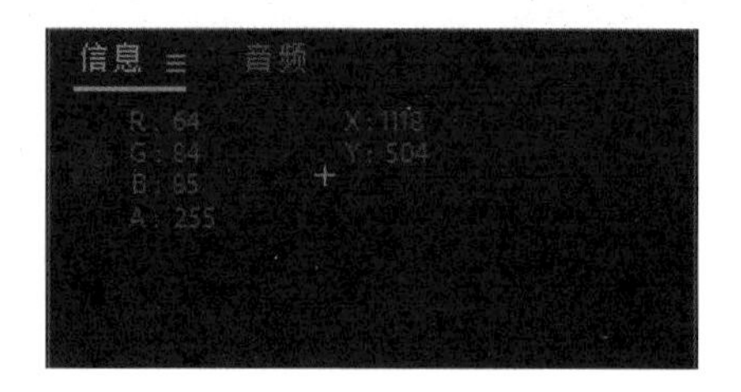

图 2-43

2.【效果和预设】面板

在【效果和预设】面板中，用户可以直接调用其中的效果。同时，After Effects CC 2018 也为用户提供了已经制作完成的动画预设效果。预设效果包含文字动画、图像过渡等，用户可以直接调用，如图 2-44 所示。

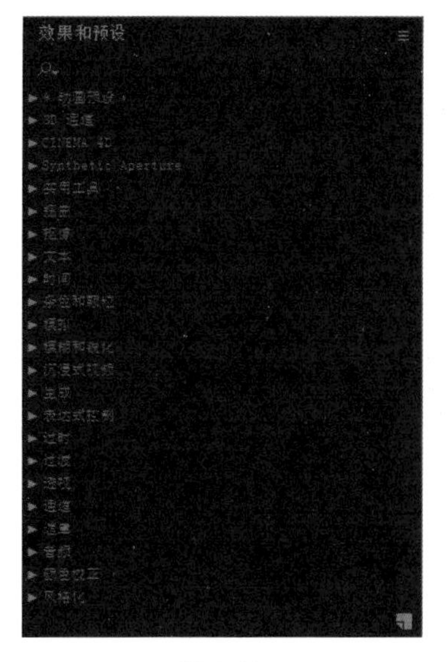

图 2-44

3.【段落】面板

【段落】面板主要是用来设置文字的对齐方式、缩进方式等，如图 2-45 所示。

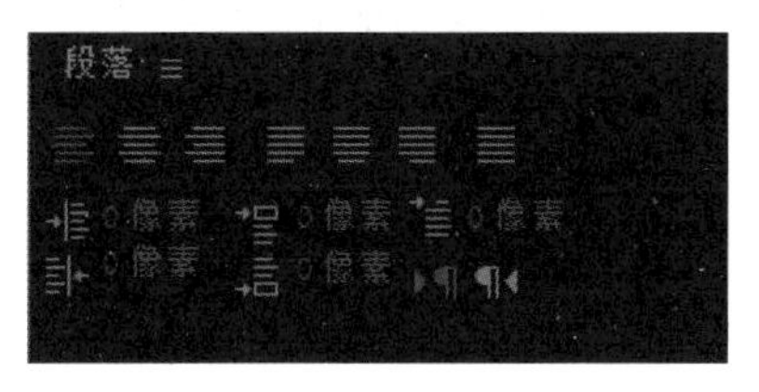

图 2-45

4.【预览】面板

在进行合成预览时，可以通过【预览】面板进行控制，如图 2-46 所示。

5.【效果控件】面板

【效果控件】面板用来显示和调节图层的效果参数，如图 2-47 所示。

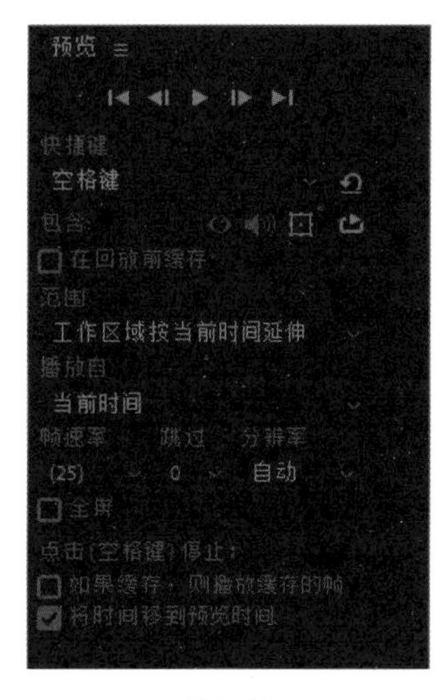

图 2-46

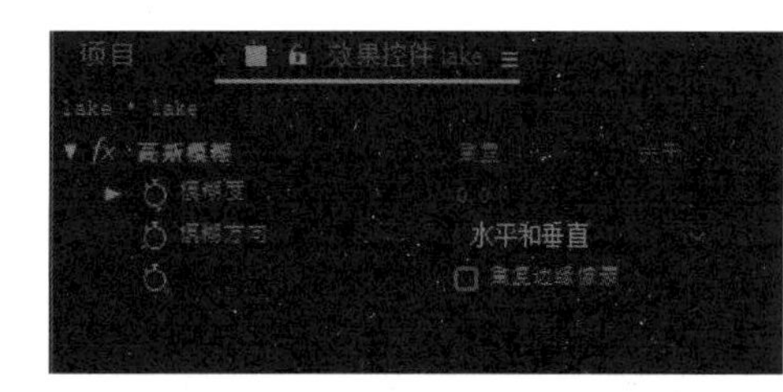

图 2-47

6.【图层】面板

【图层】面板用于对合成文件中的图层进行观察和设置，用户可以直接在【图层】面板中设置图层的入点和出点，如图 2-48 所示。

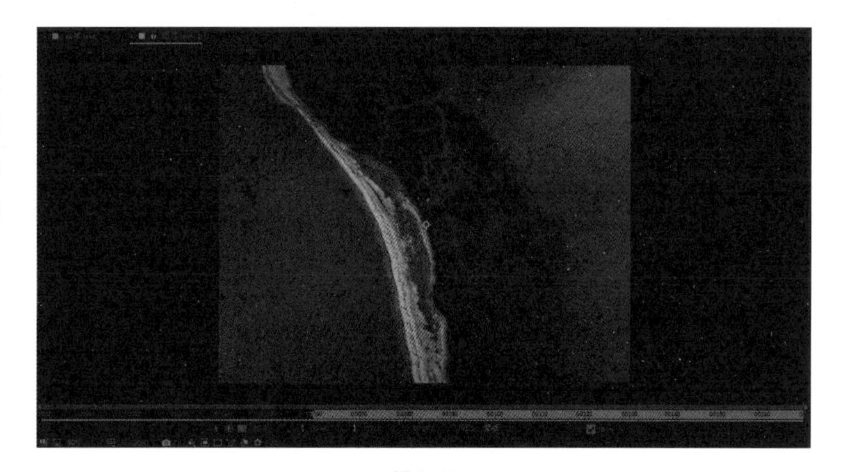

图 2-48

7.【素材】面板

【素材】面板和【图层】面板的作用相似，主要用来观察素材及设置素材的出点和入点，如图 2-49 所示。

图 2-49

8.【画笔】面板

使用【画笔】面板可以调节画笔的大小、硬度等信息，如图 2-50 所示。

9.【绘图】面板

在【绘图】面板中，可以调整画笔工具、仿制图章工具、橡皮擦工具的颜色、不透明度、流量等信息，如图 2-51 所示。

10.【对齐】面板

在【对齐】面板中，可以调整图层的对齐和分布方式，如图 2-52 所示。

11.【动态草图】面板

使用【运动草图】面板可以记录图层的位置移动信息。当要制作一个位置移动的动画效果时，如果图层对象的运动轨迹比较复杂，可以使用鼠标移动并自动记录移动信息，如图 2-53 所示。

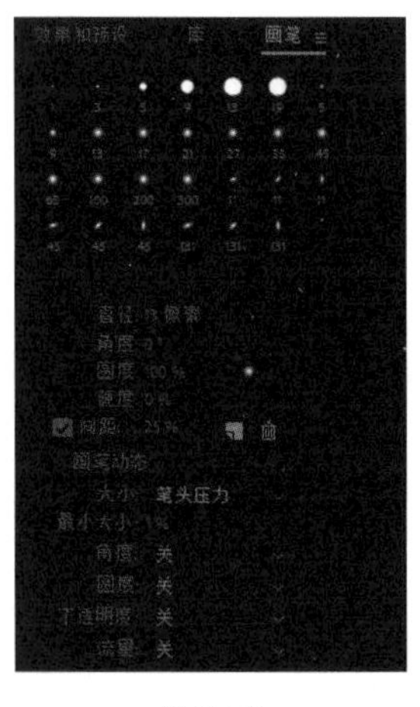

图 2-50

图 2-51

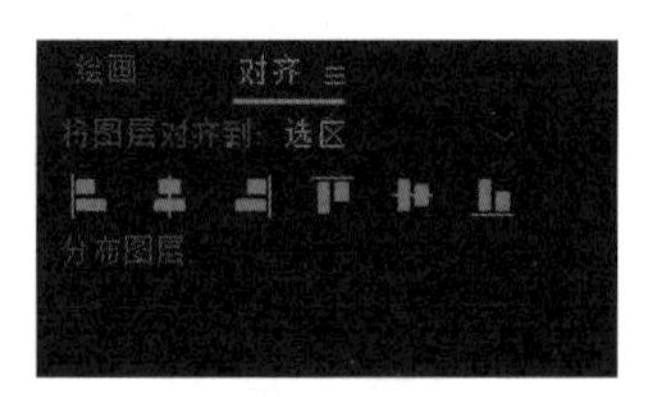

图 2-52

图 2-53

12.【平滑器】面板

在具有多个关键帧的动画中，可以通过【平滑器】面板对关键帧之间的动画进行平滑处理，使关键帧之间的动画过渡变得更加平滑，如图 2-54 所示。

13.【摇摆器】面板

使用【摇摆器】面板可以在关键帧之间随机设置插值，产生随机运动效果，如图 2-55 所示。

图 2-54

图 2-55

14.【字符】面板

【字符】面板主要用来设置与文字相关的参数，如图 2-56 所示。

15.【蒙版插值】面板

使用【蒙版插值】面板可以创建平滑的蒙版变形动画效果，使蒙版形状的改变更加流畅，如图 2-57 所示。

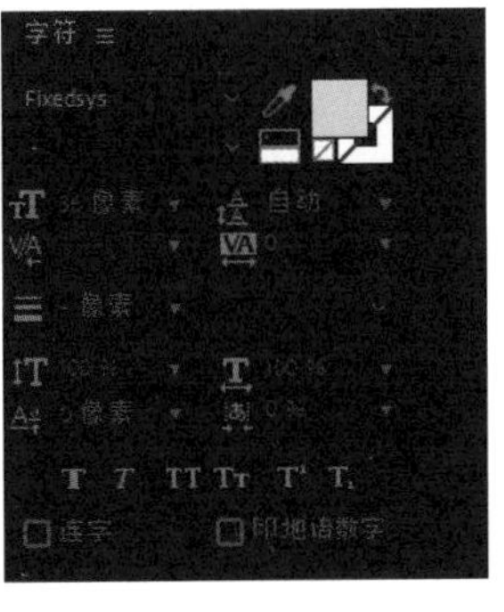

图 2-56

图 2-57

16.【跟踪器】面板

利用【跟踪器】面板可以追踪摄像机和画面上某些特定目标的运动，也可以实现运动画面的稳定，如图 2-58 所示。

17.【音频】面板

在【音频】面板中，可以对当前声音效果及声音大小进行简单的编辑，如图 2-59 所示。

18.【Lumetri Scopes】面板

【Lumetri Scopes】面板为用户提供了用来显示视频色彩属性的内置视频示波器。每个视频帧都由像素组成，每个像素都带有色彩属性，可以将这些属性归类为色度、亮度和饱和度。用户可以评估色彩属性，从而对视频进行颜色校正并确保镜头间的一致性，如图 2-60 所示。

图 2-58

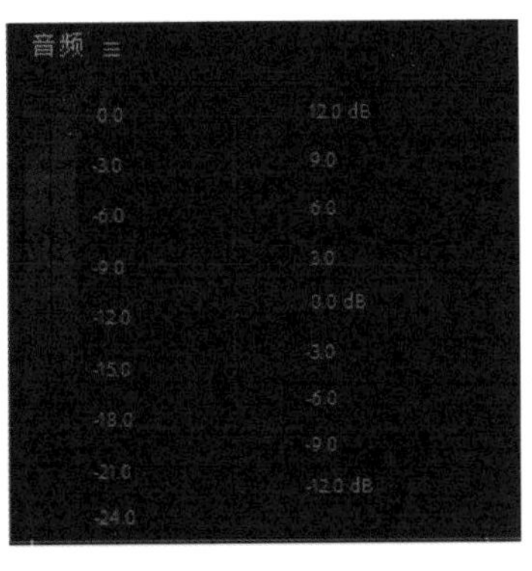
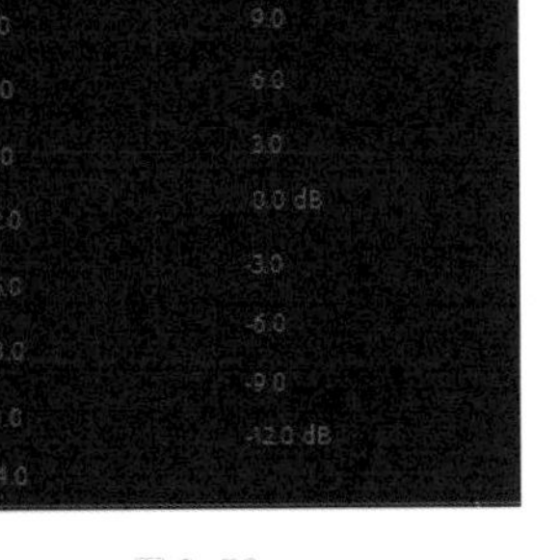

图 2-59

图 2-60

19.【媒体浏览器】面板

【媒体浏览器】面板用于预览本地和网络驱动器上的文件，以及有用的文件元数据和规格。对于经常使用的文件夹，可以将其添加到收藏夹中，如图 2-61 所示。

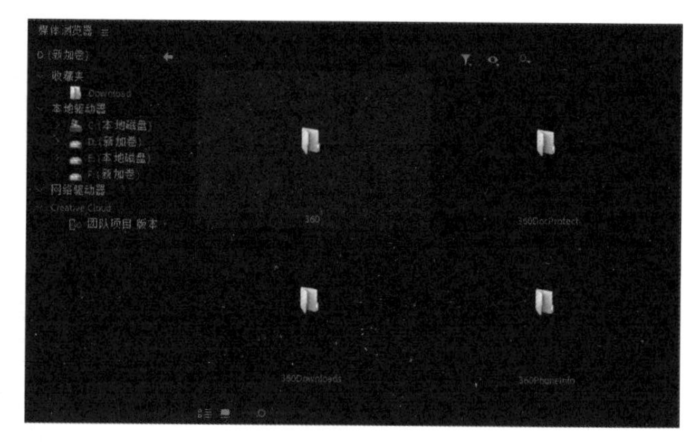

图 2-61

20.【基本图形】面板

【基本图形】面板用于为合成创建控件并将其共享为动态图形模板，用户可以通过 Creative Cloud Libraries 或作为本地文件共享这些动态图形模板，如图 2-62 所示。

21.【元数据】面板

【元数据】面板仅显示静态元数据。项目元数据显示在该面板的顶部，文件元数据显示在底部，如图 2-63 所示。

图 2-62

图 2-63

2.5 设置首选项

成功安装并运行 After Effects CC 2018 以后，为了最大化地利用资源，满足制作需求，用户需要对软件的参数设置有全面的了解。执行【编辑】>【首选项】菜单命令，打开“首选项”对话框，可以对软件的相关功能进行设置。

2.5.1 常规

【常规】选项卡中主要包括如图 2-64 所示的选项。

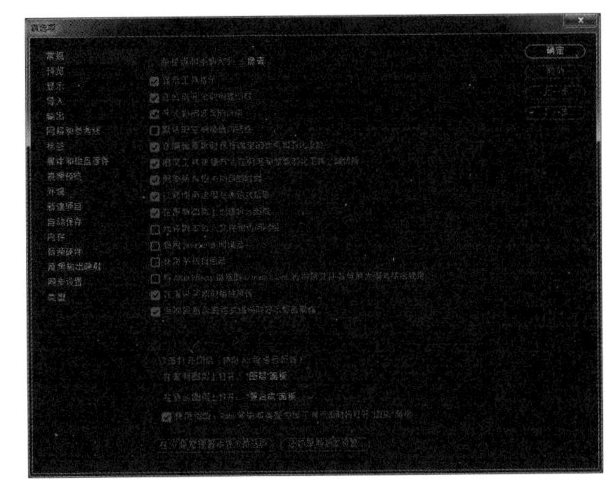

图 2-64

参数详解

路径点和手柄大小：指定贝塞尔曲线手柄的大小、蒙版和形状的顶点、运动路径的手柄，以及其他类似的控件。

显示工具提示：默认情况下为选中状态。用于指定是否显示工具的提示信息，选中该复选框代表当将鼠标指针停留在工具栏中的按钮上会显示该工具的信息。

在合成开始时创建图层：默认情况下为选中状态。用于设置在创建合成时是否将图层放置在合成的时间起始处。

开关影响嵌套的合成：默认情况下为选中状态。用于设置合成中对图层的运动模糊、图层质量等开关设置是否影响嵌套的合成。

默认的空间插值为线性：用于设置是否将关键帧的插值计算方式默认为线性。

在编辑蒙版时保持固定的顶点和羽化点数：默认情况下为选中状态。用于设置在编辑蒙版时的顶点数量和羽化点数保持不变。在制作遮罩动画的时候，如果在某一时间点添加了一个顶点，那么在所有的时间段内都会在相应的位置自动添加顶点，以保证总点数不变。

钢笔工具快捷方式在钢笔和蒙版羽化工具之间切换：默认情况下为选中状态。用于设置钢笔工具的快捷键是否可以用于切换钢笔和蒙版羽化工具。

同步所有相关项目的时间：默认情况下为选中状态。用于设置在切换不同的合成面板时，时间指示器所处的时间点相同。

以简明英语编写表达式拾取：默认情况下为选中状态。用于设置在使用表达式时是否使用简洁的表达方式。

在原始图层上创建拆分图层：默认情况下为选中状态。用于设置拆分图层创建的位置是否在原始图层之上。

允许脚本写入文件和访问网络：用于设置脚本是否能连接网络。

启用 JavaScript 调试器：用于设置是否启用 JavaScript 调试器。

使用系统拾色器：用于设置是否采用系统中的颜色取样工具来设置颜色。

与 After Effects 链接的 Dynamic Link 将项目文件名与最大编号结合使用：用于设置与 After Effects 链接的 Dynamic Link 一起结合使用项目文件名称和最大编号。

在渲染完成时播放声音：用于设置当处理完渲染队列中的最后一个项目时，启用或禁用声音的播放。

当项目包含表达式错误时显示警告横幅：默认情况下为选中状态。当表达式求值失败时，【图层】面板底部的警告横幅会显示表达式错误。

在素材图层上打开：设置双击素材图层时打开【图层】面板（默认），还是打开源素材项目。

在复合图层上打开：设置双击预合成图层时是打开【源合成】面板（默认），还是打开【图层】面板。

使用绘图、Roto 笔刷和调整边缘工具双击时将打开"图层"面板：默认情况下为选中状态。当绘画工具、Roto 笔刷或调整边缘工具处于活动状态时，双击预合成图层，即可在【图层】面板中打开该图层。

2.5.2 预览

【预览】选项卡中主要包括如图 2-65 所示的选项。

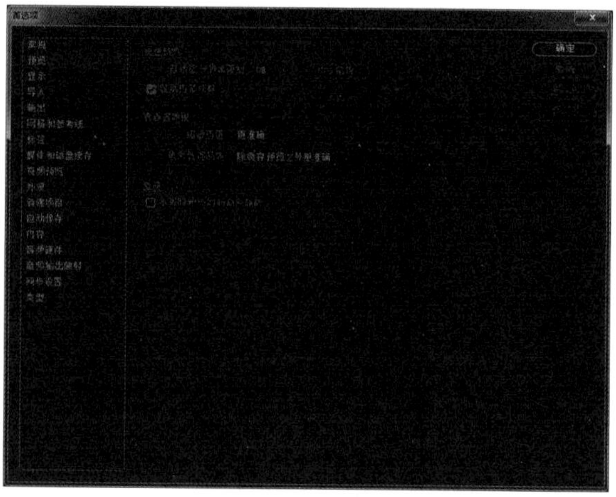

图 2-65

参数详解

自适应分辨率限制：用于设置分辨率的级别，包括 1/2、1/4、1/8、1/16。

GPU 信息：单击该按钮，可以弹出 GPU 信息及 OpenGL 信息。

显示内部线框：默认情况下为选中状态。用于设置是否显示折叠预合成和逐字 3D 化文字图层组件的定界框。

缩放质量：用于设置查看器的缩放质量，包括【更快】、【除缓存预览之外更准确】和【更精确】选项。

色彩管理品质：用于设置色彩品质管理的质量，包括【更快】、【除缓存预览之外更准确】和【更精确】选项。

非实时预览时将音频静音：用于设置当帧速率比实时速度慢时是否在预览期间播放音频。当帧速率比实时速度慢时，音频会出现断续情况以保持同步。

2.5.3 显示

【显示】选项卡中主要包括如图 2-66 所示的选项。

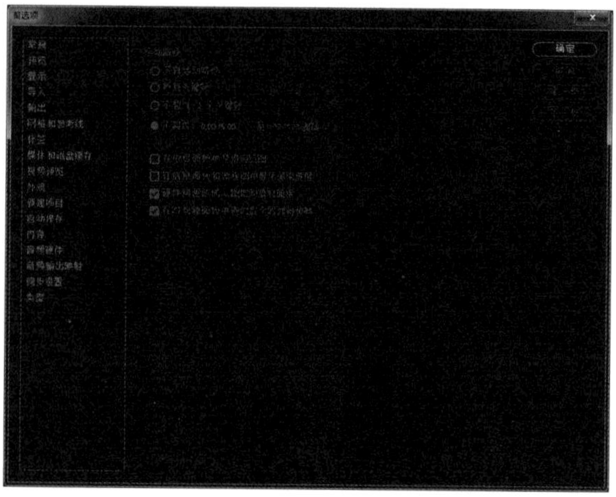

图 2-66

参数详解

运动路径：设置运动路径的显示方式。【没有运动路径】表示不显示运动路径；【所有关键帧】表示显示所有关键帧；【不超过 __ 个关键帧】表示设定关键帧显示的个数，默认情况下为 5；【不超过 __】用于设置关键帧显示的时间范围。

在项目面板中禁用缩略图：启用该复选框，在【项目】面板中将禁用素材的缩略图显示。

在信息面板和流程图中显示渲染进度：启用该复选框，将在【信息】面板和流程图中显示影片的渲染进度。

硬件加速合成、图层和素材面板：默认情况下为选中状态。将在对合成、图层和素材进行操作时，使用硬件加速。

在时间轴面板中同时显示时间码和帧：默认情况下为选中状态。在【时间轴】面板中将同时显示时间码和帧。

2.5.4 导入

【导入】选项卡中主要包括如图 2-67 所示的选项。

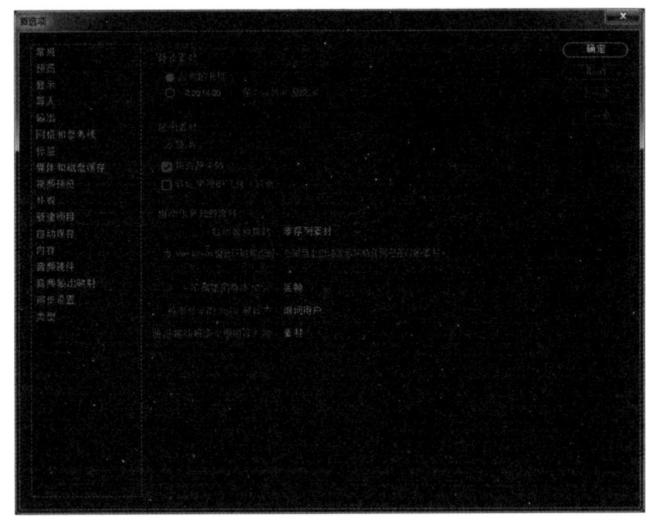

图 2-67

参数详解

静止素材：用于设置单帧素材在导入【时间轴】面板中显示的长度，分为两种模式。一种模式是以合成的长度作为单帧素材的长度；另一种模式可以设定素材的长度为一个固定的时间值。

序列素材：用于设置序列素材导入【时间轴】面板的帧速率。在默认情况下为 30 帧 / 秒，用户可以根据需求重新设置导入的帧速率，一般会将序列素材设置为 25 帧 / 秒。

报告缺失帧：默认情况下为选中状态。在导入一系列存在间隔的序列时，After Effects 会提醒缺失帧。

验证单独的文件（较慢）：在导入图像序列时遇到意外丢失的帧，可以启用该选项，速度相对较慢，但是会验证序列中的所有文件。

自动重新加载素材：用于设置当 After Effects 重新获取焦点时，在磁盘上自动重新加载任何已更改的素材。默认情况下选择【非序列素材】选项。

不确定的媒体 NTSC：用于设置当系统无法确定 NTSC 媒体的情况下，允许在【丢帧】或【不丢帧】的情况下进行输入。

将未标记的 Alpha 解释为：用于设置如何解释未标注 Alpha 通道的素材的 Alpha 通道值。

通过拖动将多个项目导入为：用于设置通过拖动导入的项目是以【素材】、【合成】或【合成（保持图层大小）】三种方式中的一种进行导入。

2.5.5 输出

【输出】选项卡中主要包括如图 2-68 所示的选项。

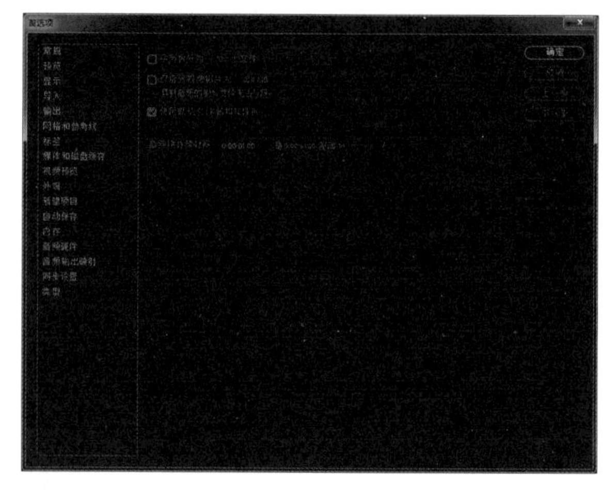

图 2-68

参数详解

序列拆分为：用于设置输出序列文件的最大文件数量。

仅拆分视频影片为：用于设置输出的影片片段最多可以占用的磁盘空间大小。用户需要注意，具有音频的影片文件无法分段。

使用默认文件名和文件夹：默认情况下为选中状态，表示使用默认的输出文件名和文件夹。

音频块持续时间：用于设置在渲染影片结束后音频的时长。

2.5.6 网格和参考线

【网格和参考线】选项卡中主要包括如图 2-69 所示的选项。

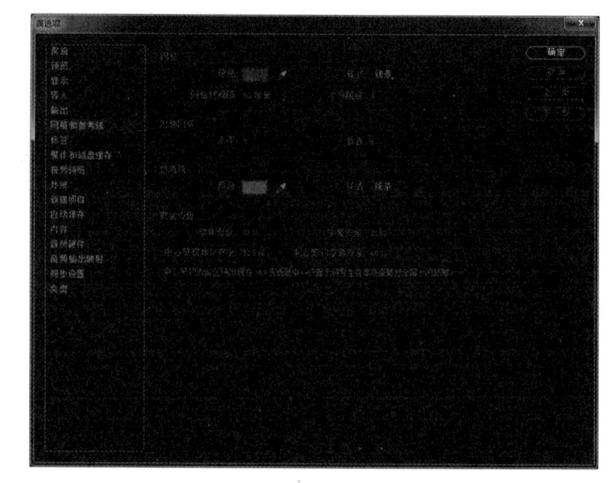

图 2-69

参数详解

网格：用于设置网格。用户可以通过【颜色】来设置网格的颜色，也可以通过【吸管工具】直接拾取颜色；【样式】用于设置网格线条的样式，包括【实线】、【虚线】和【点】；【网格线间隔】用于设置网格之间的疏密程度，数值越大，网格间隔越大；【分割数】用于设置网格的数目，数值越大，网格数目越多。

对称网格：【水平】用于设置网格的宽度，【垂直】用于设置网格的长度。

参考线：用于设置参考线。用户可以通过【颜色】来设置参考线的颜色，也可以通过【吸管工具】直接拾取颜色；【样式】用于设置参考线的样式，包括【实线】和【虚线】。

安全边距：用于设置安全区域的范围。【动作安全】用于设置动作安全区域的范围；【字幕安全】用于设置字幕安全区域的范围；【中心剪切动作安全】用于设置中心剪切动作安全区域的范围；【中心剪切字幕安全】用于设置中心剪切字幕安全区域的范围。

2.5.7 标签

【标签】选项卡中主要包括如图 2-70 所示的选项。

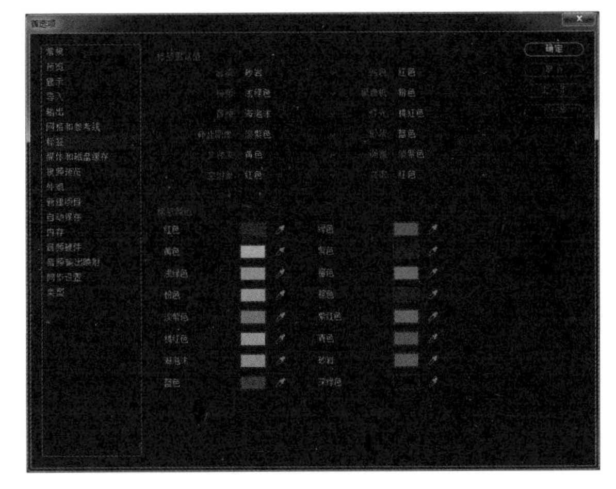

图 2-70

参数详解

标签默认值：用于设置各类型图层和文件的标签颜色。用户可以通过单击默认的标签颜色，在下拉列表中选择替换颜色。

标签颜色：用于给图层设置颜色以区分不同属性的图层。用户可以单击颜色块，在【标签颜色】选项组中选取新的颜色。同样也可以通过【吸管工具】来吸取颜色。

2.5.8 媒体和磁盘缓存

【媒体和磁盘缓存】选项卡中主要包括如图 2-71 所示的选项。

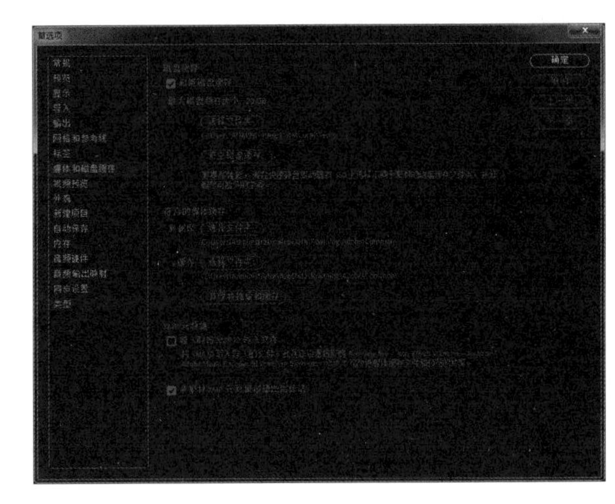

图 2-71

参数详解

磁盘缓存：用户可以通过设置【最大磁盘缓存大小】来设置磁盘的缓存大小。单击【选择文件夹】按钮，可以设置磁盘缓存的位置。单击【清空磁盘缓存】按钮，可以清空当前的磁盘缓存文件。

符合的媒体缓存：单击【选择文件夹】按钮，可以设置媒体缓存和数据库的位置。单击【清理数据库和缓存】按钮，将清空当前所有数据库和缓存文件。

导入时将 XMP ID 写入文件：选中该复选框，表示将 XMP ID 写入导入的文件，共享设置将影响 After Effects 等软件。XMP ID 可以改进媒体缓存文件和预览的共享。

从素材 XMP 元数据创建图层标记：默认情况下为选中状态。

2.5.9 视频预览

【视频预览】选项卡中主要包括如图 2-72 所示的选项。

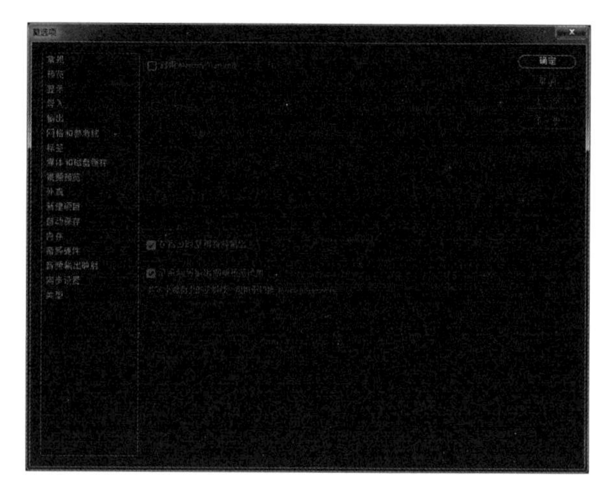

图 2-72

参数详解

启用 Mercury Transmit：选中该复选框，将使用 Mercury Transmit 切换视频预览。

视频设备：用于启用通往指定设备的视频输出。

在后台时禁用视频输出：默认情况下为选中状态。可避免在 After Effects 并非前景应用程序时，将视频帧发送至外部监视器。

渲染队列输出期间预览视频：默认情况下为选中状态。可在 After Effects 正在渲染渲染队列中的帧时将视频帧发送给外部监视器。

2.5.10 外观

【外观】选项卡中主要包括如图 2-73 所示的选项。

图 2-73

参数详解

对图层手柄和路径使用标签颜色：默认情况下为选中状态。用于设置是否对图层的操作手柄和路径应用标签颜色设置。

对相关选项卡使用标签颜色：默认情况下为选中状态。用于设置是否对相关的选项卡应用标签颜色设置。

循环蒙版颜色（使用标签颜色）：默认情况下为选中状态。用于设置是否对不同的遮罩应用不同的标签颜色。

为蒙版路径使用对比度颜色：默认情况下为选中状态。用于设置是否赋予蒙版路径与蒙版本身高对比度的颜色。

使用渐变色：默认情况下为选中状态。用于设置是否让按钮或界面颜色产生渐变效果。

亮度：用于设置用户界面的整体亮度。向右侧拖动滑块将增加界面亮度，向左侧拖动滑块将降低界面亮度。单击【默认】按钮将恢复默认设置。

影响标签颜色：启用该复选框，当调整界面颜色时，标签颜色同样受界面颜色亮度的影响。

交互控件：用于设置交互控件的整体亮度。

焦点指示器：用于设置焦点指示器的整体亮度。

2.5.11 新建项目

【新建项目】选项卡中主要包括如图 2-74 所示的选项。

图 2-74

参数详解

新建项目加载模板：选中该复选框，新建项目时将加载模板。

2.5.12 自动保存

【自动保存】选项卡中主要包括如图 2-75 所示的选项。

图 2-75

参数详解

保存间隔：默认情况下为选中状态。用于设置自动保存的时间间隔。

启动渲染队列时保存：默认情况下为选中状态。当启动渲染队列时将自动保存。

最大项目版本：用于设置需要保存的项目文件的版本数。

自动保存位置：用于设置自动保存的项目文件的位置。

2.5.13 内存

【内存】选项卡中主要包括如图 2-76 所示的选项。

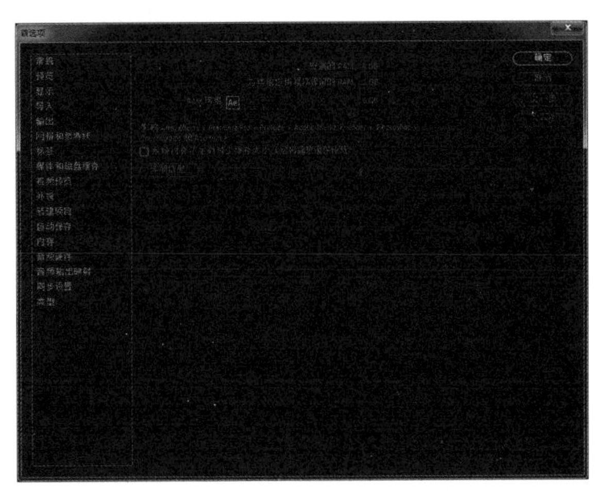

图 2-76

参数详解

系统内存不足时减少缓存大小：用于设置当系统内存不足时，减少缓存的大小，以加快计算机的运行速度。

2.5.14 音频硬件

【音频硬件】选项卡中主要包括如图 2-77 所示的选项。

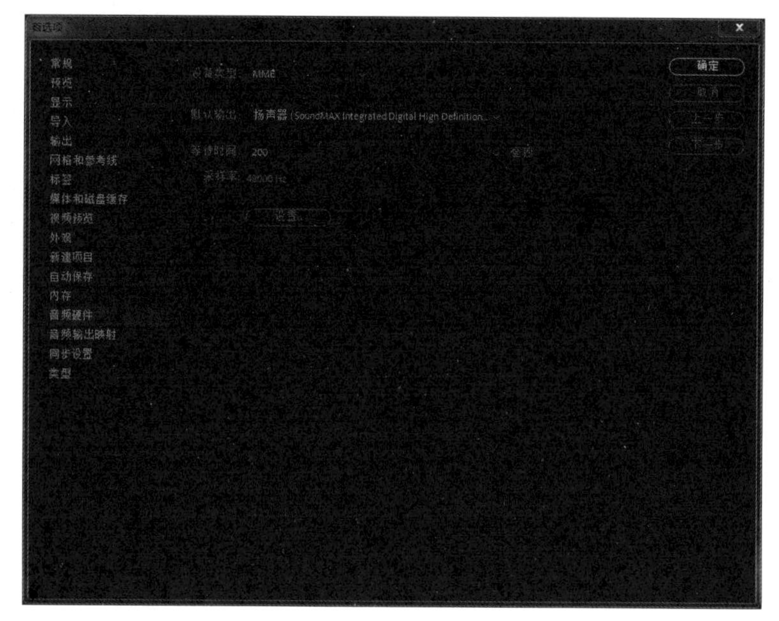

图 2-77

参数详解

设备类型：用于设置音频设备类型。

默认输出：当连接音频硬件设备时，将在此对话框中加载该类型设备的硬件设置。

等待时间：对较低延迟使用较小值，当播放或录制期间遇到丢帧时使用较大值。

2.5.15 音频输出映射

【音频输出映射】选项卡中主要包括如图 2-78 所示的选项。

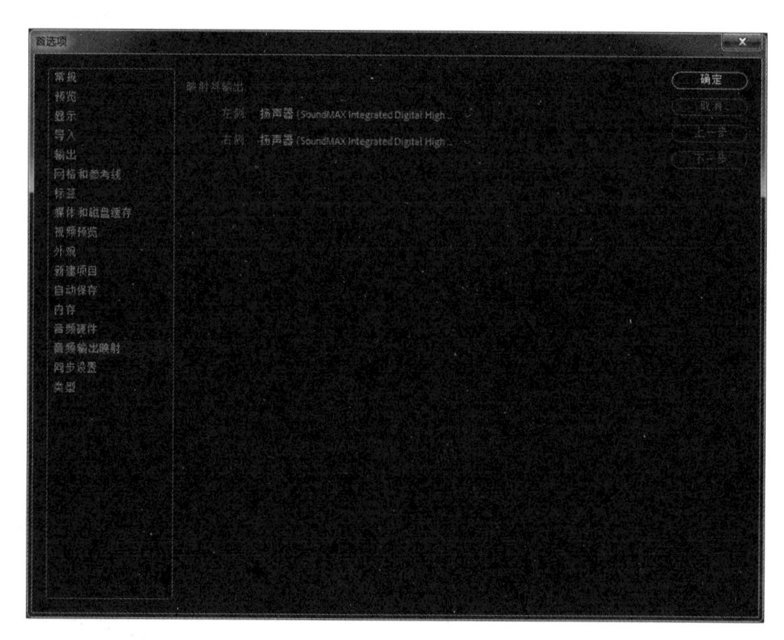

图 2-78

参数详解

映射其输出：用于在计算机的音响系统中为每个支持的音频声道指定目标扬声器。

左侧：用于在计算机的音响系统中指定左侧扬声器。

右侧：用于在计算机的音响系统中指定右侧扬声器。

2.5.16 同步设置

【同步设置】选项卡中主要包括如图2-79所示的选项。

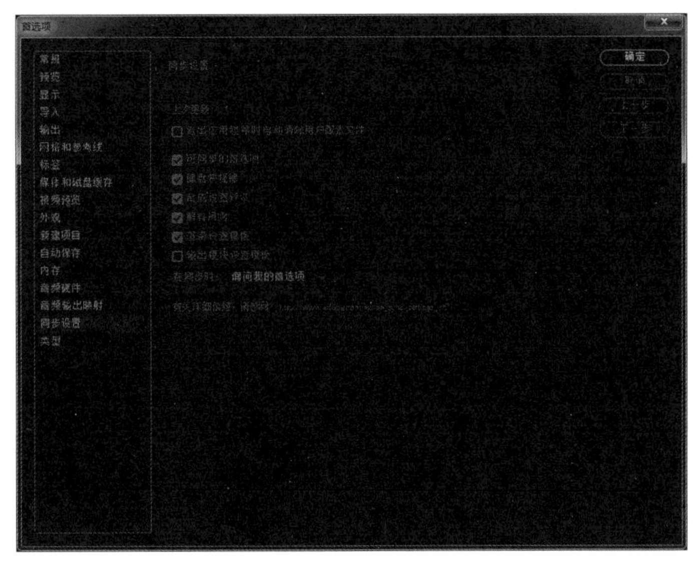

图2-79

参数详解

退出应用程序时自动清除用户配置文件：选中该复选框，将在退出 After Effects 时清除用户配置文件。在下一次启动时，将会从用于产品授权的默认 Adobe ID 获取首选项。

可同步的首选项：默认情况下为选中状态。指的是不依赖计算机或硬件设置的首选项。

键盘快捷键：默认情况下为选中状态。用于同步键盘快捷键，为 Windows 创建的键盘快捷键只能与 Windows 同步。

合成设置预设：默认情况下为选中状态。用于同步合成设置预设。

解释规则：默认情况下为选中状态。用于同步解释规则。

渲染设置模板：默认情况下为选中状态。用于同步渲染设置模板。

输出模块设置模板：选中该复选框，用于同步输出模块设置模板。

在同步时：用于指示 After Effects 何时同步设置。

2.5.17 类型

【类型】选项卡中主要包括如图2-80所示的选项。

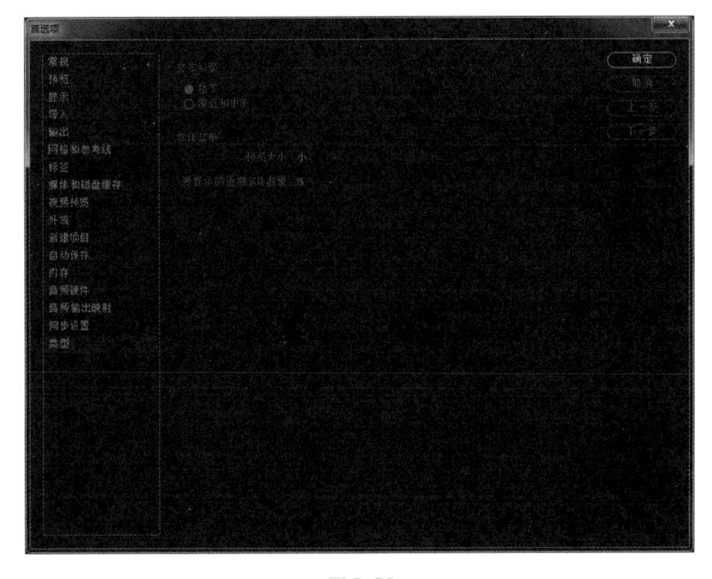

图2-80

参数详解

文本引擎：用于设置书写样式。【南亚和中东】语言从右至左，例如阿拉伯语、希伯来语和印度语；【拉丁】用于其他语言。

字体菜单：用于设置字体的预览大小和显示的近期字体数量。

课后习题

一、选择题

1. 以下哪个工具按钮可以调整素材的帧速率？（　　）

A.

B.

C.

D.

2. 以下哪种操作可以调整【时间轴】面板的时间码显示样式？（　　）

A. 单击时间指示器，手动输入数字

B. 单击帧混合按钮，切换时间码样式

C. 打开【视图】菜单，选择【转到时间】命令

D. 按住 Ctrl 键，单击时间码

3. 新建合成的快捷键是（　　）。

A.Crtl+M

B.Crtl+N

C.Crtl+Alt+M

D.Crtl+Alt+N

4. 以下哪个常用命令不属于【编辑】菜单中包含的命令？（　　）

A. 新建文本图层

B. 复制图层

C. 撤销操作

D. 拆分图层

5. 自适应分辨率限制中，分辨率的级别不包括以下的（　　）。

A.1/2

B.1/4

C.1/6

D.1/8

二、填空题

1. ________ 是用户添加效果和关键帧等操作的主要面板。

2. ________ 用于显示当前的版本信息、脚本帮助、表达式引用、效果参考、动画预设、键盘快捷键、登录和管理账户等。

3. 在 ________ 面板中，用户可以直接为图层添加效果。

4. ________ 命令可以用于设置图像预览的分辨率精度。

5. 调整软件界面外观的选项位于 ________ 中。

三、简答题

1. 详述【合成】菜单与【图层】菜单的区别。

2. 阐述新建工作区页面布局的流程。

3. 阐述清理软件中冗余缓存的步骤与操作。

第3章 项目的创建和管理

在使用 After Effects CC 2018 时，用户需要大量调用外部素材、导入来自不同软件的资源，并针对这些素材进行编辑，包括添加效果、制作动画、渲染输出等。为完成上述流程，就需要创建项目，并且对项目进行有效的管理。本章将详细介绍导入不同的素材文件、创建项目，以及对影片进行渲染输出的基本工作流程与方法。

学习目标

- 了解素材的概念与类型
- 了解在 After Effects 中调用素材的基本原理
- 掌握不同类型素材的导入方法
- 掌握组织与管理素材的方法
- 了解合成的概念及合成的创建

技能目标

- 掌握项目文件的存储和收集
- 掌握效果的添加、复制和删除
- 掌握项目视频和音频的预览
- 掌握项目最终渲染输出的方法

3.1 素材的导入

素材指的是需要通过 Affect Effects 进行加工处理的文件，包括图片文件、音频文件、视频文件、其他项目文件等。Affect Effects 作为一款后期合成软件，可以进一步对素材进行加工处理，使其达到创作者想要的效果。

3.1.1 素材格式

After Effects 支持大多数影音视频文件，一些文件扩展名（如 MOV、AVI、MXF、FLV 和 F4V）表示容器文件格式，而不表示特定的音频、视频或图像数据格式。After Effects 可以导入这些容器文件，但导入其所包含的数据的能力则取决于所安装的编解码器。如果收到错误消息或提示视频无法正确显示，则需要安装该文件使用的编解码器。

3.1.2 素材的导入与管理

常见的素材类型包括单一文件、多个文件、序列文件、图层文件、其他工程项目等。这些素材的导入方式各不相同。

在 Affect Effects 中进行项目制作时，并不会将素材源文件整体复制到项目中，而是创建一个链接，将项目中的素材指向源素材所在的文件路径。因此，当路径中的素材被重命名、删除或改变位置时，Affect Effects 中的素材会丢失，也就是断开链接。

1. 导入单个素材

执行【文件】>【导入】>【文件】命令（快捷键 Ctrl+I），如图 3-1 所示。在弹出的【导入文件】对话框中，如图 3-2 所示，选择需要导入的文件所在的位置，选中需要导入的素材文件，单击【打开】按钮即可完成导入。用户也可以在【项目】面板中的空白区域双击，或者在【项目】面板中的空白区域单击鼠标右键，在弹出的快捷菜单中选择【导入】>【文件】命令，同样可以导入素材。

2. 导入多个素材

执行【文件】>【导入】>【多个文件】命令（快捷键 Ctrl+Alt+I），在弹出的对话框中，选择需要导入的素材，单击【打开】按钮即可完成导入。用户也可以在【项目】面板中的空白区域单击鼠标右键，在弹出的快捷菜单中选择【导入】>【多个文件】命令，同样可以导入多个素材。

当导入多个素材后，会重新弹出【导入多个文件】对话框，用户可以继续导入其他素材，直到单击【完成】按钮，才会结束导入。

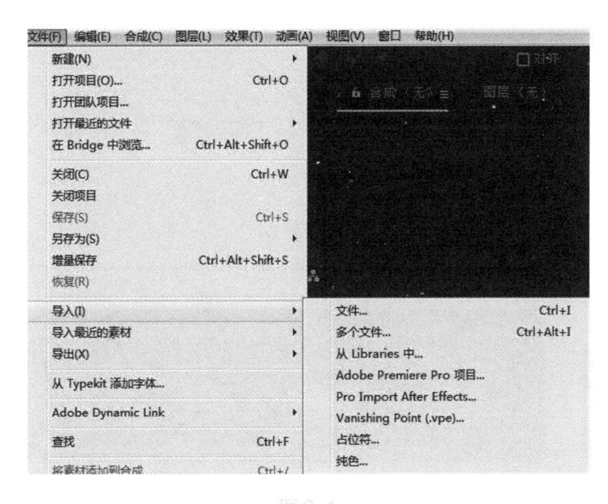

图 3-1

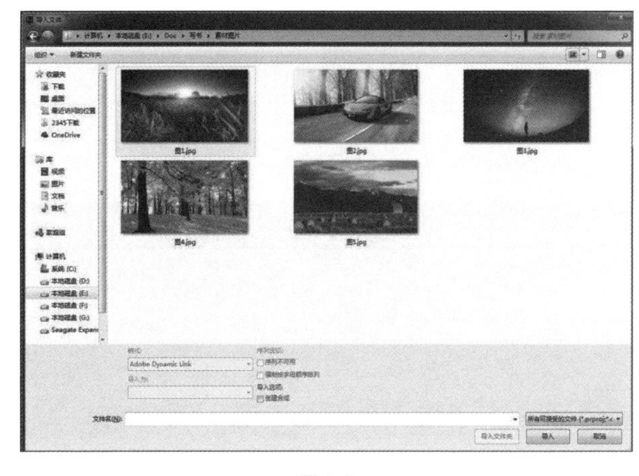

图 3-2

3. 通过拖曳导入素材

选择需要导入的素材文件，直接将其拖到【项目】面板中，即可完成素材的导入。直接拖曳文件夹至【项目】面板中时，文件夹中的内容会成为图像序列；按住 Alt 键的同时拖曳文件夹，文件夹中的内容将作为单个素材项目使用，并且会在【项目】面板中自动建立一个新的对应的文件夹。

4. 导入序列文件

序列文件是最常使用的文件类型之一，要想将多个图像文件作为一个静止图像序列导入，这些文件必须位于相同的文件夹中，并且使用相同的数字或字母顺序的文件名。执行【文件】>【导入】命令，在弹出的【导入文件】对话框中，选中【Targa 序列】复选框，这样就可以以序列的方式进行素材的导入，如图 3-3 所示。

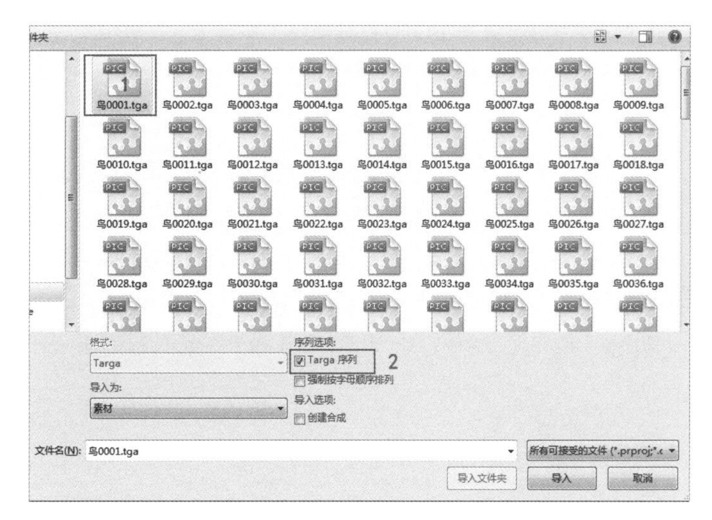

图 3-3

注意：对于序列素材，存在调整素材帧速率的问题。帧速率指每秒显示的静止帧数。速率越高，显示效果越好。帧速率的设置通常由最终的输出类型决定，要生成平滑连贯的动画效果，帧速率一般不小于 8 帧 / 秒。NTSC 制式视频的帧速率为 29.97 帧 / 秒，PAL 制式视频的帧速率为 25 帧 / 秒，电影的帧速率通常为 24 帧 / 秒，如图 3-4 所示。

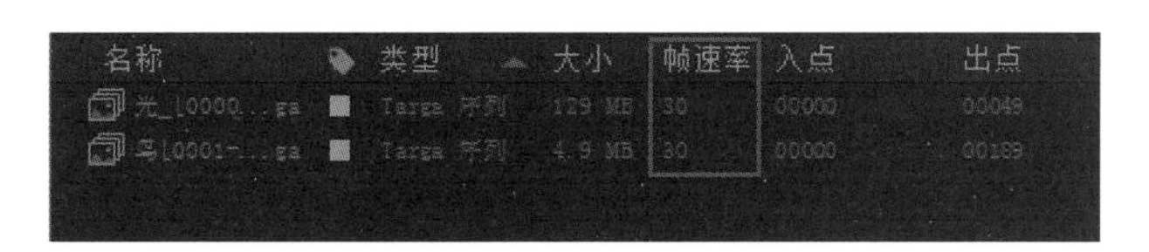

图 3-4

要调整导入素材的帧速率，可以通过【编辑】>【首选项】>【导入】菜单命令更改导入素材的帧速率。重新设置后再次导入素材时，将按照当前设置的帧速率进行导入，如图 3-5 所示。

对于已经导入到【项目】面板中的素材，也可以通过单击【项目】面板底部的【解释素材】按钮，在【帧速率】选项区域改变素材的帧速率，如图 3-6 所示。

图 3-5

图 3-6

5. 导入包含图层的素材

在导入包含图层的素材时，除了以素材的方式进行导入，After Effects 还可以保留文件的图层信息。由 Photoshop 生成的 PSD 文件和由 Illustrator 生成的 AI 文件是经常使用的文件。

执行【文件】>【导入】>【文件】命令，打开图层文件，在弹出的对话框中，在【导入种类】下拉列表中可以选择以【素材】、【合成】和【合成 - 保持图层大小】的方式进行导入，如图 3-7 所示。

图 3-7

以素材方式导入素材：当以素材方式导入素材时，在【图层选项】选项组中用户可以选择【合并的图层】或【选择图层】方式。选择【合并的图层】单选按钮，可以将原始文件的所有图层合并成一个新的图层；选择【选择图层】单选按钮，用户可以选择需要的图层进行单独导入，还可以选择素材的尺寸为【文档大小】或【图层大小】。

以合成方式导入素材：当以合成方式导入素材时，会将整个素材作为一个合成。在合成中，原始图层的信息将被最大限度地保留。以合成方式导入素材有【合成】和【合成 - 保持图层大小】两种方式。

6. 导入 After Effects 项目

对于使用 After Effects 完成的项目文件，可以作为另一个项目的素材文件使用。项目中的所有内容将显示在新的【项目】面板中。

执行【文件】>【导入】>【文件】命令，选择需要导入的 After Effects 项目即可。在【项目】面板中，系统会为导入项目创建一个新的文件夹。

7. 导入 Premiere Pro 项目

用户可以在 After Effects 和 Premiere Pro 软件之间轻松地交换项目。用户可以将 Premiere Pro 项目导入到 After Effects 中，也可以将 After Effects 项目输出为 Premiere Pro 项目。在导入 Premiere Pro 项目文件时，After Effects 会将项目文件转为新合成（每个 Premiere Pro 剪辑均为一个图层）和文件夹（每个剪辑均为一个素材项目）。

在将 Premiere Pro 项目导入 After Effects 后，并不会保留该项目的所有功能，只保留在 Premiere Pro 与 After Effects 之间进行复制和粘贴时所使用的相同功能。如果 Premiere Pro 项目中的一个或多个序列已经动态链接到 After Effects，则 After Effects 无法导入此 Premiere Pro 项目。

执行【文件】>【导入】>【Adobe Premiere Pro 项目】命令，选择需要导入的 Premiere Pro 项目即可，音频文件默认为读取状态，如图 3-8 所示。

图 3-8

8. 导入 CINEMA 4D 项目

CINEMA 4D 是 MAXON 推出的常用 3D 建模和动画制作软件，用户可以从 After Effects 内创建、导入和编辑 CINEMA 4D 文件（.c4d），并且可使用复杂的 3D 元素、场景和动画。

执行【文件】>【导入】>【文件】命令，选择 CINEMA 4D 文件，导入【项目】面板作为素材，可将素材置于现有的合成之上，或创建匹配的合成。

3.2 组织和管理素材

在【项目】面板中，为了保证【项目】面板的整洁和合理，还需要对素材进行进一步的组织和管理，也可以对素材进行替换和重新解释。

3.2.1 排列素材

在【项目】面板中，素材是按照一定的顺序排列的。素材可以按照【名称】、【类型】、【大小】、【帧速率】、【入点】等方式进行排列。用户可以通过单击【项目】面板中的属性标签，改变素材的排列顺序。

例如，单击【大小】属性标签，素材会按照素材大小进行排列。通过单击属性标签上的箭头指向，可以设置素材是按照升序还是降序进行排列，如图 3-9 所示。

图 3-9

3.2.2 替换素材

当用户需要对合成中的素材进行替换的时候，可以通过两种方式进行操作。

用户可以在【项目】面板中选中需要进行替换的素材，执行【文件】>【替换素材】>【文件】命令，如图 3-10 所示，在弹出的【替换素材文件】对话框中，选中需要替换的素材文件。用户也可以直接在需要替换的素材文件上单击鼠标右键，在弹出的快捷菜单中选择【替换素材】>【文件】命令，选中需要替换的素材文件。

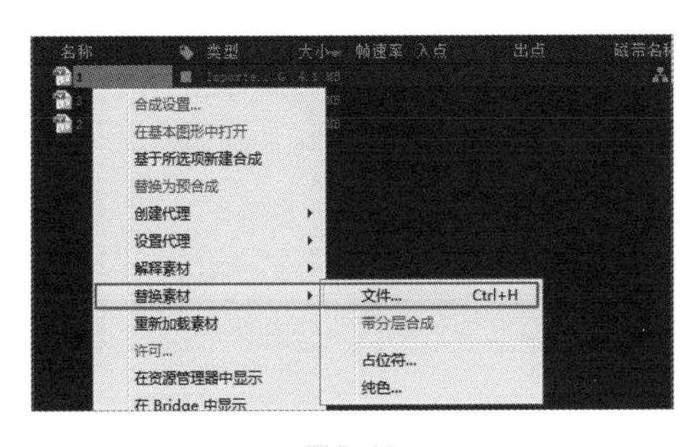

图 3-10

3.2.3 分类整理素材

通过创建文件夹，可以将素材进行分类整理。分类时可以按照镜头号、素材类型等，由用户自由指定分类方式。

用户可以在【项目】面板底部单击【新建文件夹】按钮，在【项目】面板中直接输入新建文件夹的名称；也可以选中已经创建的文件夹，单击鼠标右键，在弹出的快捷菜单中选择【重命名】命令，再修改文件夹的名称，如图 3-11 所示。

当文件夹创建完成后，用户可以选中素材，将素材直接拖到相应的文件夹中。当需要对文件或文件夹进行删除时，可以直接选中文件或文件夹，单击【删除所选项目】按钮，或执行【编辑】>【清除】命令。

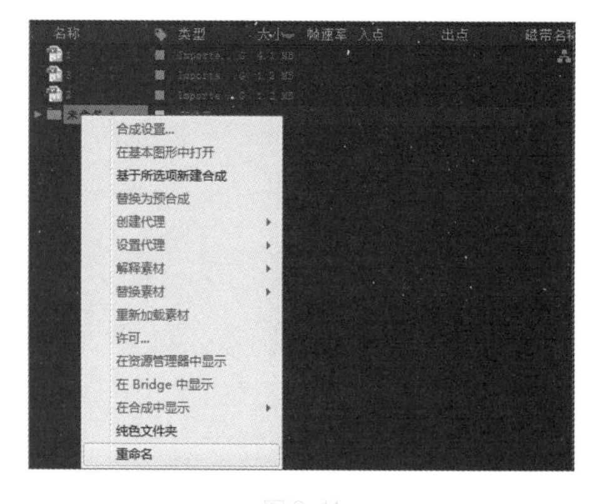

图 3-11

图 3-12

提示

若文件夹中包含素材文件，会弹出警告对话框，提示用户文件夹中包含素材文件，是否进行删除操作，如图 3-12 所示。

3.2.4 解释素材

对于已经导入到【项目】面板中的素材，如果想再次更改素材的帧速率、像素纵横比、Alpha 通道等信息，可以在【项目】面板中选择需要修改的素材文件，单击【项目】面板底部的【解释素材】按钮。或者执行【文件】>【解释素材】>【主要】命令，弹出解释素材对话框，如图 3-13 所示。

在解释素材对话框中，包括【Alpha】、【帧速率】、【开始时间码】、【场和 Pulldown】等选项组。

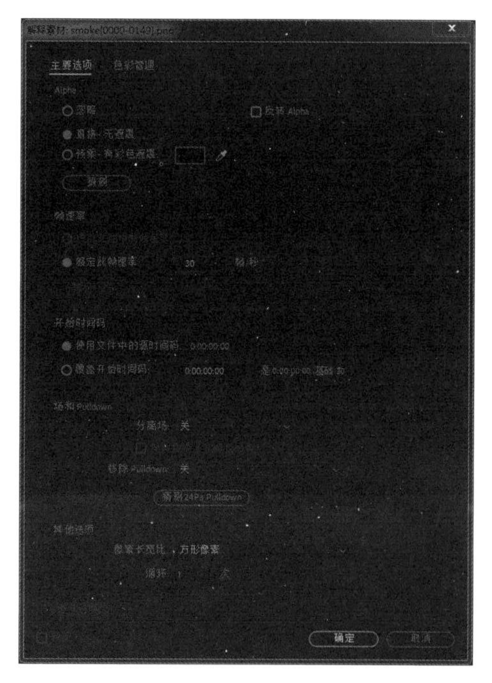

图 3-13

1. Alpha

Alpha 通道的设置用于解释 Alpha 通道与其他通道的交互，主要针对包含 Alpha 通道信息的素材，如 TGA、TIFF 文件等。当用户导入包含 Alpha 通道的素材时，系统会自动提示是否读取 Alpha 通道信息。

忽略：选择该选项，将忽略素材中的 Alpha 通道信息。

直接 - 无遮罩：透明度信息只存储在 Alpha 通道中，而不存储在任何可见的颜色通道中。选择这种方式，仅在支持直接通道的应用程序中显示图像时才能看到透明度结果。

预乘 - 有彩色遮罩：透明度信息既存储在 Alpha 通道中，也存储在可见的 RGB 通道中，后者乘以一个背景颜色值。半透明区域（如羽化边缘）的颜色会受到背景颜色的影响，偏移度与其透明度成比例，可以使用【吸管工具】或拾色器设置预乘通道的背景颜色。例如，如果通道实际是预乘通道而被解释成直接通道，则半透明区域将保留一些背景颜色。

反转 Alpha：选中该复选框，将会反转 Alpha 通道信息。

2. 帧速率

帧速率用于设置每秒显示的帧数，以及设置关键帧时所依据的时间划分方式。

使用文件中的帧速率：选择该单选按钮，素材将使用默认的帧速率进行播放。

假定此帧速率：用于指定素材的播放速率。

3. 开始时间码

使用文件中的源时间码：素材将会使用文件中的源时间码进行显示。

覆盖开始时间码：用于设定素材开始的时间码。用户可以在【素材】面板中观察更改开始时间码后的效果。

4. 场和 Pulldown

每一帧由两个场组成，即奇数场和偶数场，又称为高场和低场。隔行视频素材项目的场序决定按何种顺序显示两个视频场（高场和低场）。先绘制高场线后绘制低场线的系统称为高场优先，先绘制低场线后绘制高场线的系统称为低场优先。场以水平分隔线的方式隔行保存帧的内容，在显示时可以选择优先显示高场内容或低场内容。

分离场：用于设置视频场的先后显示顺序。包括【关】、【高场优先】、【低场优先】三个选项。

保持边缘（仅最佳品质）：选中该复选框，在最佳品质下渲染时候，可以提高非移动区域的图像品质。

移除 Pulldown：用于设置移除 Pulldown 的方式。

猜测 3:2 Pulldown：当将 24 帧 / 秒视频转为 29.97 帧 / 秒视频时，可使用 3:2 Pulldown（3:2 下变换自动预测）的过程，在该过程中视频的帧将以重复的 3:2 模式跨视频场分布。这种方式将产生全帧和拆分场帧。在此操作之前，用户需要先将场分离为高场优先或低场优先。一旦分离了场，After Effects 就可以分析素材，并确定正确的 3:2 Pulldown 相位和场序。

猜测 24Pa Pulldown：单击该按钮，将移除 24Pa Pulldown。

5. 其他选项

像素长宽比：用于设置像素的长宽比。像素长宽比指图像中一个像素的宽与高之比。多数计算机显示器使用方形像素，但部分视频格式使用非方形的矩形像素。PAL 制式的标清分辨率为 720×576，画面宽高比为 4:3。若像素的宽高比为 1:1，则实际的 PAL 制式的标清分辨率应为 768×576，所以 PAL 制式标清的像素使用了“拉长”的方式，保证了 4:3 的宽高比。

循环：用于设置素材的循环次数。

当多个素材文件使用相同的解释设置时，可以通过复制一个素材文件的解释设置并应用于其他文件，用户可以在【项目】面板中选择需要复制的解释设置的素材，执行【文件】>【解释素材】>【记住解释】命令，在【项目】面板中选择一个或多个需要应用解释设置的素材文件，执行【文件】>【解释素材】>【应用解释】命令，如图 3-14 所示。

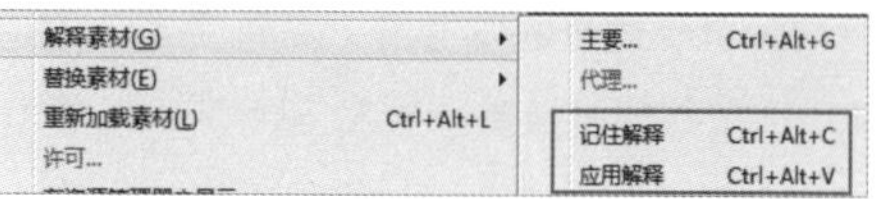

图3-14

3.3 创建合成

在 After Effects 中，可以在项目中创建多个合成，同时也可以将某一合成作为其他合成的素材继续使用。创建合成是视频制作的基础，通过合成的堆叠可以制作出丰富的动画效果。

3.3.1 创建合成的方式

创建合成主要有两种方式，一种是新建空白合成，然后将素材放入合成中，一种是基于素材的大小创建合成。

1. 新建空白合成

创建空白合成的方法主要有 3 种。用户可以执行【合成】>【新建合成】命令，也可以单击【项目】面板底部的【新建合成】按钮 （或者使用快捷键 Ctrl+N），在弹出的【合成设置】对话框中调整合成的参数，快速地完成空白合成的创建，如图 3-15 所示。

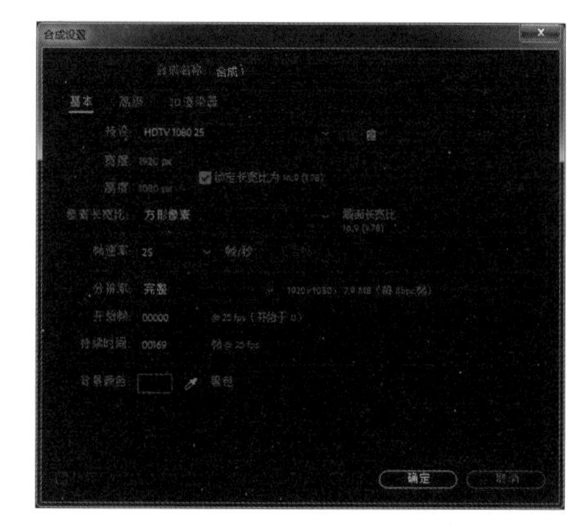

图3-15

合成名称：用于设置合成的名称。

预设：用于选择预设的合成参数，在该下拉列表中提供了大量的合成预设选项。用户可以直接选择预设参数，快速地设置合成的类型。

宽度和高度：用于设置合成的尺寸，单位为像素。选中【锁定长宽比】复选框以后，当再次更改宽度或高度的大小时，系统会根据宽度和高度的比例自动调整另一个参数的数值。

像素长宽比：用于设置单个像素的长宽比例，在该下拉列表中可以选择预设的像素长宽比。

帧速率：用于设置合成项目的帧速率。

分辨率：用于设置预览视频的分辨率，一共有 5 个选项，分别为【完整】、【二分之一】、【三分之一】、【四分之一】及【自定义】。用户可以通过降低预览视频的分辨率提高渲染速度，预览视频的分辨率不影响最终的渲染品质。

开始帧：用于设置项目开始的时间，默认从第 0 帧开始。

持续时间：用于设置合成的时间总长度。

背景颜色：用于设置默认情况下合成的背景颜色。

通过单击【合成设置】对话框中的【高级】和【3D 渲染器】选项卡，可以切换到合成的高级参数设置界面，如图 3-16 所示。

图 3-16

锚点：用于设置合成图像的中心点。

在嵌套时或在渲染队列中，保留帧速率：选中该复选框，在进行嵌套合成或在渲染队列中，将使用原始合成的帧速率。

在嵌套时保留分辨率：选中该复选框，在进行嵌套合成时，将保留原始合成中设置的图像分辨率。

快门角度：用于设置快门的角度。快门角度使用素材帧速率确定影响运动模糊量的模拟曝光，如果为图层开启了【运动模糊】开关，【快门角度】会影响图像运动模糊的程度，如图 3-17 所示。

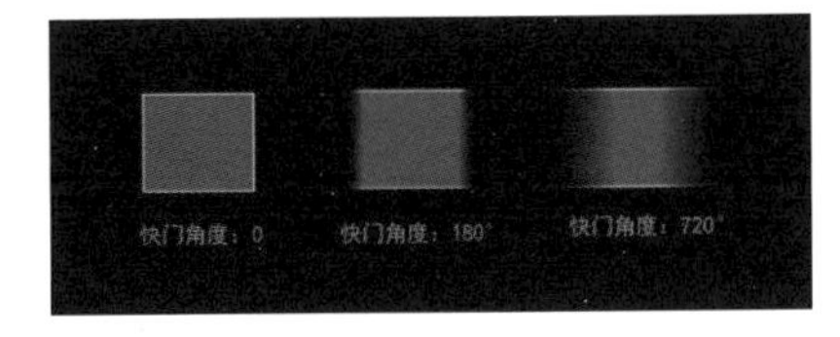

图 3-17

快门相位：用于设置快门相位。该选项用于定义一个相对于帧开始位置的偏移量。

每帧样本：用于控制 3D 图层、形状层和特定效果运动模糊的样本数目。

自适应采样限制：用于设置二维图层运动自动使用的每帧样本取样的极限值。

渲染器：用于设置渲染引擎。在该下拉列表中包括【经典 3D】、【CINEMA 4D】、【光线追踪 3D】3 个选项。【经典 3D】是传统的渲染器，图层可以作为平面放置在 3D 空间中；【CINEMA 4D】渲染器支持文本和形状的凸出，这是凸出 3D 作品在大多数计算机上的首选渲染器；【光线追踪 3D】渲染器支持文本和形状的凸出，仅对具有相应 Nvidia Cuba 卡的配置推荐此选项。单击【选项】按钮，用户可以在选定模式下调整视频显示质量。

2．基于素材创建合成

基于素材创建合成是指以素材的尺寸和时间长度为依据，进行合成的创建。基于素材创建合成主要分为单个素材的创建和多个素材的创建。

用户可以在【项目】面板中选中需要创建合成的素材，将素材拖至【项目】面板底部的【新建合成】按钮上。

当用户选择了多个素材创建合成时，系统将弹出【基于所选项新建合成】对话框，如图 3-18 所示。

在【基于所选项新建合成】对话框中，主要包括以下选项。

创建：用于设置合成的创建方式，包括【单个合成】和【多个合成】两种方式。选择【单个合成】单选按钮，将会把多个素材放置在一个合成中；选择【多重合成】单选按钮，将根据素材的数量创建等量的合成。

选项：用于设置合成的大小和时间等参数。【使用尺寸来自】用于设置合成尺寸的依据对象；【静帧持续时间】用于设置合成的静帧素材的持续时间。选中【添加到渲染队列】复选框后，可将合成添加到渲染队列中。

序列图层：选中该复选框后，可以设置序列图层的排列方式。选中【重叠】复选框，可以设置素材的重叠时间及过渡方式。

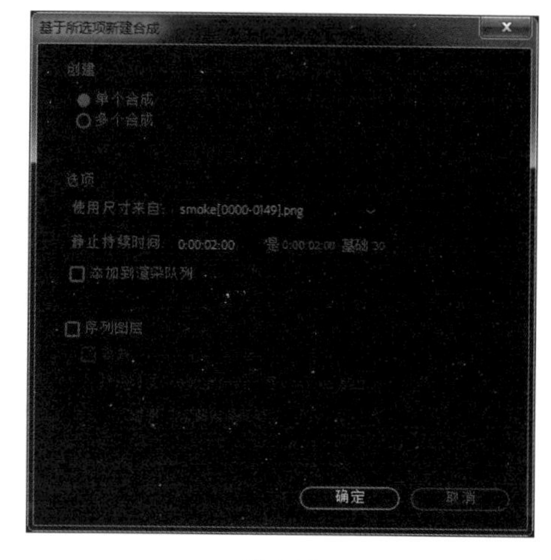

图 3-18

3.3.2 存储和收集项目文件

创建合成项目以后，用户需要经常存储和备份项目文件并合理地命名文件，从而方便再次修改和调用文件。

1. 存储文件

存储文件是将项目保存在本地计算机中，用户可以执行【文件】>【保存】命令，在弹出的【另存为】对话框中，设置文件的保存路径、文件名称和文件的保存类型，如图 3-19 所示。

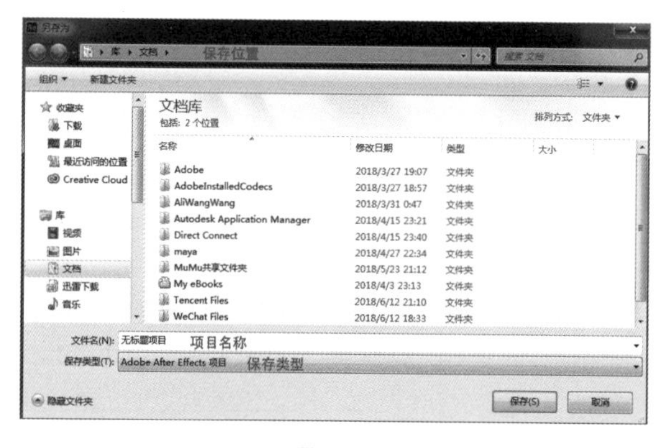

图 3-19

用户可以通过执行【文件】>【增量保存】命令，或者使用快键键 Ctrl+Alt+Shift+S，自动生成新名称保存项目的副本，副本的名称会自动在原始存储项目的名称后添加一个数字。如果项目名称以数字结尾，则该数字自动添加 1 作为增量存储的名称。

如果要使用其他名称保存项目文件，或者重新指定项目文件的保存位置，用户可以执行【文件】>【另存为】>【另存为】命令，在弹出的【另存为】对话框中重新设置项目文件的名称和存储位置等信息，原始文件将保持不变。

在【文件】>【另存为】菜单中，同样为用户提供了多种保存方式，包括【保存副本】、【将副本另存为 XML】、【将副本另存为 CC(14)】、【将副本另存为 CC(13)】，如图 3-20 所示。

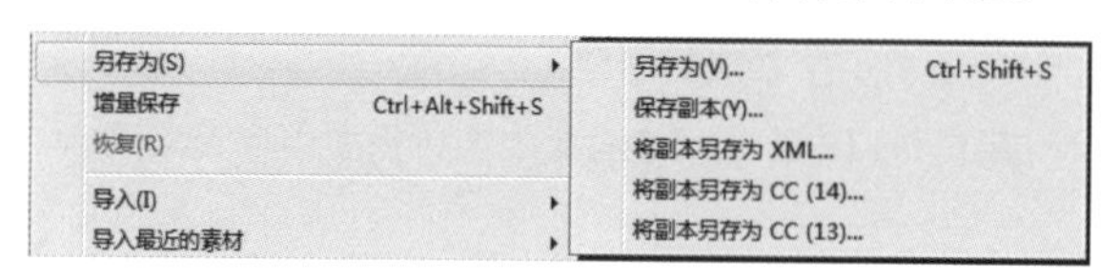

图 3-20

保存副本：可将当前项目使用其他名称保存或保存到其他位置。

将副本另存为 XML：将当前项目保存为 XML 格式的文档进行备份，基于文本的 XML 项目文件会将一些项目信息包含为十六进制编码的二进制数据。

将副本另存为 CC(14)/（13）：将文件保存一个可在 After Effects CC(14)/ (13) 中打开的项目。

用户可以通过执行【编辑】>【首选项】>【自动保存】菜单命令，设置自动保存项目的时间间隔和数量。

2. 收集文件

当用户需要移动已经保存好的项目文件时，可以执行【文件】>【整理工程（文件）】>【收集文件】命令，系统会将当前文件进行整理并保存，项目中所用资源的副本将被保存到磁盘上的单个文件夹中，如图 3-21 所示。

图 3-21

执行【收集文件】命令时，要先对当前的文件进行储存。

课堂练习 导入素材

素材文件	素材文件 \ 第 3 章 \ 视频素材 01.mp4
案例文件	案例文件 \ 第 3 章 \ 导入素材 .aep
视频教学	视频教学 \ 第 3 章 \ 导入素材 .mp4
案例要点	完成导入素材、解释素材、创建合成、保存文件和收集文件等一整套流程操作

扫码观看视频

Step 01 打开 Affect Effects CC 2018。在【项目】面板中的空白区域单击鼠标右键，在弹出的快捷菜单中选择【导入】>【文件】命令，导入“视频素材 01.mp4”文件。

Step 02 解释视频素材，将【匹配帧速率】修改为 24 帧 / 秒，单击【确定】按钮，如图 3-22 所示。

Step 03 将素材文件拖到【项目】面板底部的【新建合成】按钮上，基于素材创建合成“素材 1”，如图 3-23 所示。

Step 04 按快捷键 Ctrl+K 修改合成属性，将合成重命名为“合成 1”。

Step 05 双击【项目】面板，打开【导入文件】对话框，选择“屏幕动画.psd”文件，单击【导入】按钮，将 PSD 文件导入软件。

Step 06 弹出 PSD 文件导入类型对话框，设置【导入种类】为【合成】、【图层选项】为【可编辑图层样式】，创建基于 PSD 文件的合成屏幕动画，如图 3-24 所示。

图 3-22

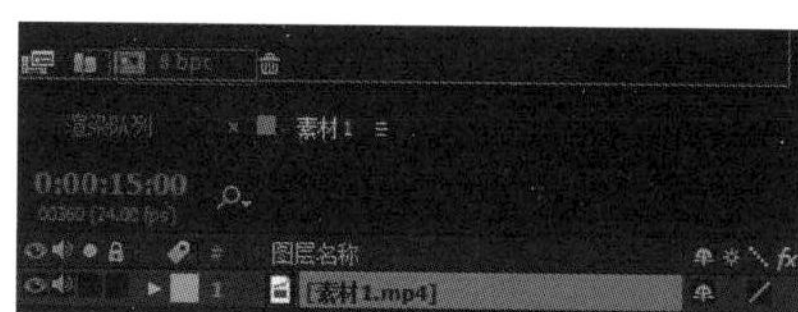

图 3-23

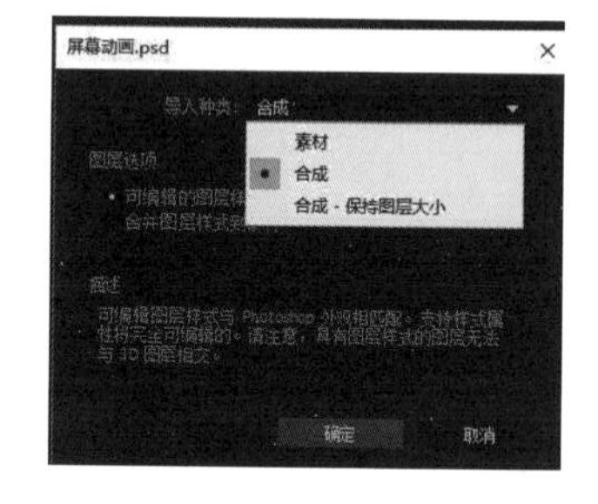

图 3-24

Step 07 按快捷键 Ctrl+S 保存文件，文件名为“合成练习 1”，如图 3-25 所示。

Step 08 执行【文件】>【整理工程】>【收集文件】命令，打开【收集文件】对话框，设置【收集源文件】类型为【全部】，单击【收集文件】按钮，将原工程另存为“合成练习 1 文件夹”。

Step 09 工程收集整理完毕。

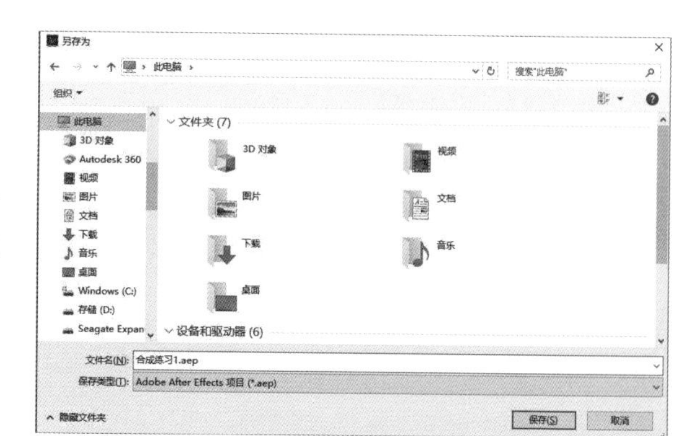

图 3-25

3.4 添加、删除、复制效果

将原有素材导入 After Effects 后，就要对素材进行进一步的设计与加工。After Effects 为用户提供了大量的效果，涵盖动画、剪辑、校色、音频等诸多门类。用户还可以自主添加效果至 After Effects 中，所有的滤镜效果都保存在 Adobe\Adobe After Effects CC 2018\Support Files\Plug-ins 文件夹中。在重启软件后，After Effects 会在【增效工具】文件夹及其子文件夹中搜索所有安装的效果，并将它们添加到【效果】菜单和【效果和预设】面板中。

3.4.1 添加效果

下面介绍添加效果的方法。

- 在【时间轴】面板中选择需要添加效果的图层，在【效果】菜单中选择相应的效果。
- 在【时间轴】面板中选择需要添加效果的图层，单击鼠标右键，在弹出的快捷菜单中选择【效果】命令，然后选择所需的效果命令，如图 3-26 所示。

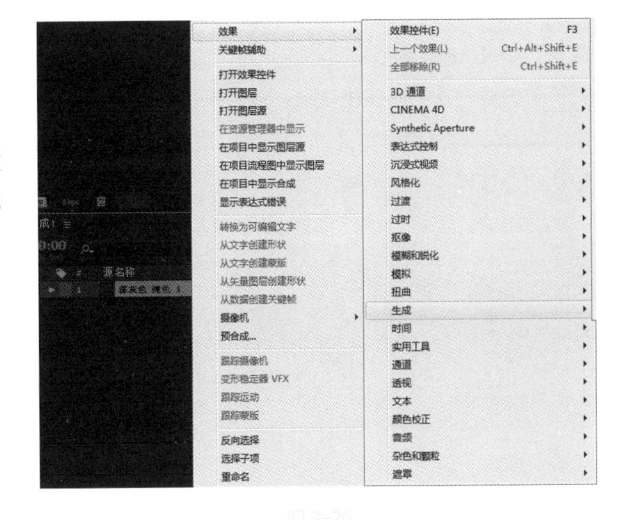

图 3-26

- 在【效果和预设】面板中，选择需要添加的效果，按住鼠标左键，将效果拖至【合成】面板中需要添加效果的图层上，松开鼠标即可，如图 3-27 所示。

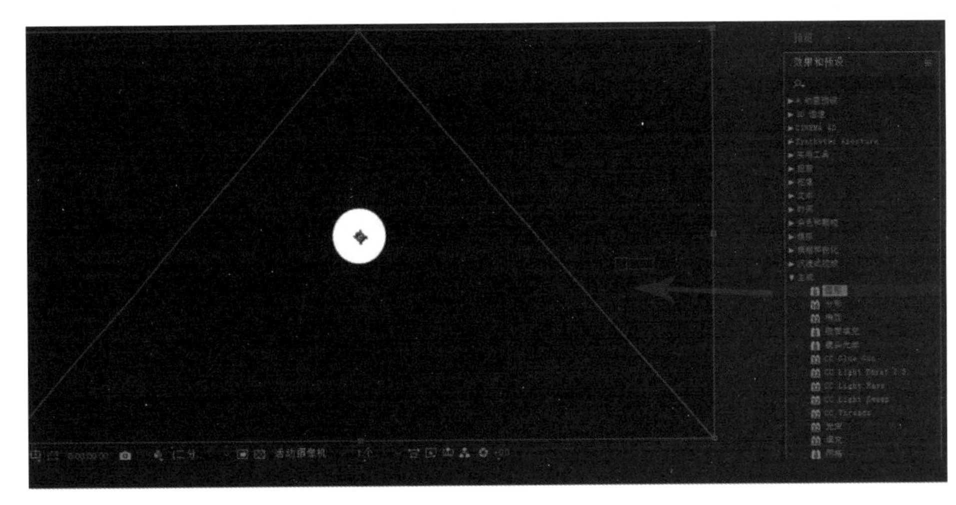

图 3-27

- 在【效果和预设】面板中，选择需要添加的效果，按住鼠标左键，将效果拖至【效果控件】面板中需要添加效果的图层上，松开鼠标即可，如图 3-28 所示。
- 在【时间轴】面板中，选择需要添加效果的图层，在【效果控件】面板中单击鼠标右键，在弹出的快捷菜单中选择合适的效果进行添加即可。

图 3-28

3.4.2 删除效果

在【时间轴】面板中选择需要删除效果的图层，或者在【效果控件】面板中选择需要删除的效果，执行【编辑】>【清除】命令，如图 3-29 所示，或者按 Delete 键即可。

若需要一次删除多个效果，可以按住 Ctrl 键依次加选效果，执行【清除】命令。选择某一效果，单击鼠标右键，执行【全部移除】命令，可以一次删除该图层上的所有效果。

图 3-29

3.4.3 复制效果

在同一个图层中复制效果时，可在【时间轴】面板中选择需要复制效果的图层，或者在【效果控件】面板中选择需要复制的效果，然后执行【编辑】>【重复】命令，如图 3-30 所示，或者按快捷键 Ctrl+D，即可完成复制效果操作。

在不同的图层之间复制效果时，需要在【时间轴】面板中选择已添加效果的图层，或者在【效果控件】面板中选择需要复制的效果，再执行【编辑】>【复制】命令，或者按快捷键 Ctrl+C，再在【时间轴】面板中选择需要添加效果的目标图层，执行【编辑】>【粘贴】命令，或者按快捷键 Ctrl+V 粘贴效果。

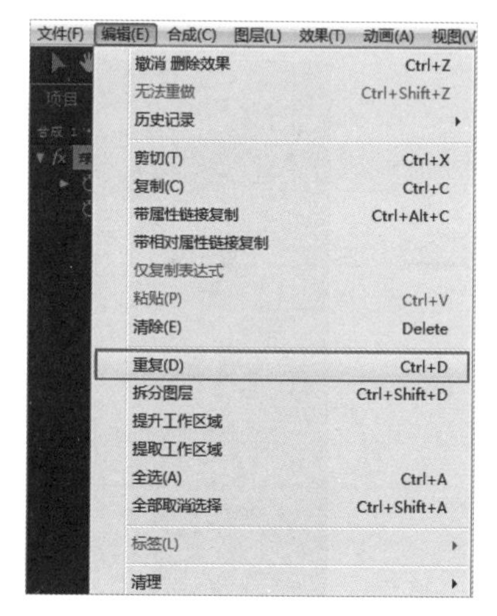

图 3-30

课堂练习 复制效果

素材文件	素材文件 \ 第 3 章 \ 场景 .jpg	扫码观看视频 
案例文件	案例文件 \ 第 3 章 \ 复制效果 .aep	
视频教学	视频教学 \ 第 3 章 \ 复制效果 .mp4	
案例要点	针对图片素材创建一个简单的效果，并通过对多个效果的复制，进行高效的项目效果制作	

Step 01 打开项目工程“复制效果.aep”文件，效果如图3-31所示。

图 3-31

Step 02 选择文字图层“After Effect”，执行【效果】>【生成】>【梯度渐变】命令，设置【渐变起点】为（1030,380）、【渐变终点】为（90,660），设置【起始颜色】为RGB（255,255,255）、【结束颜色】为RGB（255,255,120），如图3-32所示。

Step 03 选择文字图层“After Effect”，执行【效果】>【透视】>【斜面 Alpha】命令，设置【边缘厚度】为3、【灯光角度】为0×+60°、【灯光强度】为0.5，如图3-33所示。

Step 04 选择文字图层“After Effect”，执行【效果】>【透视】>【投影】命令，设置【不透明度】值为30%、【方向】为0×-60°、【距离】为5、【柔和度】为10，如图3-34所示。

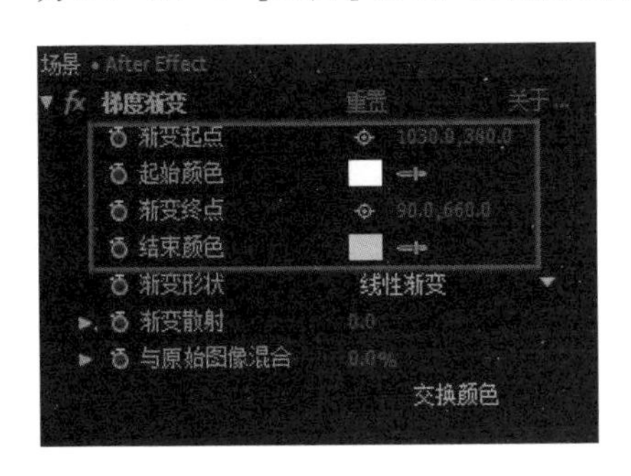

图 3-32

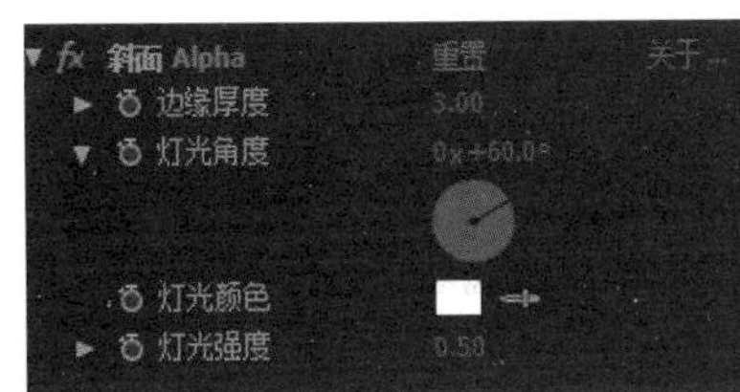

图 3-33

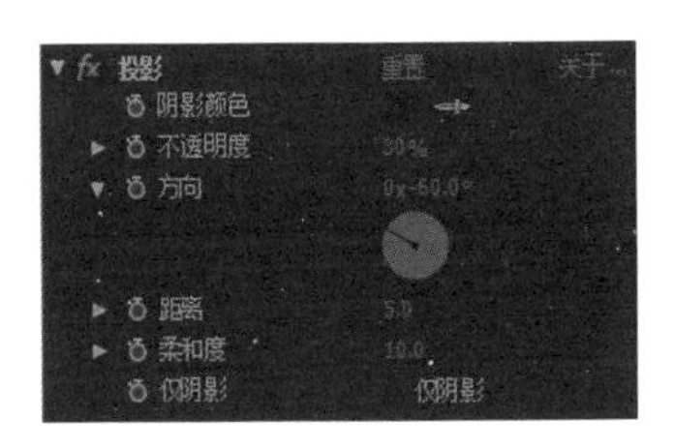

图 3-34

Step 05 文字图层“After Effect”的效果如图3-35所示。

Step 06 选择文字图层“After Effect”，在【效果控件】面板中选择所有效果，执行【编辑】>【复制】命令，在【时间轴】面板中选择目标图层“CC2018”，执行【编辑】>【粘贴】命令，将所有添加的效果全部复制给目标图层。选择文字图层“CC2018”，在【效果控件】面板中选择【梯度渐变】效果，设置【渐变起点】为（650,500），调整该图层效果，最终成品如图3-36所示。

图 3-35

图 3-36

3.5 预览视频和音频

在 After Effects 中制作的项目，用户可以提前预览所有或部分效果，无须最终输出时渲染预览。用户可以通过改变分辨率来改变预览的速度，这就极大地提高了视频制作的效率。

3.5.1 使用【预览】面板预览视频和音频

After Effects 会实时分配 RAM（内存）以播放音频和视频，预览的时间与合成的分辨率、复杂程度和计算机内存大小相关。

在【预览】面板中，主要包括如图 3-37 所示的选项。

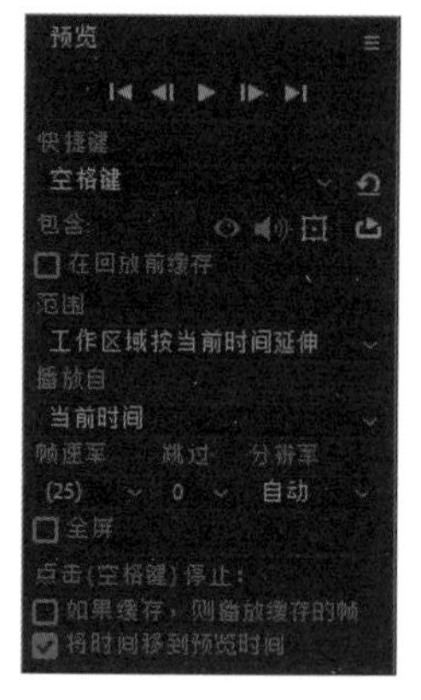

图 3-37

预览控制按钮：包括第一帧、上一帧、播放 / 停止、下一帧、最后一帧按钮。

快捷键：选择用于播放 / 停止预览的键盘快捷键，包括【空格键】、【数字小键盘 0】和【Shift + 数字小键盘 0】等选项。预览行为取决于用户为当前选定的快捷键指定的设置。

重置：恢复所有快捷键的默认设置。

预览视频：激活后将在预览中播放视频。

预览音频：激活后将在预览中播放音频。

预览图层控件：激活此按钮后将在预览中显示图层控件，如参考线、手柄和蒙版。

循环选项：用于设置是否需要循环预览。

在回放前缓存：选中该复选框，在渲染和缓存阶段，会尽快渲染并缓存帧，随后会立即开始回放缓存的帧。

范围：用于定义要预览的帧的范围。选择【工作区】选项只预览工作区内的帧；选择【工作区域按当前时间延伸】选项将参照当前时间指示器的位置动态地扩展工作区。

如果当前时间指示器被置于工作区之前，则范围为当前时间到工作区终点。

如果当前时间指示器被置于工作区之后，则范围为工作区起点到当前时间。除非已经启用【当前时间】，在这种情况下，范围为从工作区起点到合成、图层或素材的最后一帧。如果当前时间指示器被置于工作区内，则范围就是工作区域，没有扩展。

播放自：用于定义在【范围开头】或【当前时间】位置进行播放。

帧速率：用于设置预演的帧速率，【自动】选项表示使用合成的帧速率。

跳过：用于设置在两个渲染帧之间要跳过的帧数，0 表示渲染所有帧，1 表示在每两帧中跳过一个帧。

分辨率：用于设置预演时的画面分辨率。在【分辨率】下拉列表中指定的值将覆盖合成的分辨率设置。

全屏：选中该复选框，将全屏显示预览效果。

如果缓存，则播放缓存的帧：如果要停止仍在缓存的预览，可以选择停止预览还是播放缓存的帧。

将时间移到预览时间：选中该复选框，如果停止预览，当前时间指示器将自动移动到最后预览的帧（红线）。

提示

在仅预览音频时，将立即实时播放，除非用户为音频文件添加了除“立体声混合”之外的“音频效果”，在这种情况下，等待音频渲染后即可播放。

3.5.2 手动预演

在【时间轴】面板中拖动当前时间指示器，可以手动预览视频。当按住 Ctrl 键拖动当前时间指示器时，可以同时预览视频文件和音频文件；当按住快捷键 Ctrl+Alt 拖动当前时间指示器时，可以单独预览音频文件。

3.6 渲染和导出

在 After Effects 中完成项目的制作后，就可以进行影片的渲染了。渲染是从合成中创建影片或图像序列的过程，对于高质量的影片或图像序列，项目的渲染时间会根据项目的尺寸大小、质量、时间长度等因素逐步增加。

在【项目】面板中选择需要渲染的合成文件，执行【合成】>【添加到渲染队列】命令，如图 3-38 所示，或者将项目合成文件从【项目】面板中直接拖至【渲染队列】面板中即可。

图 3-38

3.6.1 渲染设置

渲染设置决定了影片最终输出的质量，单击【最佳设置】选项，如图 3-39 所示，可以弹出【渲染设置】对话框。

【渲染设置】对话框中的设置决定了每个与它关联的渲染项的输出，合成本身并不受影响，用户可以自定义设置渲染质量或使用预设的渲染设置，如图 3-40 所示。

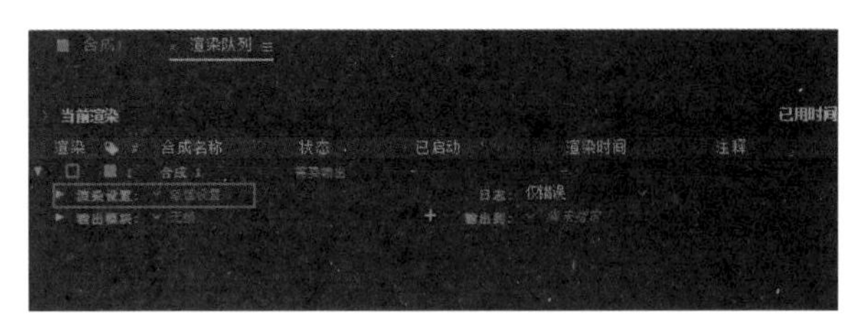

图 3-39

图 3-40

品质：用于设置渲染的品质，包括【最佳】（渲染品质最高）、【草图】（质量相对较低，多用于测试）、【线框】（合成中的图像将以线框的方式进行渲染）。

分辨率：用于设置合成的渲染分辨率，提供了【完整】、【二分之一】、【三分之一】、【四分之一】和【自定义】等选项。

磁盘缓存：用于设置渲染期间是否使用磁盘缓存。【只读】表示不会在渲染中使用磁盘缓存，【当前设置】表示使用在【首选项】对话框中的磁盘缓存设置。

代理使用：用于设置是否在渲染时使用代理，默认为【不使用代理】。选择【当前设置】选项，将使用当前素材项目的设置；选择【仅使用合成代理】选项，将由合成创建代理文件进行渲染；选择【使用所有代理】选项，将由全部素材与合成创建代理文件进行渲染。

效果：选择【当前设置】选项，会使用效果开关 fx 的当前设置；选择【全部开启】选项，将渲染所有图层效果；选择【全部关闭】选项，将不渲染任何效果。

独奏开关：选择【当前设置】选项，将使用每个图层的独奏开关设置；选择【全部关闭】选项，将关闭图层的独奏开关进行渲染。

引导层：选择【全部关闭】选项，将不渲染引导层；选择【当前设置】选项，将渲染合成中的引导层。

颜色深度：选择【当前设置】选项，将按照合成中的颜色深度进行渲染，也可以单独指定【每通道 8 位】、【每通道 16 位】和【每通道 32 位】进行渲染。

帧混合：选择【对选中图层打开】选项，只对设置了帧混合开关的图层渲染帧混合，无论合成的【启用帧混合】如何设置。选择【对所有图层关闭】选项，将不再进行帧混合运算。

场渲染：用于设置是否进行【高场优先】或【低场优先】的渲染。

3:2 Pulldown：用于设置 3:2 Pulldown 的相位。

运动模糊：选择【对选中图层打开】选项，将对开启了动态模糊的图层渲染动态模糊效果，无论合成的【启用运动模糊】如何设置；选择【对所有图层关闭】选项，将不渲染所有图层的运动模糊效果。

时间跨度：用于设置渲染的时间范围。选择【仅工作区域】选项，将只渲染工作区域内的合成；选择【合成长度】选项，将渲染整个合成。用户也可以自定义渲染的时间范围。

帧速率：用于设置渲染时使用的帧速率。选择【使用合成的帧速率】选项，将以合成设置的帧速率为标准；选择【使用此帧速率】选项可以自定义帧速率。

自定义时间范围：可以手动自定义渲染的时间范围，而不是项目中的渲染范围。

跳过现有文件（允许多机渲染）：用于设置渲染文件的一部分，在渲染多个文件时，自动识别未渲染的帧，对于已经渲染的帧将不再进行渲染。

3.6.2 渲染设置模板

在创建渲染时，将自动分配默认的渲染模板，执行【编辑】>【模板】>【渲染设置】命令，或者单击【渲染队列】面板中【渲染设置】右边的按钮，在下拉列表中选择【创建模板】选项，在弹出的【渲染设置模板】对话框中设置即可，如图 3-41 所示。

图 3-41

单击【新建】按钮，指定渲染设置，可以创建新的渲染模板，输入新模板的名称，单击【确定】按钮即可。

在【设置名称】下拉列表中选择已经存储的模板，单击【编辑】按钮，可以对现有的模板再次进行设置。

单击【复制】按钮，可以对现有已经选中的模板进行复制操作。

单击【删除】按钮，可以对现有已经选中的模板进行删除操作。

单击【全部保存】按钮，可以将当前已加载的所有渲染模板保存到文件。

单击【加载】按钮，可以加载已保存的渲染模板。

在【默认】选项区域，可以指定渲染影片、静帧、预渲染、代理时使用的默认模板。

3.6.3 输出模块设置

输出模块设置用来指定最终输出的文件格式、大小、是否裁剪、是否输出音频、颜色管理、压缩设置等，如图 3-42 所示。

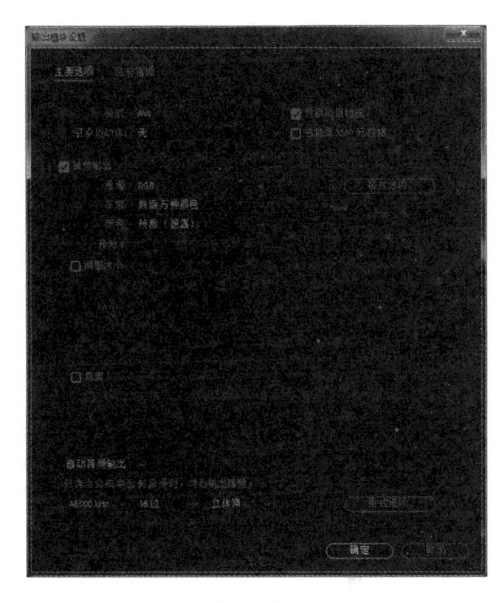

图 3-42

格式：用于设置输出文件的格式。

包括项目链接：指定是否在输出文件中包括链接到源 After Effects 项目的信息。

渲染后动作：用于设置 After Effects 在渲染合成之后要执行的动作。

包括源 XMP 元数据：默认处于取消选择状态。用于设置是否在输出文件中包括用作渲染合成的源文件中的 XMP 元数据。XMP 元数据可以通过 After Effects 从源文件传递到项目素材、合成，再传递到渲染和导出的文件。

通道：用于设置输出影片中的通道信息。

深度：用于设置输出影片的颜色深度。

颜色：用于设置使用 Alpha 通道创建颜色的方式，包括【预乘（遮罩）】和【直接（无遮罩）】两个选项。

开始 #：用于设置序列起始帧的编号。

使用合成帧编号：用于设置工作区域的起始帧编号作为序列的起始帧。

格式选项：用于设置指定格式扩展的选项。

调整大小：用于设置输出影片的大小。选中【锁定长宽比为 16:9】复选框可以在缩放尺寸时保持 16:9 长宽比。在渲染测试时，可以设置【调整大小后的品质】为【低】，在最终渲染时可以设置【调整大小后的品质】为【高】。

裁剪：用于减少或增加输出影片的边缘像素。在顶部、左侧、底部、右侧使用正值裁剪像素行或列，使用负值增加像素行或列。选择【使用目标区域】选项，则仅导出在【合成】面板或【图层】面板中选择的目标区域。

自动音频输出：用于指定音频输出的采样率、采样深度和播放格式（单声道或立体声）。

3.6.4 记录类型

在【日志】下拉列表中，可以选择一种记录类型，包括【仅错误】、【增加设置】、【增加每帧信息】3 种类型，如图 3-43 所示。

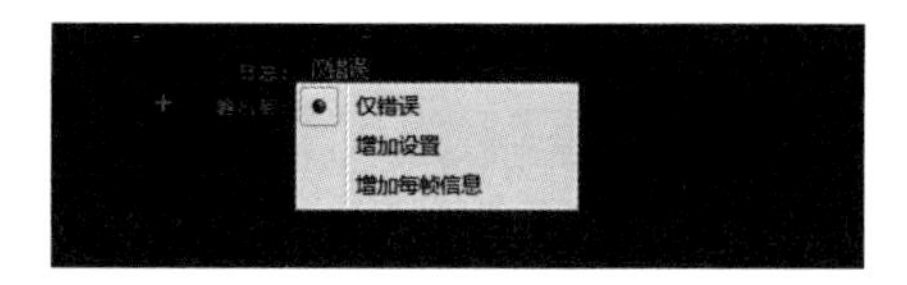

图 3-43

3.6.5 设置输出路径和文件名

单击【输出到】选项后面的文字，会弹出【将影片输出到】对话框，在该对话框中可以指定文件的输出路径和名称，如图 3-44 所示。

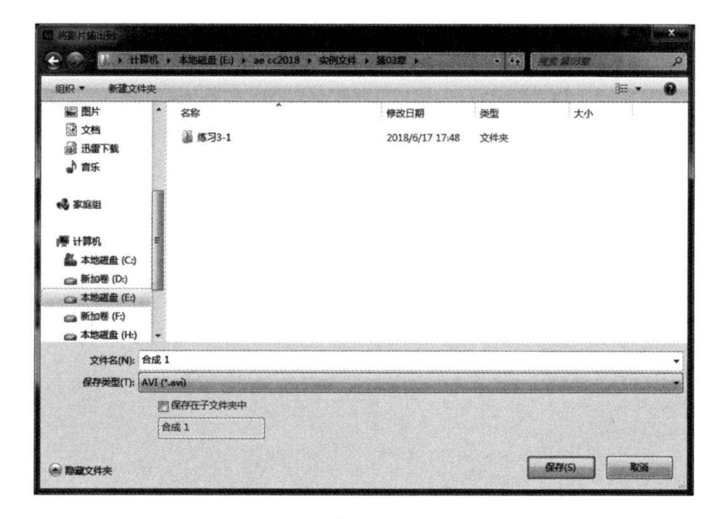

图 3-44

3.6.6 渲染

在【渲染队列】面板中选中需要渲染的合成文件，单击【渲染】按钮，即可进行渲染，如图 3-45 所示。

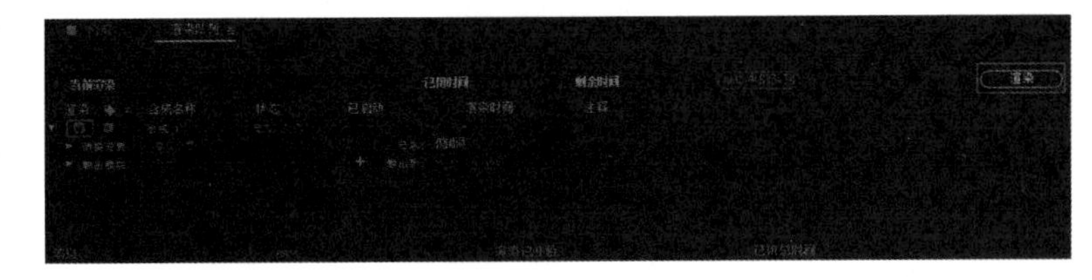

图 3-45

如果输出模块所写入的磁盘空间不足，After Effects 将暂停渲染操作。用户可以通过单击【暂停】按钮在渲染过程中暂停渲染，单击【继续】按钮可以继续进行渲染。

在进行预览或最终渲染输出合成时，在【时间轴】面板中将首先渲染最下端的图层，依次往上逐层渲染。在每个栅格（非矢量）图层中，将首先渲染蒙版，然后渲染滤镜效果，接着渲染变换及图层样式。

在 After Effects 中，类似于 H.264、MPEG-2 和 WMV 的格式均已从渲染队列中移除，因为 Adobe Media Encoder 可实现更佳的效果，如图 3-46 所示。

图 3-46

从 After Effects 中启动 Adobe Media Encoder 的开关如图 3-47 所示。

剩余时间　　AME 中的队列

图 3-47

课堂练习 影片裁剪

素材文件	素材文件 \ 第 3 章 \ 素材图片 1.jpg
案例文件	案例文件 \ 第 3 章 \ 裁剪影片 .aep
视频教学	视频教学 \ 第 3 章 \ 裁剪影片 .mp4
案例要点	针对影片的渲染输出环节进行训练，技术要点为裁剪影片和目标区域设置

扫码观看视频

Step 01 打开工程项目文件“裁剪影片.aep”，如图 3-48 所示。

Step 02 在【合成】面板中选择【目标区域】，调整目标区域范围，如图 3-49 所示。

图 3-48

图 3-49

Step 03 选择“裁剪影片”合成，按快捷键 Ctrl+M 将合成添加至渲染队列中，在【输出模块设置】对话框中选中【裁剪】和【使用目标区域】复选框，最终大小由目标区域决定，如图 3-50 所示。

Step 04 单击【输出到】选项，设置输出格式，指定输出路径，单击【渲染】按钮进行渲染输出，如图 3-51 所示。

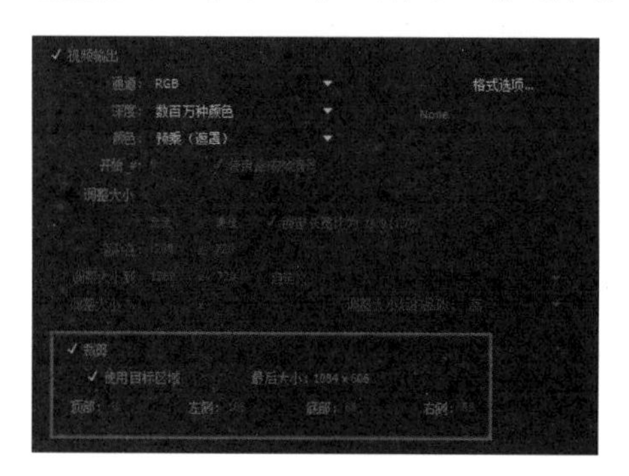

图 3-50

图 3-51

 课堂练习 素材的编辑与输出

素材文件	素材文件 \ 第 3 章 \ 片段 01.mp4 ~ 片段 04.mp4，LOGO 标题.png	扫码观看视频
案例文件	案例文件 \ 第 3 章 \ 素材合成.aep	
视频教学	视频教学 \ 第 3 章 \ 素材合成.mp4	
练习要点	该案例重点加深读者对工程创建格式的理解，掌握批量导入素材的方式、不同格式文件的组接叠加，以及按照需求输出视频等软件功能的使用	

1. 练习思路

- 批量导入视频素材。
- 根据素材创建合成，调整合成规格。
- 通过【序列图层】拼接视频素材。
- 添加 LOGO 并为 LOGO 添加【投影】效果。
- 输出视频。

2. 制作步骤

Step 01 双击【项目】面板，全选素材“片段 01.mp4”至“片段 04.mp4”并导入，如图 3-52 所示。

Step 02 选择【项目】面板中的所有素材，拖至【项目】面板底部的【新建合成】按钮上，在弹出的【基于所选项新建合成】对话框中，选择创建单个合成，并选中【序列图层】复选框，如图 3-53 所示。

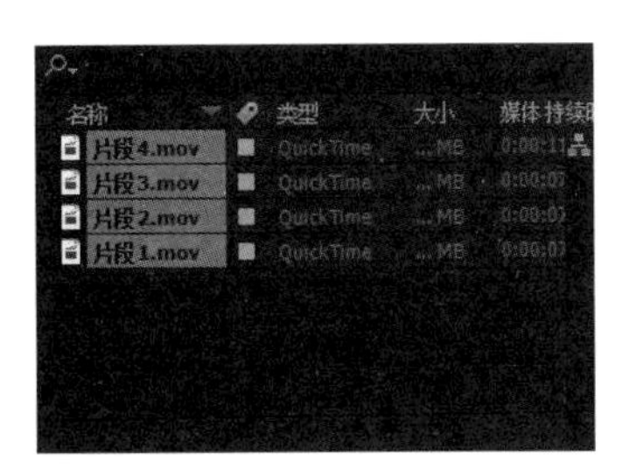

图 3-52

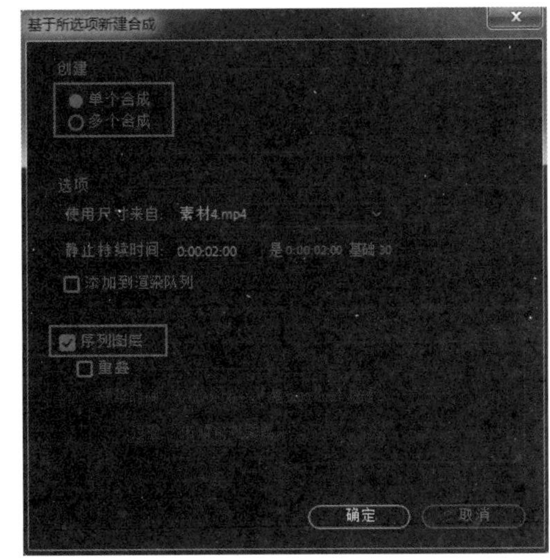

图 3-53

Step 03 双击【项目】面板，导入“LOGO 标题 .png”素材并拖至画面右上端，如图 3-54 所示。

Step 04 选择“LOGO 标题”图层，执行【效果】>【透视】>【投影】命令，在【效果控件】面板中，设置【不透明度】值为 30%、【距离】值为 5.0，如图 3-55 所示。

图 3-54

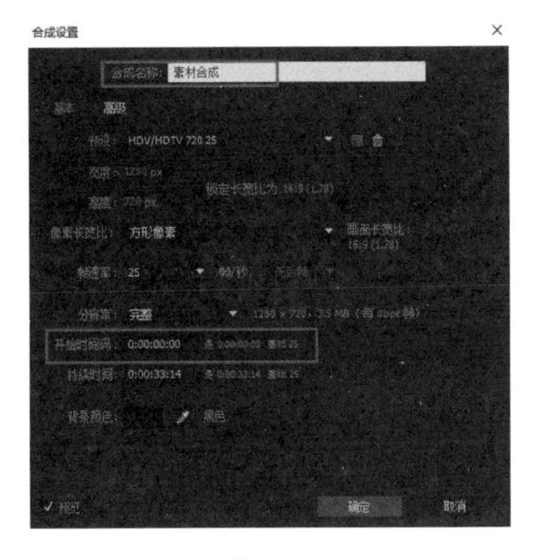

图 3-55

Step 05 执行【合成】>【合成设置】命令，设置【合成名称】为“素材合成”，【开始时间码】为 0:00:00:00，如图 3-56 所示。

Step 06 使用小键盘上的 0 键，预览动画效果，并按快捷键 Ctrl+M 将合成添加至渲染队列并输出。

图 3-56

课后习题

一、选择题

1. 导入素材文件的快捷键是（　　）。

A. Ctrl+H　　B. Ctrl+I　　C. Ctrl+J　　D. Ctrl+K

2. PAL 制式视频的帧速率为（　　）。

A. 23 帧/秒　　B. 24 帧/秒　　C. 25 帧/秒　　D. 29.97 帧/秒

3. 以下哪种手段无法为素材添加效果？（　　）

A. 在素材上单击鼠标右键，打开【效果】面板，为素材添加效果

B. 在【效果与预设】面板中选择效果，单击鼠标右键添加

C. 在【效果与预设】面板中选择效果，将其拖到素材上

D. 选择素材，在菜单栏中选择【效果】，在下拉菜单选择要添加的效果

4. 修改合成属性的快捷键是（　　）。

A. Ctrl+L　　B. Ctrl+M　　C. Ctrl+N　　D. Ctrl+O

二、填空题

1. 序列文件是最常用的文件类型之一，主要指 ________ 的文件类型。

2. ________ 是指以素材的尺寸和时间长度为依据，进行合成的创建。

3. PAL 制式的标清分辨率为 ________，画面宽高比为 ________。

4. 用户可以通过 ________ 命令，设置自动保存项目的时间间隔和数量。

5. 渲染设置决定了最终渲染输出的质量，单击 ________ 选项，可以弹出【渲染设置】对话框。

三、简答题

1. 简述修改原始素材帧速率的步骤。

2. 简述收集工程文件的步骤。

3. 简述“图层设置”和“合成设置”的区别。

四、案例习题

素材文件：练习文件 \ 第 3 章 \ 素材 01.mp4 ~ 素材 04.mp4，LOGO.png

效果文件：练习文件 \ 第 3 章 \ 第 3 章案例习题.mp4

练习要点：

- 根据素材设置项目规格。
- 根据需求组接素材。
- 根据需求添加必要的效果，并进行调整。
- 完整输出最终视频并收集整个项目工程文件。

第4章

图层

图层这一概念存在于很多图像处理软件之中，是项目制作最基础的元素。本章将详细介绍 After Effects CC 2018 中图层的分类、各类型图层的相关属性、针对图层的一系列基本操作，以及不同图层互相组合产生的神奇效果。读者可结合相关案例，领略图层在影视制作中扮演的重要角色。

AFTER EFFECTS

学习目标

- 熟悉图层的工作原理
- 掌握图层的类型及相应的功能
- 掌握图层的相关属性及操作
- 掌握图层关键帧的相关概念

技能目标

- 掌握图层混合模式的使用
- 掌握利用图层关键帧制作动画的方法
- 掌握图层合成嵌套的用法

图层

After Effects 中的图层类似于 Photoshop 中的图层，一张张按顺序叠放在一起，组合起来形成合成的最终效果。

用户可以在【时间轴】面板中调整图层的分布，After Effects 会对合成中的图层进行编号，编号会显示在图层名称的左侧。图层的堆叠顺序会影响到合成的最终效果。在默认设置下，图层按照从上往下的顺序依次叠放，上层图层的图像会遮盖下层图层的图像。用户也可以通过调整混合模式，将上下图层进行各种混合，从而产生特殊的效果，如图 4-1 所示。

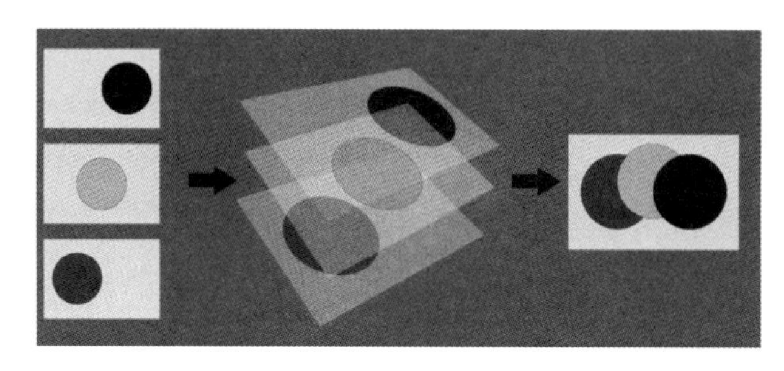

图 4-1

4.1.1 图层的种类

在 After Effects 中，用户可以创建多种图层，主要分为以下几种：

- 基于导入的素材项目（如静止的图像、影片和音频轨道）创建的视频和音频图层。
- 用来执行特殊功能的图层（例如，摄像机、灯光、调整图层和空对象）。
- 纯色素材项目的纯色图层。
- 形状图层和文本图层。
- 预合成图层。

After Effects 为用户提供了 9 种不同的新建图层的方法。大多数新建图层命令都是在现有选定图层的上方创建新图层，如果未选择任何图层，则会在堆栈的最上方创建新图层。执行【图层】>【新建】命令，选择任意图层类型，即可创建一个新的图层，如图 4-2 所示。

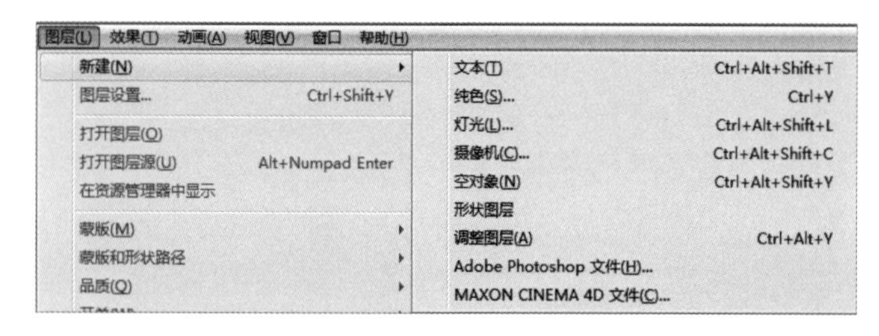

图 4-2

在【时间轴】面板的空白区域单击鼠标右键，在弹出的快捷菜单中选择【新建】命令，同样能够创建不同类型的图层。

1. 文本图层

执行【图层】>【新建】>【文本】命令，可以创建文本图层。文本图层是用于创建具有效果的文字图层，如图 4-3 所示。

2. 纯色图层

执行【图层】>【新建】>【纯色】命令，可以创建纯色图层，如图 4-4 所示。纯色图层是具有颜色的图层，若想修改纯色图层的相关信息，用户可以选择纯色图层，执行【图层】>【纯色设置】命令。

图 4-3

图 4-4

3. 灯光图层

执行【图层】>【新建】>【灯光】命令，可以创建灯光图层，如图 4-5 所示。灯光图层用于模拟不同种类的灯光效果，在灯光图层的属性面板中，用户可以设置灯光图层的【灯光类型】、【颜色】、【强度】等参数。

4. 摄像机图层

执行【图层】>【新建】>【摄像机】命令，可以创建摄像机图层。摄像机图层是用来在 3D 模式下模拟摄像机运动效果的，如图 4-6 所示。

图 4-5

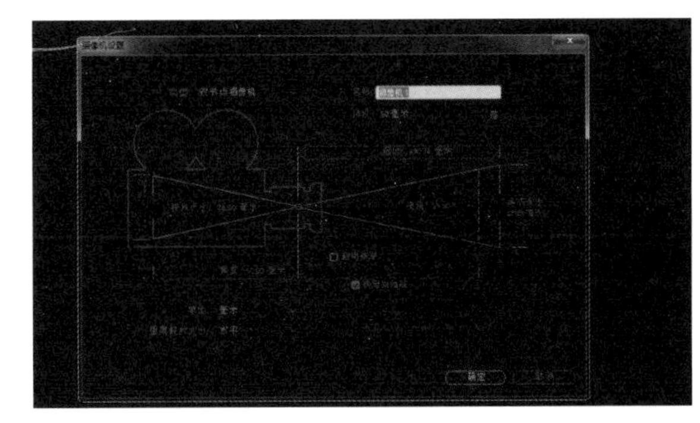

图 4-6

5. 空对象图层

执行【图层】>【新建】>【空对象】命令，可以创建空对象图层。空对象图层是具有图层所有属性的不可见图层，因此经常用来配合表达式和作为父级图层使用，如图 4-7 所示。

6. 形状图层

执行【图层】>【新建】>【形状图层】命令，可以创建形状图层，如图 4-8 所示。

图 4-7

图 4-8

7. 调整图层

执行【图层】>【新建】>【调整图层】命令，可以创建调整图层。调整图层会影响在图层堆叠顺序中位于该图层之下的所有图层，位于图层堆叠顺序底部的调整图层没有可视结果，如图 4-9 所示。

提示

除了可以执行【图层】>【新建】>【调整图层】命令创建调整图层，还可以在【时间轴】面板中通过单击图层属性中的【调整图层】按钮，将其他图层转换为调整图层。

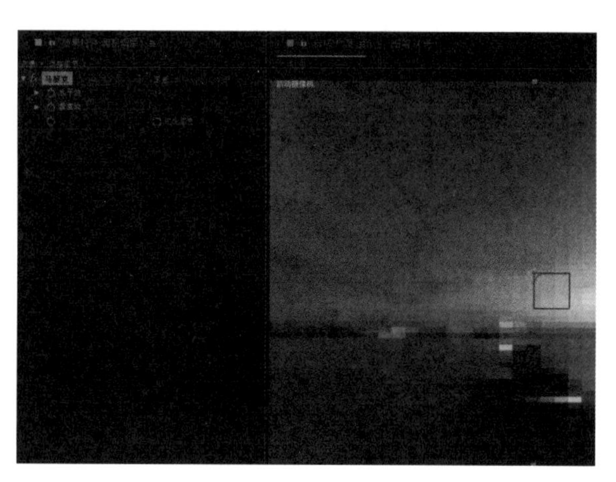

图 4-9

8. Adobe Photoshop 文件图层

执行【图层】>【新建】>【Adobe Photoshop 文件】命令，可以创建 Adobe Photoshop 文件图层，如图 4-10 所示。

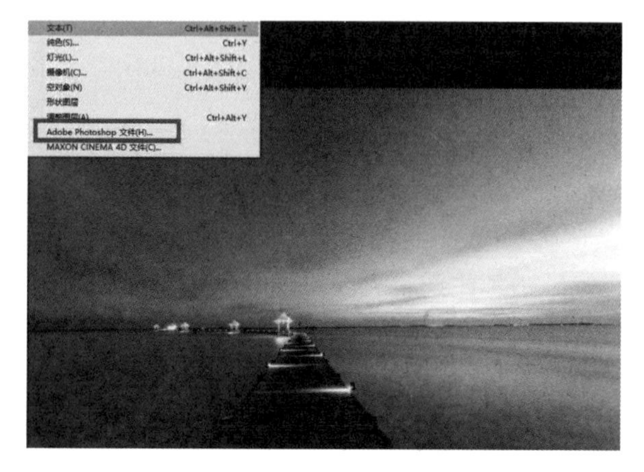

图 4-10

9. MAXON CINEMA 4D 文件图层

执行【图层】>【新建】>【MAXON CINEMA 4D 文件(C)】命令，可以创建 CINEMA 4D 文件图层，如图 4-11 所示。

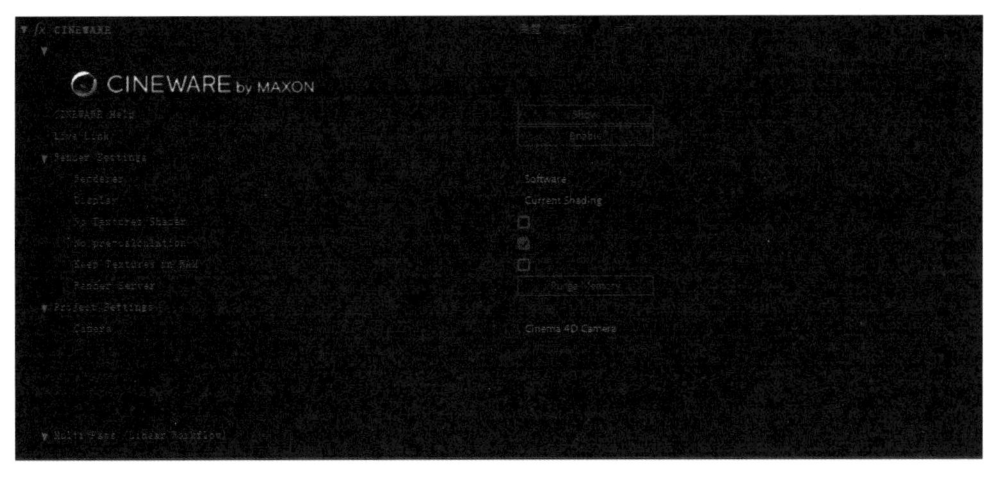

图 4-11

4.1.2 图层的属性

在 After Effects 中，经常会利用图层的属性制作动画效果。除音频图层外，每个图层都具有一个基本的【变换】属性组，该组包括【锚点】、【位置】、【缩放】、【旋转】、【不透明度】等属性，如图 4-12 所示。

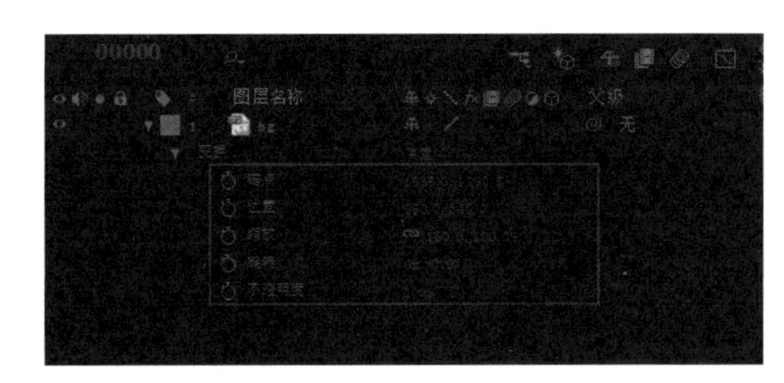

图 4-12

锚点：锚点就是图层的轴心点，图层的位置、旋转和缩放属性都是基于锚点来设置的。调出锚点属性的快捷键为 A，当进行图层的旋转、位移和缩放操作时，锚点的位置会影响最终的效果。

位置：位置属性用来调整图层在画面中的位置，可以通过设置位置属性制作位移动画效果。调出位置属性的快捷键为 P，普通的二维图层通过 X 轴和 Y 轴两个参数来定义图层位于合成中的位置。

缩放：缩放属性是用来控制图层大小的，缩放的中心为锚点所在的位置，普通的二维图层可以通过 X 轴和 Y 轴两个参数来调整，调出缩放属性的快捷键为 S。在使用【缩放】命令时，图层【缩放】属性中的【约束比例】按钮默认为开启状态。用户可以通过单击【约束比例】按钮解除锁定，即可对图层的 X 轴和 Y 轴进行单独调节。

旋转：旋转属性是用来控制图层在画面中的旋转角度的。调出旋转属性的快捷键为 R，普通的二维图层的旋转属性由【圈数】和【度数】两个参数决定。如 1×+20° 表示图层旋转了 1 圈又 20°，即 380°。

不透明度：不透明度属性是用来控制图层的不透明效果的，以百分比的方式来显示。调出不透明度属性的快捷键为 T，当数值为 100% 时，图层完全不透明；当数值为 0 时，图层完全透明。

小技巧

在使用快捷键显示图层属性时，如果需要一次显示两个或两个以上属性，可以按住键盘上的 Shift 键，追加其他属性的快捷键。

4.1.3 图层的开关

图层的许多特性由其图层开关决定，这些开关排列在【时间轴】面板中，如图 4-13 所示。

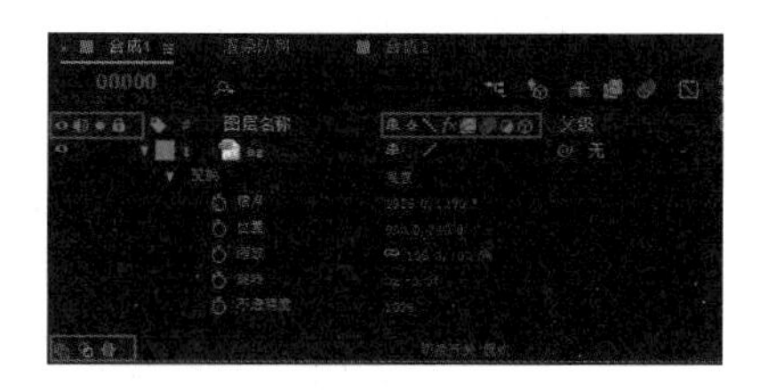

图 4-13

图层开关：展开或折叠【图层开关】窗格。

转换控制：展开或折叠【转换控制】窗格。

入点 / 出点 / 持续时间 / 伸缩：展开或折叠【入点 / 出点 / 持续时间 / 伸缩】窗格。

视频：隐藏或显示来自合成的视频。

音频：启用或禁用图层声音。

独奏：隐藏所有非独奏视频。

锁定：锁定图层，阻止误操作。

消隐：在【时间轴】面板中显示或隐藏图层。

折叠变换 / 连续栅格化：如果图层是预合成图层，则折叠变换；如果图层是形状图层、文本图层或以矢量图形文件（如 Adobe Illustrator 文件）作为源素材的图层，则连续栅格化。为矢量图层启用此开关会导致 After Effects 重新栅格化图层的每个帧，这会提高图像品质，但也会增加预览和渲染所需的时间。

质量和采样：在图层【最佳】和【草稿】渲染品质之间切换。

效果：显示或关闭图层滤镜效果。

帧混合：用于设置帧混合的状态，包括【帧混合】、【像素运动】、【关】3 种模式。

运动模糊：启用或禁用运动模糊。

调整图层：将图层转换为调整图层。

3D 图层：将图层转换为 3D 图层。

4.2 图层操作

4.2.1 选择图层

在制作合成效果时，需要经常选择一个或多个图层进行编辑，对于单个图层，用户可以直接在【时间轴】面板中单击所要选择的图层。当用户需要选择多个图层时，可以使用以下方式：

- 在【时间轴】面板左侧按住鼠标左键框选多个连续的图层。
- 在【时间轴】面板左侧单击起始图层，按住键盘上的 Shift 键，单击结束图层。
- 在【时间轴】面板左侧单击起始图层，按住键盘上的 Ctrl 键，单击需要选择的图层，这样就可以实现图层的单独加选。
- 在颜色标签上单击鼠标右键，在弹出的快捷菜单中选择【选择标签组】命令，可将相同标签颜色的图层同时选中。
- 执行【编辑】>【全选】命令，或者使用快捷键 Ctrl+A，可以选择【时间轴】面板中的所有图层。执行【编辑】>【全部取消选择】命令，或使用快捷键 Ctrl+Shift+A，可以将已经选中的图层全部取消。

4.2.2 改变图层的排列顺序

在【时间轴】面板中可以观察图层的排列顺序，改变图层的排列顺序将影响最终的合成效果。用户可以直接拖动图层从而调整图层的上下位置，也可以执行【图层】>【排列】命令，调整图层的位置，如图 4-14 所示。

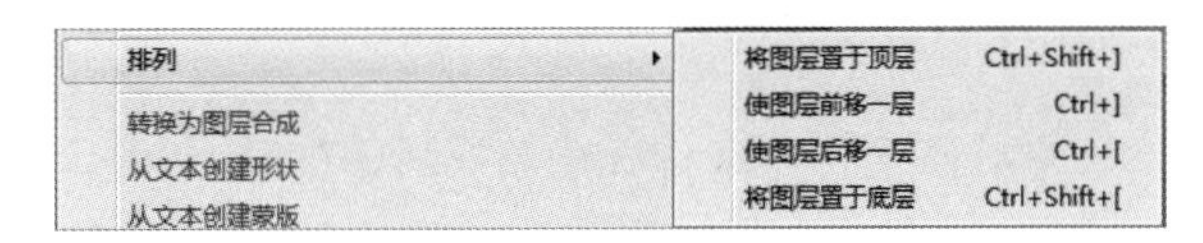

图 4-14

将图层置于顶层：用于将选中的图层调整至最上层。

使图层前移一层：用于将选中的图层向上移动一层。

使图层后移一层：用于将选中的图层向下移动一层。

将图层置于底层：用于将选中的图层调整至最下层。

提示

当改变调整图层的位置时，调整图层以下的所有图层都将受到调整图层的影响。

4.2.3 复制图层

当用户需要对图层进行复制操作时，可以执行【编辑】>【重复】命令，或者使用快捷键 Ctrl+D，即可复制出一个图层。

4.2.4 拆分图层

在 After Effects 中，用户可以通过拆分图层将一个图层分为两个独立的图层。选中需要拆分的图层，在【时间轴】面板中将当前时间指示器调整到需要拆分的位置，执行【编辑】>【拆分图层】命令，即可将图层在当前时间分为两个独立的图层，如图 4-15 所示。

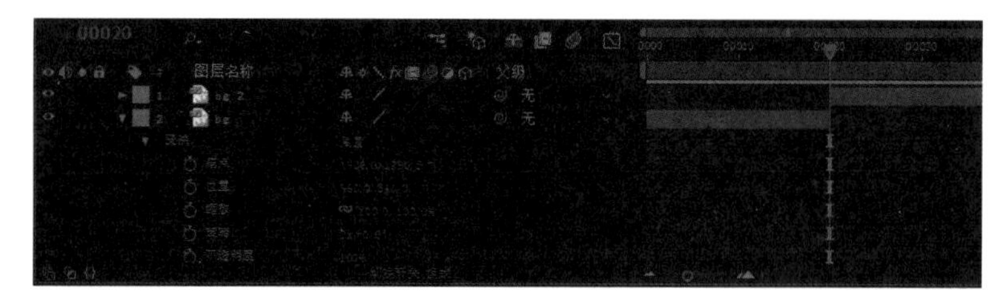

图 4-15

提示

在执行【拆分图层】命令时，若没有选中任何图层，系统会在当前时间拆分合成中的所有图层。

4.2.5 提升/提取工作区域

在合成中，如果需要移除其中的某些内容，可以使用【提升工作区域】和【提取工作区域】命令，如图 4-16 所示。

提升工作区域和提取工作区域的操作方式基本一致。首先需要设置工作区域，在【时间轴】面板中可通过按 B 键设置工作区域的起始位置，按 N 键设置工作区域的结束位置。

选择需要提升/提取的图层，执行【编辑】>【提升工作区域】或【提取工作区域】命令，将相应的内容移除。

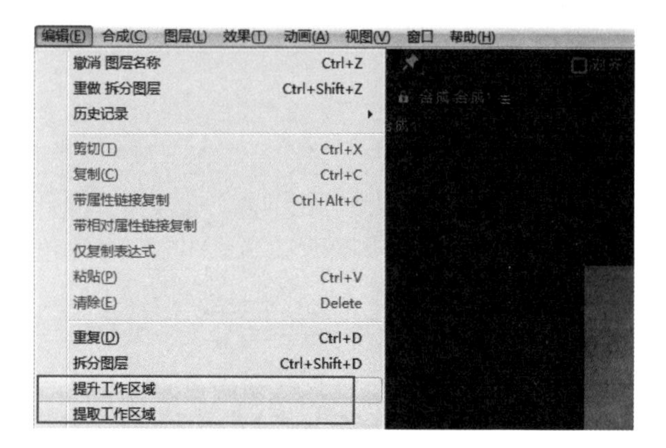

图 4-16

提升工作区域：提升工作区域可以移除工作区域内被选中的图层内容，但是被选择图层的总时长保持不变，中间会保留删除后的空间，如图 4-17 所示。

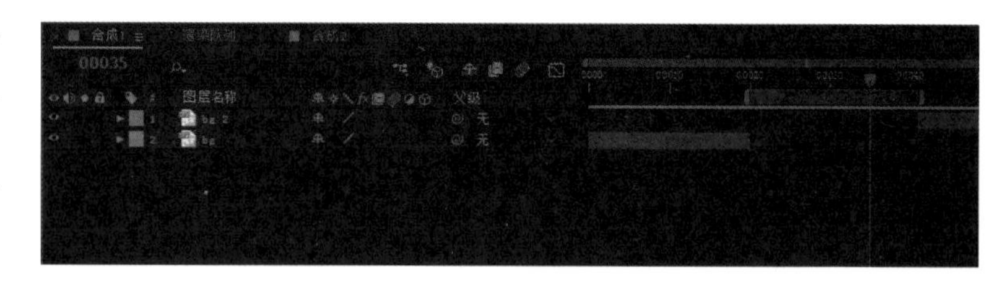

图 4-17

提取工作区域：提取工作区域可以移除工作区域内被选中的图层内容，但是被选择图层的总时间长度会被缩短，删除后的空隙将会被后段素材取代，如图 4-18 所示。

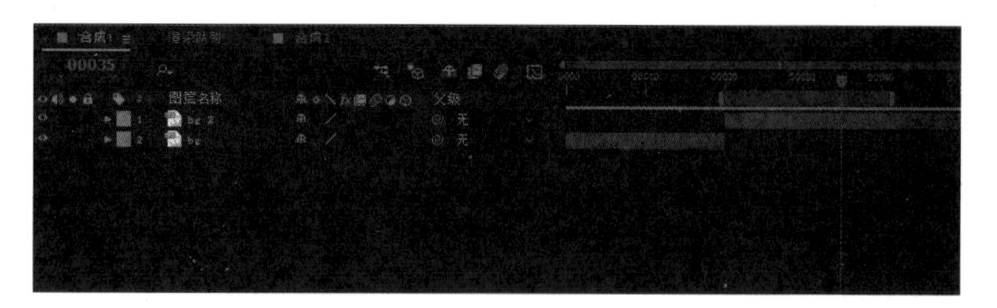

图 4-18

4.2.6 设置图层的出入点

用户可以在【时间轴】面板中对图层的出入点进行精确的设置，也可以通过手动完成调整。

在【时间轴】面板中按住鼠标左键拖动图层左侧边缘，或者将当前时间指示器调整到相应位置，按快捷键“Alt+【”调整图层的入点，如图 4-19 所示。

图 4-19

在【时间轴】面板中按住鼠标左键拖动图层右侧边缘，或者将当前时间指示器调整到相应位置，按快捷键“Alt+】”调整图层的出点。

用户可以通过单击【时间轴】面板中的【入】、【出】和【持续时间】选项，直接输入数值来改变图层的出入点和持续时间，如图 4-20 所示。

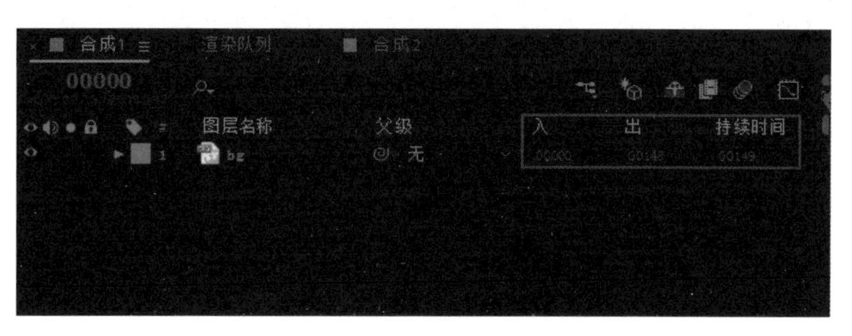

图 4-20

4.2.7 父子图层

在对某一个图层做基础属性变换时，若想使其他图层产生相同的效果，可以通过设置父子图层的方式来实现。当父级图层的基础属性发生变化时，子级图层不透明度以外的属性随父级图层的变化而变化。用户可以通过在【时间轴】面板中的【父级】选项中设置指定图层的父级图层，如图 4-21 所示。

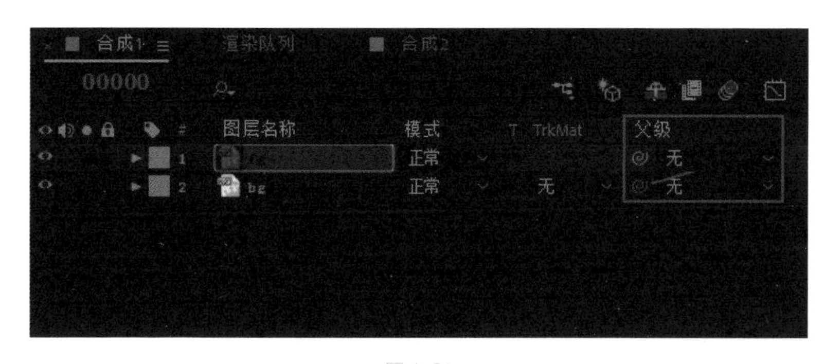

图 4-21

提示

一个父级图层可以同时拥有多个子级图层，但是一个子级图层只能有一个父级图层。

4.2.8 自动排列图层

在进行图层排列时，可以使用【关键帧辅助】功能对图层进行自动排列。首先需要选择所有的图层，执行【动画】>【关键帧辅助】>【序列图层】命令，选择的第一个图层是最先出现的图层，其他被选择的图层将按照一定的顺序在时间线上自动排列，如图 4-22 所示。

用户可以通过选中【重叠】复选框，设置图层之间是否产生重叠，以及重叠的持续时间和过渡方式，如图 4-23 所示。

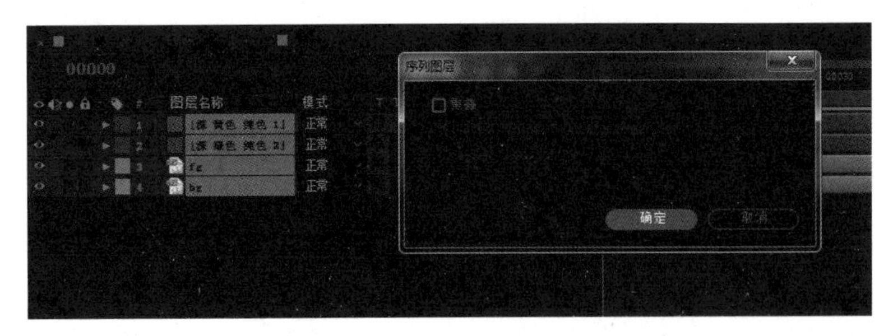

图 4-22

图 4-23

持续时间：用来设置图层之间的重叠时间。

过渡：用来设置重叠部分的过渡方式，分为【关】、【溶解前景图层】和【交叉溶解前景和背景图层】3 种方式。

4.3 图层混合模式

图层混合模式就是将当前图层与下层图层相互混合、叠加，通过图层素材之间的相互影响，使当前图层画面产生变化。图层混合模式分为 8 组、共 38 种。用户可以在【时间轴】面板中选中需要修改混合模式的图层，执行【图层】>【混合模式】命令，选择相应的混合模式。

小技巧

在【时间轴】面板中，使用 F4 键可以快速切换是否显示图层的混合模式。

4.3.1 普通模式组

普通模式组的混合模式是通过当前图层与下层图层的不透明度变化产生相应效果的。该模式组包括【正常】、【溶解】、【动态抖动溶解】3 种模式。

正常：默认模式，若当前图层的【不透明度】值为 100%，则会遮挡下层素材的显示，如图 4-24 所示。

溶解：图层结果影像像素由基础颜色像素或混合颜色像素随机替换，最终显示效果取决于像素的不透明度。如果【不透明度】值为 100%，则不显示下层素材，如图 4-25 所示。

提示

降低图层的不透明度，溶解效果会更加明显。

图 4-24

图 4-25

动态抖动溶解：除了为每个帧重新计算概率函数，其他属性与【溶解】相同，因此结果随时间而变化。

4.3.2 变暗模式组

变暗模式组中混合模式的主要作用就是使当前图层素材颜色整体加深变暗。该模式组包括【变暗】、【相乘】、【颜色加深】、【线性加深】、【经典颜色加深】和【较深的颜色】6 种模式。

变暗：当两个图层的素材相混合时，查看并比较每个通道的颜色信息，选择基础颜色和混合颜色中偏暗的颜色作为结果颜色，暗色替代亮色。【变暗】模式的效果如图 4-26 所示。

相乘：一种减色模式，将基础颜色通道与混合颜色通道数值相乘，再除以位深度像素的最大值，具体结果取决于图层素材的颜色深度。颜色相乘后会得到一种更暗的效果，【相乘】模式的效果如图 4-27 所示。

图 4-26

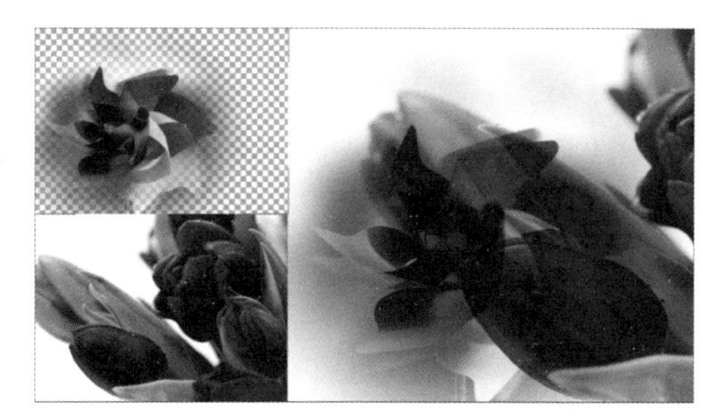

图 4-27

颜色加深：用于查看并比较每个通道中的颜色信息，同时增加对比度，使基础颜色变暗，结果颜色是混合颜色变暗形成的，混合影像中的白色部分不发生变化。【颜色加深】模式的效果如图 4-28 所示。

经典颜色加深：After Effects 5.0 和更低版本中的【颜色加深】模式已被改名为【经典颜色加深】。使用此模式可保持与早期项目的兼容性。

线性加深：用于查看并比较每个通道中的颜色信息，通过降低亮度使基础颜色变暗，并反映出混合颜色，混合影像中的白色部分不发生变化，此模式比【相乘】模式产生的效果更暗。【线性加深】模式的效果如图 4-29 所示。

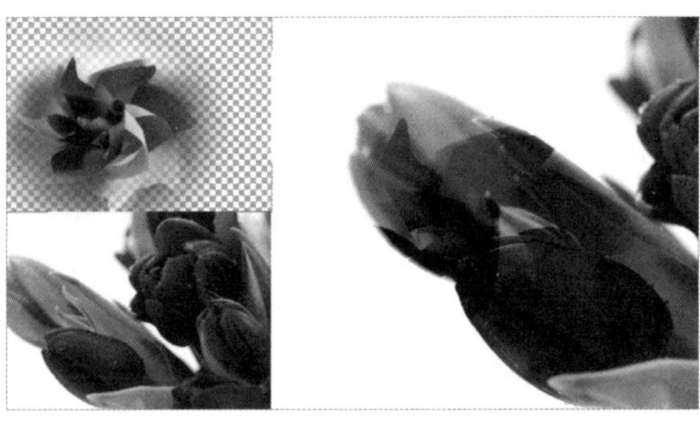

图 4-28

图 4-29

较深的颜色：与【变暗】模式相似，但此模式不会比较素材间的生成颜色，只对素材进行比较，选取最小数值为结果颜色值。【较深的颜色】模式的效果如图 4-30 所示。

图 4-30

4.3.3 变亮模式组

变亮模式组中混合模式的主要作用就是使图层中素材的颜色整体变亮。该模式组包括【相加】、【变亮】、【屏幕】、【颜色减淡】、【经典颜色减淡】、【线性减淡】和【较浅的颜色】7 种模式。

相加：每个结果颜色通道值是源颜色和基础颜色相应颜色通道值的和，效果如图 4-31 所示。

提示

素材中的黑色背景更多的情况下选用的就是【相加】模式，如带有黑色背景的火焰效果。

图 4-31

变亮：两个图层的素材相混合时，查看并比较每个通道的颜色信息，选择基础颜色和混合颜色中较为明亮的颜色作为结果颜色，亮色替代暗色，效果如图 4-32 所示。

屏幕：用于查看每个通道中的颜色信息，并将混合之后的颜色与基础颜色进行相乘，得到一种更亮的效果，效果如图 4-33 所示。

图 4-32

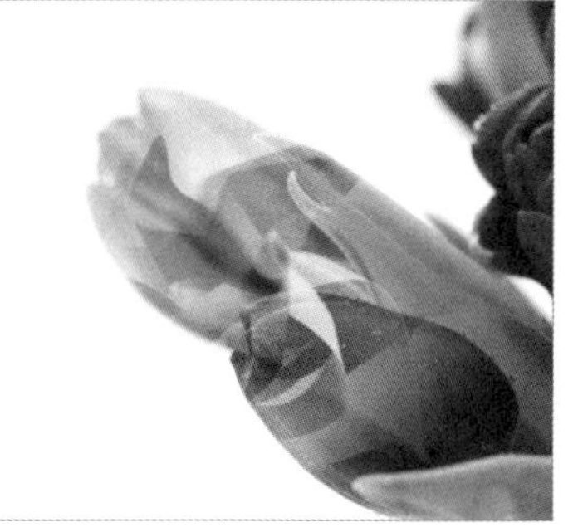

图 4-33

颜色减淡：用于查看并比较每个通道中的颜色信息，通过降低两者之间的对比度使基础颜色变亮，以反映出混合颜色，混合影像中的黑色部分不发生变化，效果如图 4-34 所示。

经典颜色减淡：After Effects 5.0 和更低版本中的【颜色减淡】模式已被改名为【经典颜色减淡】，使用它可保持与早期项目的兼容性。

线性减淡：用于查看并比较每个通道中的颜色信息，通过提高亮度使基础颜色变亮，以反映出混合颜色，混合影像中的黑色部分不发生变化，效果如图 4-35 所示。

图 4-34

图 4-35

较浅的颜色：与【变亮】模式相似，但不对各个颜色通道执行操作，只对素材进行比较，选取最大数值作为结果颜色值，效果如图 4-36 所示。

图 4-36

4.3.4 叠加模式组

叠加模式组中的混合模式是将当前图层中的素材与下层图层中素材的颜色亮度进行比较，查看灰度后，选择合适的叠加效果的。该模式组包括【叠加】、【柔光】、【强光】、【线性光】、【亮光】、【点光】和【纯色混合】7 种模式。

叠加：对当前图层的基础颜色进行正片叠底或滤色叠加，保留前图层中素材的明暗对比，效果如图 4-37 所示。

柔光：使结果颜色变暗或变亮，具体取决于混合颜色，与发散的聚光灯照在图像上的效果相似。如果混合颜色比 50% 灰色亮，则结果颜色变亮；反之，则结果颜色变暗。影像中的纯黑或纯白两种颜色会使图像产生明显的变暗或变亮效果，如图 4-38 所示。

图 4-37

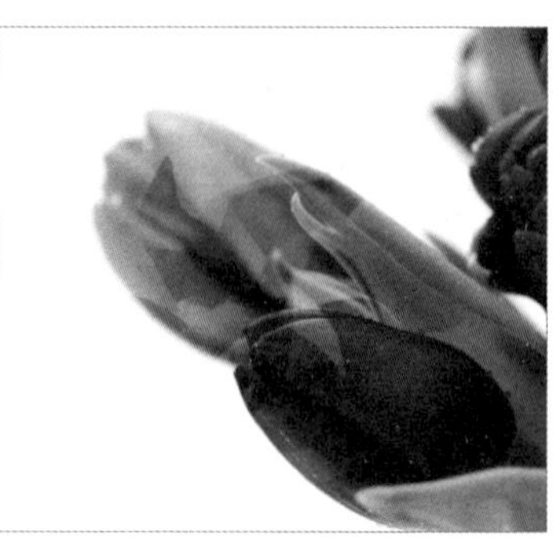

图 4-38

强光：模拟强烈光线照在图像上的效果，多用于添加高光或阴影效果。该效果对颜色进行正片叠底或过滤，具体取决于混合颜色。如果混合颜色比 50% 灰色亮，则结果颜色变亮；反之，则结果颜色变暗。影像中的纯黑或纯白两种颜色在素材混合后仍会产生纯黑或纯白效果，如图 4-39 所示。

线性光：通过减小或增加亮度来加深或减淡颜色，具体取决于混合颜色。如果混合颜色比 50% 灰色亮，则通过增加亮度使图像变亮；反之，则通过减小亮度使图像变暗，如图 4-40 所示。

图 4-39

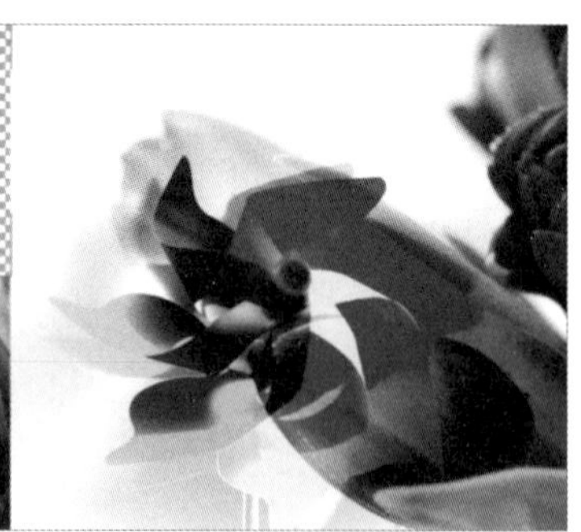

图 4-40

亮光：通过提高或降低对比度来加深或减淡颜色，具体取决于混合颜色。如果混合颜色比 50% 灰色亮，则通过降低对比度使图像变亮；反之，则通过提高对比度使图像变暗，如图 4-41 所示。

图 4-41

点光：根据混合颜色替换颜色。如果混合颜色比 50% 灰色亮，则替换比混合颜色暗的像素，而不改变比混合颜色亮的像素；如果混合颜色比 50% 灰色暗，则替换比混合颜色亮的像素，而比混合颜色暗的像素保持不变。当向图像添加特殊效果时此模式非常有用，如图 4-42 所示。

纯色混合：用于提高源图层上蒙版下面可见基础图层的对比度。蒙版大小决定了对比区域，反转的源图层决定了对比区域的中心，如图 4-43 所示。

图 4-42

图 4-43

4.3.5 差值模式组

差值模式组中的混合模式是基于当前图层与下层图层的颜色值来产生差异效果的。该模式组包括【差值】、【经典差值】、【排除】、【相减】、【相除】5 种模式。

差值：对于每个颜色通道，从浅色输入值中减去深色输入值。使用白色绘画会反转背景颜色，而使用黑色绘画则不会产生任何变化，效果如图 4-44 所示。

经典差值：After Effects 5.0 和更低版本中的【差值】模式已被改名为【经典差值】，使用它可保持与早期项目的兼容性。

排除：创建与【差值】模式相似但对比度更低的结果。如果源颜色是白色，则结果颜色是基础颜色的补色；如果源颜色是黑色，则结果颜色是基础颜色，效果如图 4-45 所示。

图 4-44

图 4-45

相减：从基础颜色中减去源颜色。如果源颜色是黑色，则结果颜色是基础颜色。在 32-bpc 项目中，结果颜色值可以小于 0，如图 4-46 所示。

相除：基础颜色除以源颜色。如果源颜色是白色，则结果颜色是基础颜色。在 32-bpc 项目中，结果颜色值可以大于 1.0，如图 4-47 所示。

图 4-46

图 4-47

4.3.6 颜色模式组

使用颜色模式组中的混合模式会改变下层颜色的色相、饱和度和明度等信息。该模式组包括【色相】、【饱和度】、【颜色】、【发光度】4 种模式。

色相：结果颜色具有基础颜色的发光度和饱和度，以及源颜色的色相，效果如图 4-48 所示。

饱和度：结果颜色具有基础颜色的发光度和色相，以及源颜色的饱和度，效果如图 4-49 所示。

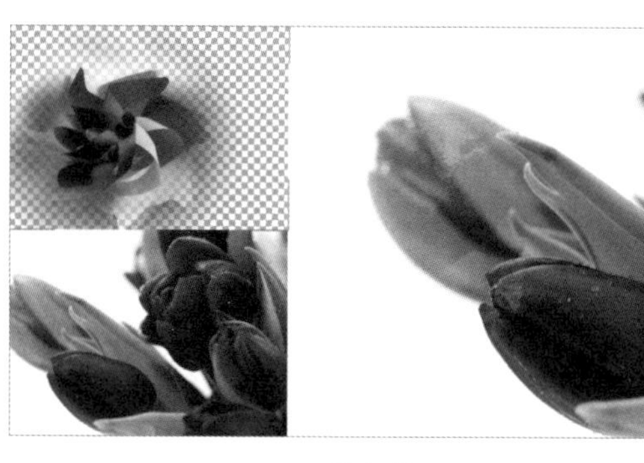

图 4-48

图 4-49

颜色：结果颜色具有基础颜色的发光度，以及源颜色的色相和饱和度，保持基础颜色中的灰色阶。此混合模式用于为灰度图像上色和为彩色图像着色，效果如图 4-50 所示。

发光度：结果颜色具有基础颜色的色相、饱和度及源颜色的发光度。此模式与【颜色】模式相反，效果如图 4-51 所示。

图 4-50

图 4-51

4.3.7 蒙版模式组

使用蒙版模式组中的模式可以将源图层作为下层图层的遮罩。该模式组包括【模板 Alpha】、【模板亮度】、【轮廓 Alpha】、【轮廓亮度】4 种模式。

模板 Alpha：使用图层的 Alpha 通道创建模板，效果如图 4-52 所示。

模板亮度：使用图层的亮度值创建模板，图层的浅色像素比深色像素更不透明，效果如图 4-53 所示。

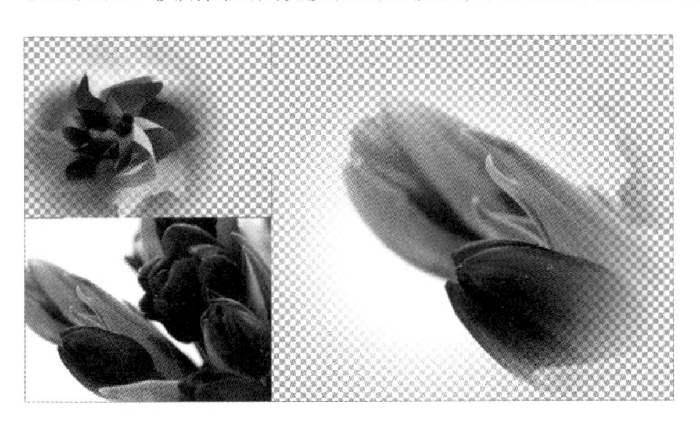

图 4-52

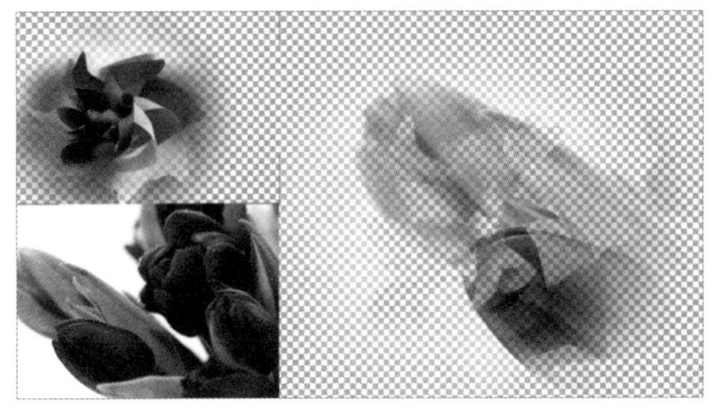

图 4-53

轮廓 Alpha：使用图层的 Alpha 通道创建轮廓，效果如图 4-54 所示。

轮廓亮度：使用图层的亮度值创建轮廓。混合颜色的亮度值决定了结果颜色的不透明度。使用纯白色绘画会创建完全不透明的效果，而使用纯黑色绘画则不会产生任何变化，效果如图 4-55 所示。

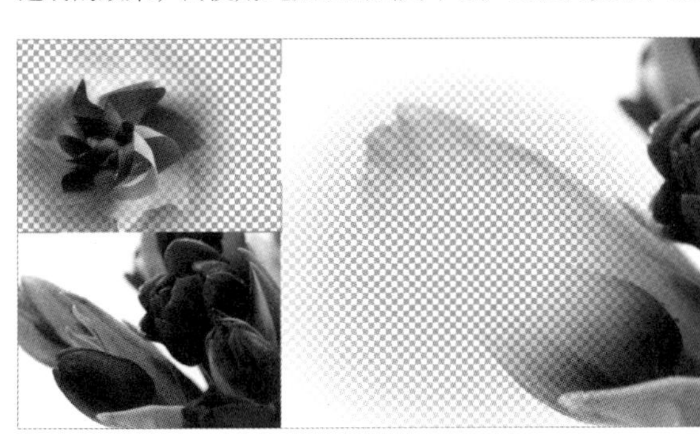

图 4-54

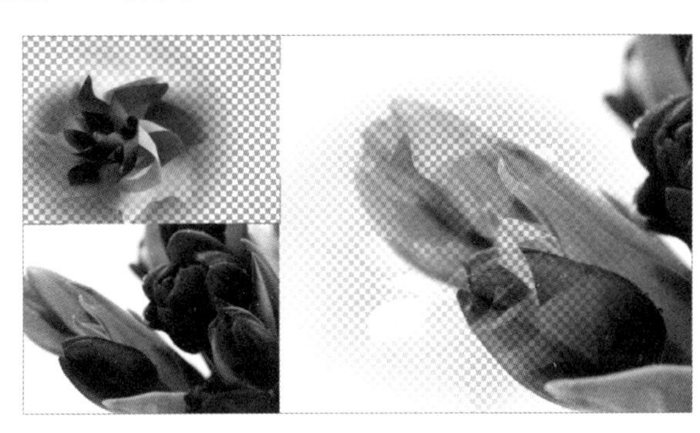

图 4-55

4.3.8 共享模式组

使用共享模式组中的混合模式可以使下层图层与源图层的 Alpha 通道或透明区域的像素相互产生影响。该模式组包括【Alpha 添加】和【冷光预乘】两种模式。

Alpha 添加：通过为合成添加色彩互补的 Alpha 通道来创建无缝的透明区域。用于从两个相互反转的 Alpha 通道或从两个接触的动画图层的 Alpha 通道边缘删除可见边缘，效果如图 4-56 所示。

冷光预乘：通过将超过 Alpha 通道的颜色值添加到合成中来防止修剪这些颜色值。在应用此模式时，可以通过将预乘 Alpha 源素材的解释更改为直接 Alpha 来获得最佳结果，如图 4-57 所示。

图 4-56

图 4-57

4.4 合成嵌套

合成嵌套是指将一个合成放置在另一个合成中，当需要对多个图层使用相同的变换命令和特效，或者对合成中的图层进行分组时，可以使用合成嵌套。合成嵌套又称预合成，当将合成中的图层放置在新合成中时，将替换原始合成中的图层。新的嵌套合成将成为原始合成中单个图层的源。

用户可以在【时间轴】面板中选择一个或多个图层，然后执行【图层】>【预合成】命令，或者使用快捷键 Ctrl+Shift+C，在弹出的【预合成】对话框中，设置相应的参数，如图 4-58 所示。

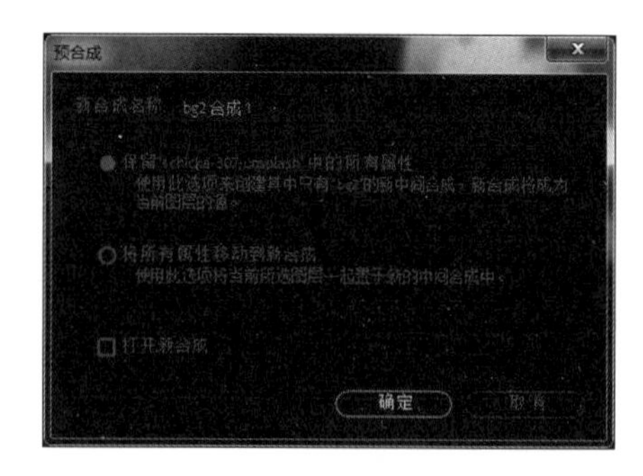

图 4-58

保留“schicka-307-unsplash”中的所有属性：将所有图层的属性、关键帧信息等保留在合成中。当选择了多个图层、文本图层和形状图层时，此选项不可用。

将所有属性移动到新合成：将所有图层的属性、关键帧信息等移动到新建的合成中。

打开新合成：选中该复选框，执行完【预合成】命令后，将在【时间轴】面板中打开新合成。

4.5 创建关键帧动画

通过为图层或图层效果改变一个或多个属性，并把这些变化记录下来，就可以创建关键帧动画。

4.5.1 激活关键帧

在 After Effects 中，每个可以制作动画的属性参数前都有一个【时间变化秒表】按钮，单击该按钮即可制作关键帧动画。激活【时间变化秒表】按钮，则【时间轴】面板中任何属性的变化都将产生新的关键帧，并且在【时间轴】面板中将出现关键帧图标。当用户再次单击【时间变化秒表】按钮时，将会停用记录关键帧功能，所有已经设置的关键帧将自动取消，如图 4-59 所示。

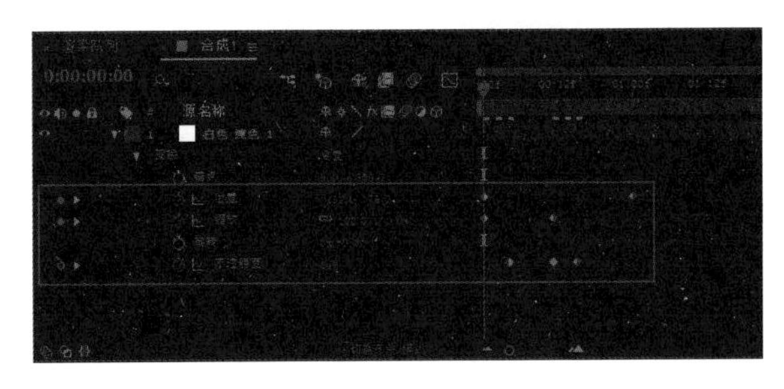

图 4-59

4.5.2 显示关键帧曲线

在【时间轴】面板中单击【图表编辑器】按钮，即可显示关键帧曲线。在图表编辑器中，每个属性都有自己的曲线，用户可以方便地观察和处理一个或多个关键帧，如图 4-60 所示。

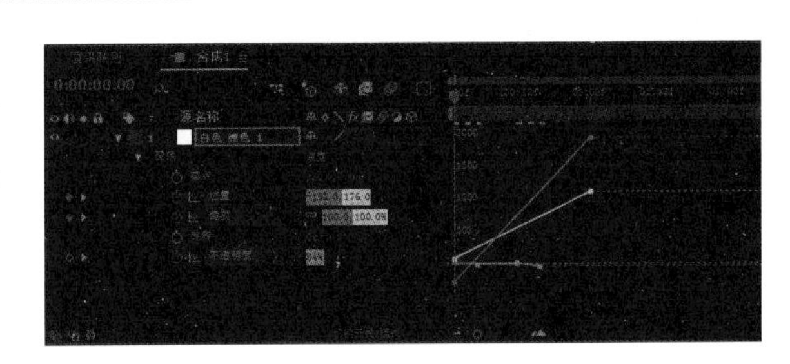

图 4-60

选择具体显示在图表编辑器中的属性：用于设置显示在图表编辑器中的属性，包括【显示选择的属性】、【显示动画属性】和【显示图表编辑器集】选项。

选择图表类型和选项：用于设置图表显示的类型等，如图 4-61 所示。

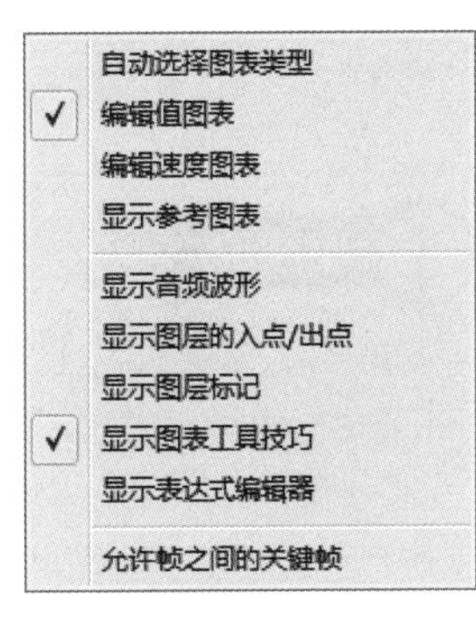

图 4-61

❶ 自动选择图表类型：自动为属性选择适当的图表类型。

❷ 编辑值图表：为所有属性显示值图表。

❸ 编辑速度图表：为所有属性显示速度图表。

❹ 显示参考图表：在后台显示未选择且仅供查看的图表类型。

❺ 显示音频波形：显示音频波形。

❻ 显示图层的入点/出点：显示具有属性的所有图层的入点和出点。

❼ 显示图层标记：显示图层标记。

❽ 显示图表工具技巧：打开和关闭图表工具提示。

❾ 显示表达式编辑器：显示或隐藏表达式编辑器。

❿ 允许帧之间的关键帧：允许在两帧之间继续插入关键帧。

变换框：激活该按钮后，在选择多个关键帧时，会显示变换框。

吸附：激活该按钮后，在编辑关键帧时将自动吸附进行对齐的操作。

自动缩放图标高度：切换自动缩放高度模式来自动缩放图表的高度，以使其适合图表编辑器的高度。

使选择适于查看：在图表编辑器中调整图表的值（垂直）和时间（水平）刻度，使其适合选定的关键帧。

使所有图表适于查看：在图表编辑器中调整图表的值（垂直）和时间（水平）刻度，使其适合所有图表。

分离尺寸：在设置【位置】属性时，单击该按钮可以单独调整【位置】属性的动画曲线。

编辑选定的关键帧：用于设置选定的关键帧，在弹出的快捷菜单中选择相应的命令即可。
关键帧插值设置：用于设置关键帧插值计算方式，依次为【定格】、【线性】、【自动贝塞尔曲线】。
关键帧曲线设置：用于设置关键帧辅助类型，依次为【缓动】、【缓入】、【缓出】。

4.5.3 选择关键帧

当为图层添加了关键帧以后，用户可以通过关键帧导航器从一个关键帧跳转到另一个关键帧，也可以对关键帧进行删除或添加操作，如图 4-62 所示。

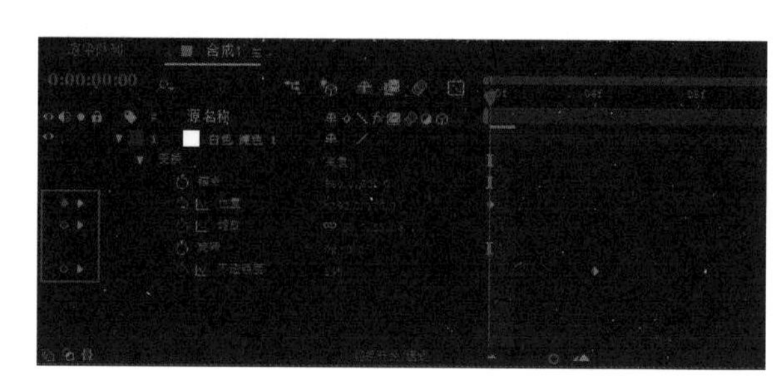

图 4-62

转到上一个关键帧：单击该按钮可以跳转到上一个关键帧的位置，快捷键为 J。
转到下一个关键帧：单击该按钮可以跳转到下一个关键帧的位置，快捷键为 K。
在当前时间添加或移除关键帧：当前时间点若有关键帧，单击该按钮，表示取消关键帧；当前时间点若没有关键帧，单击该按钮，将在当前时间点添加关键帧。

提示

使用【转到上一个关键帧】和【转到下一个关键帧】命令时，仅适用于当前指定属性。

小技巧

当用户选择关键帧时，还可以通过下列方法来实现。
1. 同时选择多个关键帧：当用户需要选择多个关键帧时，可以按住 Shift 键连续单击要选择的关键帧，或者按住鼠标左键进行拖动，选框内的关键帧都将被选中。
2. 选择所有关键帧：当用户需要选择图层属性中所有的关键帧时，可以在【时间轴】面板中单击图层的属性名称。
3. 选择具有相同属性的关键帧：当用户需要选择在同一个图层中属性数值相同的关键帧时，可以选择其中一个关键帧，单击鼠标右键，在弹出的快捷菜单中选择【选择相同关键帧】命令。
4. 选择某个关键帧之前或之后的所有关键帧：当用户需要选择在同一个图层中某个关键帧之前或之后的所有关键帧时，可以单击鼠标右键，在弹出的快捷菜单中选择【选择前面的关键帧】或【选择跟随关键帧】命令。

4.5.4 编辑关键帧

1. 移动关键帧

当需要改变关键帧在【时间轴】面板中的位置时，可以选择需要移动的关键帧，按住鼠标左键进行拖动。若用户选择的是多个关键帧进行整体移动，关键帧之间的相对位置保持不变。

2. 修改关键帧数值

当需要修改关键帧的相关参数时，可以选中需要修改参数的关键帧，双击鼠标左键，在弹出的对话框中进行设置即可，如图 4-63 所示；或者在选中的关键帧上单击鼠标右键，在弹出的快捷菜单中选择【编辑值】命令。

图 4-63

3. 复制和粘贴关键帧

选择需要复制的一个或多个关键帧，执行【编辑】>【复制】命令，将当前时间指示器移动到需要粘贴的位置，执行【编辑】>【粘帖】命令即可。粘贴后的关键帧依然处于被选中状态，用户可以继续对其进行编辑。也可以通过按快捷键 Ctrl+C 和 Ctrl+V 完成上述操作。

提示

当用户需要剪切和粘贴关键帧时，可以执行【编辑】>【剪切】命令，将当前时间指示器移动到需要粘贴的时间处，执行【编辑】>【粘帖】命令。

4. 删除关键帧

选择需要删除的一个或多个关键帧，执行【编辑】>【清除】命令，或者使用 Delete 键，都可以删除关键帧。

4.5.5 设置关键帧插值

插值是在两个已知值之间填充未知数据，可以在任意两个相邻的关键帧之间设置插值，系统会自动计算数值。利用关键帧之间的插值可以为运动、效果、音频电平、图像调整、不透明度和颜色变化，以及许多其他视觉元素和音频元素添加动画。

在【时间轴】面板中，在关键帧上单击鼠标右键，选择【关键帧插值】命令，在弹出的【关键帧插值】对话框中，可以进行插值的设置，如图 4-64 所示。

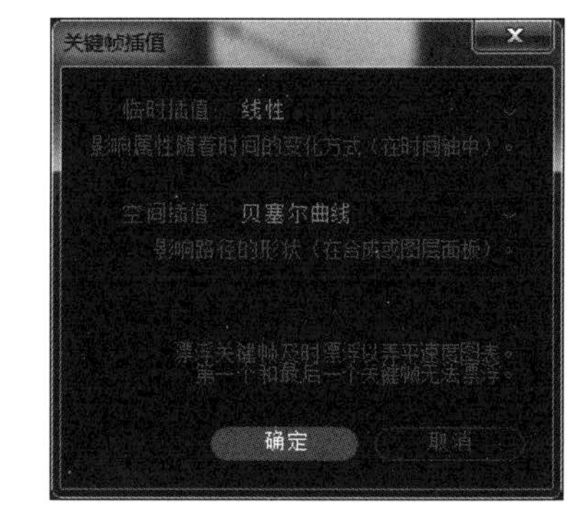

图 4-64

在【关键帧插值】对话框中，调节关键帧插值主要有 3 种方式。【临时插值】可以调整与时间相关的属性，影响属性随着时间变化的方式；【空间差值】可以影响路径的形状，只对【位置】属性有作用；【漂浮】主要用于控制关键帧是锁定到当前时间还是自动产生平滑效果。

【临时插值】与【空间插值】的选项大致相同，包括以下内容。

当前设置：默认设置，表示维持关键帧当前的状态。

线性：在关键帧之间创建统一的变化，表现为线性的匀速变化，这种方法让动画看起来具有机械效果。

贝塞尔曲线：可以进行精确的控制，可以手动调整关键帧任一侧的值图表或运动路径的形状。在绘制复杂形状的运动路径时，用户可以在值图表和运动路径中单独操控贝塞尔曲线关键帧上的两个方向手柄。

连续贝塞尔曲线：通过关键帧创建平滑的变化，用户可以手动设置连续贝塞尔曲线方向手柄的位置。

自动贝塞尔曲线：通过关键帧创建平滑的变化，将自动产生速度变化。

定格：仅在选择【临时插值】方法时才可用。当希望图层突然出现或消失时，可以使用【定格】插值的方式，不会产生任何过渡效果。

课堂案例 幻灯片

素材文件	素材文件 \ 第 4 章 \ 图片 1.jpg ～图片 6.jpg	扫码观看视频
案例文件	案例文件 \ 第 4 章 \ 幻灯片.aep	
视频教学	视频教学 \ 第 4 章 \ 幻灯片.mp4	
案例要点	设置素材图层关键帧的方法	

Step 01 双击【项目】面板，批量导入素材“图片 1.jpg ”～“图片 6.jpg”。按快捷键 Ctrl+N，新建合成，合成设置如图 4-65 所示。

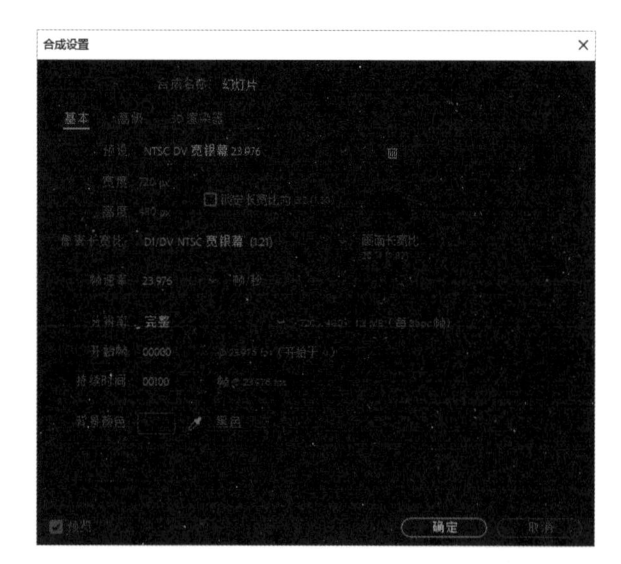

图 4-65

Step 02 框选素材“图片 1.jpg”～“图片 6.jpg”，将其拖到“幻灯片”合成的【时间轴】面板中，如图 4-66 所示。

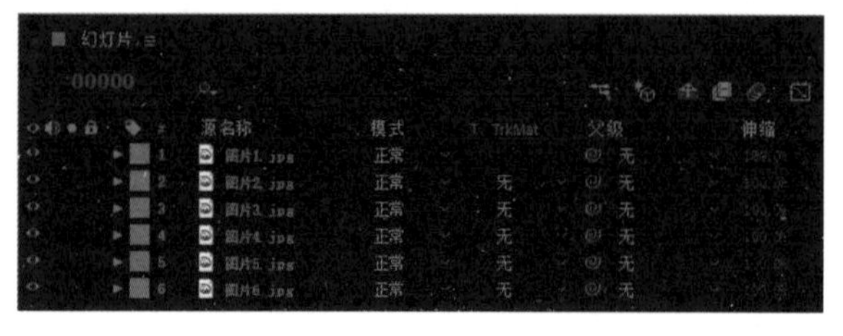

图 4-66

Step 03 单击“图片 1.jpg”前的【独立显示】按钮，单独对其进行调节，如图 4-67 所示。将当前时间指示器移动至 0:00:00:00 位置，按 S 键打开该图层的【缩放】属性，激活【缩放】属性的【时间变化秒表】按钮，将【缩放】值设置为 80.0%。

Step 04 将当前时间指示器移动至 0:00:04:04 位置，如图 4-68 所示，将【缩放】值设置为 90.0%。

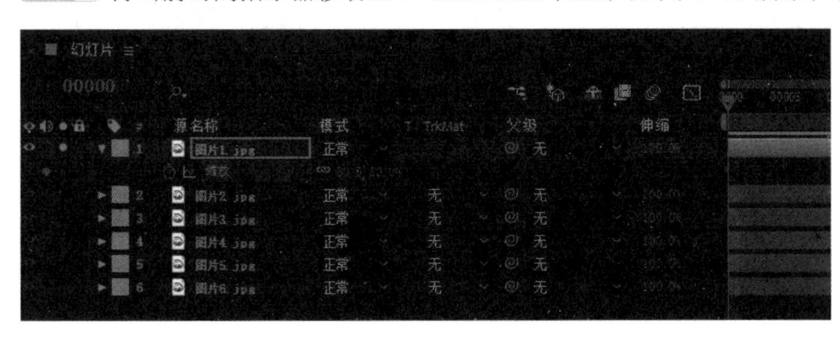

图 4-67

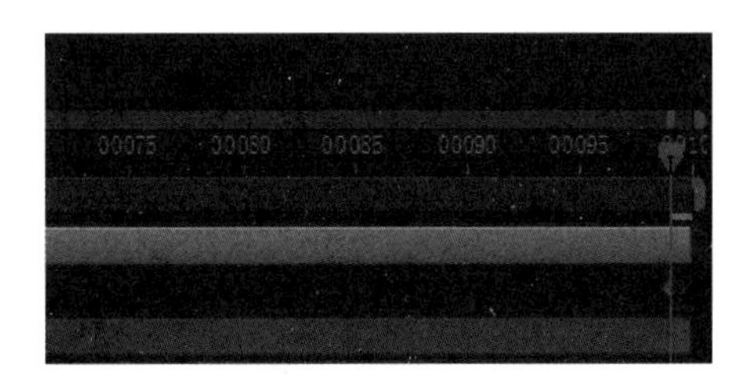

图 4-68

Step 05 完成简单的图片缩放动画设置后，为该图层添加类似于光线散射的特殊视觉效果。单击“图片 1.jpg”，单击鼠标右键，在弹出的快捷菜单中选择【效果】>【模糊和锐化】>【快速方框模糊】命令，如图 4-69 所示。

Step 06 设置【模糊半径】值为 25.0，选中【重复边缘像素】复选框，如图 4-70 所示。

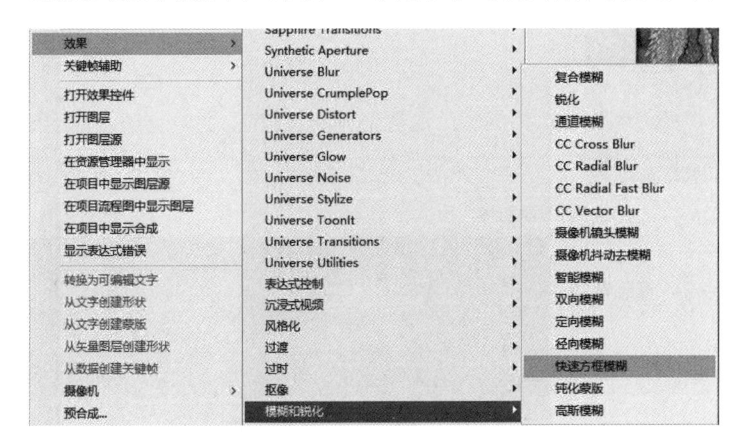

图 4-69

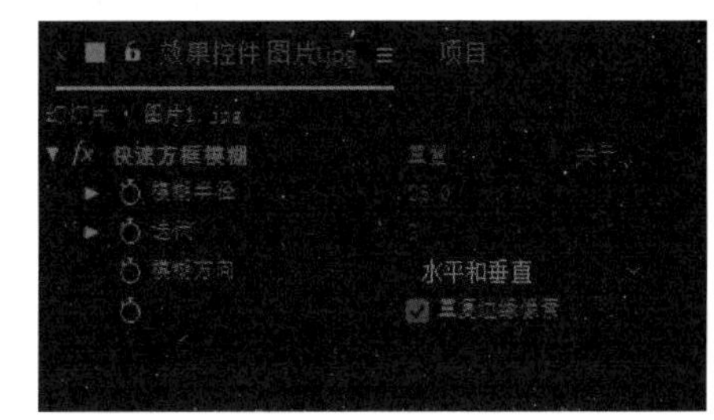

图 4-70

Step 07 在【效果控件】面板中单击鼠标右键，在弹出的快捷菜单中选择【通道】>【CC Composite】命令。将时间坐标定位于合成开始的位置，激活【CC Composite】的【Opacity】（不透明度）属性前的【时间变化秒表】按钮，将数值设置为 0，如图 4-71 所示。

Step 08 将当前时间指示器移动至 0:00:01:00 位置，将【CC Composite】的【Opacity】（不透明度）值设置为 100.0%，如图 4-72 和图 4-73 所示。

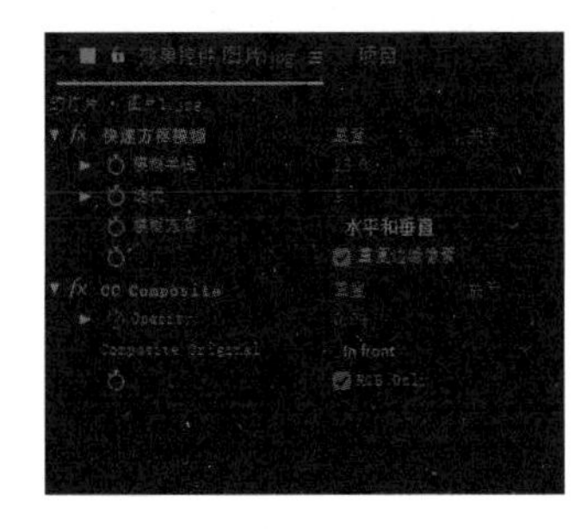

图 4-71

图 4-72

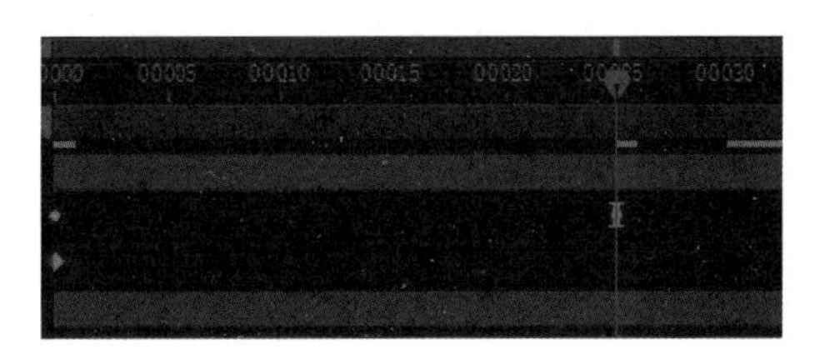

图 4-73

Step 09 按两次 U 键，展开“图片 1.jpg”的全部效果控件和关键帧，框选【CC Composite】的关键帧，按 F9 键为关键帧添加“缓动”效果，如图 4-74 所示。

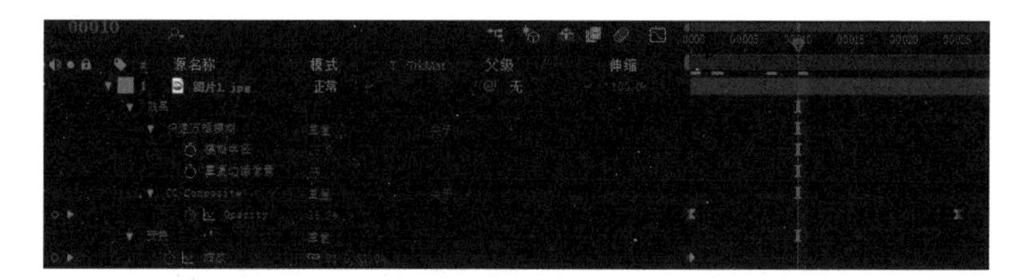

图 4-74

Step 10 加选【快速方框模糊】、【CC Composite】、【缩放】3 个属性，按快捷键 Ctrl+C 复制。框选图层“图片 2.jpg”~“图片 6.jpg”，按快捷键 Ctrl+V 粘贴属性。

Step 11 取消“图片 1.jpg”的独立显示，将全部图层进行排序。全选所有图层，执行【动画】>【关键帧辅助】>【序列图层】命令，如图 4-75 所示。

Step 12 设置序列图层属性，选中【重叠】复选框，设置【持续时间】为 20 帧、【过渡】为【溶解前景图层】，如图 4-76 所示。

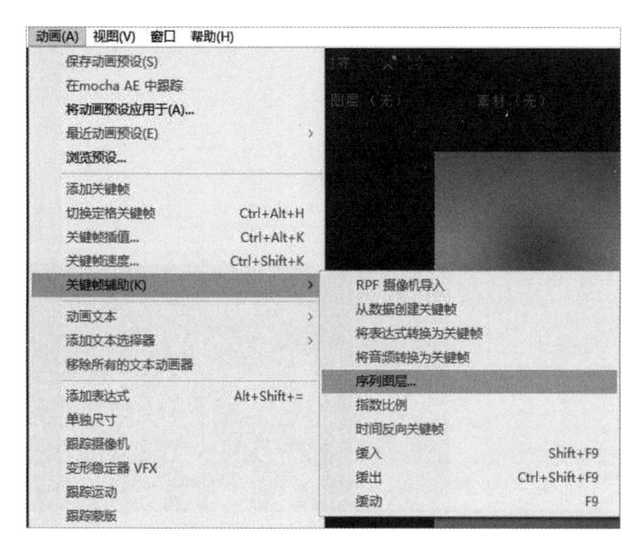

图 4-75

图 4-76

Step 13 按快捷键 Ctrl+K 打开“幻灯片”的合成设置窗口，将【持续时间】设置为 500 帧，【时间轴】面板如图 4-77 所示。

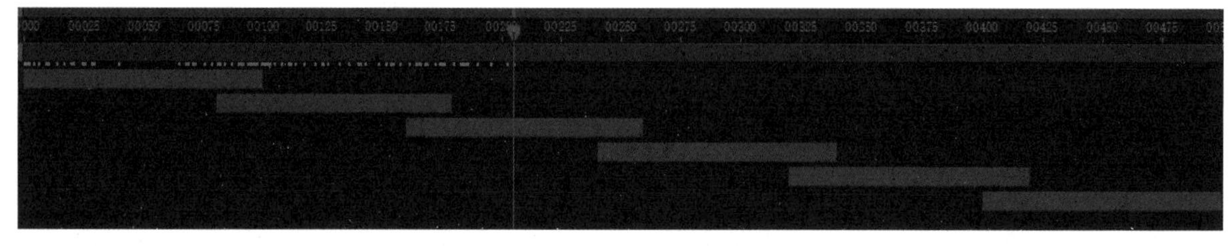

图 4-77

课堂练习 枪口火光

枪口火光的最终效果如图 4-78 所示。

图 4-78

素材文件	素材文件 \ 第 4 章 \ 枪火.png、开枪.mov、烟雾.mov、火星.mov、枪声.wav	扫码观看视频
案例文件	案例文件 \ 第 4 章 \ 枪口火光.aep	
视频教学	视频教学 \ 第 4 章 \ 枪口火光.mp4	
案例要点	对多种素材进行组合和调整、调整素材的基础属性，以及添加简单的效果器，并匹配原始视频，达到最协调的效果	

1. 练习思路

- 解读原始素材，把控时间节点和整体画面风格。
- 筛选特效素材，选择最合适的素材进行加工。
- 导入特效素材，调整素材属性，匹配时间和尺寸。
- 添加适当的效果器，使画面风格统一。

2. 制作步骤

Step 01 双击【项目】面板，批量导入素材“枪火.png”“开枪.mov”“烟雾.mov”“火星.mov”“枪声.wav”。将视频“开枪.mov”拖到【新建合成】按钮上，根据原素材尺寸新建合成“开枪.mov”，按快捷键 Ctrl+K 打开合成设置窗口，将“开枪.mov”重命名为“枪口火光”，如图 4-79 所示。

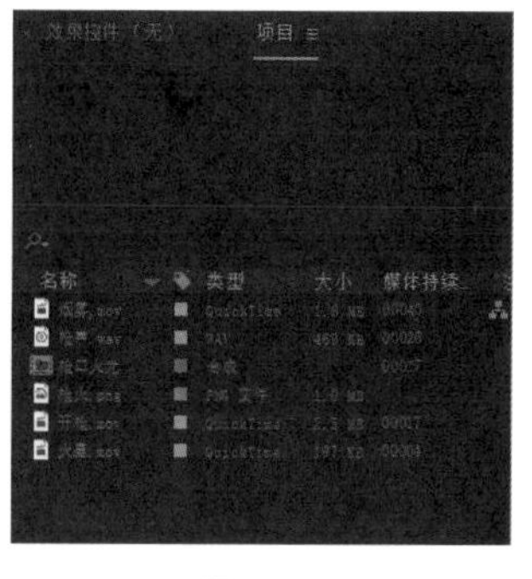

图 4-79

Step 02 将当前时间指示器移动至 0:00:00:06 位置，将“枪火.png”素材拖入【时间轴】面板，如图 4-80 所示。

Step 03 单击“枪火 .png”图层，按 S 键打开图层的【缩放】属性，将【缩放】值调整为 22%。单击鼠标右键，在弹出的快捷菜单中选择【变换】>【水平翻转】命令。按 P 键打开图层的【位置】属性，将图层的【位置】调整为（76.0,120.0）。按 R 键打开图层的【旋转】属性，将图层的【旋转】角度调整为 -3°，效果如图 4-81 所示。

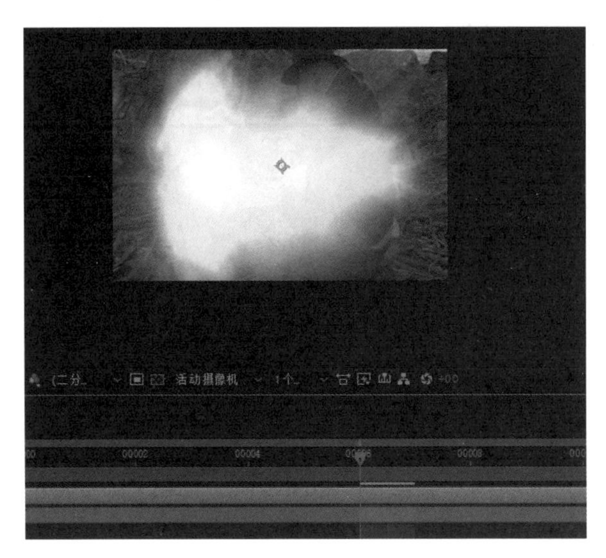

图 4-80

图 4-81

Step 04 将当前时间指示器移动至 0:00:00:06 位置，按快捷键“Alt+【”裁剪“枪火.png”图层的前端，按快捷键“Alt+】”裁剪“枪火.png”图层的后端，使该图层的持续时长为 1 帧，如图 4-82 所示。

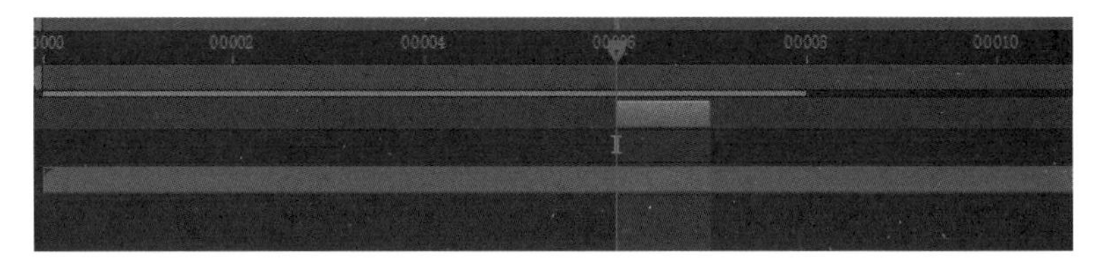

图 4-82

Step 05 按 F4 键打开图层的【模式】属性，将“枪火”图层的混合模式设置为【屏幕】，如图 4-83 所示。

Step 06 将“烟雾.mov”素材拖入【时间轴】面板，将素材起始帧定位在 0:00:00:05 位置。按 P 键打开图层的【位置】属性，将图层的【位置】调整为（137.0,116.0），如图 4-84 所示。

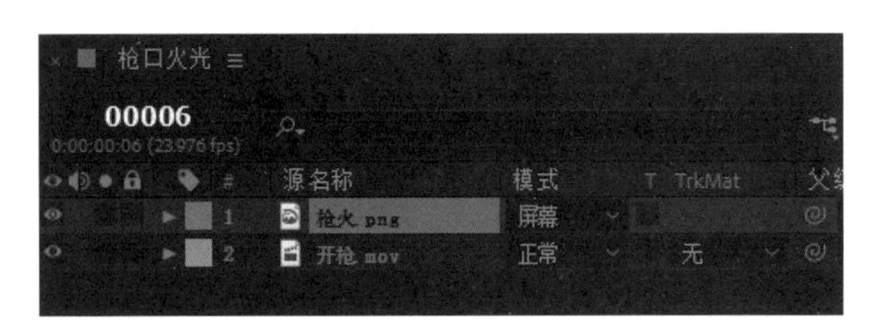

图 4-83

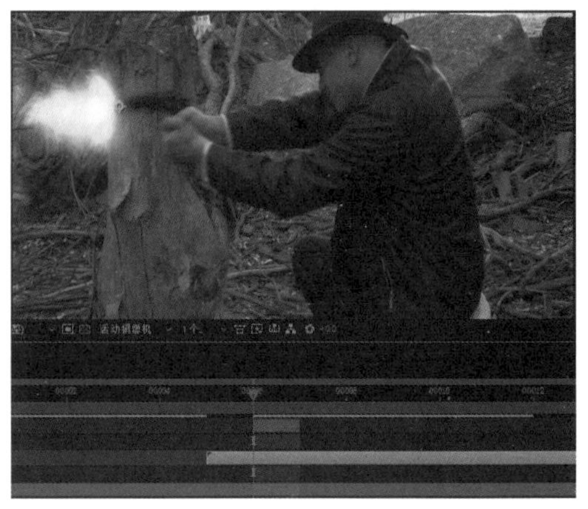

图 4-84

Step 07 为了缩短烟雾素材的持续时间，使其快速消散，在“烟雾 .mov”图层上单击鼠标右键，在弹出的快捷菜单中选择【时间】>【时间伸缩】命令，如图 4-85 所示，将【缩放】值调整为 30.0%。

Step 08 将“火星.mov”素材拖入【时间轴】面板，将素材起始帧定位在 0:00:00:05 位置。单击“枪火 .png”图层，按 S 键打开图层的【缩放】属性，将【缩放】值调整为 60%。按 P 键打开图层的【位置】属性，将图层的【位置】调整为（129.0,117.0）。按 R 键打开图层的【旋转】属性，将图层的【旋转】角度调整为 -30°，使其与原始素材匹配，如图 4-86 所示。

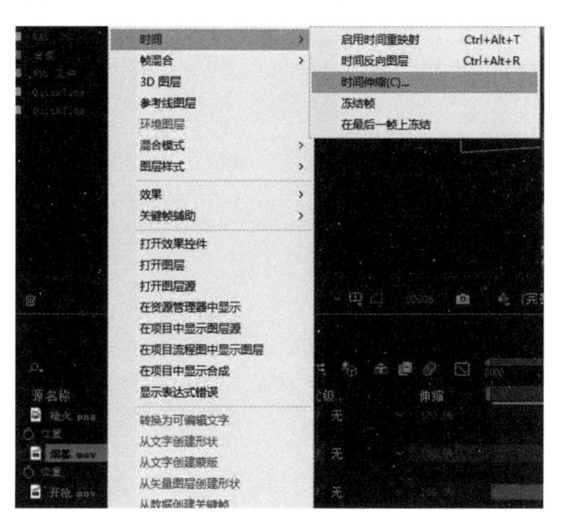

图 4-85

图 4-86

Step 09 单击“火星 .mov”图层，执行【效果】>【颜色校正】>【色相 / 饱和度】命令，将【主色相】值调整为 0x-29.0°，将【主亮度】值调整为 20，如图 4-87 所示。

Step 10 将“枪声.wav”素材拖入【时间轴】面板，将素材起始帧定位为 0:00:00:05 位置，使枪声匹配画面动作。按 0 键进行预览，本案例完成。

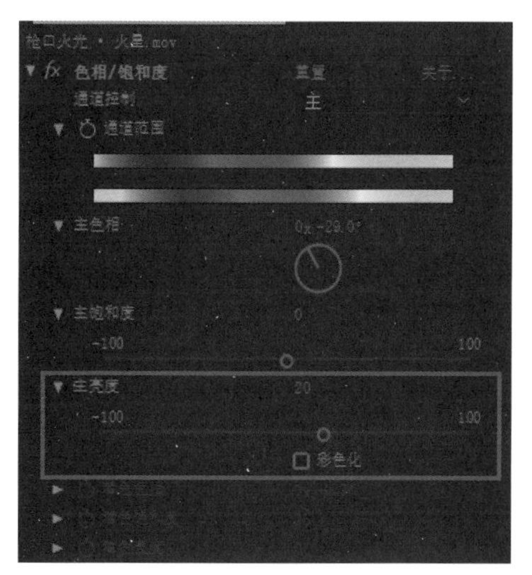

图 4-87

课后习题

一、选择题

1. 下列属于变亮混合模式组的是（　　）。

A. 相乘　　B. 屏幕　　C. 叠加　　D. 强光

2. 创建预合成的快捷键是（　　）。

A. Shift+A　　B. Shift+C　　C. Ctrl+Shift+A　　D. Ctrl+Shift+C

3. 创建预合成的主要目的不包括下列选项中的（　　）。

A. 将多个素材图层进行整理收集

B. 为多个图层素材统一添加效果器

C. 便于工程的保存和删除

D. 为多个图层素材统一添加关键帧

4. 关键帧插值的作用是（　　）。

A. 为素材的位移动画添加循环

B. 为素材的效果控件添加新属性

C. 在两个相邻的关键帧间自动添加数值

D. 将两个相同的关键帧自动进行删除

5. 激活【图层】面板中图层混合模式的快捷键是（　　）。

A. F3　　B. F4　　C. F5　　D. F6

二、填空题

1. ________ 可以移除工作区域内被选中的图层内容，但是被选择图层的总时长保持不变，中间会保留删除后的空间。

2. ________ 可以移除工作区域内被选中的图层内容，但是被选择图层的总时间长度会被缩短，删除后的空隙将会被后段素材取代。

3. 在 ________ 中，每个属性都通过它自己的曲线来表示，用户可以方便地观察和处理一个或多个关键帧。

4. ________ 的控制最精确，可以手动调整关键帧任一侧的值图表或运动路径的形状。

5. 在对某一个图层做基础属性变换时，若想使其他图层产生相同的效果，可以通过设置 ________ 的方式来实现。

三、简答题

1. 简述自动排列图层的步骤。

2. 简述变亮模式组和叠加模式组这两组图层混合模式的区别。

3. 简述关键帧插值的 3 种模式及区别。

四、案例习题

素材文件：练习文件 \ 第 4 章 \ 屏幕动画.psd

效果文件：练习文件 \ 第 4 章 \ 第 4 章案例习题.mov

练习要点：

- 根据素材文件格式调整导入方式，并对各个图层素材进行整理。
- 根据需求创建项目文件。
- 对各个图层属性进行相应的关键帧设置。
- 根据画面需求调整关键帧动画节奏和关键帧动画曲线。

Chapter 5

第5章 文本动画

在 After Effects 中，文本不仅可以作为传递信息的媒介，而且作为画面中的一种设计元素，越来越受到设计师的重视。在 After Effects 中，用户可以通过文本工具创建各种类型的文本，并且可以通过设置文本属性制作和优化文本动画效果。本章将详细介绍创建文本、编辑文本、制作文本动画、设置文本效果等基础知识和操作。

AFTER EFFECTS

学习目标

- 熟悉文本的基础知识
- 掌握基本的文本创建方法
- 掌握编辑和调整文本的基本方法

技能目标

- 掌握基础的文本动画的制作方法
- 掌握基础的文本特效的制作方法
- 掌握部分文本编辑表达式的用法

5.1 创建文本

文本是构成视频的重要元素。根据文本的不同用途，用户可以对文本进行艺术处理和加工。文本设计的质量直接影响到视频的整体效果，如图 5-1 所示。

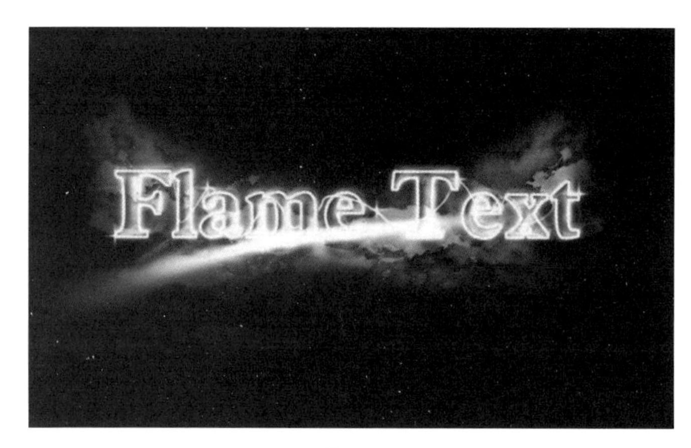

图 5-1

5.1.1 创建点文本

点文本适合创建单个词或一行字符，可以通过 4 种方式创建。

1. 使用文字工具创建文本

在工具栏中单击【文字工具】按钮T，在弹出的下拉列表中包括【横排文字工具】和【竖排文字工具】两种文字工具，如图 5-2 所示。

图 5-2

在【合成】面板中单击以确定文本输入的位置，当出现文字光标后，即可输入文本，如图 5-3 所示。

在【时间轴】面板中会出现新的文本图层。文本图层的名称也随着输入文本内容的不同而发生改变，如图 5-4 所示。

图 5-3

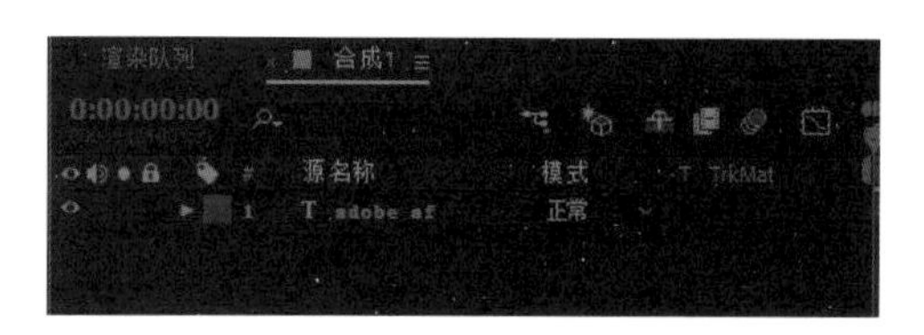

图 5-4

2. 使用文本命令创建文本

执行【图层】>【新建】>【文本】命令，如图 5-5 所示，或使用快捷键 Ctrl+Shift+Alt+T 创建文本图层。此时，文字光标将出现在【合成】面板的中心位置，在【时间轴】面板中将出现文本图层，用户可以直接输入文本。

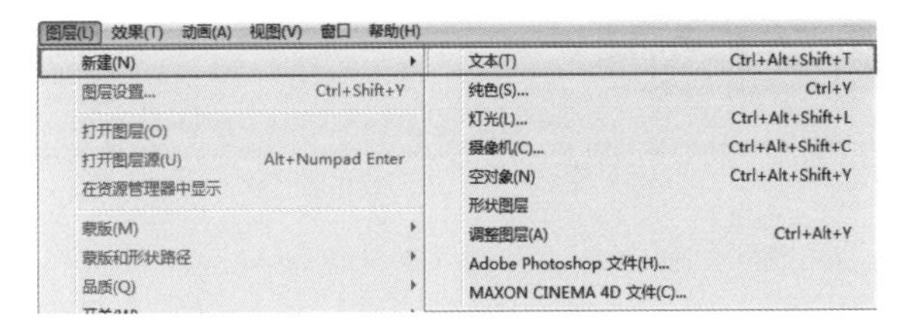

图 5-5

3. 双击文字工具创建文本

在工具栏中双击【文字工具】按钮，在【合成】面板的中心位置会出现文字光标，直接输入文本即可。

4. 在【时间轴】面板中创建文本

在【时间轴】面板的空白区域单击鼠标右键，在弹出的快捷菜单中选择【新建】>【文本】命令，如图 5-6 所示，新建文本图层。此时，文字光标将出现在【合成】面板的中心位置，直接输入文本即可。

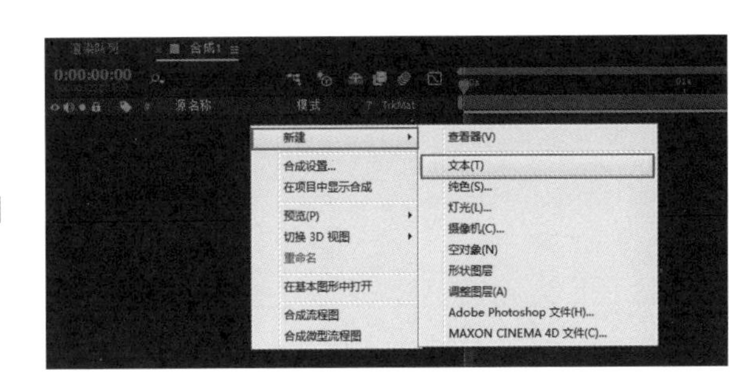

图 5-6

5.1.2 创建段落文本

在 After Effects 中，文本有点文本和段落文本两种类型。点文本的长度会随着字符的增加而变长，不会自动变行；段落文本的显示范围会被控制在一定的区域内，文本基于边界位置自动换行，用户可以通过调整边界的大小来控制文本的显示位置。

创建段落文本的方法不同于点文本，用户需要在工具栏中选择【文字工具】，在【合成】面板中按住鼠标左键拖动以创建矩形选框，在选框内输入文本即可，如图 5-7 所示。

当用户需要在点文本和段落文本之间进行转换时，可以在【时间轴】面板中选择文本图层，在工具栏中选择【文字工具】，在【合成】面板中单击鼠标右键，在弹出的快捷菜单中选择【转换为点文本】或【转换为段落文本】命令，如图 5-8 所示。

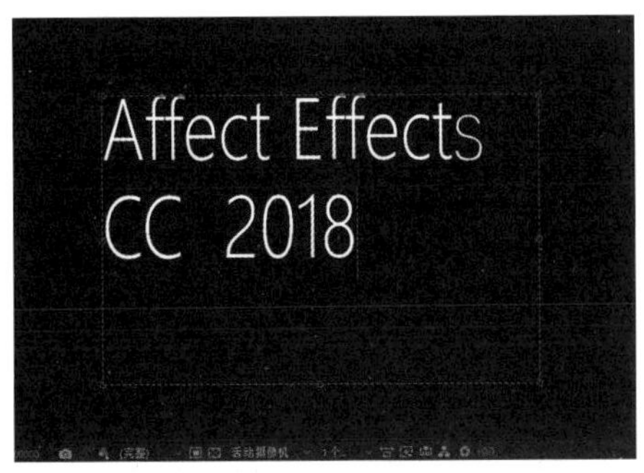

图 5-7

图 5-8

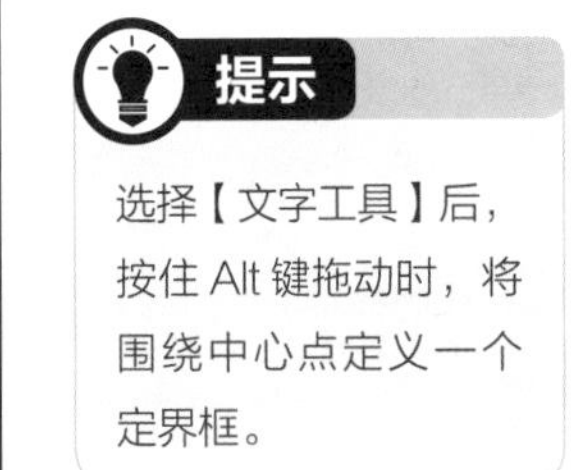

提示

选择【文字工具】后，按住 Alt 键拖动时，将围绕中心点定义一个定界框。

课堂案例 Photoshop 文件的可编辑文本转换

素材文件	素材文件 \ 第 5 章 \ 文本转换.psd
案例文件	案例文件 \ 第 5 章 \ 文本转换.aep
视频教学	视频教学 \ 第 5 章 \ 文本转换.mp4
案例要点	photoshop 文件向 After Effects 工程中的导入和文本转换

扫码观看视频

Step 01 双击【项目】面板，导入“文本转换.psd”素材文件，将【导入种类】设置为【合成】，如图 5-9 所示。

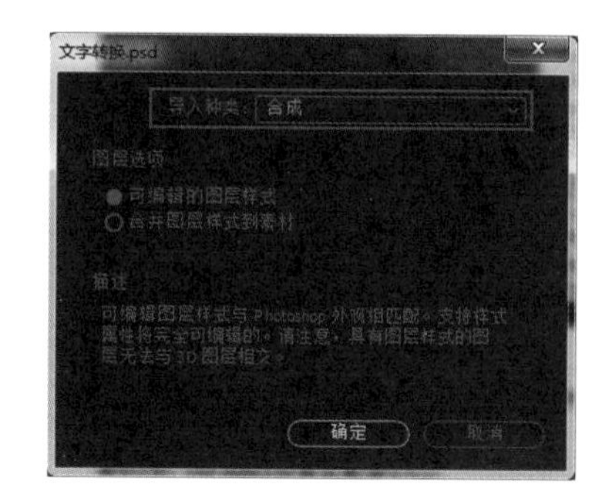

图 5-9

Step 02 双击“文本转换”合成，进入合成编辑界面，如图 5-10 所示。

Step 03 在【时间轴】面板中，单击文字图层，执行【图层】>【转换为可编辑文字】命令完成转换，如图 5-11 所示。

图 5-10

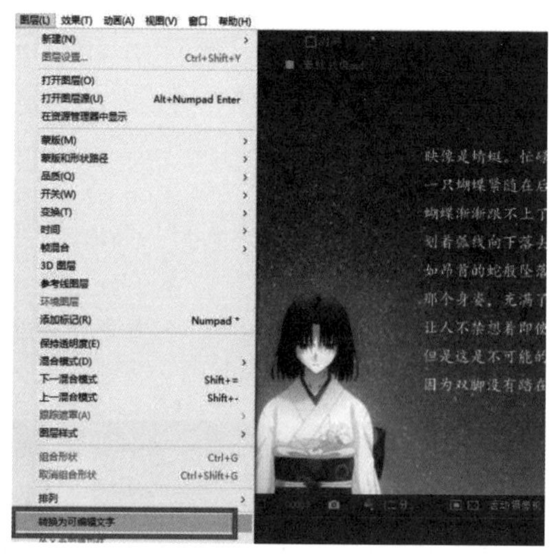

图 5-11

提示

当转换为可编辑文字后，图层的图标转变为文本图层的图标样式。普通图层不可以使用该命令，如图 5-12 所示。

图 5-12

编辑和调整文本

用户可以随时调整文本图层中文本的大小、位置、颜色、内容、文本方向等属性。

5.2.1 修改文本内容

在工具栏中选择【文字工具】，在【合成】面板中单击需要修改的文本，按住鼠标左键拖动选择需要修改的文本范围，输入新文本，即可完成修改。需要注意的是，只有当【文字工具】的鼠标指针位于文本图层上方时，才显示为编辑文本的指针样式，如图 5-13 所示。

提示

用户也可以在【时间轴】面板中双击文本图层，此时文本处于全部选择状态，用户可以直接输入文本完成文本内容的全部替换，如图 5-14 所示。

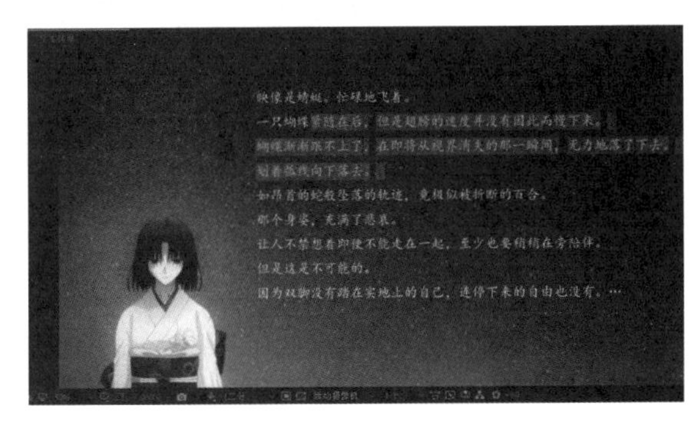

图 5-13

图 5-14

5.2.2 更改文本方向

文本的方向是由输入文本时所使用的文字工具决定的。当使用【横排文字工具】输入文本时，文本从左到右排列，如果是多行横排文本，则从上往下排列；当使用【竖排文字工具】输入文本时，则文本会从上到下排列，如果是多行直排文本，则从右往左排列。

如果用户需要更改文本方向，可以在【时间轴】面板中选择需要修改方向的文本图层，选择【文字工具】，并在【合成】面板中单击鼠标右键，在弹出的快捷菜单中选择【水平】或【垂直】命令，如图 5-15 所示。

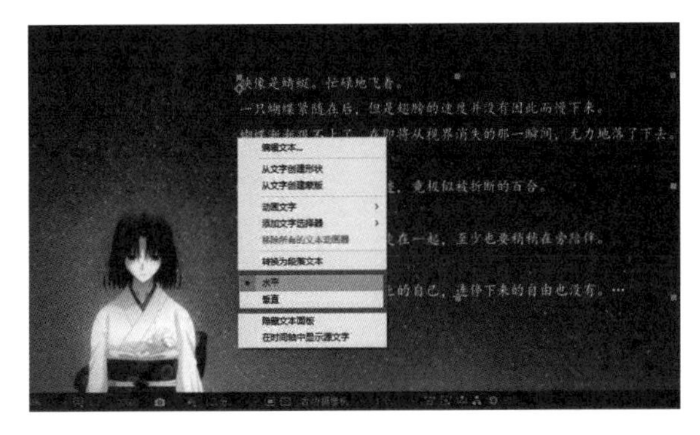

图 5-15

5.2.3 调整段落文本边界大小

在【时间轴】面板中双击文本图层，激活文本的编辑状态，在【合成】面板中将鼠标指针移动至文本四周的控制点上，当鼠标指针变为双向箭头时，按住鼠标左键进行拖动即可。拖动的同时文本的大小不变即可，但会改变文本的排版效果。

提示

按住 Shift 键进行拖动时，可保持边界的比例不变。

5.2.4 【字符】面板和【段落】面板

After Effects 有两个关于文本设置的属性面板。其中，用户可以通过【字符】面板，修改文本的字体、颜色、行间距等其他属性，同时还可以通过【段落】面板，设置文本的对齐方式、缩进等。

1.【字符】面板

执行【窗口】>【字符】命令，打开【字符】面板。如果选择了需要编辑的文本图层，在【字符】面板中的设置将仅影响选定的文本。如果没有选择任何文本图层，在【字符】面板中的设置将成为下一个创建的文本图层的默认参数。【字符】面板如图 5-16 所示。

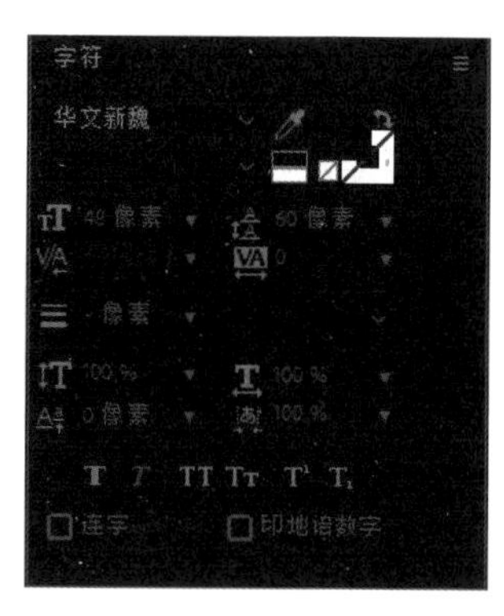

图 5-16

字体下拉列表：用于设置文本的字体。

字体样式下拉列表：用于设置文本的字体样式。

吸管工具：使用【吸管工具】可以吸取当前界面中的任意颜色，作为填充颜色或描边颜色。

填充 / 描边颜色：单击色块，在弹出的【文本颜色】对话框中，可以设置文本或描边的颜色。

设置为黑色 / 白色：单击色块，可以快速地将文本或描边颜色设置为纯黑色或纯白色。

没有填充色：单击这个图标，将不对文本或描边产生填充效果。

设置字体大小：用于设置字体的大小，数值越大，字体越大。

设置行距：用于设置上下文本之间的行间距。

字偶间距：用于微调文本的字距。

字符间距：用于设置字符之间的距离，数值越大，字符间距越大。

描边宽度：用于设置文本的描边宽度，数值越大，描边越宽。

描边方式：用于设置文本的描边方式，包括【在描边上填充】、【在填充上描边】、【全部填充在全部描边之上】、【全部描边在全部填充之上】4 个选项。

垂直缩放：用于设置文本垂直缩放的比例。

水平缩放：用于设置文本水平缩放的比例。

设置基线偏移：正值会将横排文本移到基线上面，将直排文本移到基线右侧；负值则会将文本移到基线下面或左侧。

设置比例间距：用于指定文本的比例间距，可以将字符周围的空间缩减指定的百分比值，字符本身不会被拉伸或挤压。

仿粗体：设置文本为粗体。

仿斜体：设置文本为斜体。

全部大写字母：将选中的字母全部转换为大写。

小型大写字母：将所有的字母转换为较小的尺寸进行显示。

上标：将选中的文本转换为上标。

下标：将选中的文本转换为下标。

连字：选中该复选框，支持字体连字。

印地语数字：选中该复选框，支持印地语数字。

2.【段落】面板

【段落】面板用来设置文本的对齐方式、缩进方式等。【段落】面板如图 5-17 所示。

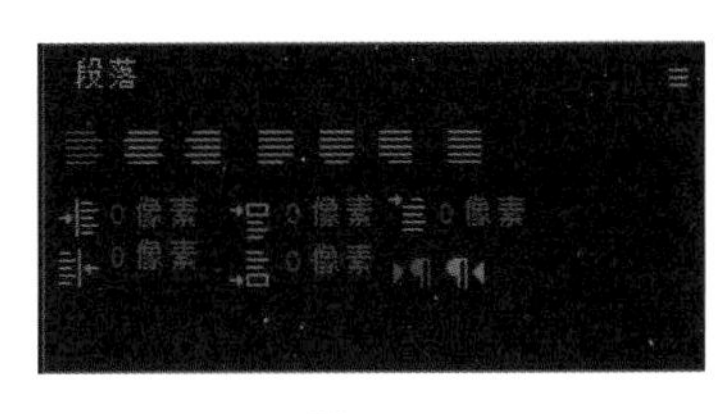

图 5-17

左对齐文本：将文本左对齐。

居中对齐文本：将文本居中对齐。

右对齐文本：将文本右对齐。

最后一行左对齐：将段落中的最后一行文本左对齐。

最后一行居中对齐：将段落中的最后一行文本居中对齐。

最后一行右对齐：将段落中的最后一行文本右对齐。

两端对齐：将段落中的最后一行文本两端分散对齐。

缩进左边距：从段落左侧开始缩进文本。

段前添加空格：在段落前添加空格，用于设置段落前的间距。

首行缩进：缩放首行文本。

缩进右边距：从段落右侧开始缩进文本。

段后添加空格：在段落后添加空格，用于设置段落后的间距。

从左到右的文本方向：设置文本方向为从左到右。

从右到左的文本方向：设置文本方向为从右到左。

提示

当将文本竖排时，【段落】面板中的参数也会相应地改变为竖排文本段落的参数。

文本动画制作

After Effects 中的文本图层与其他图层一样，不仅可以利用图层本身的【变换】属性制作动画效果，而且可以利用特有的文本动画控制器，制作丰富多彩的文本动画效果。

课堂案例 源文本动画制作

在【时间轴】面板中，选择文本图层，展开【文本】选项组，通过选择【源文本】选项，可以制作源文本动画。通过【源文本】选项，用户可以再次编辑文本内容、字体、大小、颜色等属性，并将这些变换记录下来，形成动画效果。

素材文件	素材文件 \ 第 5 章 \ 源文本.jpg	扫码观看视频
案例文件	案例文件 \ 第 5 章 \ 源文本动画.aep	
视频教学	视频教学 \ 第 5 章 \ 源文本动画.mp4	
技术要点	源文本的使用	

Step 01 打开项目文件“源文本动画.aep”，如图 5-18 所示。

Step 02 执行【图层】>【新建】>【文本】命令，在【时间轴】面板中创建文本图层，输入文本“花与少女”，如图 5-19 所示。

图 5-18

图 5-19

Step 03 单击文本图层，按 P 键，将文本图层的【位置】属性设置为（540,240）。在【字符】面板中，设置文本的【颜色】为（R:255,G:244,B:122），设置【字体大小】为 70 像素，字体可以根据需要自由选择，效果如图 5-20 所示。

Step 04 在【时间轴】面板中选择“花与少女”图层，展开【文本】选项组，激活【源文本】属性的时间变化秒表，创建关键帧，如图 5-21 所示。

图 5-20

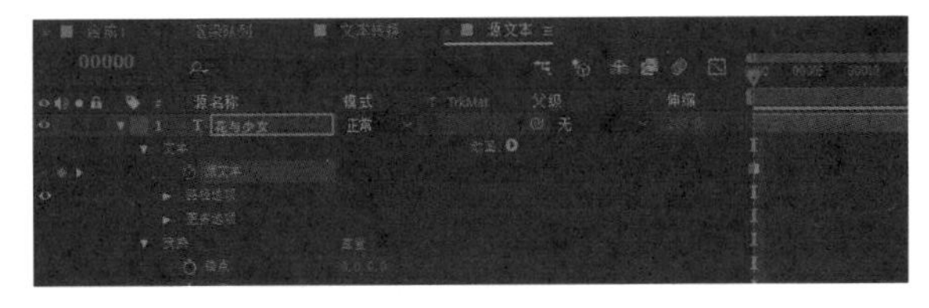

图 5-21

Step 05 在合成窗口中使用【文字工具】选择“花”文本，将【当前时间指示器】移动至 0:00:01:00 位置，修改【字体大小】为 80 像素，效果如图 5-22 所示。

Step 06 使用【文字工具】选择“与”文本，将【当前时间指示器】移动至 0:00:02:00 位置，修改【字体大小】为 80 像素，效果如图 5-23 所示。

图 5-22

图 5-23

Step 07 使用【文字工具】选择“少”文本，将【当前时间指示器】移动至 0:00:03:00 位置，修改【字体大小】为 80 像素。使用【文字工具】选择“女”文本，将【当前时间指示器】移动至 0:00:04:00 位置，修改【字体大小】为 80 像素，如图 5-24 所示。

图 5-24

提示

使用【源文本】制作动画，可以模拟文本突变效果，如倒计时动画等，但不会产生过渡效果。

5.3.1 路径动画

在【时间轴】面板中，选择文本图层，展开【路径选项】选项组，通过设置【路径选项】选项组中的参数，可以制作路径动画。

当文本图层中只有文本时，【路径选项】显示【无】，只有为文本图层添加蒙版后，才可以指定当前蒙版作为文本的路径来使用，如图 5-25 所示。

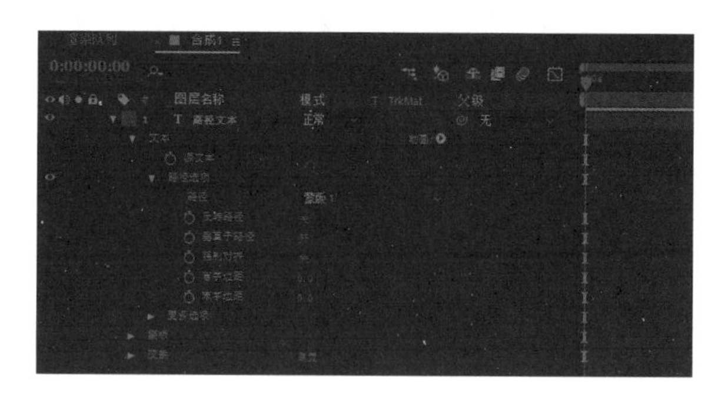

图 5-25

反转路径：用于设置路径上文本的反转效果。当启用【反转路径】选项后，将反转所有文本。

垂直于路径：用于设置文本是否垂直于路径。

强制对齐：将第一个字符和路径的起点强制对齐，将最后一个字符和路径的结束点对齐，中间的字符均匀地排列在路径上。

首字边距：用于设置第一个字符相对于路径起点的位置。

末字边距：用于设置最后一个字符相对于路径结束点的位置，只有激活【强制对齐】选项以后才有作用。

课堂案例 路径动画制作

素材文件	素材文件 \ 第 5 章 \ 背景.jpg
案例文件	案例文件 \ 第 5 章 \ 路径动画.aep
视频教学	视频教学 \ 第 5 章 \ 路径动画.mp4
技术要点	路径动画制作

扫码观看视频

Step 01 打开项目文件“路径动画.aep”，如图 5-26 所示。

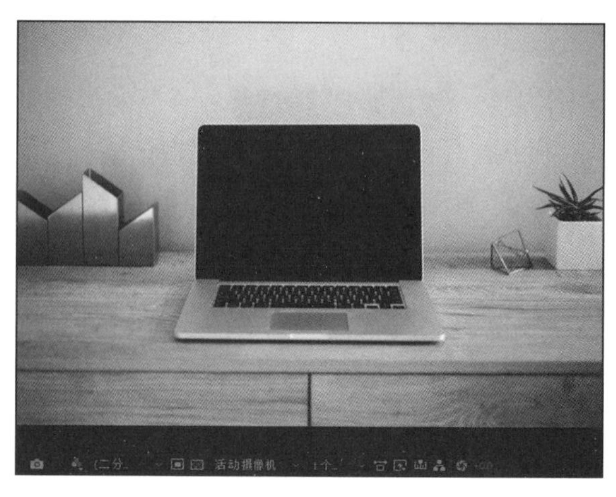

图 5-26

Step 02 执行【图层】>【新建】>【文本】命令，在【时间轴】面板中创建文本图层，并输入文本“After Effects CC”，在【字符】面板中设置【填充色】为（R:255,G:255,B:255）、【字体大小】为 54 像素、【字体】为【方正粗黑宋简体】、【位置】为（410,388），效果如图 5-27 所示。

Step 03 选择“After Effects CC”文本图层，使用【钢笔工具】绘制蒙版，如图 5-28 所示。

图 5-27

图 5-28

Step 04 将【当前时间指示器】移动至第 0:00:03:00 的位置，选择文本图层，将【路径】指定为“蒙版 1”，激活【首字边距】、【末字边距】属性的【时间变化秒表】按钮，打开【强制对齐】属性，如图 5-29 所示。

Step 05 将【当前时间指示器】移动至第 0:00:02:00 的位置，设置【首字边距】属性为 1000.0、【末字边距】属性为 1100.0，如图 5-30 所示。

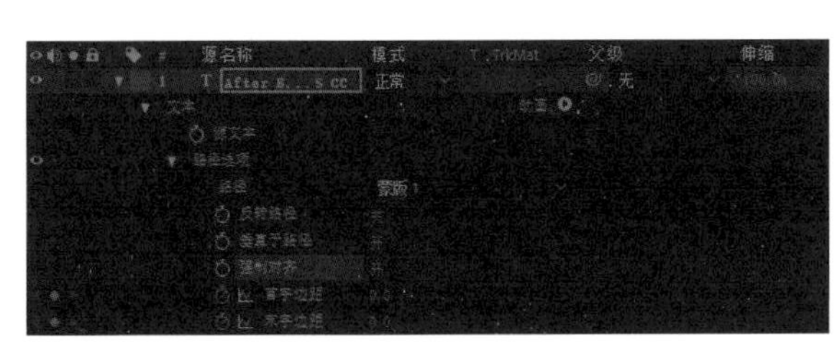

图 5-29

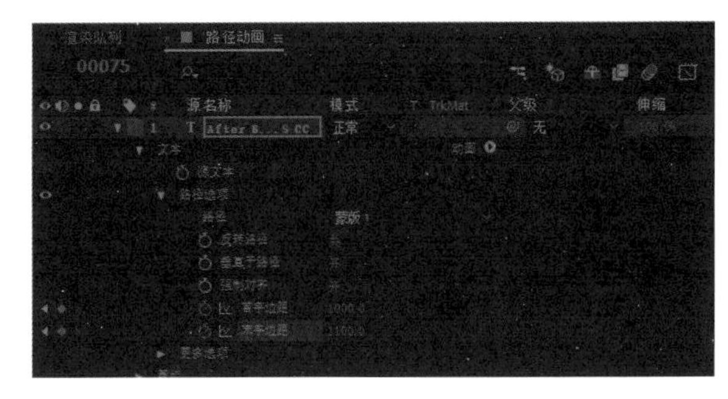

图 5-30

5.3.2 动画控制器

在 After Effects 中，可以通过动画控制器，为文本快速地制作复杂的动画效果。用户可以通过执行【动画】>【动画文本】命令，或者在【时间轴】面板中选择文本图层，单击【动画】按钮，在弹出的快捷菜单中选择所需属性，添加动画效果。当为文本图层添加动画效果后，每个动画效果都会生成一个新的属性组。在属性组中可以包含一个或多个动画效果，如图 5-31 所示。

在动画控制器中，主要包括以下选项。

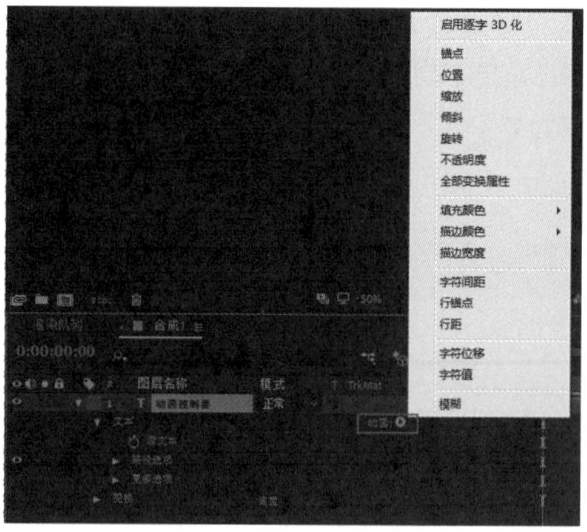

启用逐字 3D 化：通过“启用逐字 3D 化”命令，可将文本图层转换为三维图层。具体内容在“三维空间”章节有详细介绍。

锚点：用于设置文本的锚点动画。

位置：用于设置文本的位移动画。

缩放：用于设置文本的缩放动画。

倾斜：用于设置文本的倾斜动画。数值越大，倾斜效果越明显。

旋转：用于设置文本的旋转动画。

不透明度：用于设置文本的不透明度动画。

全部变换属性：用于将所有的变换属性全部添加到动画控制器中。

填充颜色：用于设置文本的填充颜色变化动画，包括【RGB】、【色相】、【饱和度】、【亮度】和【不透明度】5 个选项。

图 5-31

描边颜色：用于设置描边的颜色变化动画，包括【RGB】、【色相】、【饱和度】、【亮度】和【不透明度】5 个选项。

描边宽度：用于设置描边的宽度动画。

字符间距：用于设置字符间距类型和字符间距大小动画。

行锚点：用于设置每行文本中的跟踪对齐方式。

行距：用于设置多行文本的行距变化动画。

字符位移：用于设置字符的偏移量动画，按照统一的字符编码标准为选择的字符进行偏移处理。

字符值：用于设置新的字符，按照字符编码标准将字符统一替换。

模糊：用于制作文本的模糊动画，可分别设置水平方向和垂直方向的模糊效果。

1. 范围选择器

当用户为文本图层添加动画效果后，在每个动画效果中都包含了一个范围选择器。用户可以分别添加多个动画效果，这样每个动画效果都包含一个独立的范围选择器。除此之外，也可以在一个范围选择器中添加多个动画效果，如图 5-32 所示。

图 5-32

 **提示**

用户可以将选择器添加到动画器组中，也可以从动画器组中删除选择器。如果删除动画器组中的所有选择器，动画器属性将适用于所有文本。

通过选择器可以指定动画控制器的影响范围。在基础范围选择器中，通过【起始】、【结束】、【偏移】选项来控制选择器影响的范围。

起始：用于设置选择器的有效起始位置。

结束：用于设置选择器的有效结束位置。

偏移：用于设置选择器的整体偏移量。

在高级范围选择器中，主要包括以下选项。

单位：用于设置选择器的单位，包括【百分比】和【索引】两种类型。

依据：用于设置选择器依据的模式，包括【字符】、【不包含空格的字符】、【词】、【行】4 种模式。

模式：用于设置多个选择器的混合模式，包括【相加】、【相减】、【相交】、【最小值】、【最大值】、【差值】6 种模式。

数量：用于设置动画效果控制文本的程度，默认为 100%。0 表示动画效果对文本不产生任何作用。

形状：用于设置选择器有效范围内文本排列的过渡方式，包括【正方形】、【上斜坡】、【下斜坡】、【三角形】、【圆形】和【平滑】6 种方式。

平滑度：用于设置产生平滑过渡的效果，只有将【形状】类型设置为【矩形】时，该选项才存在。

缓和高：用于设置从完全选择状态进入部分选择状态的更改速度。如果【缓和高】值为 100%，则在完全选择文本到部分选择文本时，字符被更缓慢地更改；如果【缓和高】值为 -100%，则在完全选择文本到部分选择文本时，文本被快速更改。

缓和低：如果【缓和低】值为 100%，则在部分选择文本或未选择文本时，文本被快速更改；如果【缓和低】值为 100%，则在部分选择文本或未选择文本时，文本被缓慢地更改。

随机顺序：用于设置有效范围添加在其他区域的随机性。

2. 摆动选择器

摆动选择器可以让选择器产生摇摆动画效果，包括以下属性，如图 5-33 所示。

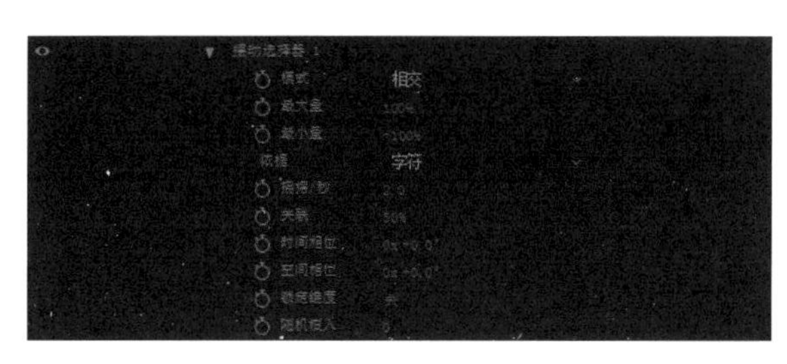

图 5-33

模式：用于设置多个选择器的混合模式，包括【相加】、【相减】、【相交】、【最小值】、【最大值】、【差值】6 种模式。

最大量：用于指定选择项的最大变化量。

最小量：用于指定选择项的最小变化量。

依据：用于设置摇摆选择器依据的模式，包括【字符】、【不包含空格的字符】、【词】、【行】4 种模式。

摇摆 / 秒：用于设置每秒产生的波动数量。

关联：用于设置每个文本之间变化的关联。当数值为 100% 时，所有文本同时按同样的幅度进行摆动；当数值为 0 时，所有文本独立摆动，互不影响。

时间相位：用于设置摆动的变化基于时间的相位大小。

空间相位：用于设置摆动的变化基于控件的相位大小。

锁定维度：用于将摆动维度的缩放比例保持一致。

随机植入：用于设置摆动的随机变化。

3. 表达式选择器

表达式控制器可以分别控制每一个文本的属性，主要包括以下参数，如图 5-34 所示。

图 5-34

依据：用于设置表达式选择器依据的模式，包括【字符】、【不包含空格的字符】、【词】、【行】4 种模式。

数量：用于设置表达式选择器的影响程度。默认情况下，数量属性以表达式 selectorValue*textIndex/textTotal 表示。

- selectorValue：返回前一个选择器的值。
- textIndex：返回字符、词或行的索引。
- textTota：返回字符、词或行的总数。

技巧

选择器的基本操作

1. 在【时间轴】面板中选择动画器组，单击【添加】按钮 添加：◉，选择【选择器】下的【范围】、【摆动】或【表达式】选项。
2. 在【合成】面板中选择文本图层，在文本上单击鼠标右键，在弹出的快捷菜单中选择【添加文字选择器】>【范围】/【摆动】/【表达式】命令，如图 5-35 所示。
3. 要删除选择器，可以直接在【时间轴】面板中选择并删除。
4. 要对选择器重新排序，可以直接选中选择器，拖动到合适的位置。

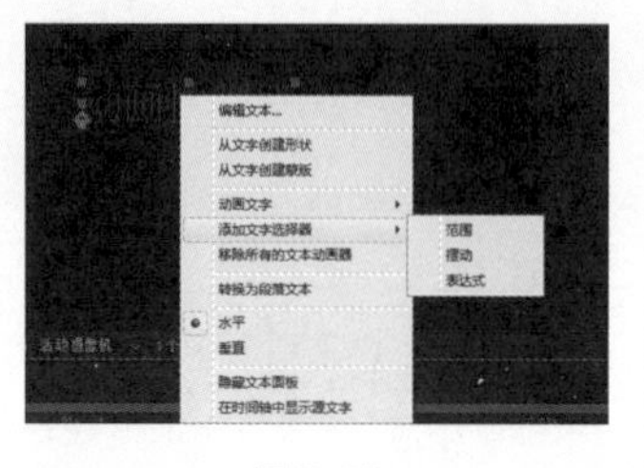

图 5-35

课堂案例 范围选择器动画制作

素材文件	素材文件 \ 第 5 章 \ 背景 .jpg	扫码观看视频
案例文件	案例文件 \ 第 5 章 \ 范围选择器动画 .aep	
视频教学	视频教学 \ 第 5 章 \ 范围选择器动画 .mp4	
技术要点	范围选择器动画制作	

Step 01 打开项目文件“范围选择器动画 .aep”，如图 5-36 所示。

Step 02 执行【图层】>【新建】>【文本】命令，在【时间轴】面板中创建文本图层，并输入文本“adobe after effects”，设置【填充色】为（R:146,G:213,B:255）、【字体大小】为 43 像素、【字体】为 Arial Rounded MT Bold、【位置】为（432,405），效果如图 5-37 所示。

图 5-36

图 5-37

Step 03 展开文本图层的属性，单击【动画】按钮 动画:◐，在弹出的快捷菜单中选择【缩放】命令，将【缩放】属性设置为（200,200），单击【添加】按钮 添加:◐，在弹出的快捷菜单中选择【属性】>【位置】命令，将【位置】设置为（25,-41），如图 5-38 所示。

Step 04 将【当前时间指示器】移动至 0:00:01:00 位置，激活【偏移】属性的时间变化秒表，并设置为 -10%，将【结束】属性设置为 -10%，如图 5-39 所示。

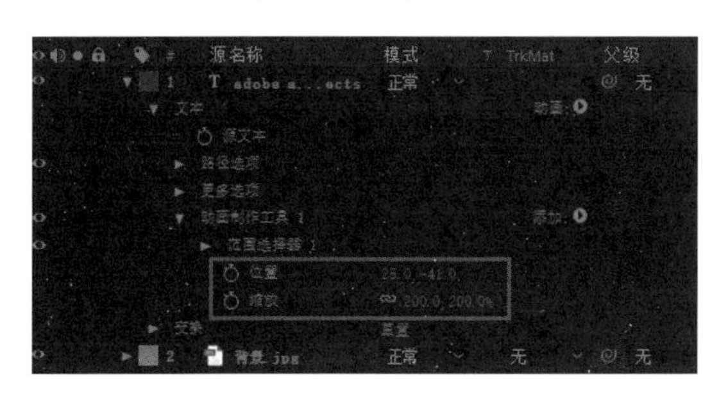

图 5-38

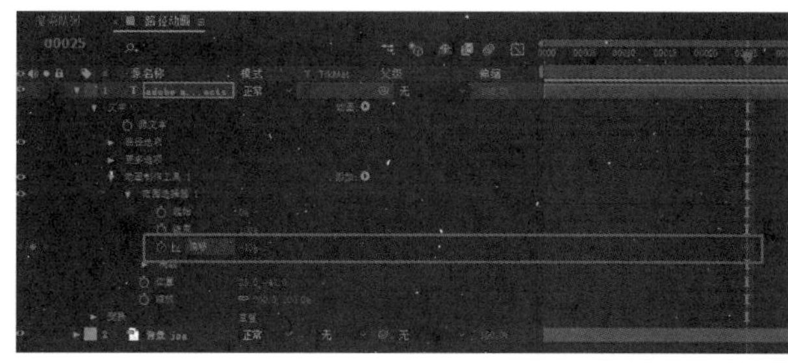

图 5-39

Step 05 将【当前时间指示器】移动至 0:00:03:00 位置，将【偏移】属性设置为 -100%，如图 5-40 所示。

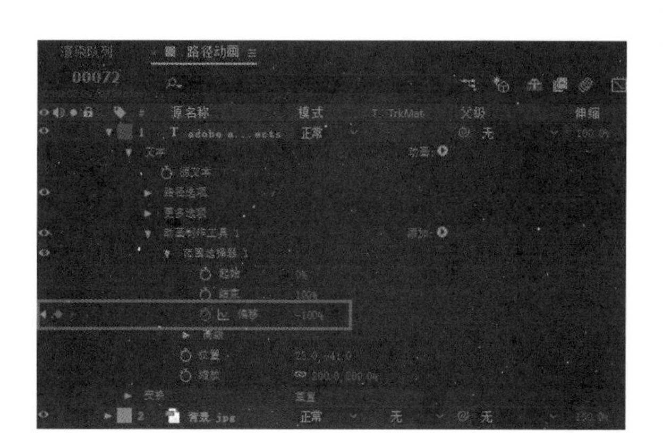

图 5-40

5.3.3 文本动画预设

在 After Effects 中，系统预设了多种文本动画效果，用户可以通过直接添加动画预设快速地创建文本动画。在【效果和预设】面板中，展开【动画预置】选项，在【Text】子选项中，提供了大量的动画预设效果，如图 5-41 所示。

为文本添加动画预置效果，需要选择指定的文本图层，将动画预设直接拖到被选择的文本图层上即可。

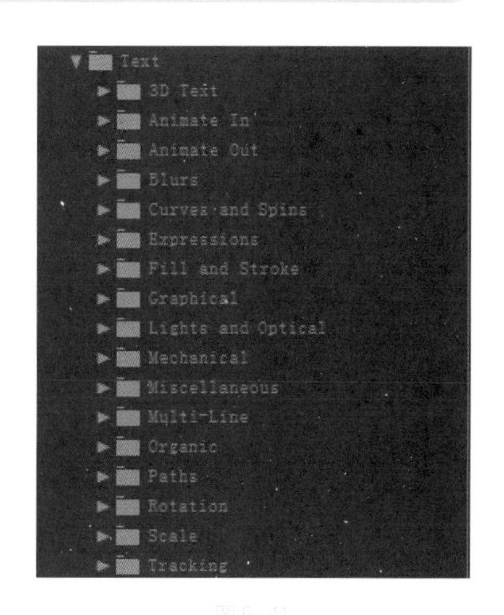

图 5-41

课堂练习 霓虹灯文字

素材文件	素材文件 \ 第 5 章 \spaceranger.ttf	扫码观看视频
案例文件	案例文件 \ 第 5 章 \ 霓虹文字.aep	
视频教学	视频教学 \ 第 5 章 \ 霓虹文字.mp4	
技术要点	结合多种文字动画模式和效果控件制作出风格独特的文字特效	

1. 练习思路

- 创建文本。
- 通过动画预置为文本添加动画效果。
- 采用预合成手段为素材整体添加效果器。
- 使用简单的表达式制作不规则的动画效果。

2. 制作步骤

1. 设置项目

Step 01 创建项目，设置项目名称为“霓虹文字”。

Step 02 新建合成，在【合成设置】对话框中，设置合成【预设】为【HDTV 1080 29.97】、【帧速率】为 29.97 帧 / 秒、【持续时间】为【03000】帧，如图 5-42 所示。

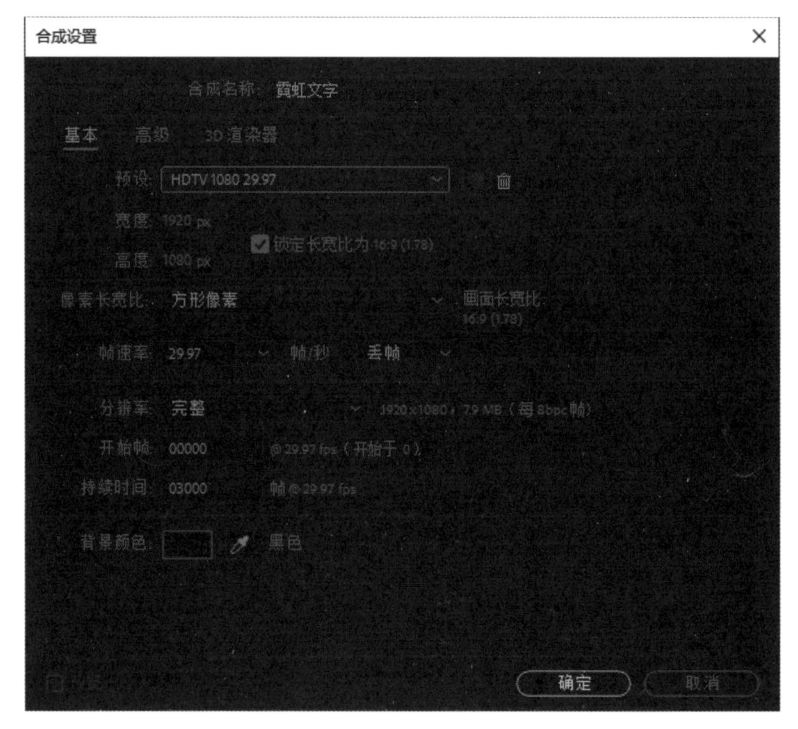

图 5-42

2. 创建文本和文本基础动画

Step 01 执行【图层】>【新建】>【文本】命令，在【时间轴】面板中创建文本图层，并输入“ADOBE”，设置【位置】属性为（450,610）、【字体】为 Space Range、【填充色】为（R:255,G:0,B:0）、【字体大小】为 300，效果如图 5-43 所示。

Step 02 双击文本图层，选中文本图层中的所有字符，在右侧的【效果与预设】面板中查找【动画预设】>【Text】>【Animate In】>【随机淡化上升】效果，为文本添加动画，如图 5-44 所示。

图 5-43

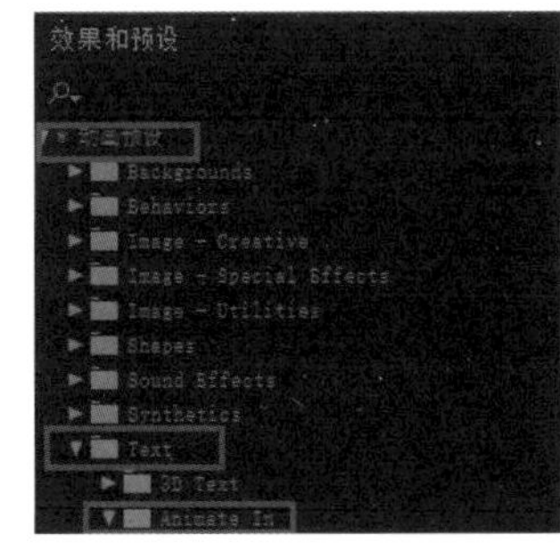

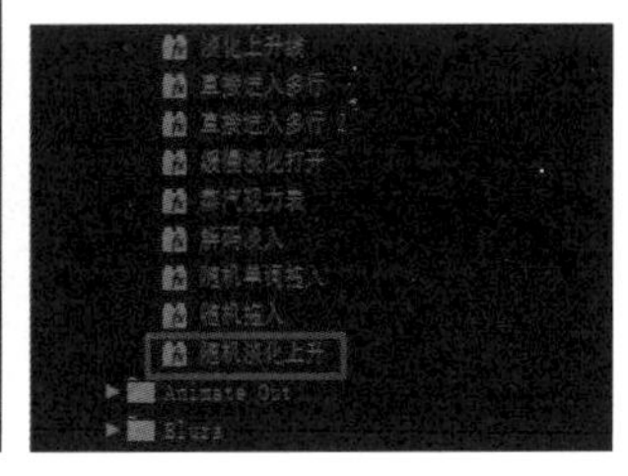

图 5-44

提示

本案例使用的是新增字体 Space Ranger，用户可以根据自身项目需求在官方网站下载需要的艺术字体，系统中新增的所有字体都可以在 After Effects 中调取使用。

Step 03 单击文本图层，按 U 键打开范围选择器的动画关键帧，删除预设的关键帧。将【当前时间指示器】移动至 0:00:01:00 位置，激活【起始】属性的时间变化秒表，将【起始】属性设置为 0；将【当前时间指示器】移动至 0:00:01:15 位置，将【起始】属性设置为 100%；将【当前时间指示器】移动至 0:00:06:00 位置，将【起始】属性设置为 100%；将【当前时间指示器】移动至 0:00:06:15 位置，将【起始】属性设置为 0，完成文字的淡入和淡出动画效果的制作，如图 5-45 所示。

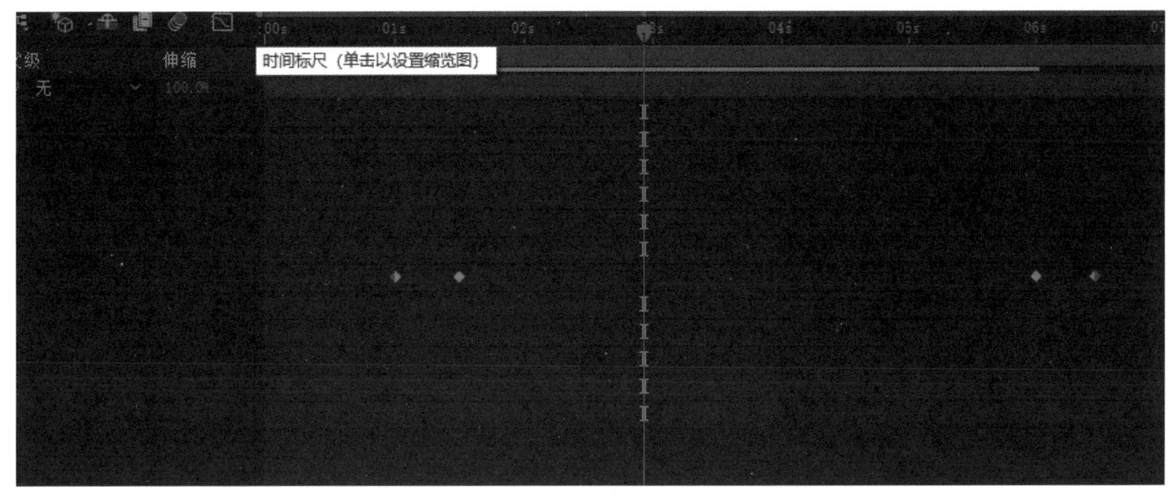

图 5-45

Step 04 展开文本图层的文本动画下拉选项，依次展开【动画 1】>【范围选择器 1】>【高级】选项，设置【平滑度】值为 0，如图 5-46 所示。

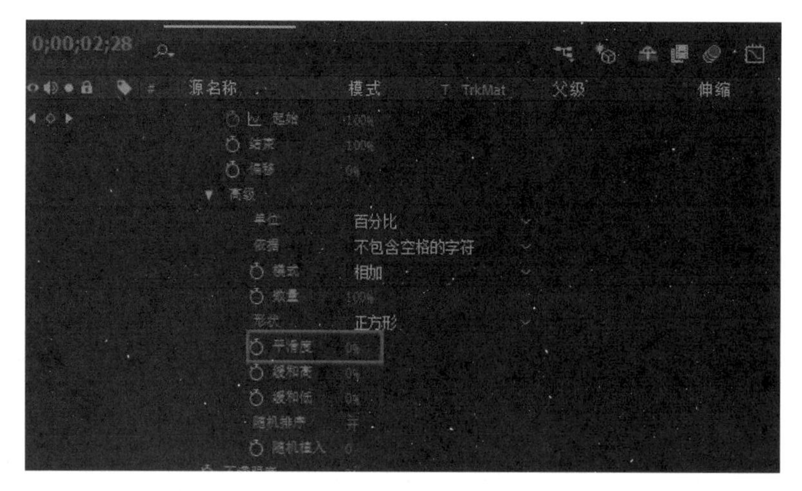

图 5-46

Step 05 收起下拉选项，单击文本图层，单击鼠标右键，在弹出的快捷菜单中选择【预合成】命令，选择【将所有属性移动到新合成】复选框，将该合成命名为“文本动画”，如图 5-47 所示。

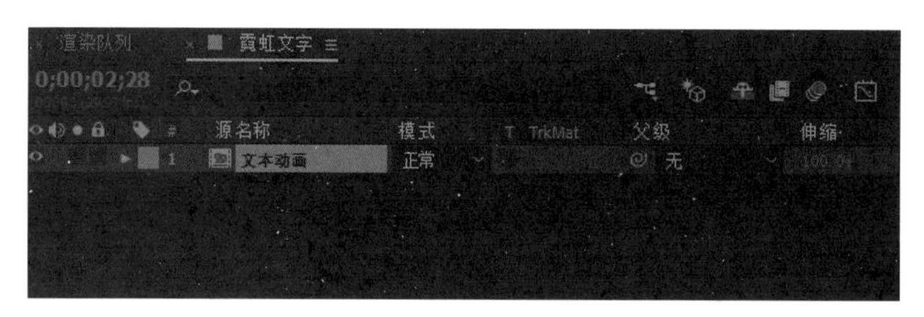

图 5-47

3. 添加文字特效

Step 01 单击“文本动画”合成，执行【生成】>【勾画】命令，在【勾画】效果面板中，设置【片段】值为 1、【长度】值为 0.6，选中【随机相位】复选框，设置【混合模式】为【透明】、【颜色】为（R:255,G:180,B:0），如图 5-48 所示。

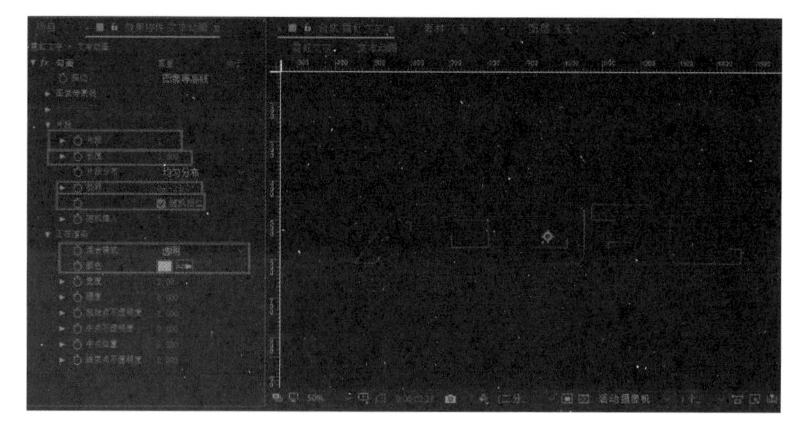

图 5-48

Step 02 为了提升颜色精度，在【项目】面板中单击【项目设置】按钮。在【项目设置】对话框的【颜色设置】选项卡中，将【深度】模式修改为【每通道 32 位（浮点）】，如图 5-49 所示。

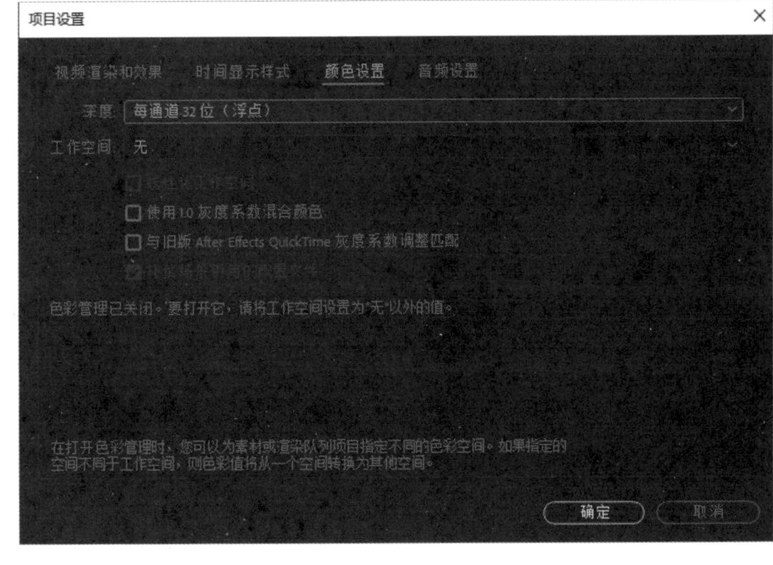

图 5-49

Step 03 单击【文本动画】图层，执行【效果】>【风格化】>【发光】命令。在【发光】效果面板中将【发光强度】值设置为 0.1，如图 5-50 所示。

Step 04 选中【发光】控件，按 Ctrl+D 组合键快速复制出【发光 2】控件，将【发光 2】的【发光半径】值设置为 50.0。选中【发光 2】控件，再次按 Ctrl+D 组合键快速复制出【发光 3】控件，将【发光 3】的【发光半径】值设置为 120.0，如图 5-51 所示。

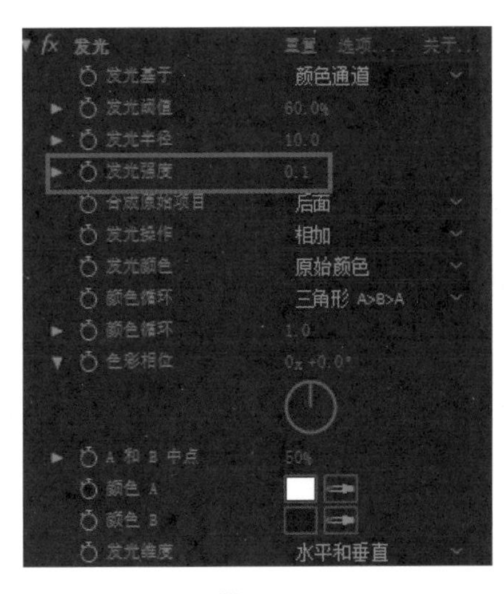

图 5-50

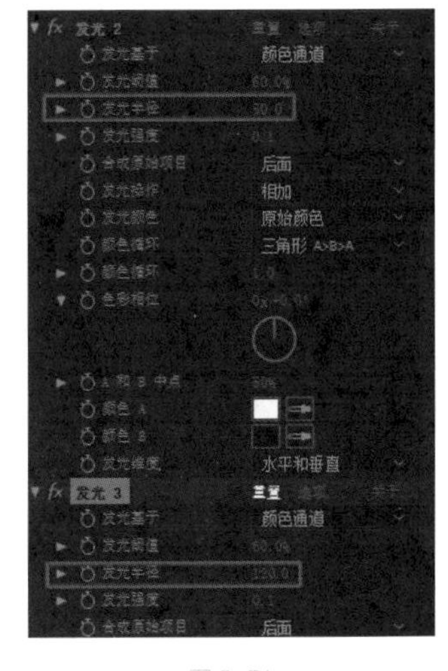

图 5-51

Step 05 单击【文本动画】图层，单击鼠标右键，在弹出的快捷菜单中选择【重命名】命令，重命名【文本动画层】为【文本动画层 - 黄】。按 Ctrl+D 组合键快速复制图层，并将新图层重命名为【文本动画层 - 蓝】。在【文本动画层 - 蓝】图层的【勾画】效果控件中，设置【旋转】属性为 190°，【填充色】为（R:0,G:0.1,B:1）。将【文本动画层 - 蓝】图层的叠加模式改为【屏幕】，如图 5-52 所示。

图 5-52

Step 06 选择【文本动画 - 黄】和【文本动画 - 蓝】两个图层，单击鼠标右键，在弹出的快捷菜单中选择【预合成】命令，将新的合成重命名为“文本特效”，如图 5-53 所示。

Step 07 在【图层】面板中单击鼠标右键，在弹出的快捷菜单中选择【新建】>【调整层】命令，新建【调整图层 1】。单击【调整图层 1】，执行【风格化】>【发光】命令。单击【发光】效果控件，将【发光半径】值设置为 100.0，如图 5-54 所示。

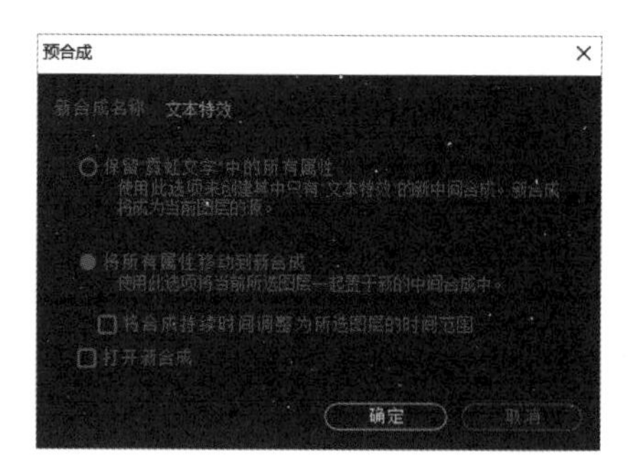

图 5-53

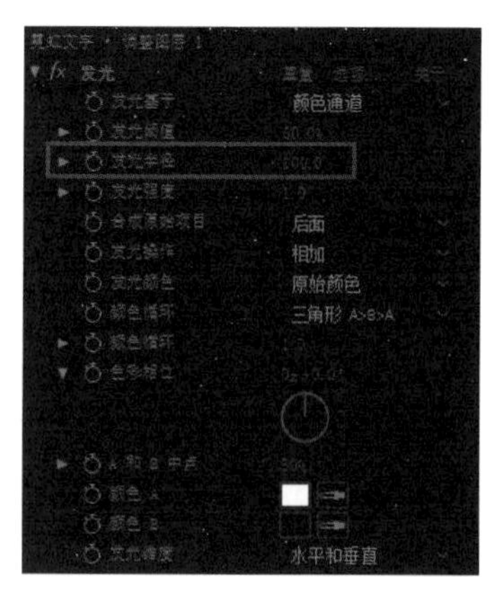

图 5-54

Step 08 单击【文本特效】图层，按 Ctrl+D 组合键复制，将其重命名为【文本特效模糊】。单击【文本特效模糊】图层，执行【效果】>【锐化和模糊】>【快速方框模糊】命令，将【模糊半径】值设置为 560.0，如图 5-55 所示。

Step 09 单击【文本特效模糊】图层，按 Ctrl+D 组合键复制，并且复制两次。将全部文本特效模糊图层的叠加模式设置为【屏幕】，如图 5-56 所示。

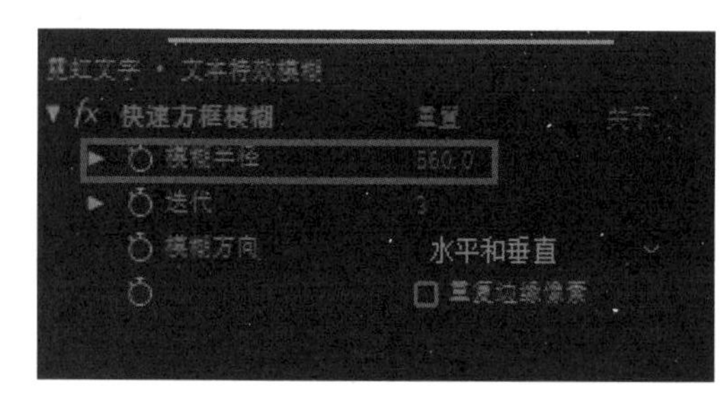

图 5-55

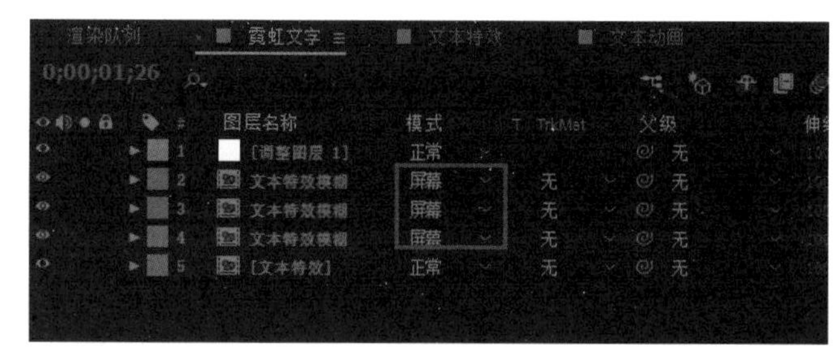

图 5-56

Step 10 双击【文本特效】图层，进入“文本特效”合成，为【文本动画层 - 黄】和【文本动画层 - 蓝】两个图层的不透明度添加闪烁效果。加选两个图层，按 T 键，同时打开两个图层的【不透明度】属性。按住 Alt 键的同时单击【不透明度】属性的时间变化秒表，打开表达式输入状态。在【文本动画层 - 黄】的不透明度表达式中输入“wiggle（50,5）”，在【文本动画层 - 蓝】的不透明度表达式中输入“wiggle（75,10）”。将【文本动画层 - 蓝】图层在【时间轴】面板中向后拖 10 帧，以实现交错闪烁效果，如图 5-57 所示。

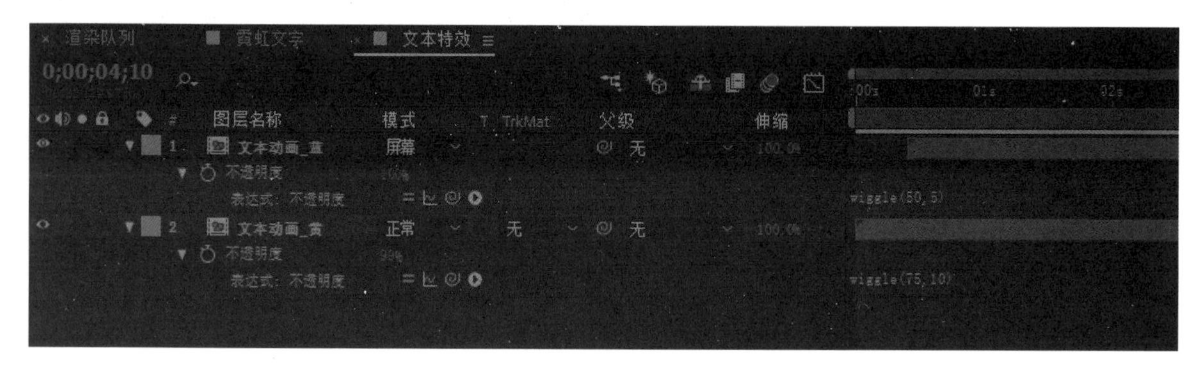

图 5-57

Step 11 回到上级合成“霓虹文字”，按 0 键预览效果，完成案例的制作，如图 5-58 所示。

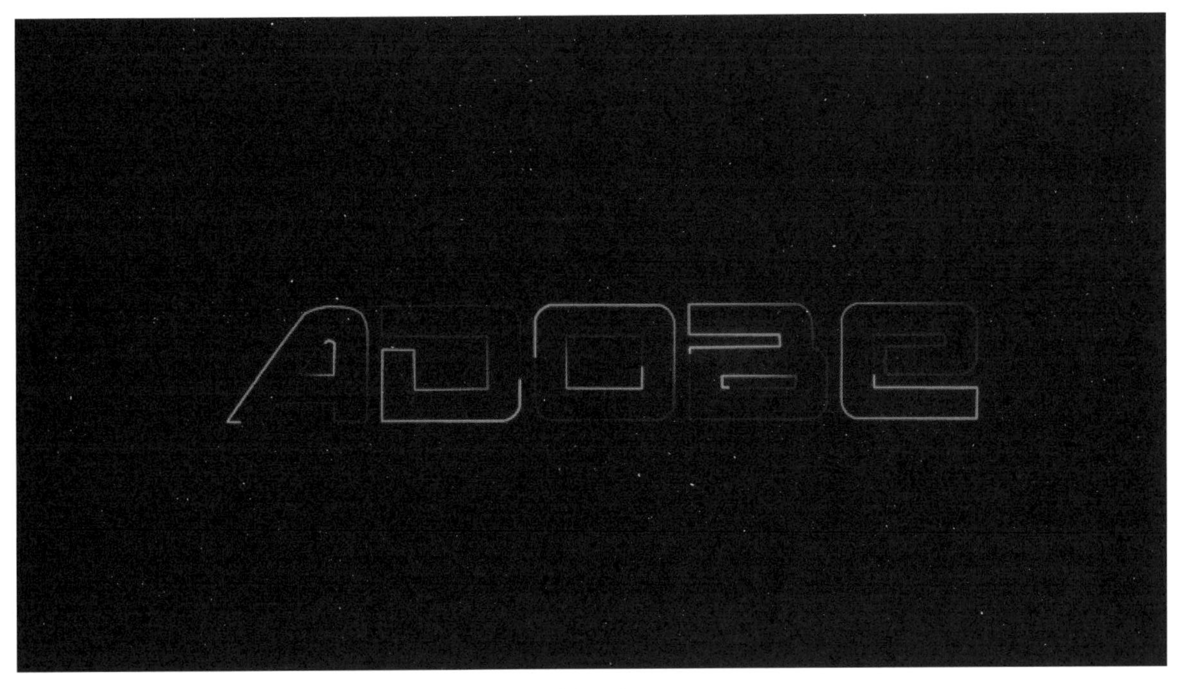

图 5-58

课后习题

一、选择题

1. 在“字符”面板中调整文字间距的图标是（　　）。

A.

B.

C.

D.

2. 在“段落”面板中改变文本输入方向的图标是（　　）。

A.

B.

C.

D.

3. 在图层属性中输入表达式的快捷键是（　　）。

A. Ctrl+

B. Shift+

C. Alt+

D. Alt+

二、填空题

1. 只有当 ________ 的指针位于文本图层上方时，才显示为一个编辑文本指针。

2. 当选择 ________ 输入文本时，文本从上到下排列，多行直排文本从右往左排列。

3. 通过 ________，用户可以再次编辑文本内容、字体、大小、颜色等属性，并将这些变化记录下来，形成动画效果。

4. 在 ________ 面板中，展开 ________ 选项，在 ________ 子选项中，提供了大量的动画预设效果。

5. 只有为文本图层添加 ________ 后，才可以指定当前蒙版作为文本的路径来使用。

三、简答题

1. 简述 3 种创建文本的方法。

2. 要将 .psd 文件导入 After Effects CC 2018，并对其中的文本进行加工，需要注意哪些关键点？

3. 简述选择器中【范围】和【摆动】的区别。

四、案例习题

素材文件：练习文件 \ 第 5 章 \ 背景图片.jpg。

效果文件：练习文件 \ 第 5 章 \ 第 5 章案例习题.mp4，如图 5-59 所示。

练习要点：

1. 根据项目设置文件。

2. 文本动画中路径动画各参数的控制。

3. 范围选择器的应用。

4. 在完成文字动画之后效果控件的添加和调整。

图 5-59

第6章 绘画与图形工具

绘画与图形工具简称绘图工具，是由 After Effects CC 2018 提供的简单快捷的图形创建和加工工具。除了可以用于独立地创建矢量图形，在影视素材的加工中也具有独一无二的地位。本章将针对常用绘图工具面板、形状图层、MG 动画创作进行详细的介绍，帮助用户快速掌握这些工具的使用。

AFTER EFFECTS

学习目标

- 掌握绘图工具面板的使用
- 掌握形状图层的概念及相关属性
- 掌握 MG 动画设计的相关概念
- 掌握 MG 动画的运动规律及制作技巧

技能目标

- 掌握复制图像的方法
- 掌握绘制矢量造型的方法
- 掌握 MG 动画制作的基本流程

6.1 绘图工具

绘图工具包括【画笔工具】、【仿制图章工具】和【橡皮擦工具】，如图 6-1 所示。使用绘图工具可以创建或擦除矢量图案，用户可以为每个图案设置【持续时间】、【描边选项】和【变换】属性，并且可以在【时间轴】面板中查看和修改这些属性。

图 6-1

默认情况下，每个绘制效果由创建它的工具命名，并包含一个表示其绘制顺序的数字。添加绘制效果的图层包含【在透明背景上绘画】选项，如果打开该选项，绘制效果将作用于透明图层，如图 6-2 所示。

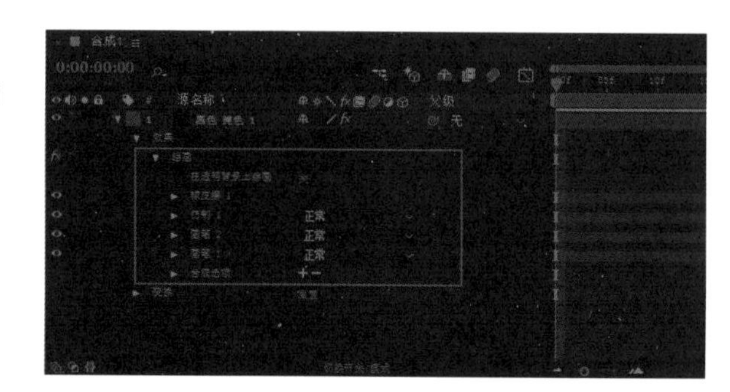

图 6-2

6.1.1 【绘画】面板

从工具栏中选择相应的绘图工具，就可以在【绘画】面板中设置各个绘图工具的参数，如图 6-3 所示。

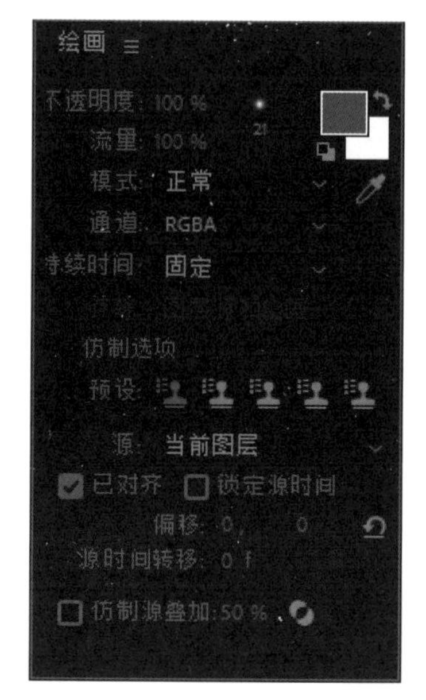

图 6-3

参数详解

不透明度：用于设置【画笔工具】和【仿制图章工具】的最大不透明度。对于【橡皮擦工具】，此选项用于设置使用【橡皮擦工具】移除图层颜色的最大值。

流量：用于控制【画笔工具】和【仿制图章工具】的流量大小，数值越大，上色速度越快。对于【橡皮擦工具】，此选项用于设置使用【橡皮擦工具】移除图层颜色的速度，数值越大，速度越快。

模式：用于设置【画笔工具】和【仿制图章工具】与底层图层像素的混合模式，与【图层】面板中的混合模式相同。

通道：用于设置绘图工具影响的图层通道。在选择 Alpha 时，描边仅影响不透明度。

提示

使用纯黑色绘制 Alpha 通道时，与使用【橡皮擦工具】操作的结果相同。

持续时间：用于设置绘制效果的持续时间。【固定】表示绘制效果从当前帧应用到图层的出点位置；【写入】表示将根据绘制时的速度自动创建关键帧，以动画方式显示绘制的过程；【单帧】表示绘制效果只显示在当前帧；【自定义】表示自定义新建绘制的持续时间。

当绘图工具处于活动状态时，用户可以在主键盘上按 1 或 2 键，将当前时间指示器向前或向后移动。

6.1.2 【画笔】面板

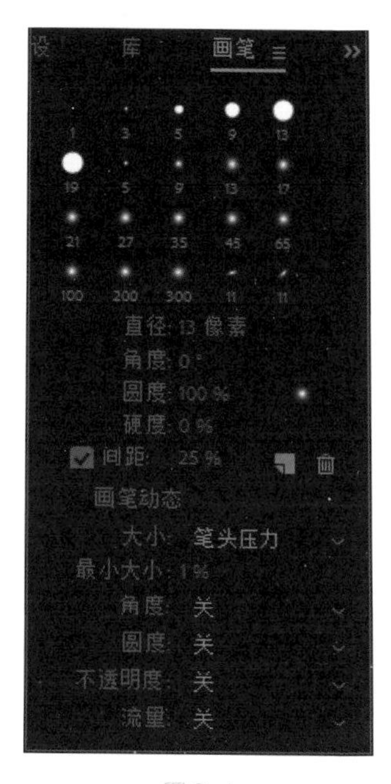

图 6-4

在【画笔】面板中，可以调节画笔的大小、硬度、间距等属性，选择任意绘图工具，就可以激活该面板，如图 6-4 所示。

参数详解

直径：用于设置笔刷的大小，单位为像素，如图 6-5 所示。

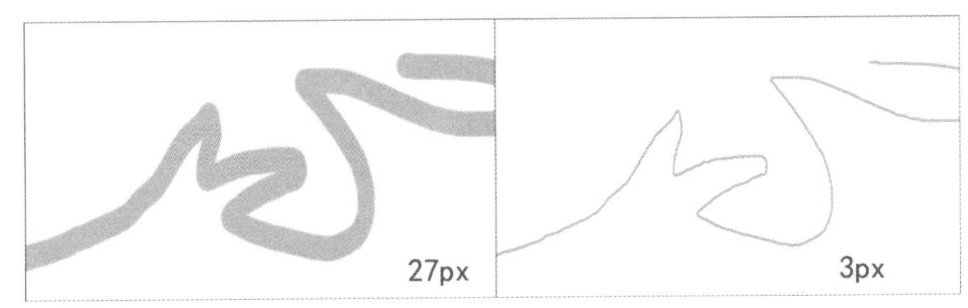

图 6-5

在【图层】面板中按住 Ctrl 键拖动可以直接调节笔刷的大小。

角度：用于设置椭圆笔刷在水平方向上旋转的角度，角度可以用正值或负值表示，不同角度的效果如图 6-6 所示。

圆度：用于设置笔刷长轴和短轴之间的比例。圆形笔刷为 100%，线性笔刷为 0，介于 0 ~ 100% 的值为椭圆形笔刷，如图 6-7 所示。

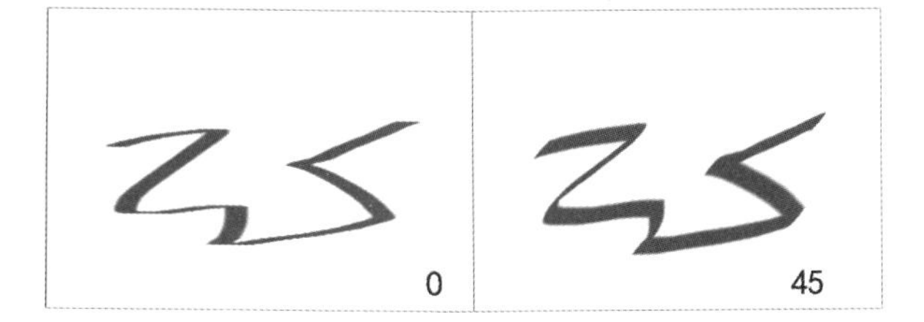

图 6-6

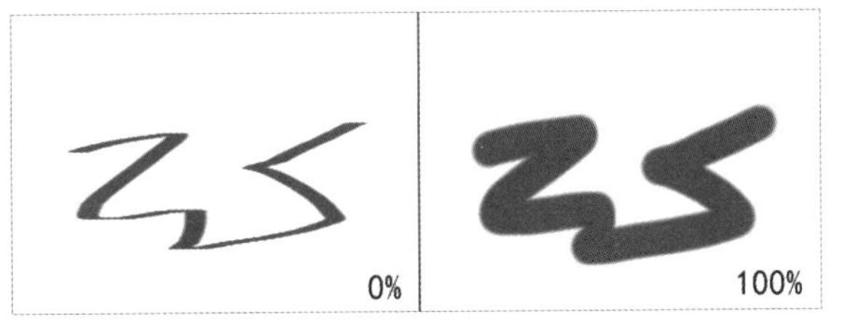

图 6-7

硬度：用于设置笔刷中心的硬度大小，从 100% 不透明到边缘 100% 透明的过渡。数值越小，画笔的边缘透明度越高，如图 6-8 所示。

间距：用于设置笔触之间的距离，以笔刷直径的百分比度量。取消选择该复选框，用鼠标拖动绘图的速度可以决定笔触间距的大小，如图 6-9 所示。

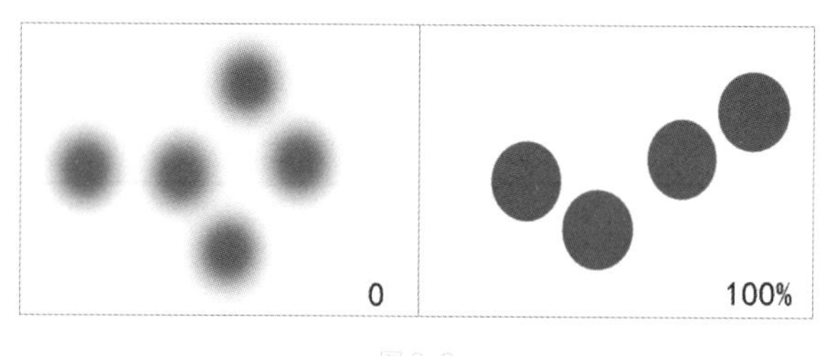

图 6-8

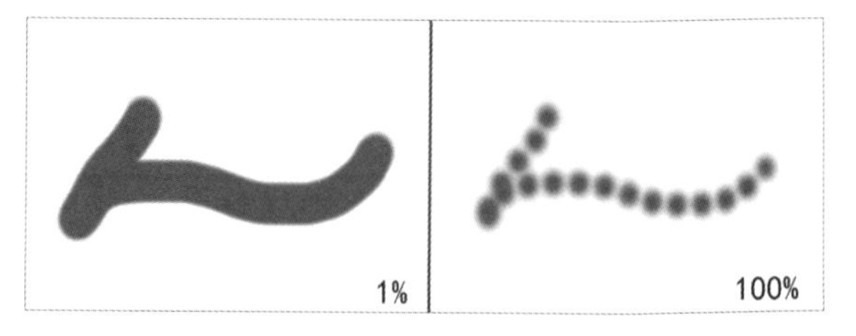

图 6-9

画笔动态：用于设置当使用数位板进行绘制时如何控制笔刷的笔触。

【绘画】面板的前景色决定了使用画笔绘制的颜色，在当前图层的【图层】面板中可以显示绘制效果。

Step 01 选择绘图工具，在【绘画】面板中设置画笔的颜色、【不透明度】、【流量】等参数。单击【设置前景颜色】按钮，可以使用拾色器选择前景色，或者使用【吸管工具】从屏幕任意位置选择颜色作为前景色。

提示

使用 D 键可以将前景色和背景色分别设置为黑白色，使用 X 键可以切换前景色和背景色。

Step 02 在【画笔】面板中选择预设的画笔笔触，或者重新设置画笔笔触。

Step 03 在【时间轴】面板中双击需要进行绘制的图层。也可以在【时间轴】面板中选择需要进行绘制的图层，在【合成】面板中双击绘图工具，在当前图层的【图层】面板中进行绘制。

Step 04 在当前图层的【图层】面板中，拖动【画笔工具】进行绘制，松开鼠标，将停止绘制。再次拖动鼠标时，将进行新的绘制。连续两次按 P 键可以显示【绘制】属性，在【绘制】属性下将显示每次绘制的笔触效果，如图 6-10 所示。

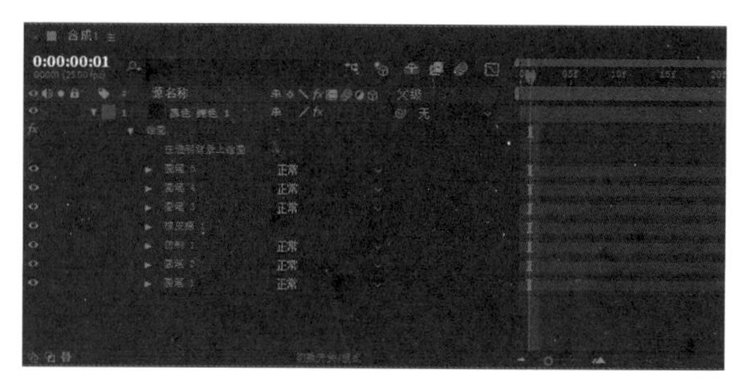

图 6-10

提示

在绘制图形的过程中，按住 Shift 键拖动可以继续使之前的笔触。

6.1.3 仿制图章工具

使用【仿制图章工具】可以将某一位置和时间的像素复制到另一个位置和时间。【仿制图章工具 是从源图层中对像素进行采样，然后将采样的像素值应用于目标图层。目标图层可以是同一合成中的同一图层，也可以是其他图层，如图 6-11 所示。

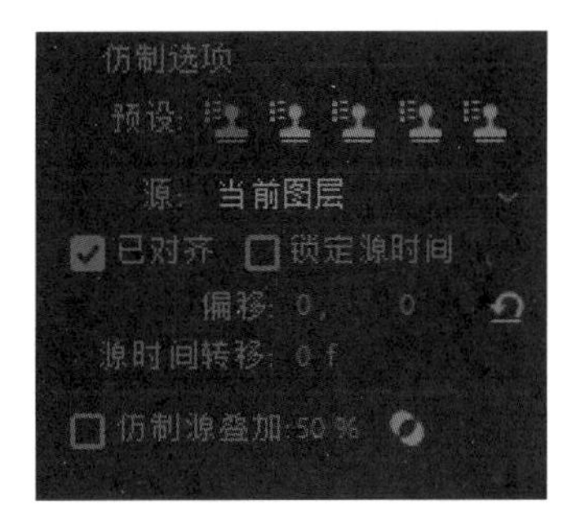

图 6-11

参数详解

预设：这里都是【仿制图章工具】的预设选项，重复使用仿制源可以提高复制的效率。要选择仿制预设，可以在主键盘上按 3、4、5、6 或 7 键，或者单击面板中的仿制预设按钮。

源：【仿制图章工具】采样的源图层。

已对齐：选中该复选框，则复制的图像信息的采样点都与源图层的位置保持对齐，并使用多个描边在已采样像素的一个副本上绘画；取消选中该复选框，将导致采样点在描边之间保持不变，如图 6-12 所示。

图 6-12

锁定源时间：选中该复选框，来源时间将被锁定，使用相同的帧复制。

偏移：采样点在源图层中的位置（x,y）。

源时间：源图层被采样的合成时间。仅当选中【锁定源时间】复选框时，此属性才会出现。

源时间转移：用于设置采样帧和目标帧之间的时间偏移量。

仿制源叠加：用于设置复制画面与原始画面的混合叠加程度。

课堂案例 复制图像

素材文件	素材文件 \ 第 6 章 \ 人像.jpg
案例文件	案例文件 \ 第 6 章 \ 复制图像.aep
视频教学	视频教学 \ 第 6 章 \ 复制图像.mp4
案例要点	掌握【仿制图章工具】的使用方法

扫码观看视频

Step 01 双击【项目】面板，导入“素材.jpg”，将“素材.jpg”拖动至【新建合成】按钮上，在【合成设置】对话框中重命名合成为“人像”，如图6-13所示。

Step 02 在【时间轴】面板中双击“素材.jpg”，选择【仿制图章工具】，调整画笔的【直径】为115像素，在【图层】面板中按住Alt键选择合适的采样点后，按住鼠标左键进行复制操作，如图6-14所示。

图6-13

图6-14

6.1.4 橡皮擦工具

使用【橡皮擦工具】不仅可以移除使用【画笔工具】或【仿制图章工具】创建的图像，也可以擦除原始图像。在【图层源和绘画】或【仅绘画】模式中使用【橡皮擦工具】，每一次擦除操作都会被记录下来，还可以进行修改和删除操作；在【仅最后描边】模式中使用【橡皮擦工具】，只影响最后一次绘制，如图6-15所示。

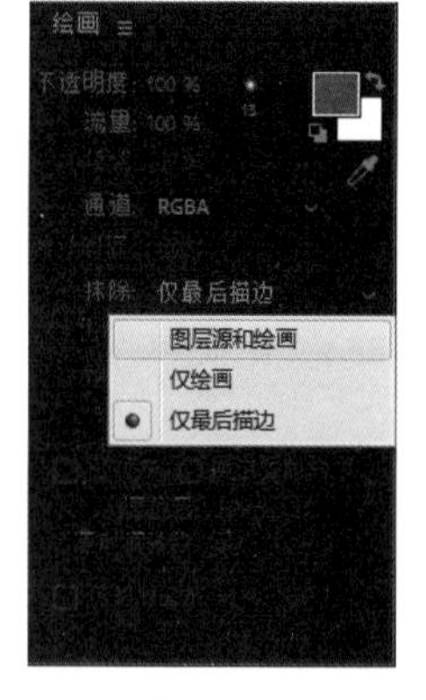

图6-15

提示

在使用【仿制图章工具】和【画笔工具】进行绘制时，按住Ctrl+Shift组合键拖动，可以切换为【仅最后描边】模式下的【橡皮擦工具】。

6.2 形状图层

在After Effects中，可以利用形状图层创建各种复杂的形状图案并创建丰富的动画效果。

6.2.1 路径

After Effects 中的蒙版、形状、描边等都依赖于路径。一条路径由若干条线段构成，线段可以是直线或曲线。路径包括封闭路径和开放路径，通过拖动路径的顶点和每个顶点的控制手柄，可以更改路径的形状。

技术专题：角点和平滑点

路径有两种顶点：角点和平滑点。平滑点的控制手柄显示为一条直线，路径以平滑的方式显示；由于路径突然改变方向，角点的控制手柄在不同的直线上。角点和平滑点可以任意组合，也可以对角点和平滑点进行切换，如图 6-16 所示。

当移动平滑点的控制手柄时，会同时调整控制点两侧的曲线。当移动角点的控制手柄时，只影响相同边上的曲线，如图 6-17 所示。

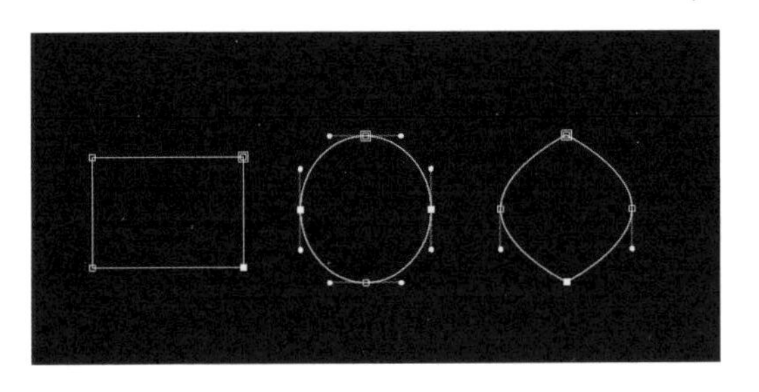

图 6-16

图 6-17

6.2.2 形状工具

在 After Effects 中，使用形状工具不仅可以创建形状图层，而且可以创建蒙版路径。形状工具包括【矩形工具】、【圆角矩形工具】、【椭圆工具】、【多边形工具】和【星形工具】，使用方法基本相同，如图 6-18 所示。

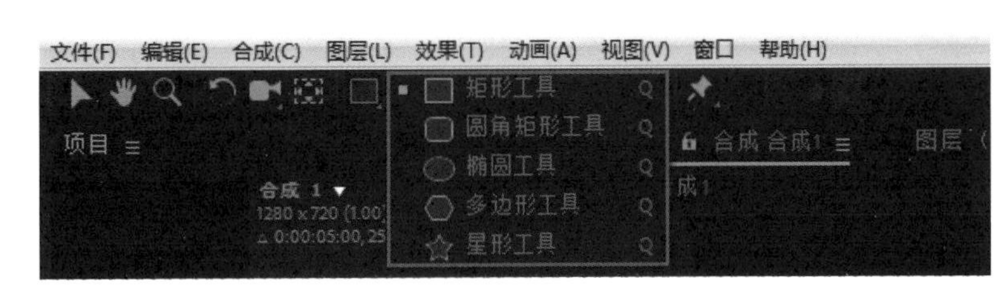

图 6-18

在形状工具右侧提供了两种模式，分别为【工具创建形状】和【工具创建蒙版】，如图 6-19 所示。

图 6-19

在未选择任何图层的情况下，使用形状工具绘图将自动创建形状图层；如果选择的图层为固态层或普通素材图层等，将为该图层创建蒙版效果；如果选择的图层为形状图层，则可以为该图层继续添加形状或添加蒙版效果。默认情况下，形状由路径、描边和填充组成。在选择形状工具时，在工具栏右侧可以设置填充颜色、描边颜色及描边宽度，如图 6-20 所示。

图 6-20

1. 矩形工具

使用【矩形工具】可以绘制任意大小的矩形，在绘图区单击并拖动鼠标即可绘制图形。在未选择任何图层的情况下，将自动创建形状图层，如图 6-21 所示。

2. 圆角矩形工具

使用【圆角矩形工具】可以绘制任意大小的圆角矩形，在绘图区单击并拖动鼠标即可绘制图形。在未选择任何图层的情况下，将自动创建形状图层，如图 6-22 所示。

图 6-21

图 6-22

小技巧

按住 Shift 键拖动鼠标可以创建正方形。如果同时按住 Alt+Shift 组合键，将以鼠标指针落点为中心创建正方形。

提示

【矩形路径】属性中的【圆角】属性可以用来调节圆角的大小，数值越大，圆角越明显。

3. 椭圆工具

使用【椭圆工具】可以绘制任意大小的椭圆形和正圆形，在绘图区单击并拖动鼠标即可绘制图形。在未选择任何图层的情况下，将自动创建形状图层。使用【椭圆工具】创建的图形遵循合成的像素纵横比，如果合成的像素纵横比不是 1:1，可以激活【合成】面板底部的【像素纵横比校正开关】按钮▣，图形将显示为正圆形，如图 6-23 所示。

图 6-23

按住 Shift 键拖动鼠标可以创建正圆形。如果同时按住 Alt+Shift 组合键，将以鼠标指针落点为中心创建正圆形。

4. 多边形工具

使用【多边形工具】可以绘制任意大小且不少于 3 条边的多边形，在绘图区单击并拖动鼠标即可绘制图形。在未选择任何图层的情况下，将自动创建形状图层，如图 6-24 所示。

5. 星形工具

使用【星形工具】可以绘制任意大小的星形，在绘图区单击并拖动鼠标即可绘制图形。在未选择任何图层的情况下，将自动创建形状图层，如图 6-25 所示。

图 6-24

图 6-25

6.2.3 钢笔工具

使用【钢笔工具】可以绘制不规则的路径和形状。使用【钢笔工具】可以在选择的形状图层上继续创建形状，也可以在未选择图层的情况下直接激活【合成】面板，创建新的形状图层。【钢笔工具】包含 4 个辅助工具，分别为【添加“顶点”工具】、【删除“顶点”工具】、【转换“顶点”工具】和【蒙版羽化工具】，如图 6-26 所示。

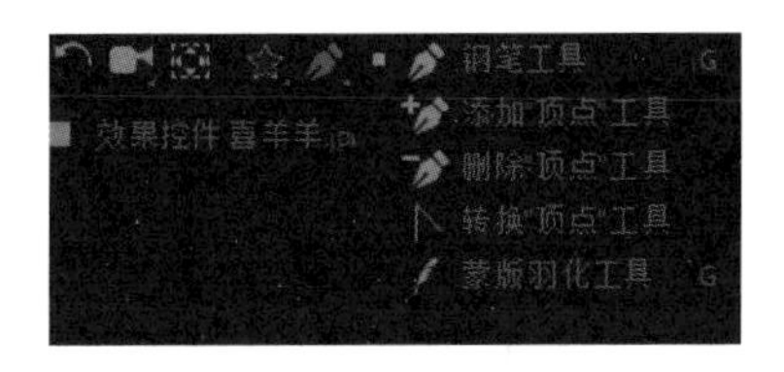

图 6-26

在【钢笔工具】的属性栏中，选中【RotoBezier】复选框，可以创建旋转的 Bezier 曲线路径。使用这种方式创建的路径，顶点的方向线和路径的弯度是自动计算的，如图 6-27 所示。

图 6-27

Step 01 在工具栏中选择【钢笔工具】，激活【合成】面板，在绘图区单击放置第一个顶点。

Step 02 再次单击放置下一个顶点，完成直线路径的创建。要创建弯曲的路径，可以拖动手柄以创建曲线，如图 6-28 所示。

图 6-28

提示

按住空格键，在创建某个顶点之后不松开鼠标可以重新放置该顶点。最后添加的顶点将显示为一个纯色正方形，表示它处于选中状态。随着顶点的不断添加，以前添加的顶点将成为空的且被取消选择，如图 6-29 所示。

图 6-29

Step 03 要闭合路径，可以将鼠标指针放置在第一个顶点上，并且当一个闭合的圆图标出现在鼠标指针旁边时，单击该顶点；或执行【图层】>【蒙版和形状路径】>【已关闭】命令，闭合路径，如图 6-30 所示。要使路径保持开放状态，可以激活一个不同的工具，或者按 F2 键取消选择该路径。

Step 04 用户可以通过【添加“顶点”工具】、【删除“顶点”工具】、【转换“顶点”工具】调整路径形态。

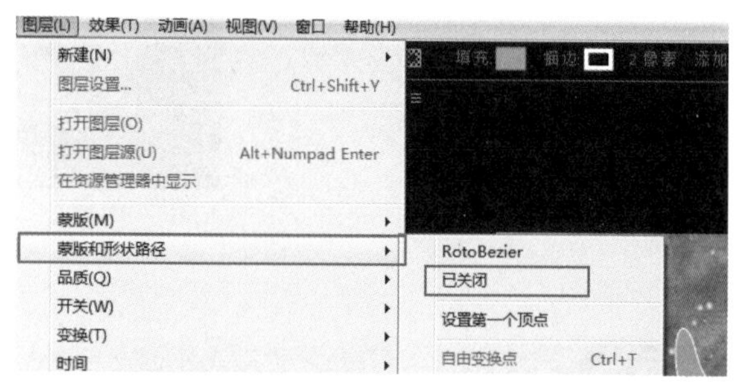

图 6-30

添加“顶点”工具：选择【添加“顶点”工具】，在路径中单击，即可在路径中添加顶点，如图 6-31 所示。

删除“顶点”工具：选择【删除“顶点”工具】，单击路径中的节点，即可删除该节点，如图 6-32 所示。

图 6-31

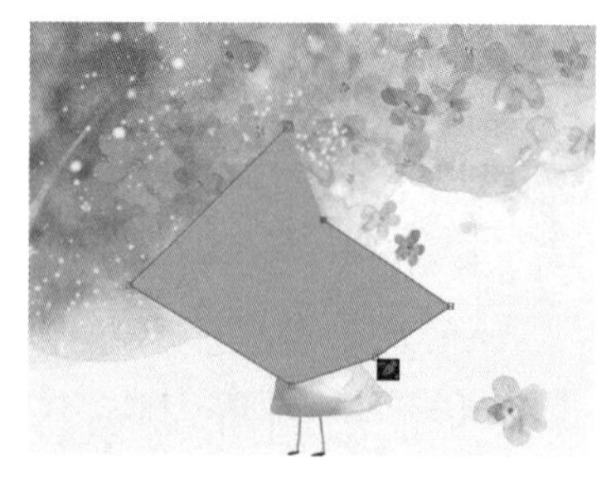

图 6-32

转换“顶点”工具：选择【转换“顶点”工具】，单击并拖动控制手柄，可以在角点和平滑点之间切换，改变曲线的形态，如图 6-33 所示。

图 6-33

6.2.4 从文字创建形状

从文字创建形状可以根据每个文字的轮廓创建形状并且形状会作为新的图层出现。在【时间轴】面板或【合成】面板中选择需要创建形状的文字图层，执行【图层】>【从文本创建形状】命令即可，如图 6-34 所示。

图 6-34

提示

对于包含复合路径的文字（如 i），将创建多个路径并通过路径合并对其进行重新组合。

6.2.5 形状组

通过添加和重新排列形状可以实现更加多变的效果。当用户需要创建复杂的图形时，为了对多个形状进行统一管理和编辑，可以通过图层的【添加】属性来完成。

选择已经创建的形状图层，展开图层的属性，单击【添加】按钮，在弹出的快捷菜单中选择【组（空）】命令，即可创建一个空白的图形组，如图 6-35 所示。

创建完成形状组（空）后，单击【添加】按钮，即可在形状组下完成新形状的添加。也可以选中已经创建完成的形状，按住鼠标左键拖到该组中，如图 6-36 所示。

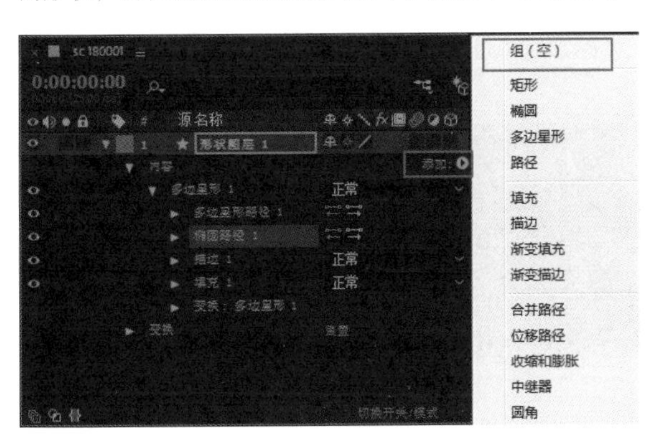

图 6-35

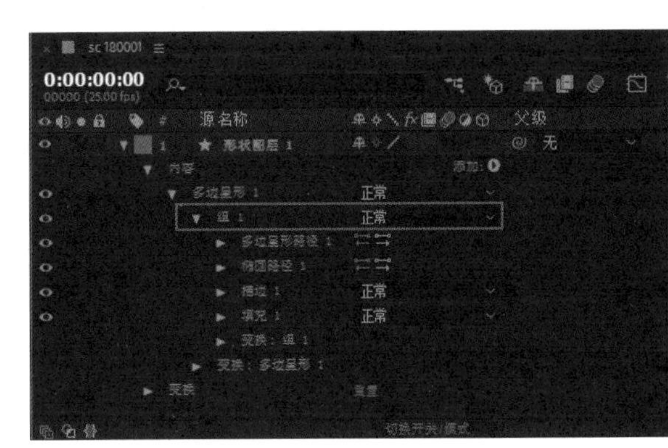

图 6-36

提示

用户也可以通过执行【图层】>【组合形状】命令，或者使用快捷键 Ctrl+G 选择相应的形状完成群组操作。被群组的形状会增加一个新的【变换】属性，处于组中的所有形状都受到组中【变换】属性的影响。

6.2.6 形状属性

在创建完形状后，可以通过更改形状的填充颜色、描边颜色及路径变形等属性，进一步调整形状。

1. 填充和描边

单击工具栏中的【填充选项】按钮，在弹出的【填充选项】对话框中，可以设置填充的类型。包括【无】、【纯色】、【线性渐变】和【径向渐变】4 种样式，如图 6-37 所示。

图 6-37

在默认情况下，填充颜色为【纯色】模式，用户可以单击【填充色】选项■，在弹出的【填充颜色】对话框中指定和修改填充颜色。当将【填充选项】调整为【无】时，不产生填充效果。

【线性渐变】和【径向渐变】主要用来为形状内部填充渐变颜色。当将【填充选项】调整为【线性渐变】或【径向渐变】时，图形会被填充默认的黑白渐变。在【渐变编辑器】对话框中，可以更改渐变颜色和不透明度属性，还可以通过添加或删除控制点精确地控制渐变颜色，如图 6-38 所示。

用户可以在形状图层的【渐变填充】属性中，控制渐变填充的具体参数，如图 6-39 所示。

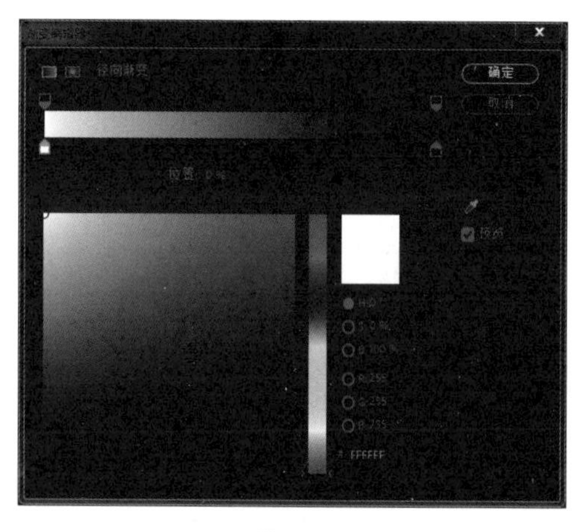

图 6-38

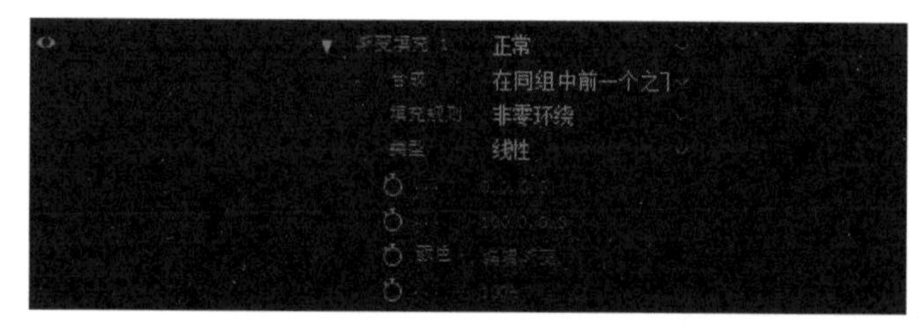

图 6-39

参数详解

类型：用于设置渐变填充的类型，有线性和径向两种类型。

起始点：用于设置渐变颜色一端的起始位置。

结束点：用于设置渐变颜色一端的结束位置。

颜色：单击【编辑渐变】选项，在弹出的【渐变编辑器】对话框中，可以设置渐变颜色。渐变条下方的滑块用于设置渐变的颜色，用户可以在渐变条上单击以添加颜色。渐变条上方的滑块用于设置颜色的不透明度。

单击工具栏中的【描边选项】按钮，在弹出的【描边选项】对话框中，可以设置描边的类型。描边类型的设置和填充设置基本相同，描边的宽度以像素为单位，可以通过【描边宽度】选项调整描边的宽度。

填充是在路径内部区域添加颜色，当图形的路径较为单一时，如矩形，填充区域也比较简单。对于复杂的图形，当路径存在交叉时，需要确定哪些部分为填充区域。【非零环绕】填充会考虑路径方向，使用此填充规则并反转复合路径中的一个或多个路径的方向对创建复合路径中的孔比较有用。【奇偶规则】填充不考虑路径方向。如果从某个点向任意方向绘制的直线穿过路径的次数为奇数，则该点被视为位于内部；否则，该点被视为位于外部，如图 6-40 所示。

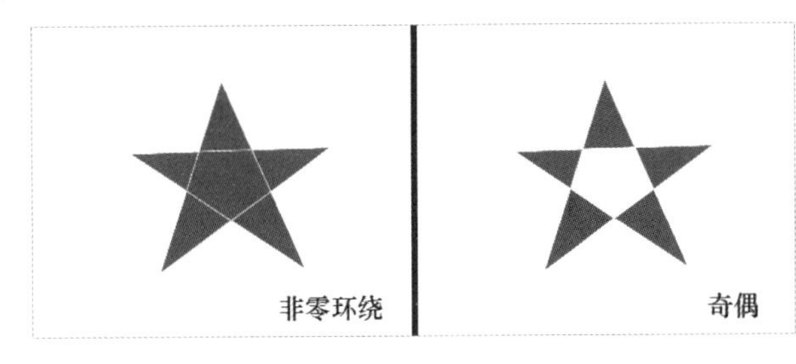

图 6-40

2. 设置路径形状

用户可以在【时间轴】面板中选择形状图层，单击【添加】按钮，在弹出的菜单中选择所需命令，设置路径的变形效果，如图 6-41 所示。

参数详解

合并路径：当在一个图形组中添加了多个形状后，可以将图形组中的所有形状合并，从而形成一个新的路径对象。【路径合并】有 5 种不同的模式，分别为【合并】（将所有输入路径合并为单个复合路径）、【相加】、【相减】、【相交】、【排除交集】，如图 6-42 所示。

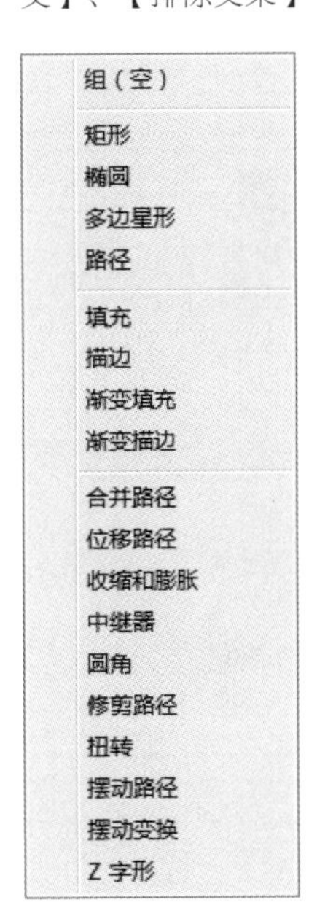

图 6-41

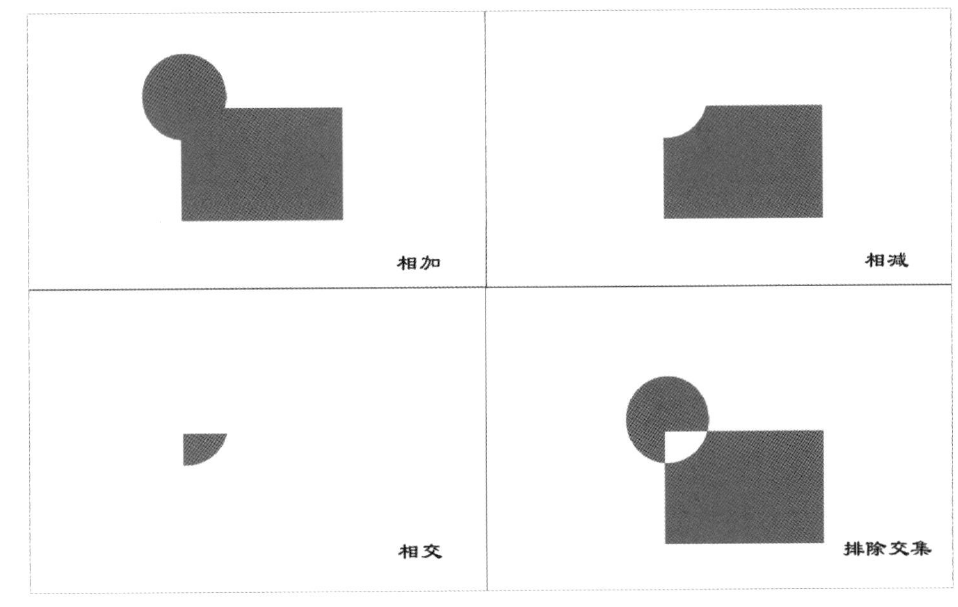

图 6-42

位移路径：通过使路径与原始路径发生位移来扩展或收缩形状。对于闭合路径，设置正的【数量】值将扩展形状，设置负的【数量】值将收缩形状，如图 6-43 所示。

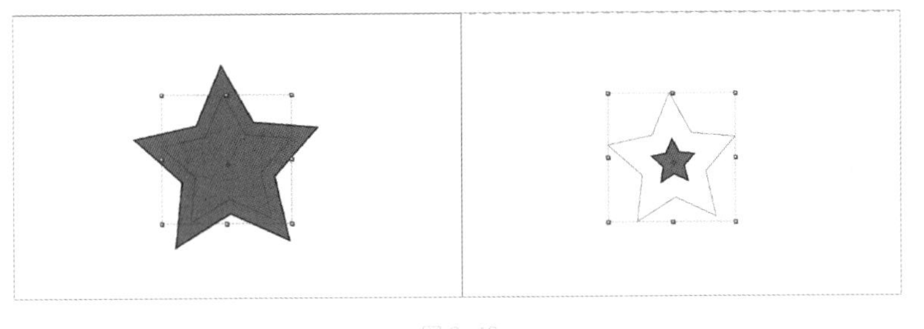

图 6-43

收缩和膨胀：提高数量值，形状中向外凸出的部分往内凹陷，向内凹陷的部分向外凸出，如图 6-44 所示。

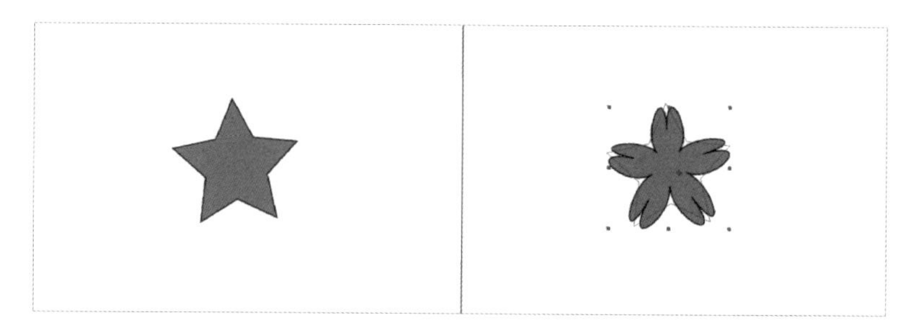

图 6-44

中继器：对选定形状进行复制操作，可以指定复制对象的变换属性和个数，如图 6-45 所示。

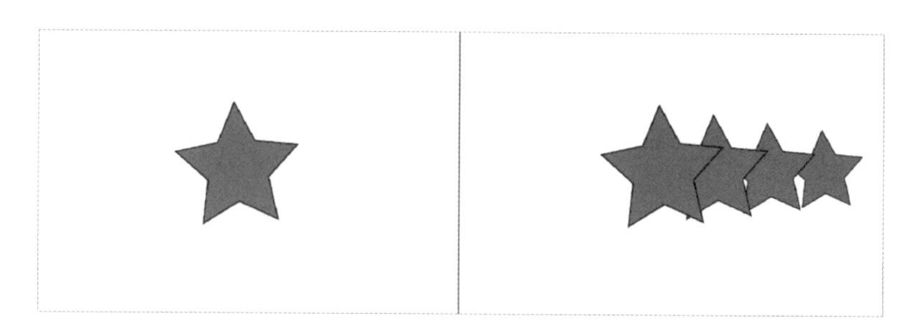

图 6-45

圆角：用于设置圆角的大小，数值越大，圆角效果越明显，如图 6-46 所示。

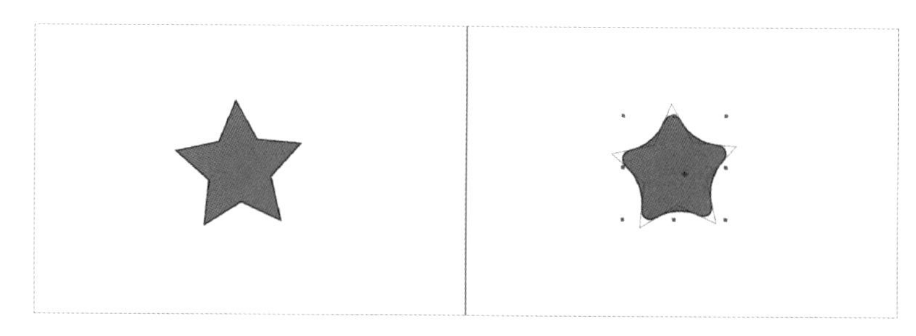

图 6-46

修剪路径：用于调整路径显示的百分比，可以制作路径生长动画，如图 6-47 所示。

图 6-47

扭转：以形状中心为圆心对形状进行扭曲操作，中心的旋转幅度比边缘的旋转幅度大。输入正值将顺时针扭转，输入负值将逆时针扭转，如图 6-48 所示。

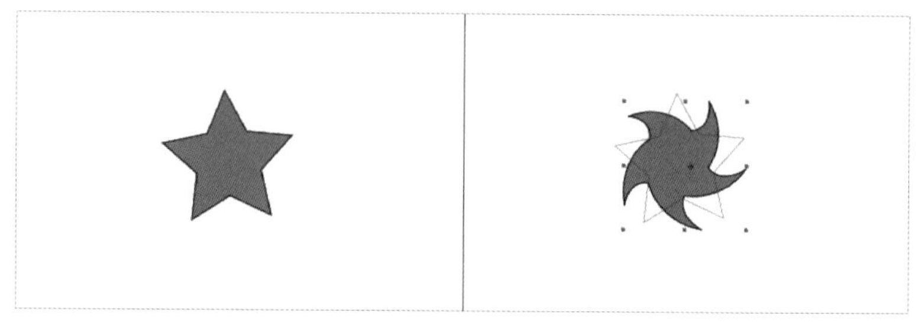

图 6-48

摆动路径：将路径转换为一系列大小不等的锯齿状，并且随机分布（摆动）路径，如图 6-49 所示。

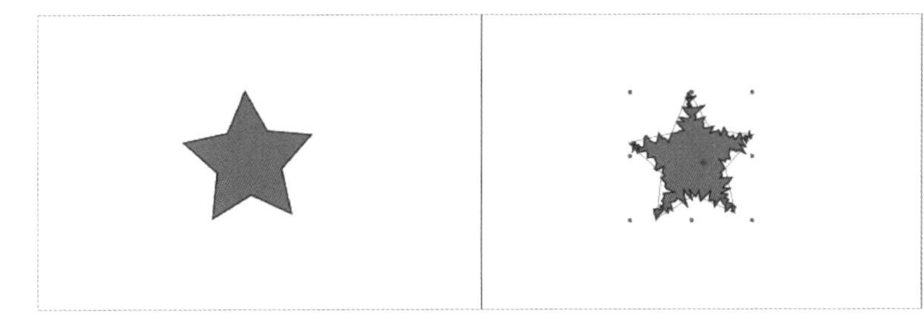

图 6-49

摆动变换：随机分布（摆动）路径的位置、锚点、缩放和旋转变换的任意组合。摆动变换是自动生成的动画效果，需要在摆动变换的【变换】属性中设置一个值来确定扭动的程度，即可随着时间变化产生动画效果。

Z 字形：将路径转换为一系列大小统一的锯齿状（尖峰和凹谷大小相同），如图 6-50 所示。

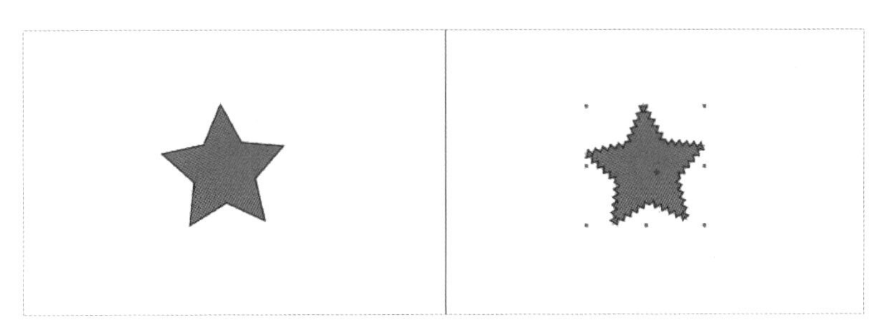

图 6-50

课堂案例 卡通造型绘制

素材文件	素材文件 \ 第 6 章 \ 小鸡.jpg	扫码观看视频
案例文件	案例文件 \ 第 6 章 \ 卡通造型绘制.aep	
视频教学	视频教学 \ 第 6 章 \ 卡通造型绘制.mp4	
案例要点	通过此案例，加深读者对绘图工具各属性的理解，掌握【填充】与【描边】在绘图过程中的应用，掌握【合并路径】中各组合模式的应用	

Step 01 新建合成，在【合成设置】对话框中，设置【合成名称】为“小鸡”，设置【预设】为【HDTV1080 24】、【持续时间】为 100 帧，如图 6-51 所示。

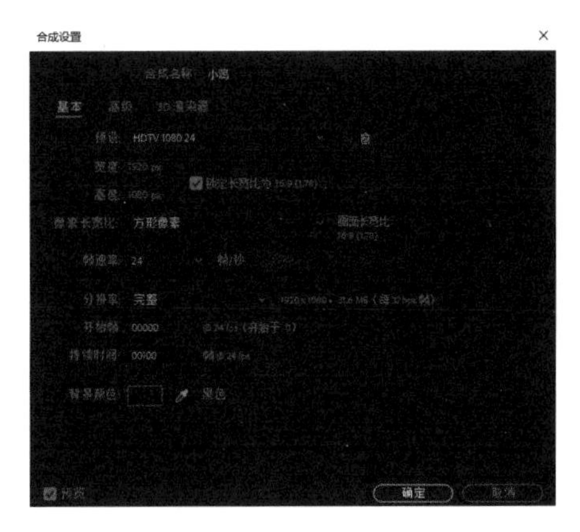

图 6-51

Step 02 单击【绘图工具】下拉按钮，在下拉列表中选择【椭圆工具】，设置【填充色】为（R:255,G:107,B:112），按住 Ctrl+Shift 组合键拖动鼠标，绘制正圆形，如图 6-52 所示。

Step 03 单击【图层】面板中的【形状图层 1】，单击鼠标右键，在弹出的快捷菜单中选择【重命名】命令，重命名【形状图层 1】为【头部】。依次打开【头部】>【内容】>【椭圆 1】。将【椭圆路径 1】的【大小】属性设置为（300.0,300.0），将【描边 1】的【描边宽度】设置为 0，如图 6-53 所示。

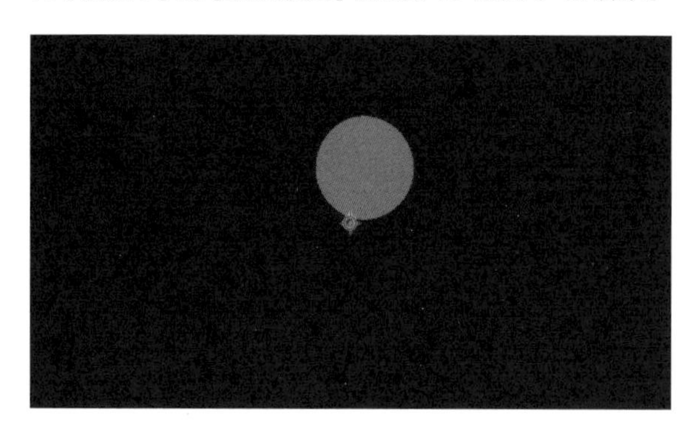

图 6-52

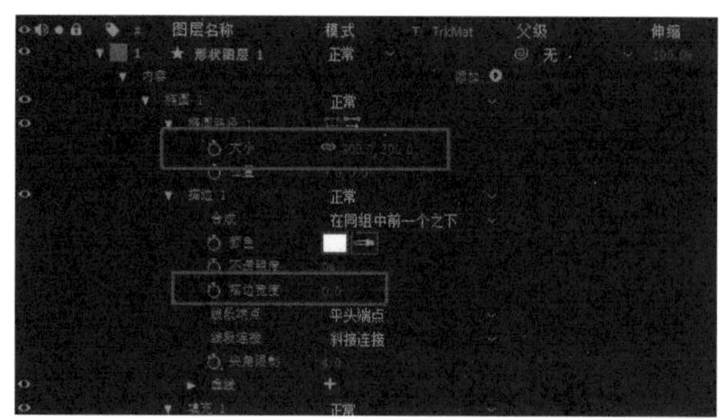

图 6-53

Step 04 单击【头部】图层，使用【钢笔工具】在该图层添加头部羽毛，如图 6-54 所示。

Step 05 选择【椭圆工具】，新建形状图层，绘制眼睛。单击【形状图层 2】，单击鼠标右键，在弹出的快捷菜单中选择【重命名】命令，重命名【形状图层 2】为【眼睛】。设置【填充颜色】为白色（R:255,G:255,B:255）和棕色（R:94,G:36,B:4），如图 6-55 所示。

图 6-54

图 6-55

Step 06 使用【钢笔工具】新建【形状图层 3】，选择【形状图层 3】，单击鼠标右键，在弹出的快捷菜单中选择【重命名】命令，重命名【形状图层 3】为【嘴】，绘制水平线段。依次展开【嘴】>【内容】>【形状 1】>【描边 1】，设置【颜色】为黄色（R:244,G:227,B:1），设置【描边宽度】为 50 像素，设置【线段端点】为【圆头端点】，如图 6-56 所示。

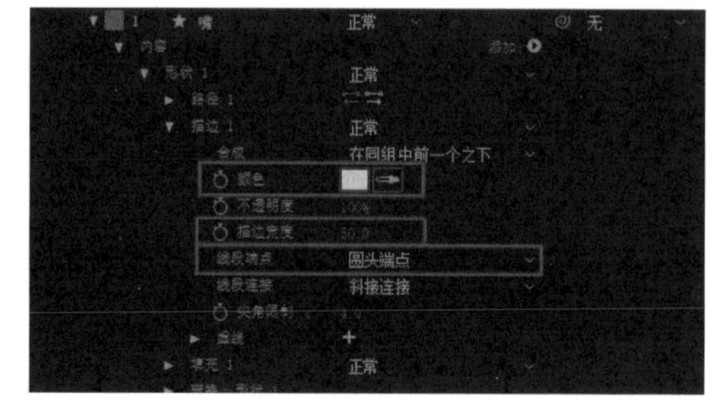

图 6-56

Step 07 选择【圆角矩形工具】，创建【形状图层 4】，单击【形状图层 4】，单击鼠标右键，在弹出的快捷菜单中选择【重命名】命令，重命名【形状图层 4】为【身体】，分别绘制一大一小两个矩形路径。依次展开【身体】>【内容】>【矩形 1】>【矩形路径 1】，设置【圆度】值为 170，展开【矩形路径 2】，设置【圆度】值为 180。单击【添加】按钮 添加:◎，在弹出的快捷菜单中选择【合并路径】命令，合并路径模式选择【相交】，设置【颜色】为黄色（R:244,G:227,B:1），效果如图 6-57 所示。

Step 08 单击【矩形 1】，按 Ctrl+D 组合键复制【矩形 1】，得到【矩形 2】，删除【矩形 2】中的【矩形路径 2】。依次展开【矩形 2】>【填充 1】，设置【颜色】为红色（R:255,G:107,B:112）。单击【添加】按钮 添加:◎，在弹出的快捷菜单中选择【路径】命令，使用【钢笔工具】绘制尾巴形状，将【矩形 2】中的【合并路径 1】模式设置为【相加】，效果如图 6-58 所示。

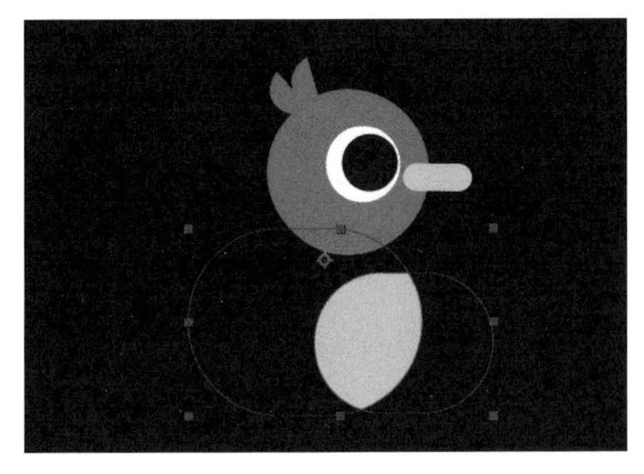

图 6-57

图 6-58

Step 09 使用【钢笔工具】创建【形状图层 5】，绘制翅膀形状。单击【形状图层 5】，单击鼠标右键，在弹出的快捷菜单中选择【重命名】命令，重命名【形状图层 5】为【翅膀】。依次展开【翅膀】>【内容】>【形状 1】>【描边 1】，设置【颜色】为棕色（R:94,G:36,B:4），设置【描边宽度】为 155 像素，设置【线段端点】为【圆头端点】。同理，创建形状图层【脚】，设置【颜色】为黄色（R:244,G:227,B:1），效果如图 6-59 所示。

Step 10 调整各个组件的比例及位置，最终效果如图 6-60 所示。

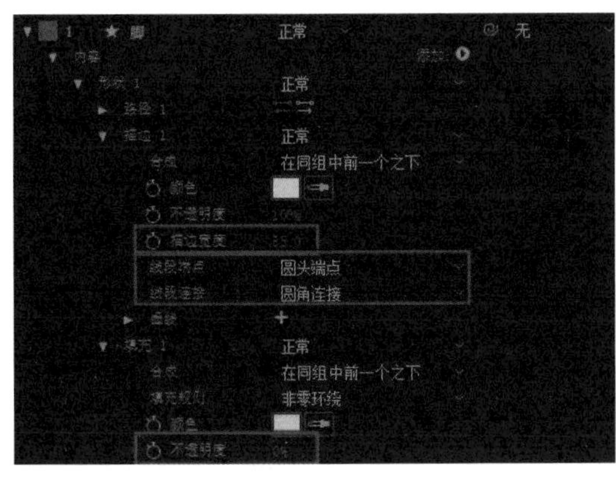

图 6-59

图 6-60

MG动画设计

在 After Effects 中，用户可以通过绘图工具独立完成 MG 动画的全流程制作。也可以通过导入 Illustrator 等矢量图绘制软件制作的图形文件，并为其添加动画效果。

6.3.1 MG动画的概念

MG（Motion Graphics）动画是一种融合了电影和图形设计语言，基于时间流动设计的视觉表达方式。其艺术风格介于平面设计和动画片之间，融合了二者的特点，逐渐演变成一种在广告、包装等行业中被广泛运用的视觉传达风格。

传统的平面设计主要是针对平面媒介的静态视觉表现，而动态图形则是站在平面设计的基础上去制作一段以动态影像为基础的视觉符号。动画片和动态图形的不同之处就好像平面设计与漫画书，虽然都在平面媒介上表现，但不同的是，一个是设计视觉的表现形式，而另一个则是叙事性地运用图像来为内容服务，如图 6-60 所示。

图 6-61

6.3.2 MG动画设计风格

MG 动画的整体风格可以概括为扁平化风格，这是源于其具备的平面设计属性决定的。在设计 MG 动画之前，要求制作者具备一定的平面设计知识储备，并根据制作主题，为扁平化的视觉元素添加动画的运动规律，进而制作出生动、多变的 MG 动画。

经过业界多年的积累和演变，MG 动画可以被粗略地划分为 4 种风格。

扁平化风格：这最常见也是最基础的视觉风格，但是其核心在于简约而不是简单。该风格最早于2008年由谷歌提出，但由于其指代相对宽泛，目前还存在着诸多争议。其最主要的特点是运用丰富且有个性的鲜艳色彩，结合简洁的几何结构，塑造相对具象的视觉元素，如图 6-62 所示。

图 6-62

图 6-63

插画风格：顾名思义，是将插画动画化的一种制作风格，多以出版物角色、卡通吉祥物、海报张贴画、游戏角色等为塑造主题。其设计的难点在于前期原画的绘制，每一个画面、每一个镜头都需要按照插画级别进行制作，还要在前期设计的同时考虑到后期的动画制作，如图 6-63 所示。

线条风：相比于前两种，线条风最重要的特征就是“简洁”，仅仅依靠“点”“线”“面”来维系整个动画，而在色彩上也仅用了黑、白、灰 3 种色调，给人以震撼的视觉冲击。在带来视觉冲击的同时，往往还要配合轻柔的配乐，将“简约”这一特质发挥得淋漓尽致，是当下互联网科技行业较为追捧的一种表现风格，也多用于 PPT 的制作，如图 6-64 所示。

MBE 描边风格：与时下手机 App 的 UI 设计风格有异曲同工之妙，是一种简单、轻松的利用线条偏移填充描边的插画风格，其应用见于手机 App 中，如图 6-65 所示。

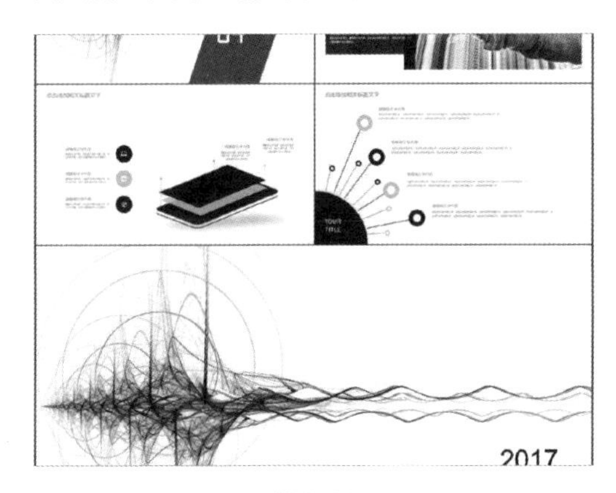

图 6-64

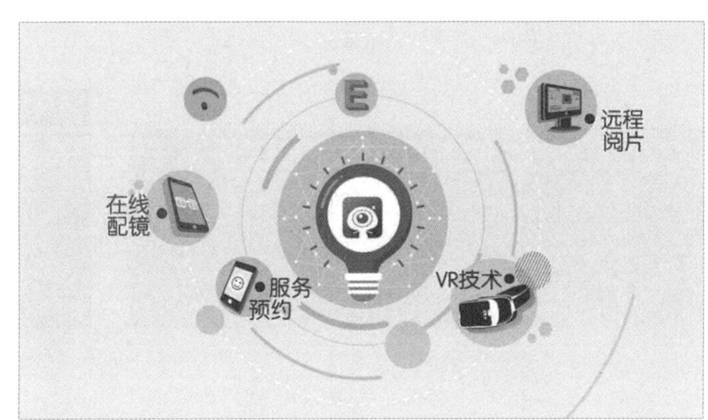

图 6-65

课堂案例 综合图形动画

素材文件	素材文件 \ 第 6 章 \ 小鸡.jpg	扫码观看视频
案例文件	案例文件 \ 第 6 章 \ 综合图形动画.aep	
视频教学	视频教学 \ 第 6 章 \ 综合图形动画.mp4	
案例要点	通过此案例完成图形图案的加工和整理，使用绘图工具为角色添加新组件，为形状图层添加动画效果，掌握形状图层的组接和动画的运动规律	

1. 练习思路

- 对角色造型的整理和加工。
- 组接并调整不同图层的部件。
- 为动画角色不同部位分别添加关键帧。
- 整理动画效果，使动画符合运动规律。

2. 制作步骤

（1）造型整理

Step 01 打开工程文件“MG 动画案例开始 .aep”，也可以使用本章案例“卡通造型绘制 .aep”的完成版。调整合成中小鸡的大小，然后在【时间轴】面板中单击鼠标右键，在弹出的快捷菜单中选择【空对象】命令，创建【空 1】。将其他所有元件图层的【父级】物体设置为【空 1】。单击【空 1】，按 S 键，将图层的【伸缩】属性设置为 75%。按 P 键，将图层的【位置】属性设置为（960,490），如图 6-66 所示。

Step 02 删除【空 1】，将【眼睛】和【嘴】图层的【父级】设置为【头部】图层，将【头部】和【翅膀】图层的【父级】设置为【身体】图层，如图 6-67 所示。

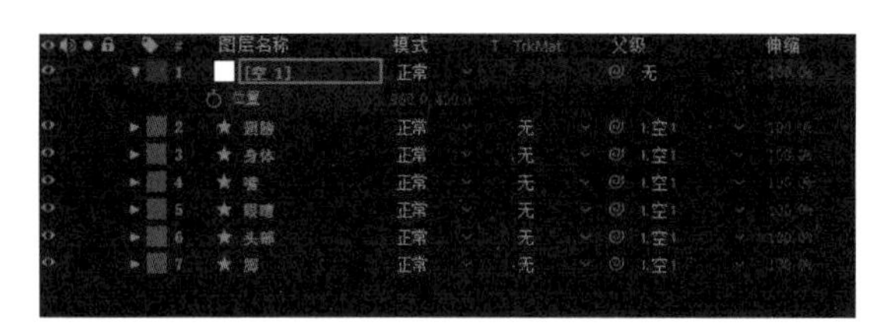

图 6-66

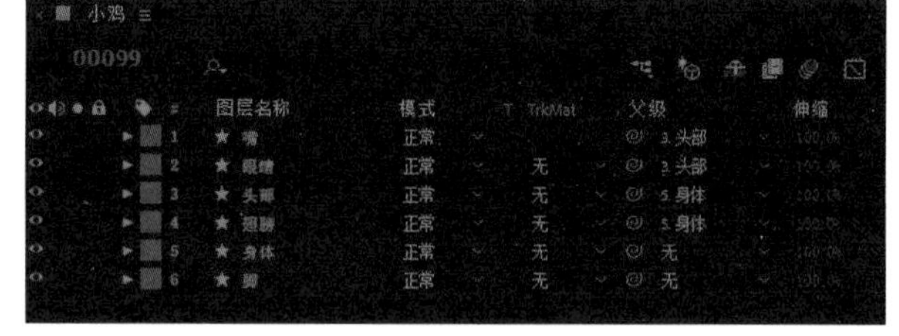

图 6-67

Step 03 按 Y 键，使用【平移锚点工具】将【翅膀】图层的锚点移至翅膀根部，将【头部】图层的锚点移至颈部，如图 6-68 所示。

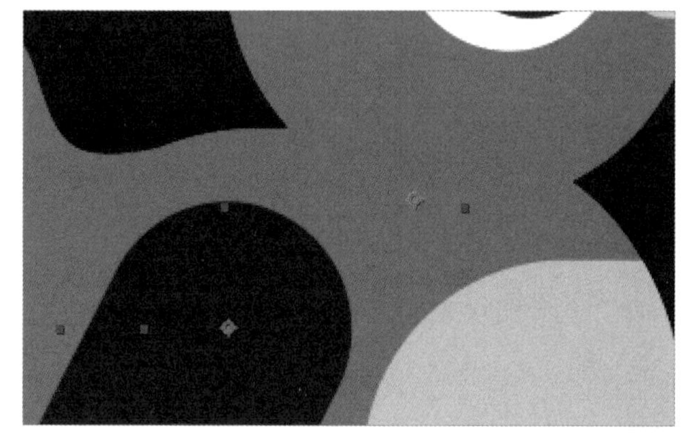

图 6-68

（2）制作躯干与翅膀动画

Step 01 在【时间轴】面板中，调整工作区域起止为 0:00:01:16 至 0:00:02:08。单击【身体】图层，按 P 键打开该图层的【位置】属性，将【当前时间指示器】移至 0:00:01:16 位置，激活该图层【位置】属性的时间变化秒表。再将【当前时间指示器】移至 0:00:02:00 位置，添加关键帧。将【当前时间指示器】移至 0:00:01:20 位置，将【位置】属性设置为（960.0,515.0），框选 3 个关键帧，按 F9 键为关键帧添加缓动。按住 Alt 键的同时单击【位置】属性的时间变化秒表，打开表达式输入框，输入表达式【loopOut("cycle");】，为动画添加运动弧线轨迹，如图 6-69 所示。

图 6-69

提示

输入表达式后报错时，在确定表达式书写正确的同时，也要检查标点符号的输入法是否是英文。

Step 02 加选【嘴】和【眼睛】图层，按 P 键打开该图层的【位置】属性，将【当前时间指示器】移至 0:00:01:16，激活该图层【位置】属性的时间变化秒表，将【当前时间指示器】移至 0:00:01:20 位置，添加关键帧。将【当前时间指示器】移至 0:00:02:00 位置，添加关键帧。根据效果制作嘴和眼睛左右平移的动画。框选两个图层的关键帧，按 F9 键为关键帧添加缓动。按住 Alt 键的同时单击【位置】属性的时间变化秒表，打开表达式输入框。输入表达式【loopOut("cycle");】，为动画添加运动弧线轨迹，效果如图 6-70 所示。

图 6-70

Step 03 单击【身体】图层，展开【身体】>【内容】>【矩形 1】>【矩形路径 2】，将【当前时间指示器】移至 0:00:01:16 位置，激活【位置】属性的时间变化秒表，将【位置】属性设置为（125,38）；将【当前时间指示器】移至 0:00:02:00 位置，将【位置】属性设置为（182,38）；将【当前时间指示器】移至 0:00:02:08 位置，将【位置】属性设置为（125,38）。框选 3 个关键帧，按 F9 键为关键帧添加缓动。制作小鸡转身的同时黄色肚子左右转动的效果，如图 6-71 所示。

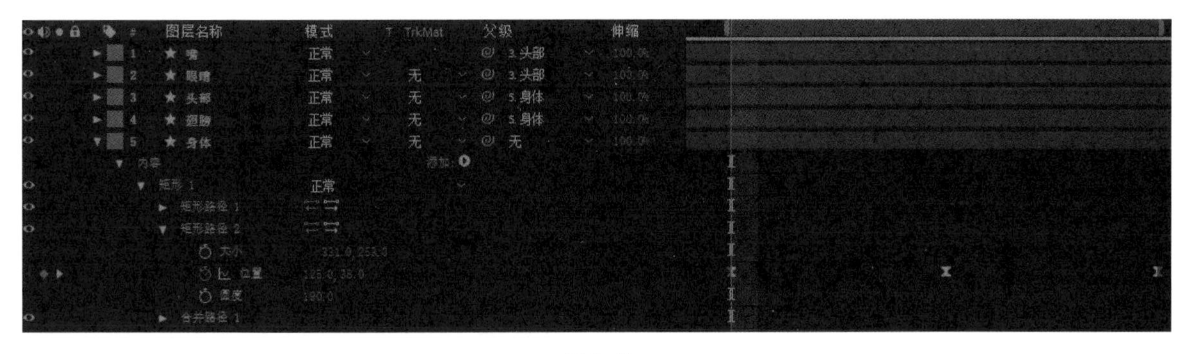

图 6-71

Step 04 展开【身体】>【内容】>【矩形 2】>【路径 1】，将【当前时间指示器】移至 0:00:01:16 位置，激活【路径】属性的时间变化秒表，直接使用【选择工具】调节尾部形状；将【当前时间指示器】移至 0:00:02:00 位置，调整尾部形状；将【当前时间指示器】移至 0:00:02:08 位置，调整尾部形状。制作转身时尾部左右摆动的效果，如图 6-72 所示。

Step 05 单击【翅膀】图层，按 P 键，将【当前时间指示器】移至 0:00:01:16 位置，激活【位置】属性的时间变化秒表，将【位置】属性设置为（-163,64）；将【当前时间指示器】移至 0:00:02:00 位置，将【位置】属性设置为（-88,64）；将【当前时间指示器】移至 0:00:02:08 位置，将【位置】属性设置为（-163,64）。

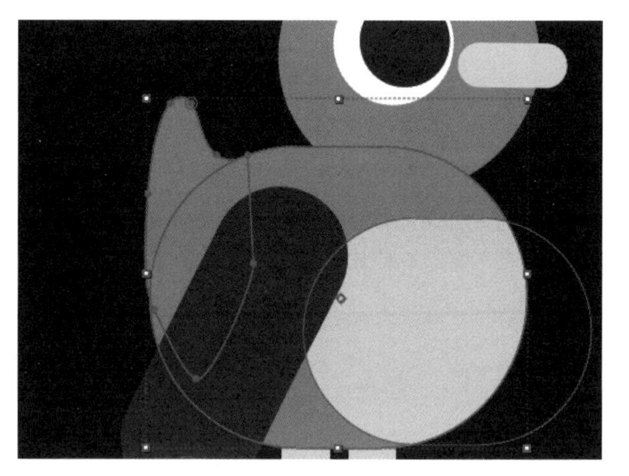

图 6-72

Step 06 按 R 键，将【当前时间指示器】移至 0:00:01:16 位置，激活【旋转】属性的时间变化秒表，将【旋转】属性设置为 23° ；将【当前时间指示器】移至 0:00:02:00 位置，将【旋转】属性设置为 -71° ；将【当前时间指示器】移至 0:00:02:08 位置，将【旋转】属性设置为 23° 。按住 Alt 键的同时单击【旋转】属性的时间变化秒表，打开表达式输入框，输入表达式【loopOut("cycle");】，为动画添加运动弧线轨迹。框选所有的【旋转】属性关键帧，向后拖动两帧，如图 6-73 所示。

图 6-73

提示

将手臂的旋转动画向后延迟 2 ~ 3 帧，因为手臂的摆动是身体运动的延续，这样做更加符合运动规律，使动画的效果更加自然。

Step 07 单击【翅膀】图层，依次展开【内容】>【形状 1】>【路径 1】，在【路径】属性上添加关键帧。使用【钢笔工具】，按住 Alt 键点选路径端点，将端点类型改为 Bezier 曲线，调整曲线手柄角度，制作翅膀随着摆动弯曲的动画效果，如图 6-74 所示。

图 6-74

Step 08 单击【翅膀】图层，按Ctrl+D组合键复制图层【翅膀2】，将【翅膀2】置于【时间轴】面板最下方，按S键展开【翅膀2】的【缩放】属性，解除等比缩放锁定后，设置【缩放】属性为（-100,100%）。按U键展开【翅膀2】的全部关键帧属性，调整【位置】和【旋转】的关键帧参数，使其与【翅膀】图层对称，如图6-75所示。

图 6-75

Step 09 单击【头部】图层，按R键，将【当前时间指示器】移至0:00:01:16位置，激活【旋转】属性的时间变化秒表，将【旋转】属性设置为19°；将【当前时间指示器】移至0:00:02:00位置，将【旋转】属性设置为-18°；将【当前时间指示器】移至0:00:02:08位置，将【旋转】属性设置为19°。按住Alt键的同时单击【旋转】属性的时间变化秒表，打开表达式输入框，输入表达式【loopOut("cycle");】，为动画添加运动弧线轨迹。框选该层全部关键帧，向前提2~3帧，使动画效果更加自然，如图6-76所示。

图 6-76

（3）绘制双腿动画

Step 01 打开合成界面标尺模式，使用参考线确定地面位置和角色步伐幅度。单击【脚】图层，单击鼠标右键，在弹出的快捷菜单中选择【重命名】命令，重命名为【右脚】。选择形状路径，删除两只脚中的一只，并将另一只脚只保留脚掌。按Y键，使用【平移锚点工具】将右脚图层的坐标中心移动到脚跟处，如图6-77所示。

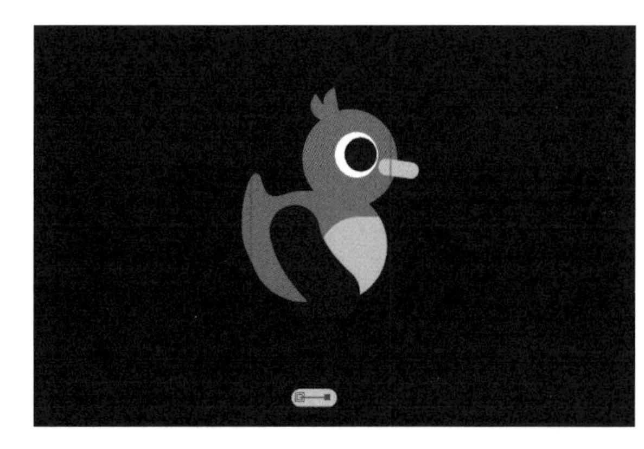

图 6-77

Step 02 单击【右脚】图层，在【位置】属性上单击鼠标右键，在弹出的快捷菜单中选择【单独尺寸】命令，将【位置】属性的【*X*位置】与【*Y*位置】分开。将【当前时间指示器】移至0:00:01:16位置，激活【*X*位置】属性的时间变化秒表，将【*X*位置】设置为774；将【当前时间指示器】移至0:00:02:00位置，将【*X*位置】设置为1085；将【当前时间指示器】移至0:00:02:08位置，将【*X*位置】设置为774。将【当前时间指示器】移至0:00:01:16位置，激活【*Y*位置】属性的时间变化秒表，将【*Y*位置】设置为952；将【当前时间指示器】移至0:00:01:20位置，将【*Y*位置】设置为

868；将【当前时间指示器】移至 0:00:02:00 位置，将【*Y* 位置】设置为 952；将【当前时间指示器】移至 0:00:02:08 位置，将【*Y* 位置】设置为 952。制作单脚步伐循环移动的位移动画，并将脚步抬起的曲线改为 Bezier 曲线，如图 6-78 所示。

Step 03 单击【右脚】图层，按 F9 键为右脚抬起时的关键帧添加缓动效果。单击【*X* 位置】起始关键帧，单击鼠标右键，在弹出的快捷菜单中选择【关键帧辅助】>【缓入】命令。单击【*X* 位置】结束关键帧，单击鼠标右键，在弹出的快捷菜单中选择【关键帧辅助】>【缓出】命令，使步伐节奏更加自然、协调，如图 6-79 所示。

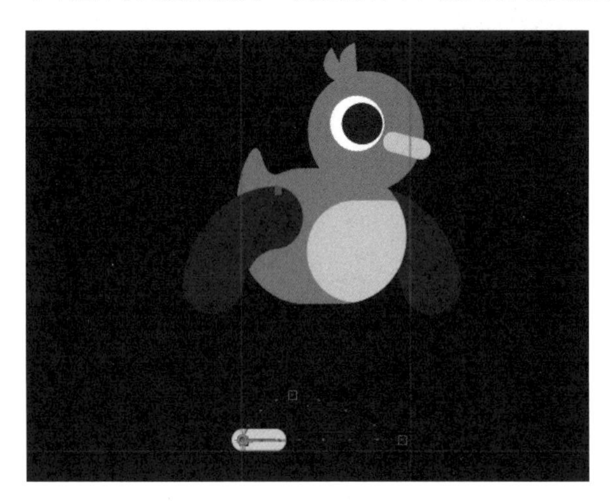

图 6-78

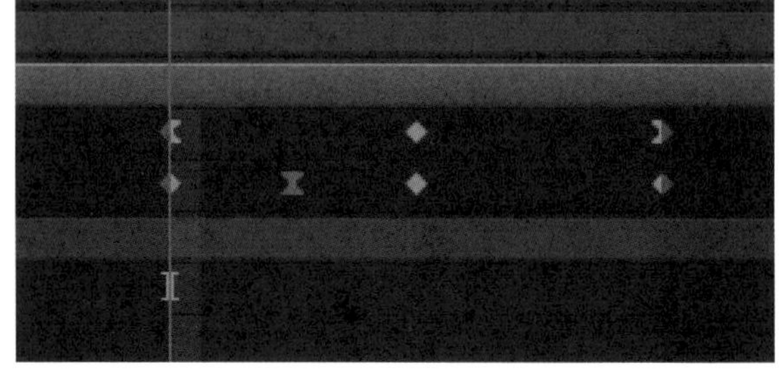

图 6-79

Step 04 单击【右脚】图层，按 R 键打开图层的【旋转】属性，将【当前时间指示器】移至 0:00:01:16 位置，激活【旋转】属性的时间变化秒表。将【当前时间指示器】移至 0:00:01:17 位置，将【旋转】属性设置为 34°；将【当前时间指示器】移至 0:00:01:20 位置，将【旋转】属性设置为 6°；将【当前时间指示器】移至 0:00:02:00 位置，将【旋转】属性设置为 -42°；将【当前时间指示器】移至 0:00:02:01 位置，将【旋转】属性设置为 0°；将【当前时间指示器】移至 0:00:02:08 位置，将【旋转】属性设置为 0°，如图 6-80 所示。

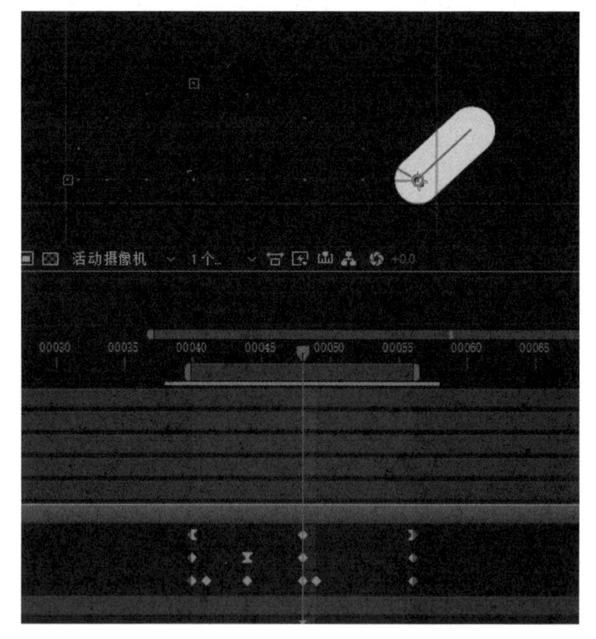

图 6-80

Step 05 单击【右脚】图层，在该图层的【*X* 位置】、【*Y* 位置】、【旋转】等添加过关键帧的属性上，全部添加表达式【loopOut("cycle");】，使其具有循环的运动轨迹。按 Ctrl+D 组合键复制【右脚】图层，重命名为【左脚】。将【左脚】图层在【时间轴】面板中向前拖动 8 帧，制作出双脚交替走动的动画效果，如图 6-81 所示。

图 6-81

Step 06 使用【钢笔工具】新建形状图层，重命名为【右腿】，设置【描边】为黄色（R:244,G:227,B:1）、【描边宽度】为 35 像素。依次展开【左腿】>【内容】>【形状 1】>【路径 1】，激活【路径】属性的时间变化秒表，逐帧匹配右腿和右脚的形态。单击【右腿】图层，按 Ctrl+D 组合键复制并重命名为【左腿】。将【左腿】图层在【时间轴】面板中向前拖动 8 帧，复制填充缺失的关键帧，制作出双脚交替走动的动画效果，如图 6-82 所示。

Step 07 新建纯色图层，设置【名称】为【背景】，设置【颜色】为浅蓝色（R:178,G:255,B;245）。关闭参考线，按 0 键预览动画，如图 6-83 所示。

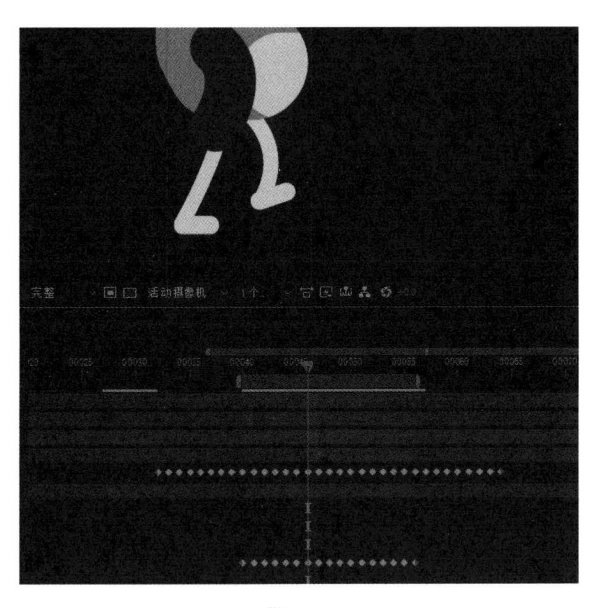

图 6-82

图 6-83

课后习题

一、选择题

1. 在【图层】面板中调整笔刷大小的快捷键是（　　）。

A.【B】键　　B.【Alt】键　　C.【Shift】键　　D.【Ctrl】键

2. 切换前景色与背景色的快捷键是（　　）。

A.【A】键　　B.【D】键　　C.【X】键　　D.【B】键

3. 下列不属于形状工具的是（　　）。

A. 矩形工具　　B. 椭圆工具　　C. 星形工具　　D. 三角形工具

4.【合并路径】的模式中不包括（　　）。

A. 相加　　B. 相交　　C. 相除　　D. 排除交集

5. 切换曲线角点和平滑点的快捷键是（　　）。

A.【D】+ 鼠标左键　　B.【D】+ 鼠标右键　　C.【Alt】+ 鼠标左键　　D.【Alt】+ 鼠标右键

二、填空题

1. 在绘图时，________ 可以继续之前的笔触效果。

2. 在复制图像时，________ 复制的图像信息的采样点都与源图层的位置保持对齐。

3.【矩形路径】属性中的 ________ 属性可以用来调节圆角的大小，数值越大，圆角越明显。

4. 绘制圆形时，________ 将以鼠标指针落点为中心，创建正圆形。

5. ________ ，在创建某个顶点之后并且不松开鼠标可以重新放置该顶点的位置。

三、简答题

1. 简述【非零环绕】和【奇偶】填充规则的区别。

2. 简述使用【仿制图章工具】时，【偏移】与【源时间转移】的区别。

3. 简述创建文字形状的流程。

四、案例习题

效果文件：第 6 章 \ 绘图范例.mov，如图 6-84 所示。

练习要点：

1. 根据范例设定项目文件。

2. 灵活组合运用【钢笔工具】和绘图工具。

3. 仔细拿捏动画运动节奏与幅度，使画面动态协调。

4. 可以添加个人创意，丰富画面。

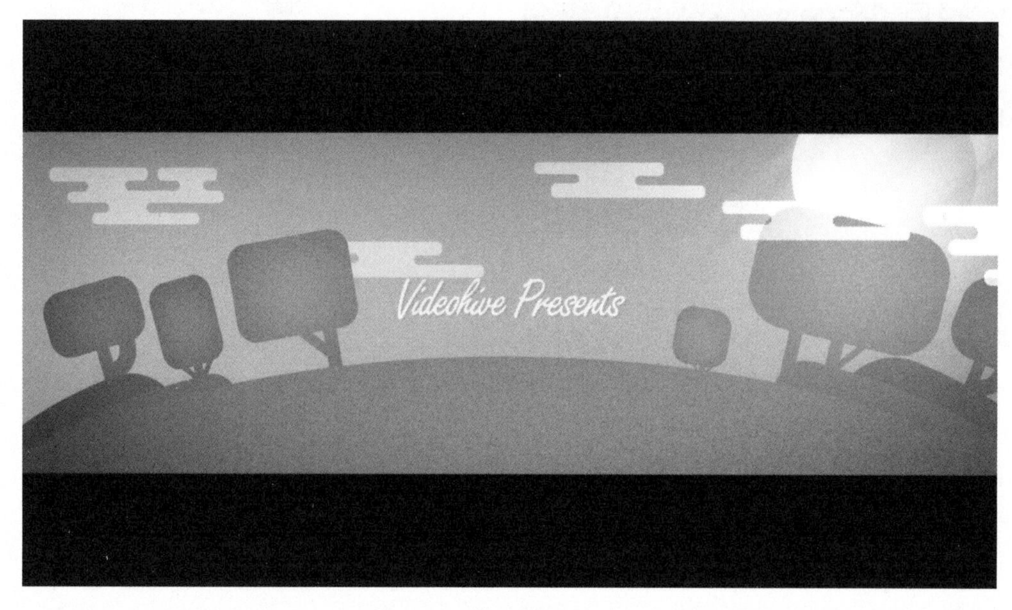

图 6-84

第7章

蒙版和跟踪遮罩

在使用 After Effects 制作项目的过程中，常常会遇到在同一合成中处理多个图像素材的情况。在影视和栏目包装项目中，所获取的素材往往都不具备 Alpha 通道信息，因此在处理图像遮挡关系的时候，蒙版在视频合成中就得到了广泛的应用。使用跟踪遮罩可以将一个图层的 Alpha 信息或亮度信息作为另一个图层的透明度信息，常用于处理图像的遮挡或显示。本章主要对蒙版和跟踪遮罩的具体应用做讲解。

AFTER EFFECTS

学习目标

- 熟悉蒙版的相关概念和用途
- 掌握创建蒙版的多种方法
- 掌握编辑蒙版各属性的方法
- 掌握蒙版在项目中的应用
- 掌握跟踪遮罩的概念及应用

技能目标

- 掌握使用蒙版对素材进一步加工的方法
- 掌握分形杂色在遮罩中的组合应用
- 掌握特效素材在视频中的应用

创建与设置蒙版

7.1.1 蒙版的概念

After Effects 中的蒙版用于控制图层的显示范围。蒙版作用于封闭的路径，如果路径不是闭合的状态，则蒙版不起作用，如图 7-1 所示。在默认情况下，添加蒙版后，路径内的图像为不透明的，路径以外的区域为透明的。

图 7-1

提示

如果路径不是闭合的，往往作为其他效果的轨迹，如路径文字动画效果等。闭合路径不仅可以作为蒙版使用，也可以作为其他效果的运动轨迹。

7.1.2 创建蒙版

创建蒙版的方式主要有 5 种。

1. 使用形状工具创建图层蒙版

当使用形状工具创建图层蒙版时，需要在【时间轴】面板中选择创建蒙版的图层，在工具栏中选择任意形状工具，拖动鼠标进行绘制即可，如图 7-2 所示。

图 7-2

创建蒙版

（1）形状工具包括【矩形工具】、【圆角矩形工具】、【椭圆工具】、【多边形工具】和【星形工具】，使用 Q 键，可以激活和循环切换形状工具。

（2）选中需要创建蒙版的图层，在绘图区双击，可以在当前图层创建一个最大的蒙版。

（3）在【合成】面板中，按住 Shift 键，可以使用形状工具创建等比例的蒙版形状；按住 Ctrl 键，可以以单击的位置（第一个点）为中心创建蒙版。

2. 使用【钢笔工具】创建图层蒙版

使用【钢笔工具】可以创建任意形状的蒙版，但使用【钢笔工具】绘制的路径必须为闭合状态。当使用【钢笔工具】创建图层蒙版时，需要在【时间轴】面板中选择创建蒙版的图层，绘制一个闭合的路径，如图 7-3 所示。

图 7-3

3. 自动追踪创建图层蒙版

使用【自动追踪】命令可以根据图层的 Alpha、红色、蓝色、绿色和亮度信息生成一个或多个蒙版，如图 7-4 所示。

在【时间轴】面板中选择需要创建蒙版的图层，执行【图层】>【自动追踪】命令，在弹出的【自动追踪】对话框中设置自动追踪参数。然后系统就会根据图层的信息自动生成蒙版，如图 7-5 所示。

图 7-4

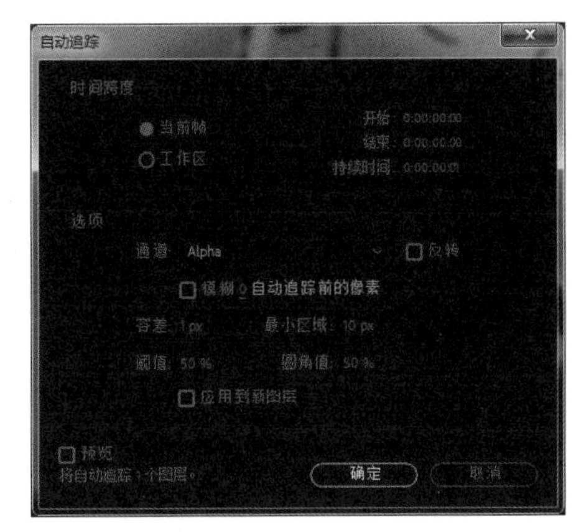

图 7-5

参数详解

当前帧：只对当前帧进行自动追踪创建蒙版。

工作区：对整个工作区进行自动追踪，适用于带动画效果的图层。

通道：用于设置追踪的通道类型，包括【Alpha】、【红色】、【绿色】、【蓝色】和【明亮度】。若选择【反转】复选框，将反转蒙版。

模糊：选择该复选框，将模糊自动追踪前的像素，对原始图像做虚化处理，可以使自动追踪的结果更加平滑；取消选择该复选框，在高对比图像中得到的追踪结果更为准确。

容差：用于设置判断误差和界限的范围。

最小区域：设置蒙版的最小区域，如【最小区域】值为 8，则宽高小于 4px × 4px 将被自动删除。

阈值：以百分比来确定透明区域和不透明区域，高于该值的区域为不透明区域，低于该值的区域为透明区域。

圆角值：用于设置蒙版转折处的圆滑程度，数值越高，转折处越平滑。

应用到新图层：选择该复选框，将把自动跟踪创建的蒙版保存到一个新固态层中。

预览：启用该复选框，可以预览自动追踪的结果。

4. 新建蒙版

在【时间轴】面板中选择需要创建蒙版的图层，执行【图层】>【蒙版】>【新建蒙版】命令，此时将创建一个与图层大小相同的矩形蒙版，如图 7-6 所示。

图 7-6

5. 从第三方软件创建蒙版

用户可以从 Illustrator、Photoshop 中复制路径并将其作为蒙版路径或形状路径粘贴到 After Effects 中。

（1）在 Illustrator、Photoshop 中，选择某个完整的路径，然后执行【编辑】>【复制】命令。

（2）在 After Effects 中，执行以下任一操作来定义【粘贴】操作的目标：

- 选择任意图层，将在该图层上创建新蒙版。
- 要替换现有的蒙版路径或形状路径，选择其【蒙版路径】属性即可。

（3）执行【编辑】>【粘贴】命令，效果如图 7-7 所示。

图 7-7

7.1.3 编辑蒙版

创建蒙版之后，在【时间轴】面板中选择被添加蒙版的图层，展开图层属性，将会显示蒙版选项组，用户可以通过设置其属性，来调整蒙版的效果，如图 7-8 所示。

选择被添加蒙版的图层，按 M 键可以显示为图层添加的蒙版，连续按两次 M 键可以展开蒙版属性。

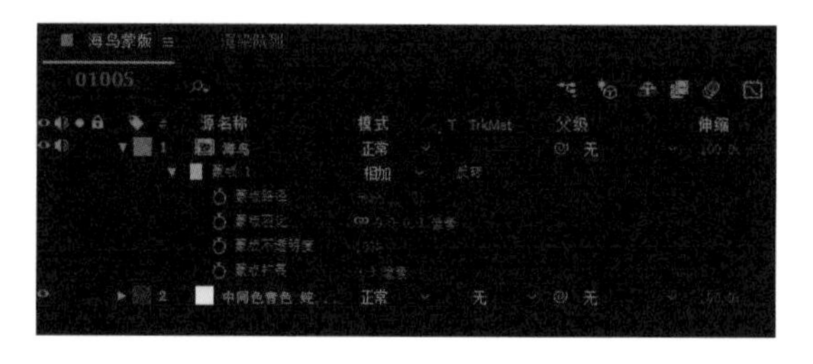

图 7-8

1. 蒙版路径

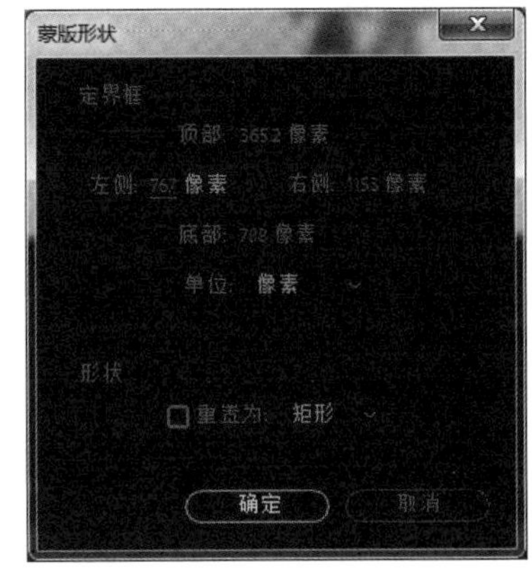

图 7-9

蒙版路径用于设置蒙版的路径范围和形状。单击【蒙版路径】右侧的【形状】选项，将弹出【蒙版形状】对话框，如图 7-9 所示。

在【定界框】选项组中，可以设置蒙版形状的大小；在【形状】选项组中，启用【重置为】复选框，可以将选定的蒙版形状替换为椭圆形或矩形。

2. 蒙版羽化

蒙版羽化用于设置蒙版边缘的羽化效果，这样可以对蒙版边缘进行虚化处理。羽化值越大，虚化范围越大；羽化值越小，虚化范围越小，如图 7-10 所示。

在默认情况下，羽化值为 0，蒙版边缘不产生任何过渡效果，用户可以在【蒙版羽化】右侧单击，输入具体的数值。此外，用户还可以通过选择工具栏中的【蒙版羽化工具】在蒙版路径上单击并拖动，手动创建蒙版羽化效果，如图 7-11 所示。

图 7-10

图 7-11

3. 蒙版不透明度

蒙版不透明度用于设置蒙版的不透明程度。在默认情况下，为图层添加蒙版后，蒙版中的图像 100% 显示，蒙版外的图像完全不显示。用户可以在【蒙版不透明度】右侧单击，输入具体的数值，数值越小，蒙版内的图像显示越不明显，当数值为 0 时，蒙版内的图像完全透明，如图 7-12 所示。

图 7-12

4. 蒙版扩展

蒙版扩展用于调整蒙版的扩展程度。正值为扩展蒙版区域，数值越大，扩展区域越大；负值为收缩蒙版区域，数值越大，收缩的区域越大，如图 7-13 所示。

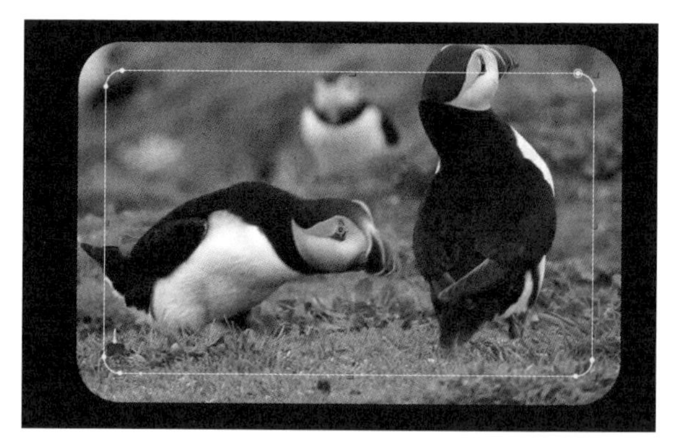

图 7-13

7.1.4 蒙版叠加模式

当一个图层中有多个蒙版时，可以通过设置叠加模式来使蒙版之间产生叠加运算效果。在【时间轴】面板中，单击蒙版名称右侧的下拉按钮，在其下拉列表中选择相应的选项，即可调整蒙版的叠加模式。蒙版与在【时间轴】面板堆栈顺序中位于它上方的蒙版进行叠加运算。蒙版的叠加模式只在同一图层的蒙版之间计算，如图 7-14 所示。

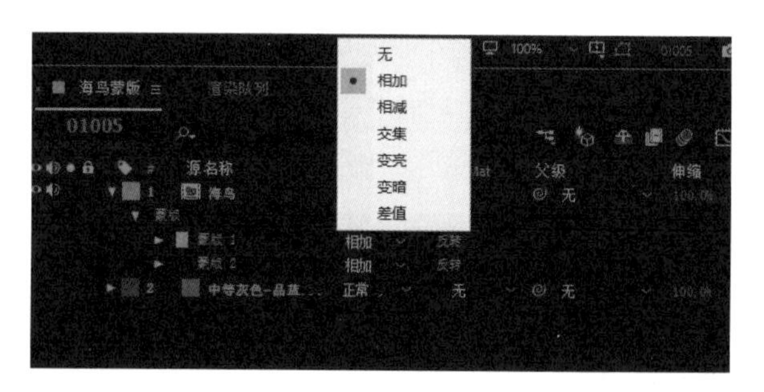

图 7-14

无：选择该选项，蒙版将只作为路径使用，不产生局部区域显示效果，如图 7-15 所示。

相加：选择该选项，当前图层的蒙版区域将与上面的蒙版区域进行相加处理，如图 7-16 所示。

图 7-15

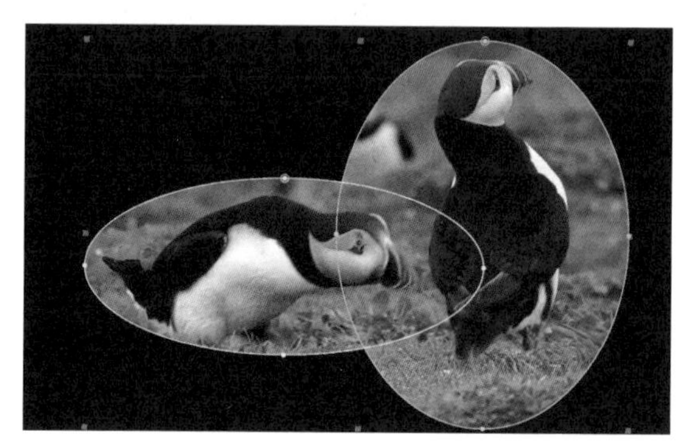

图 7-16

相减：选择该选项，当前图层的蒙版区域将与上面的蒙版区域进行相减处理，如图 7-17 所示。

交集：选择该选项，只显示当前蒙版与上面蒙版重叠的部分，其他部分将被隐藏，如图 7-18 所示。

图 7-17

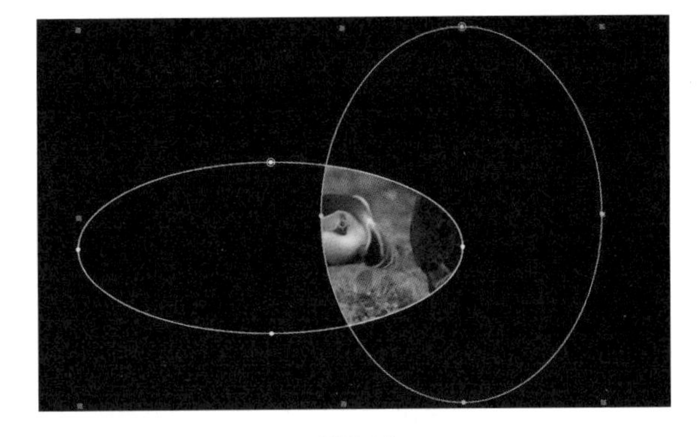

图 7-18

变亮：选择该选项，对于可视区域，变亮模式与相加模式相同；对于蒙版重叠处的不透明度，则采用不透明度较高的值，如图 7-19 所示。

变暗：选择该选项，对于可视区域，变暗模式与相减模式相同；对于蒙版重叠处的不透明度，则采用不透明度较低的值，如图 7-20 所示。

图 7-19

图 7-20

差值：在蒙版与它上方的多个蒙版重叠的区域中，会将它与上方蒙版的相交部分减去，如图 7-21 所示。

图 7-21

7.2 跟踪遮罩

跟踪遮罩是以一个图层的 Alpha 信息或亮度信息影响另一个图层的显示状态的。当为图层应用跟踪遮罩后，上方的图层将取消显示，如图 7-22 所示。

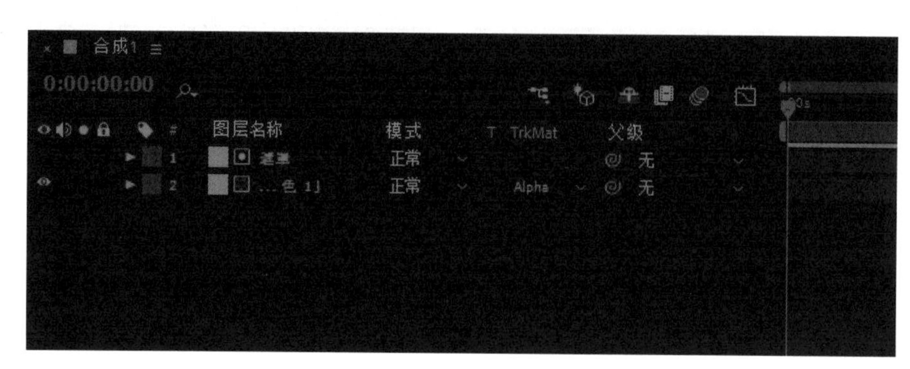

图 7-22

7.2.1 Alpha遮罩

选择一个图层，执行【图层】>【跟踪遮罩】>【Alpha 遮罩】命令，该图层上方图层的 Alpha 信息将作为下方图层的遮罩，如图 7-23 所示。

图 7-23

选择一个图层，执行【图层】>【跟踪遮罩】>【Alpha 反转遮罩】命令，该图层上方图层的 Alpha 信息将反转并作为下方图层的遮罩，如图 7-24 所示。

图 7-24

7.2.2 亮度遮罩

应用亮度遮罩时，当颜色为纯白色时，下方的图层将被完全显示；当颜色为纯黑色时，下方的图层将变透明，亮度反转遮罩与其相反。

选择下方的图层，执行【图层】>【跟踪遮罩】>【亮度遮罩】命令，上方图层的亮度信息将作为下方图层的蒙版，如图 7-25 所示。

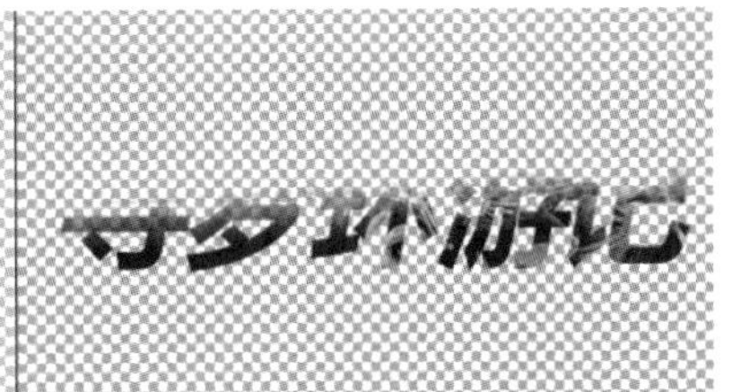

图 7-25

选择下方的图层，执行【图层】>【跟踪遮罩】>【亮度反转遮罩】命令，将反转上方图层的亮度信息并作为下方图层的蒙版，如图 7-26 所示。

图 7-26

提示

在【时间轴】面板中单击【切换开 / 关模式】按钮，可以为指定图层添加跟踪遮罩，如图 7-27 所示。

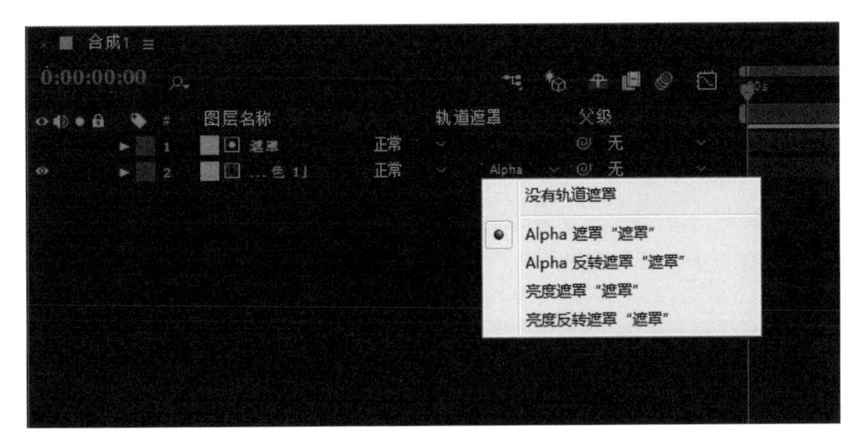

图 7-27

课堂练习 制作燃烧文字

素材文件	素材文件 \ 第 7 章 \ 火苗 1.mov、火苗 2.mov、AE.png	扫码观看视频
案例文件	案例文件 \ 第 7 章 \ 火焰遮罩.aep	
视频教学	视频教学 \ 第 7 章 \ 火焰遮罩.mp4	
案例要点	使用蒙版和遮罩对火焰素材进行加工，制作燃烧文字	

Step 01 新建项目。双击【项目】面板，导入素材“火苗 1.mov”“火苗 2.mov”“AE.png”。新建合成，在【合成设置】对话框中，设置【合成名称】为“火焰遮罩”、【合成尺寸】为 960px × 540px、【帧速率】为 24 帧、【持续时间】为 100 帧，如图 7-28 所示。

Step 02 将素材图片“AE.png”拖到【时间轴】面板中。单击“AE.png”，按 Ctrl+Shift+C 组合键创建预合成，重命名为“文字”。将素材“火苗 1.mov”拖到【时间轴】面板中，将“火苗 1.mov”图层的【缩放】属性设置为 60%，将【位置】属性设置为（452,144）。单击“火苗 1”，单击鼠标右键，在弹出的快捷菜单中执行【变换】>【水平翻转】命令。按 R 键，调整“火苗 1”的【旋转】属性为 10°。按 Ctrl+Shift+C 组合键创建预合成，选中【将所有属性添加到新合成】复选框，将新合成重命名为“火苗 1”，如图 7-29 所示。

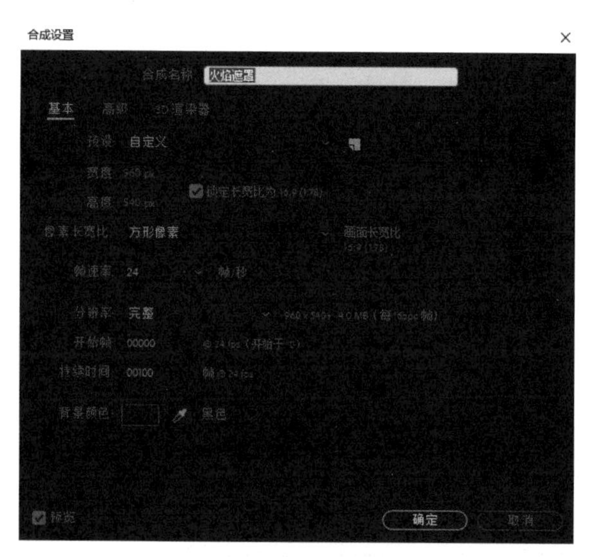

图 7-28

图 7-29

Step 03 将【文字】图层置于顶层，按 Ctr+D 组合键，复制“火苗 1”，将新图层命名为“火苗 1 遮罩”。单击“火苗 1 遮罩”，选择【钢笔工具】，在“火苗 1 遮罩”上绘制蒙版，范围为火焰下半部分，叠加模式选择【相减】，将“火苗 1”的跟踪遮罩设定为“火苗 1 遮罩”，效果如图 7-30 所示。

Step 04 将素材“火苗 2.mov”拖到【时间轴】面板中，按 S 键，将“火苗 2”的【缩放】属性设置为 50%，按 P 键，将“火苗 2”的【位置】属性设置为（328,297）。单击“火苗 2”，单击鼠标右键，在弹出的快捷菜单中执行【变换】>【水平翻转】命令。按 R 键，调整“火苗 2”的【旋转】属性为 10°。按 Ctrl+Shift+C 组合键创建预合成，选中【将所有属性添加到新合成】复选框，将新合成重命名为“火苗 2”，效果如图 7-31 所示。

图 7-30

图 7-31

Step 05 将“火苗 2”图层置于顶层，按 Ctr+D 组合键，复制“火苗 2”图层，将新图层命名为“火苗 2 遮罩”。选择【钢笔工具】，在“火苗 2 遮罩”图层上绘制蒙版，范围为火焰下半部分，叠加模式选择【相减】，将“火苗 2”图层的跟踪遮罩设定为“火苗 2 遮罩”，效果如图 7-32 所示。

Step 06 单击“火苗 2 遮罩”图层，连按 M 键打开“火苗 2 遮罩”的蒙版属性，设置【蒙版 1】的【蒙版羽化】为 10 像素。单击“火苗 2 遮罩”图层，执行【效果】>【扭曲】>【湍流置换】命令，设置【湍流置换】的【数量】值为 30、【大小】值为 20。按住 Alt 键单击【偏移】属性的时间变化秒表，打开表达式输入框，输入表达式【time*40,time*-40】，如图 7-33 所示。

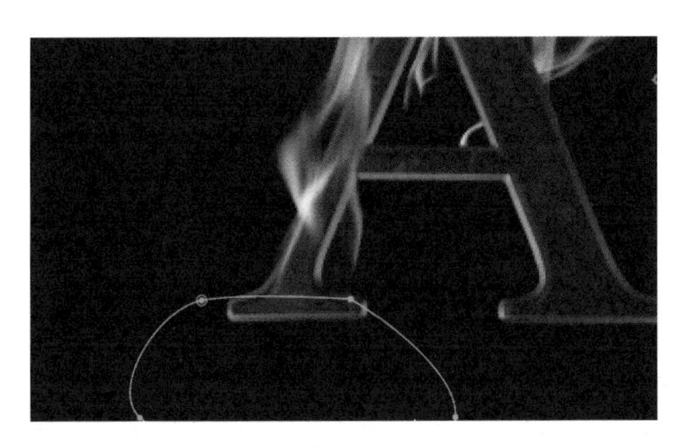

图 7-32

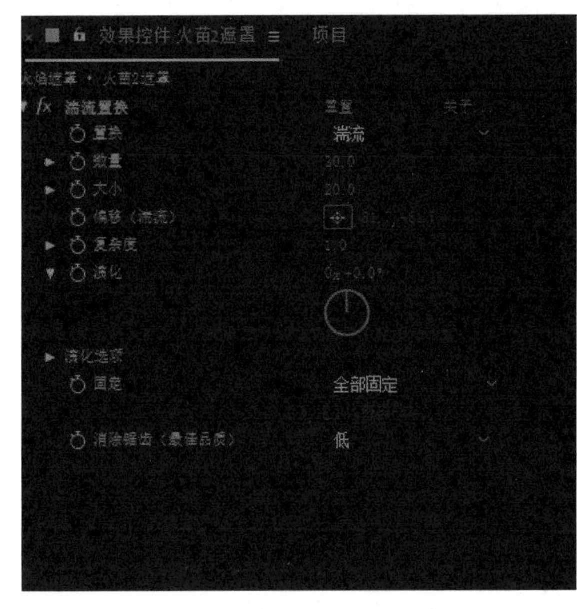

图 7-33

Step 07 单击“文字”图层，执行【效果】>【生成】>【填充】命令，将【填充色】设置为黑色。框选全部图层，按 Ctrl+Shift+C 组合键创建预合成，将新合成名称设置为“火焰合成”，效果如图 7-34 所示。

Step 08 单击“火焰合成”，执行【效果】>【通道】>【固态层合成】命令，将【颜色】设置为黑色。执行【效果】>【颜色校正】>【色调】命令，调整色调，再执行【效果】>【颜色校正】>【曲线】命令，调整曲线，如图 7-35 所示。

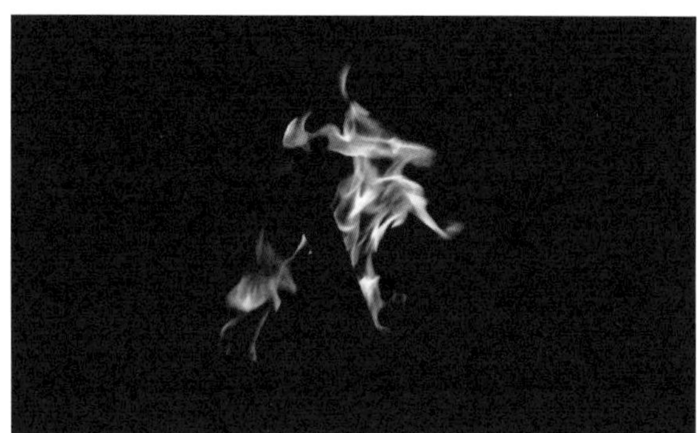

图 7-34

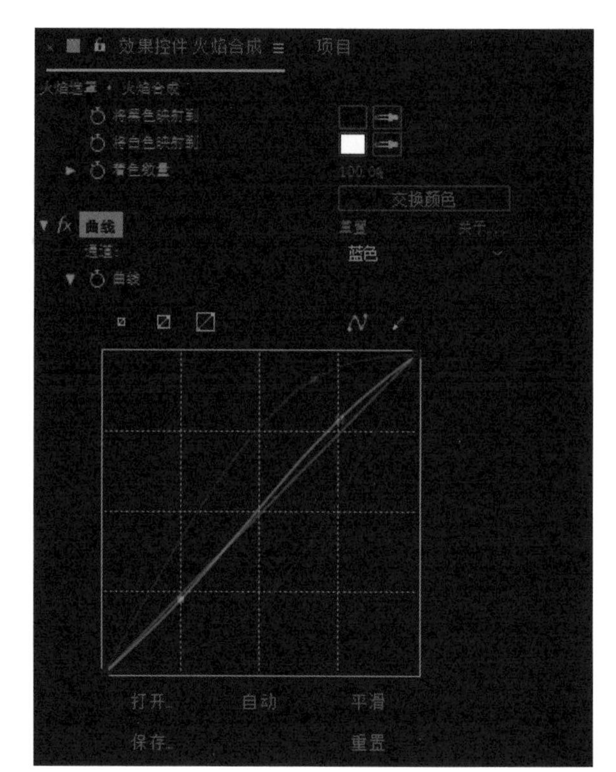

图 7-35

Step 09 单击“火焰合成”，执行【效果】>【风格化】>【发光】命令，设置【发光半径】值为 100、【发光操作】为【叠加】、【发光颜色】为【A 和 B 颜色】、【颜色循环】为【锯齿 A>B】、【颜色 A】为（32.7,24.6,2.5）、【颜色 B】为（32.7,8.4,0），如图 7-36 所示。

Step 10 单击“发光”，按 Ctrl+D 组合键快速复制【发光】节点，设置【发光 2】的【发光阈值】为 30%、【发光半径】值为 200。将【项目】面板中的“文字”合成拖到【时间轴】面板中，将“文字”置于“火焰合成”下层，将“火焰合成”的叠加模式设置为【相加】。预览效果，如图 7-37 所示。

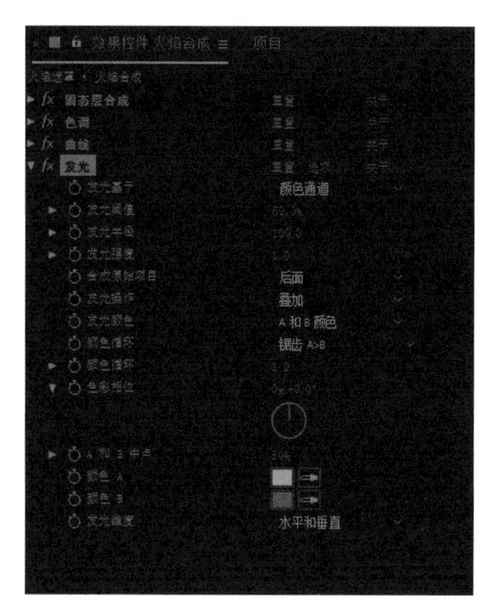

图 7-36

图 7-37

7.3 分形杂色

分形杂色位于【效果】>【杂色和颗粒】>【分形杂色】下，常用于创建自然景观背景、置换图像和为纹理添加灰度杂色。在影视特效中也常用于模拟云、火、熔岩、流水或蒸气等效果。分形杂色是一种便捷的可操作性极高的效果节点，常用于创建不规则动态纹理，进而用作素材的蒙版和跟踪遮罩。掌握分形杂色的应用，可以为用户手动创建素材提供极大的助力。

分形杂色参数

分型类型：分形杂色是通过为每个杂色图层生成随机编号的网格来创建的。通过选择分型类型来进一步调整参数的基本杂色形态。

杂色类型：在杂色网格中的随机值之间，使用的插值类型包括块状、线性、柔和线性、样条，如图 7-38 所示。

对比度：较高的值可创建较大的、定义更严格的黑白杂色区域，通常显示不太精细的细节；较低的值可生成更多的灰色区域，以使杂色柔和。默认值为 100。

亮度：用于调整杂色的整体明暗情况。默认值为 0。

溢出：用于重新定义 0~1.0 范围外的颜色值。默认模式为允许 HDR 结果，不执行重映射，保留 0~1.0 范围外的值。

变换：用于旋转、缩放和定位杂色图层的设置。如果选择【透视位移】，则图层看起来像在不同的深度。

复杂度：用于设置为创建分形杂色合并的（根据【子设置】）杂色图层的数量。增加此数量将增加杂色的外观深度和细节数量。

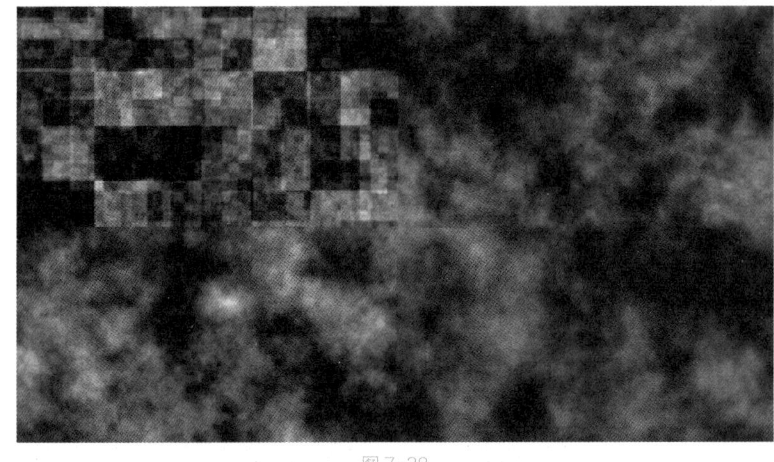

图 7-38

提示

提高【复杂度】值会增加渲染时间。在适当的情况下，尝试降低【大小】值，而不是提高【复杂度】值来达到相似的结果，并避免使用更长的渲染时间。提高表面的复杂度，而不增加渲染时间的技巧是：使用负数或很高的【对比度/亮度】设置，并选择【反绕】作为【溢出】值。

子设置：分形杂色是通过合并杂色图层生成的。【子设置】用于控制此合并方式，以及杂色图层的属性彼此偏移的方式。缩小连续图层可创建更精致的细节。

演化：使用渐进式旋转，以继续使用每次添加的旋转更改图像。此方法与典型旋转不同，后者参考转盘控件上的设置，对于 360° 的倍数，其结果均相同。对于【演化】，值为 0 的旋转外观与值为 1 的旋转外观不同，值为 1 的旋转外观与值为 2 的旋转外观不同。要使【演化】恢复默认状态（例如，创建无缝循环），请使用【循环演化】选项。

不透明度：设置分形杂色的不透明度。

混合模式：用于设置分形杂色和原始图像之间的混合。这些混合模式与【时间轴】面板中【模式】列表中的选项基本相同。

课堂练习 模拟火焰

素材文件	素材文件 \ 第 7 章 \ 效果参考.png	扫码观看视频
案例文件	案例文件 \ 第 7 章 \ 模拟火焰.aep	
视频教学	视频教学 \ 第 7 章 \ 模拟火焰.mp4	
案例要点	使用分形杂色模拟火焰动态和形态，灵活掌握各个参数的应用	

Step 01 新建项目，将项目名称设置为“模拟火焰”。新建合成，在【合成设置】对话框中，设置【合成名称】为“模拟火焰”，设置【合成尺寸】为 960px×540px、【帧速率】为 24 帧、【持续时间】为 100 帧，如图 7-39 所示。

Step 02 新建纯色层，将纯色层名称设置为“背景”。单击“背景”图层，执行【效果】>【生成】>【梯度渐变】命令。设置【梯度渐变】的【渐变起点】为（482,540）、【渐变终点】为（498，974），设置【起始颜色】为（R:32,G:17,B:18）、【结束颜色】为（R:0,G:0,B:0），设置【渐变形状】为【径向渐变】，如图 7-40 所示。

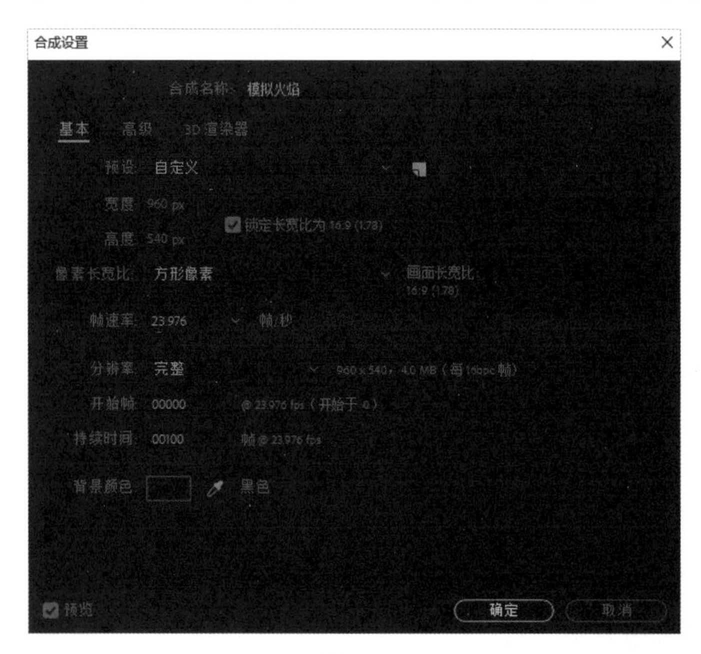

图 7-39

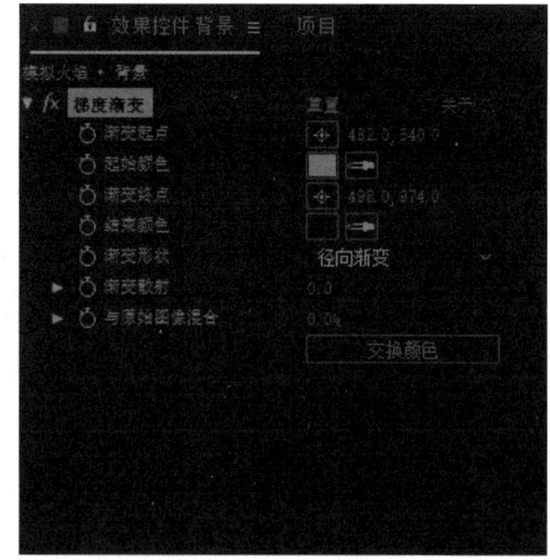

图 7-40

Step 03 新建纯色层，将纯色层名称设置为“火焰纹理 1”。单击“火焰纹理 1”图层，执行【效果】>【杂色与颗粒】>【分形杂色】命令。设置【分形杂色】的【分型类型】为【动态渐进】、【杂色类型】为【柔和线性】、【对比度】值为 120、【亮度】值为 -30。展开【变化】属性，设置【缩放】为 250。展开【子设置】属性，设置【子旋转】为 200°，效果如图 7-41 所示。

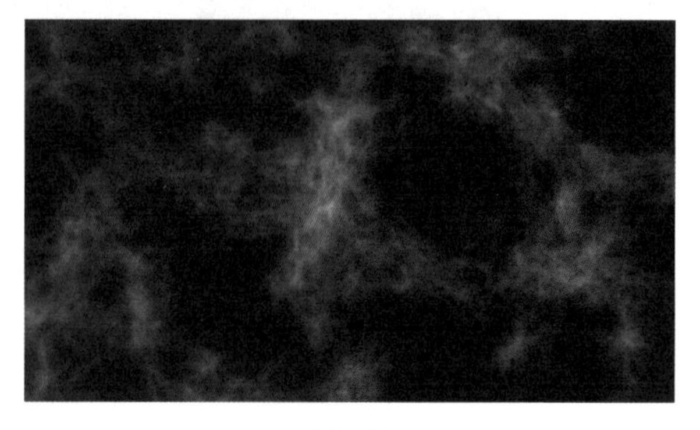

图 7-41

Step 04 按住 Alt 键，单击【湍流（偏移）】属性前的时间变化秒表，输入以下表达式：

x=effect(“分形杂色”)(“偏移（湍流）”)[0];

y=effect(“分形杂色”)(“偏移（湍流）”)[1]+time*-200;

[*x*,*y*]

按住 Alt 键，单击【演化】属性前的时间变化秒表，输入表达式【time*200】。完成纹理动态设置，如图 7-42 所示。

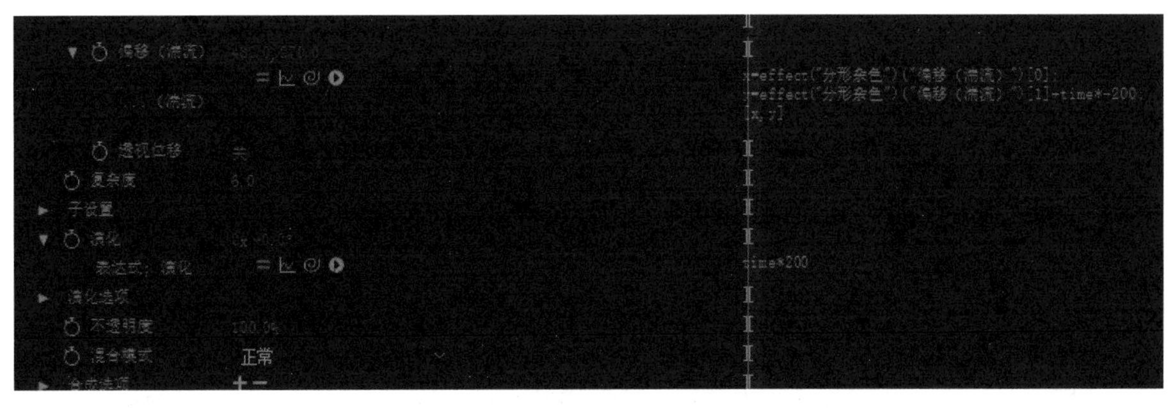

图 7-42

Step 05 单击“火焰纹理 1”图层，执行【效果】>【扭曲】>【湍流置换】命令。按住 Alt 键，单击【演化】属性前的时间变化秒表，输入表达式【time*100】。

Step 06 按 Ctrl+D 组合键快速复制“火焰纹理 1”图层，重命名为“火焰纹理 2”。设置【分形杂色】的【对比度】值为 220、【亮度】值为 -80。展开【变换】属性，设置【缩放】值为 39，如图 7-43 所示。

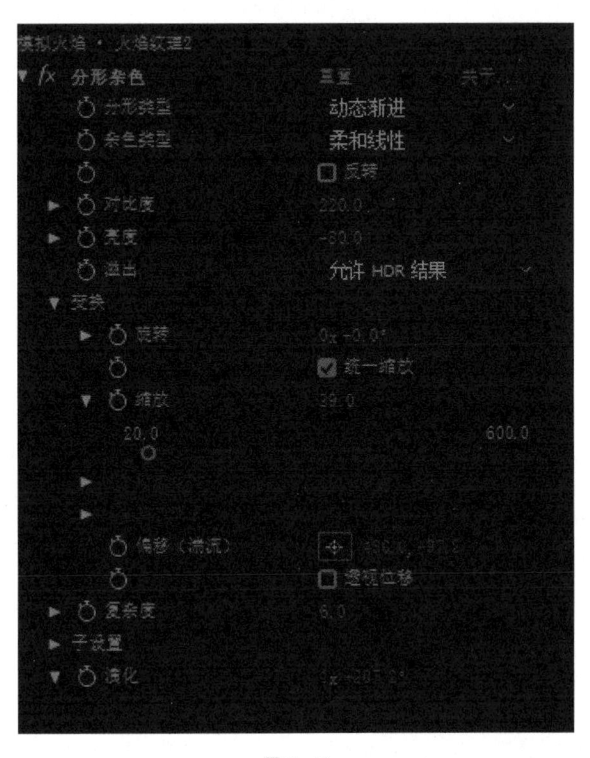

图 7-43

Step 07 修改“火焰纹理 2”的【湍流（偏移）】表达式为：

```
x=effect(“分形杂色”)(“偏移（湍流）”)[0];
y=effect(“分形杂色”)(“偏移（湍流）”)[1]+time*-400+200;
[x,y]
```

修改【演化】表达式为【time*400】。根据效果调整“火焰纹理 1”和“火焰纹理 2”的动态，将“火焰纹理 2”图层的叠加模式设置为【屏幕】，效果如图 7-44 所示。

Step 08 加选“火焰纹理 1”和“火焰纹理 2”，按 Ctrl+Shift+C 组合键创建预合成，将合成名称设置为“火焰纹理”。选中【将所有属性移动到新合成】复选框。单击“火焰纹理”合成，执行【效果】>【颜色校正】>【曲线】命令，调整曲线形态，如图 7-45 所示。

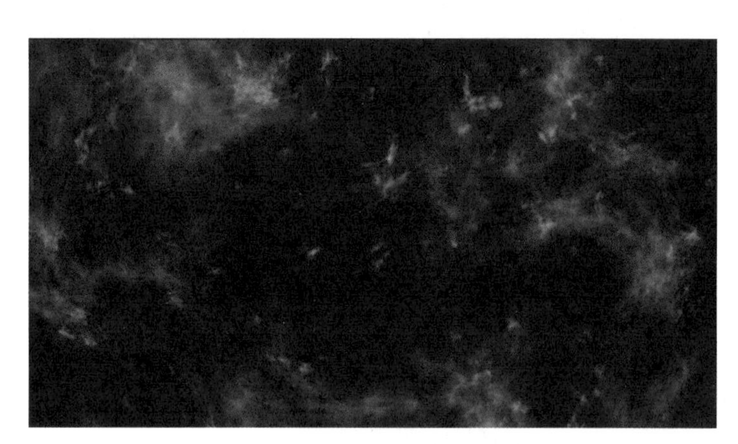

图 7-44

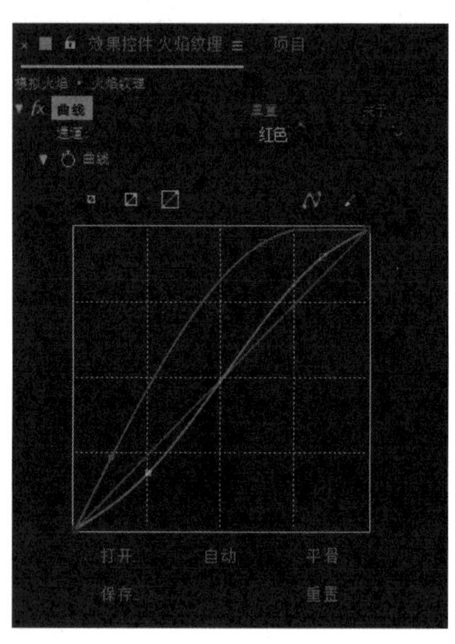

图 7-45

Step 09 单击“火焰纹理”图层，选择【钢笔工具】，绘制不规则蒙版，制作出火焰形态。按 F 键，设置【蒙版羽化】为 114 像素，效果如图 7-46 所示。

Step 10 按 Ctrl+D 组合键，快速复制若干“火焰纹理”，随机进行缩放调整，并在【时间轴】面板中进行随意的错帧，随机修改遮罩形状，制作出更有厚度的不规则的火焰效果。将新增图层的叠加模式设置为【屏幕】，最终效果如图 7-47 所示。

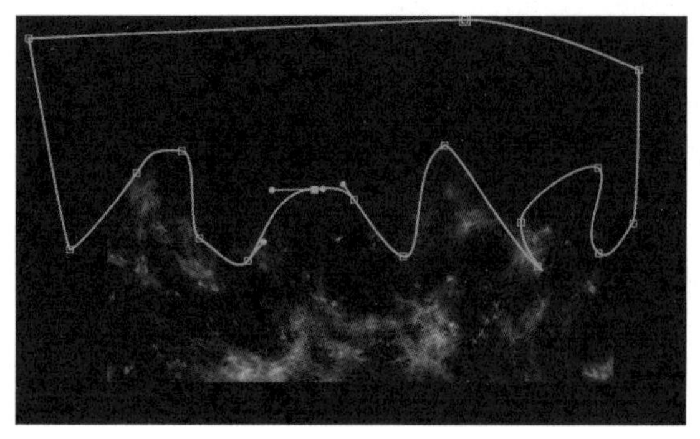

图 7-46

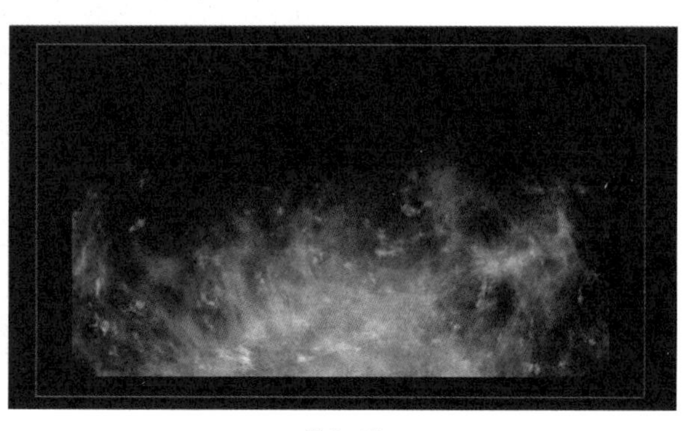

图 7-47

课堂练习 大爆炸

素材文件	素材文件 \ 第 7 章 \ 院子.mov、爆炸火焰.mov、爆炸灰烬.jpg	扫码观看视频 
案例文件	案例文件 \ 第 7 章 \ 大爆炸.aep	
视频教学	视频教学 \ 第 7 章 \ 大爆炸.mp4	
案例要点	本案例是影视特效中较为常见的烟火案例，案例的重点在于分析各个素材的作用和组合关系，然后使用蒙版等手段将素材有机地结合起来，使最终效果更为协调、整体	

1. 练习思路

- 根据视频素材设置项目。
- 使用蒙版和跟踪遮罩加工爆炸素材。
- 使用校色工具使画面风格进一步统一。
- 使用动画预设为画面增加动态的爆点。

2. 制作步骤

（1）设置项目

Step 01 创建项目，设置项目名称为“大爆炸”。

Step 02 创建合成，在【合成设置】对话框中，设置【合成名称】为“大爆炸”，设置【预设】为【HDTV 1080 24】、【持续时间】为 100 帧，如图 7-48 所示。

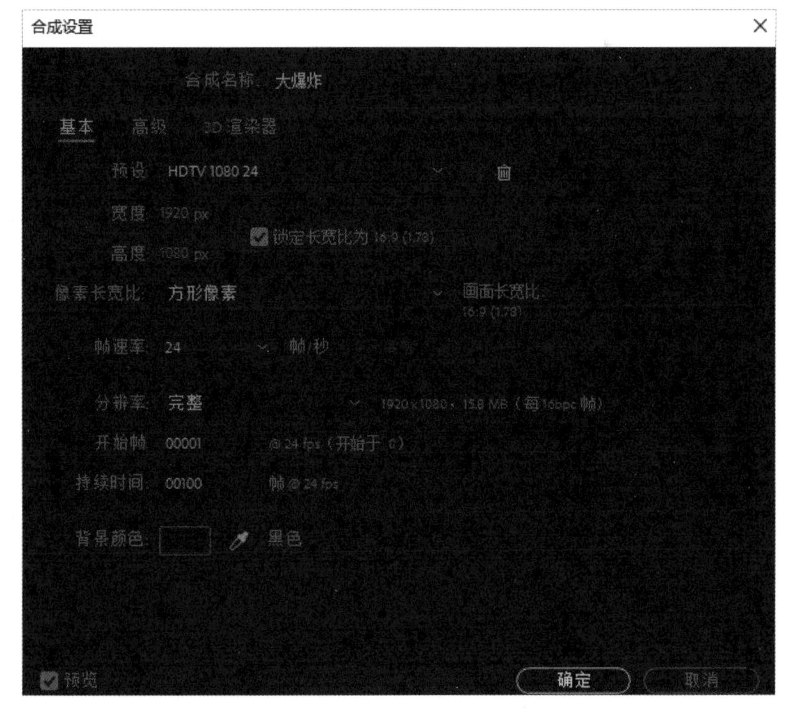

图 7-48

Step 03 双击【项目】面板，导入素材“院子.mov”“爆炸火焰.mov”“爆炸洞.jpg”“爆炸灰烬.jpg”。

（2）加工爆炸素材

Step 01 将素材“院子.mov”和“爆炸火焰.mov”拖到【时间轴】面板中，单击“爆炸火焰.mov”图层，按P键，将图层的【位置】属性设置为（1048,388），按S键，将图层的【缩放】属性设置为200%，效果如图7-49所示。

图7-49

Step 02 单击“爆炸火焰.mov”图层，按Crtl+D组合键，快速复制两次，三层爆炸火焰自上而下的叠加模式分别为【相加】、【屏幕】、【正常】。单击最上层的爆炸火焰，按T键，将【不透明度】值设置为40%。在【时间轴】面板中将三层爆炸火焰的前4帧裁掉，如图7-50所示。

Step 03 单击最下层的爆炸火焰，选择【钢笔工具】，绘制蒙版，只保留爆炸高亮的核心部分。按F键，将【蒙版羽化】设置为25像素，连按两次M键，打开【蒙版】属性，单击【蒙版路径】的时间变化秒表，匹配爆炸动态，再调整蒙版形状，如图7-51所示。

图7-50

图7-51

提示

步骤3的作用是使爆炸烟火的叠加效果更好。如果不利用蒙版进行遮罩，火焰边缘就会过于生硬，整体颜色也会由于反复叠加而过曝，所以要根据素材形态手动进行调整。

Step 04 单击顶层的“爆炸火焰.mov”，执行【效果】>【风格化】>【发光】命令，设置【发光】的【发光阈值】为 60%、【发光半径】值为 25、【发光强度】值为 0.4。单击【发光】效果，按 Ctrl+D 组合键复制，得到【发光 2】效果，设置【发光 2】的【发光半径】值为 400、【发光强度】值为 0.2，如图 7-52 所示。

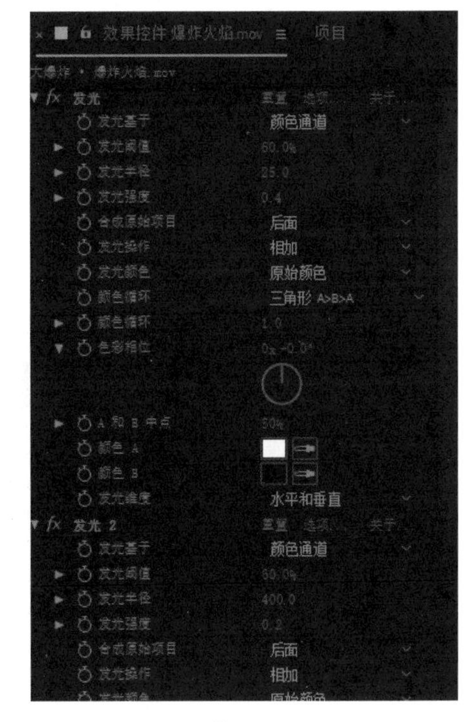

图 7-52

（3）添加爆炸坑洞

Step 01 将素材“爆炸灰烬.jpg”拖到【时间轴】面板中，将叠加模式设置为【相乘】，单击该图层的三维图层开关，按 R 键，将“爆炸灰烬.jpg”的【方向】属性设置为（276°，0°，0°），按 P 键，将“爆炸灰烬.jpg”的【位置】属性设置为（970,964,166），如图 7-53 所示。

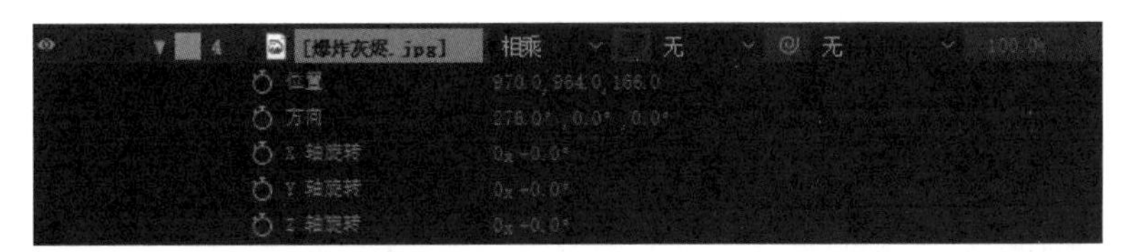

图 7-53

Step 02 在【时间轴】面板中，剪掉“爆炸灰烬.mov”的前 4 帧，将当前时间指示器移动至时间轴的 0:00:00:04 位置，单击“爆炸灰烬.mov”的【缩放】属性的时间变化秒表，将【缩放】属性设置为（125,125,125）。将当前时间指示器移动至时间轴的 0:00:00:06 位置，将【缩放】属性设置为（280,280,280），如图 7-54 所示。

图 7-54

（4）添加爆炸抖动

Step 01 框选全部图层，按 Ctrl+Shift+C 组合键，创建预合成，将合成名称设置为“爆炸火焰”。将当前时间指示器移动至时间轴的 0:00:00:04 位置，单击【位置】属性的时间变化秒表；将当前时间指示器移动至时间轴的 0:00:00:15 位置，添加【位置】属性关键帧。执行【窗口】>【摇摆器】命令，打开【摇摆器】面板。调整【摇摆器】参数，设置【频率】为【15 每秒】、【数量级】为 25，框选【位置】属性上的两个关键帧，单击【应用】按钮，如图 7-55 所示。

Step 02 调整【位置】属性关键帧的间隔，使动态频率更加自然，如图 7-56 所示。

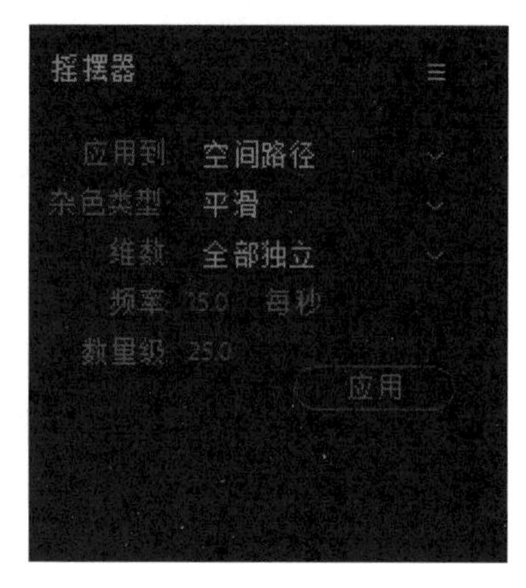

图 7-55

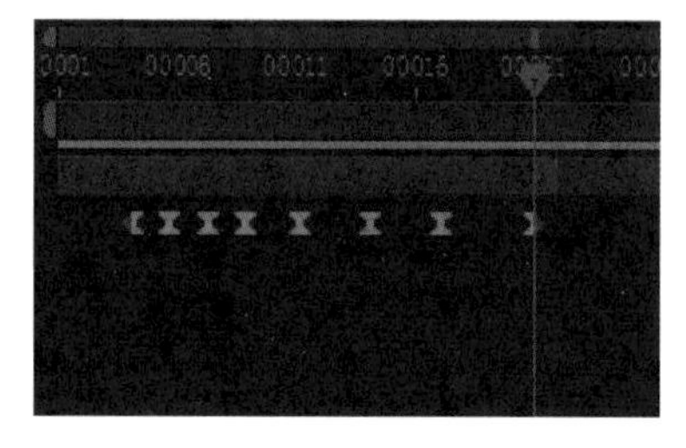

图 7-56

Step 03 单击“爆炸火焰”，执行【效果】>【风格化】>【动态拼接】命令，设置【输出宽度】值为 125、【输出高度】值为 125，选中【镜像边缘】复选框，如图 7-57 所示。

Step 04 案例完成，按 0 键预览效果，如图 7-58 所示。

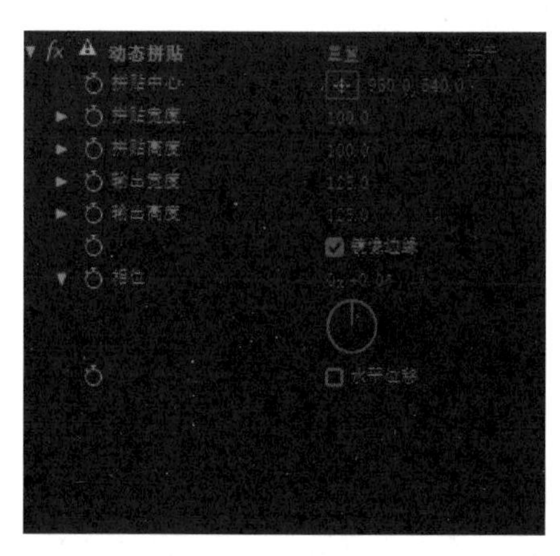

图 7-57

图 7-58

课后习题

一、选择题

1. 激活和切换形状工具的快捷键是（　　）。

A.【M】键

B.【N】键

C.【P】键

D.【Q】键

2. 在【合成】面板中，按住（　　）键，可以使用形状工具创建出等比例的蒙版形状。

A.【A】键

B.【Alt】键

C.【Shift】键

D.【Ctrl】键

3. 设置追踪的通道类型，不包括下列的（　　）。

A. Alpha

B. 红色

C. 白色

D. 明亮度

4. 在【时间轴】面板中，单击（　　）按钮，可以为指定图层添加跟踪遮罩。

A.【折叠图层变换】

B.【切换开关/模式】

C.【调整图层】

D.【运动模糊】

5. 下列不属于跟踪遮罩常用类型的是（　　）。

A. Alpha 遮罩

B. RGB 遮罩

C. 亮度遮罩

D. 亮度反转遮罩

二、填空题

1. 选择需要创建蒙版的图层，在形状工具中 ________，可以在当前图层创建一个最大的蒙版。

2. 使用【钢笔工具】可以创建任意形状的蒙版，但使用【钢笔工具】绘制的路径必须为 ________。

3. 使用【自动追踪】命令可以根据图层的 ________ 信息生成一个或多个蒙版。

4. 选择被添加蒙版的图层，按 M 键可以显示图层添加的蒙版，________ 可以展开蒙版属性。

5. 选择下方的图层，执行 ________ 命令，上方图层的亮度信息将作为下方图层的蒙版。

三、简答题

1. 列举创建蒙版的 5 种方法。
2. 阐述蒙版的叠加模式中，【相加】和【交集】两种模式的区别。
3. 阐述跟踪遮罩模式中，【Alpha 遮罩】和【亮度遮罩】的区别。

四、案例习题

素材文件：练习文件 \ 第 7 章 \ 画卷.psd、水墨素材.mp4 和水墨序列

效果文件：练习文件 \ 第 7 章 \ 画卷动画.mov，如图 7-59 所示。

练习要点：

1. 根据素材设置项目文件。
2. 拆解参考图中的视觉元素，处理好各素材之间的遮罩关系。
3. 调整好各个组件的动画运动规律，使动态协调、有节奏感。

图 7-59

Chapter

8

第8章 三维空间

After Effects 不同于传统意义上的三维图像制作软件，但依然可以让用户多角度地对场景中的物体进行观察和操作。在 After Effects 中，可以将二维图层转换为三维图层，按照 X 轴、Y 轴、Z 轴的关系，创建三维效果。三维图层本身也具备了接受阴影、投射阴影的选项。除此之外，为了使用户能够创建更加真实的三维空间，软件还提供了摄像机、灯光和光线追踪等功能。本章将详细介绍创建三维空间的知识和操作。

AFTER EFFECTS

学习目标

- 熟悉三维空间的基础概念
- 掌握三维图层的属性特点
- 掌握三维图层的常用功能
- 掌握摄像机的使用方法
- 掌握三维灯光的使用方法

技能目标

- 掌握摄像机动画的制作方法
- 掌握灯光的创建和调整方法
- 掌握三维场景的搭建方法

8.1 三维空间的概念

三维是指在二维平面中再加一个方向向量构成的空间。“维”是一种度量单位，在三维空间中表示方向。在三维空间中，主要通过 X 轴、Y 轴、Z 轴共同确定一个物体。其中，X 表示左右空间，Y 表示上下空间，Z 表示前后空间，这样就形成了立体效果。

在专业的三维图像制作软件中，用户可以通过各个角度对处于三维空间中的物体进行观察，如图 8-1 所示。

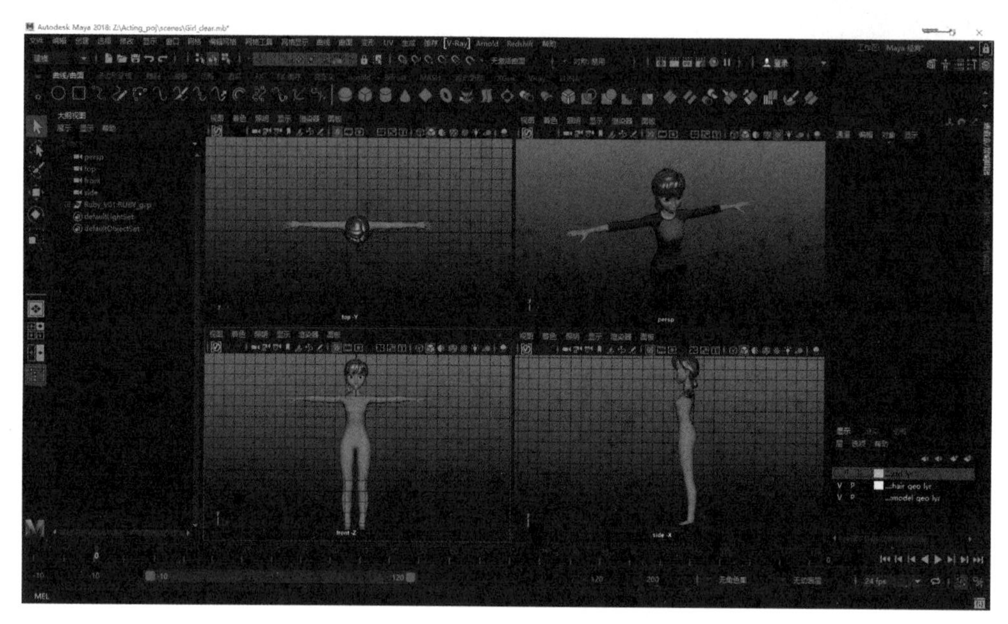

图 8-1

在 After Effects 中，并不能独立地创建三维图层，而是需要利用普通的二维图层进行转换。在 After Effects 中，除了音频图层，其他图层均可以被转换为三维图层。

8.2 三维图层

由于 After Effects 是基于图层的合成软件，即使将二维图层转换为三维图层，该图层依然是没有厚度信息的。在原始图层的基本属性中，将追加附加的属性，如位置 Z 轴、缩放 Z 轴等。After Effects 提供的三维图层虽然区别于传统的专业三维图像制作软件，但依然可以利用摄像机图层、灯光图层去模拟真实的三维空间效果，如图 8-2 所示。

图 8-2

8.2.1 创建三维图层

在 After Effects 中，将一个普通的图层转换为三维图层的方法比较简单，只需在【时间轴】面板中选中将要转换的图层，执行【图层】>【3D 图层】命令，如图 8-3 所示；或者直接在该图层右侧的立方体图标下方单击，如图 8-4 所示。

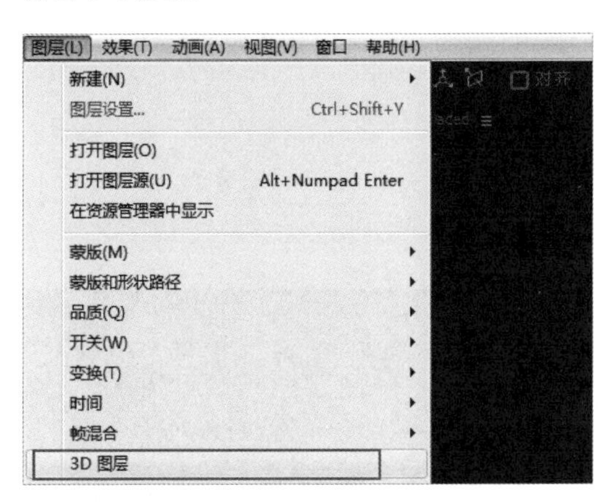

图 8-3

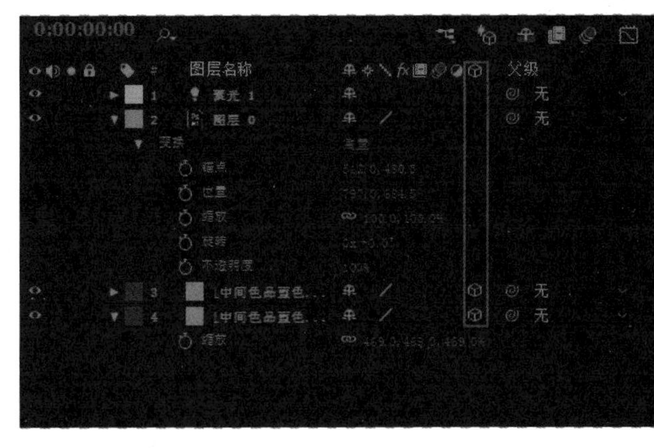

图 8-4

小技巧

用户还可以通过在二维图层上单击鼠标右键，在弹出的快捷菜单中选择【3D 图层】命令，将二维图层转换为三维图层。

提示

在将三维图层转换为二维图层时，将删除 *X* 轴旋转、*Y* 轴旋转、方向、材质选项等属性，其参数、关键帧和表达式也被自动删除，并且无法通过将该图层转换为三维图层来恢复。

此时，在图层的【变换】属性中均加入了与Z轴相关的参数。此外，还新添加了【材质选项】属性，如图8-5所示。

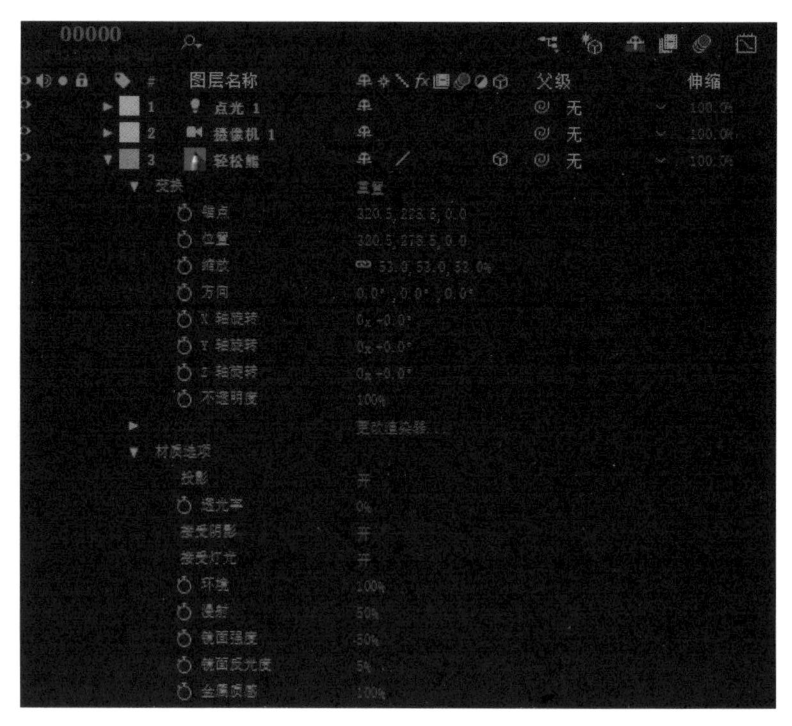

图8-5

8.2.2 启用逐字3D化

After Effects中的【启用逐字3D化】选项是针对文本图层专门设置的。在After Effects中，将文本图层转换为三维图层的方式有多种。一种是传统的通过在【时间轴】面板中单击立方体图标完成转换的。这种方式将整个文本图层作为一个整体进行转换。第二种方式是将文本图层中的每一个文字作为独立的对象进行转换。

当用户想要将文本图层的每一个文字转换为独立的三维对象时，则需要在【时间轴】面板中选中文字图层，单击【文本】属性右侧的 动画: ▶ 按钮，在弹出的菜单中选择【启用逐字3D化】命令，即可将文字转换为独立的三维对象。此时，立方体图标显示的是两个重叠的立方体，与普通的三维图层图标有所区别，如图8-6所示。

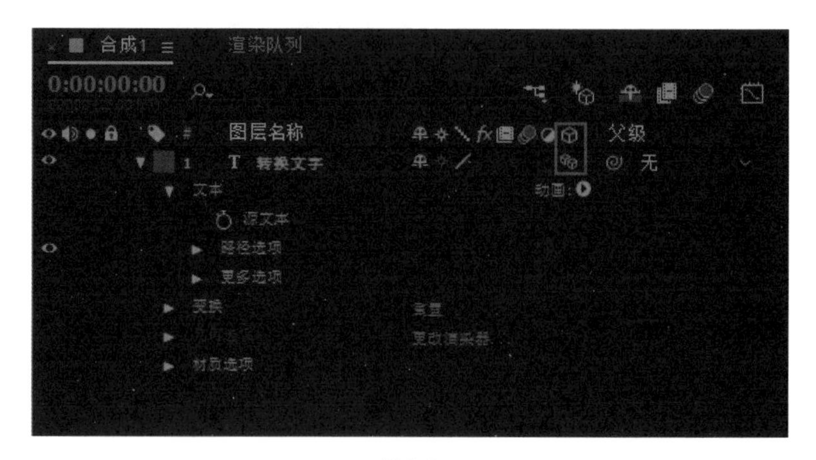

图8-6

8.2.3 三维坐标系统

在对三维对象进行控制的时候，可以根据某一轴向对物体的属性进行改变。在 After Effects 中，提供了 3 种坐标轴系统，它们分别是本地轴模式、世界轴模式和视图轴模式，如图 8-7 所示。

图 8-7

本地轴模式：本地轴模式采用图层自身作为坐标系对齐的依据，将轴与三维图层的表面对齐。当选择的对象与世界轴坐标不一致时，用户可以通过本地坐标的轴向调整对象的摆放位置，如图 8-8 所示。

世界轴模式：它与合成空间中的绝对坐标系对齐，不管怎么旋转三维图层，它的坐标轴始终是固定的，轴始终相对于三维世界的三维空间。

图 8-8

图 8-9

视图轴模式：将轴与用户用于观察和操作的视图对齐。例如，在自定义视图中对一个三维图层进行了旋转操作，并且后来还对该三维图层进行了各种变换操作，但它的轴向最终还是垂直于用户的视图。

图 8-10

技术专题：显示或隐藏 3D 参考坐标

3D 轴是用不同颜色标记的箭头：X 轴为红色、Y 轴为绿色、Z 轴为蓝色。

要显示或隐藏 3D 轴、摄像机和光照线框图标、图层手柄及目标点，请选择【视图】>【显示图层控件】命令。在【合成】面板中选择【视图选项】，在弹出的对话框中可以进行视图的显示设置，如图 8-11 所示。

如果想要永久显示三维空间的三维坐标系，用户可以通过单击合成窗口中的图标，在弹出的下拉菜单中选择【3D 参考轴】命令，设置三维参考坐标一直处于显示状态，如图 8-12 所示。

图 8-11

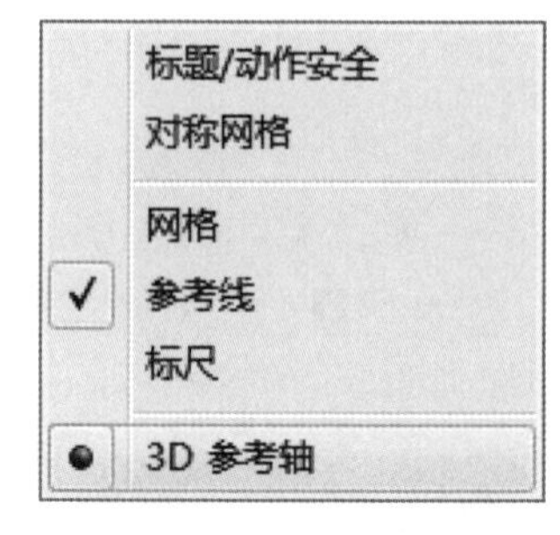

图 8-12

8.2.4 三维视图操作

为了更好地观察三维图层中的对象在空间中的效果，确定图层中的对象在三维空间中的位置，可以通过调整视图选项和多窗口编辑模式来实现。这种操作方式与专业的三维图像软件的工作方式基本一致。

1. 视图选项

在合成窗口中，单击窗口底部的 3D 视图选项，如图 8-13 所示，在弹出的下拉菜单中，选择相应的选项，可以调整用户的观察角度。

After Effects 共为用户提供了【活动摄像机】、【正面】、【左侧】、【顶部】、【背面】、【右侧】、【底部】、【自定义视图 1】、【自定义视图 2】、【自定义视图 3】等 10 个视图选项，如图 8-14 所示。当用户选择【自定义视图 1】/【自定义视图 2】/【自定义视图 3】选项时，视图将会按照软件默认的 3 个不同角度进行显示。

图 8-13

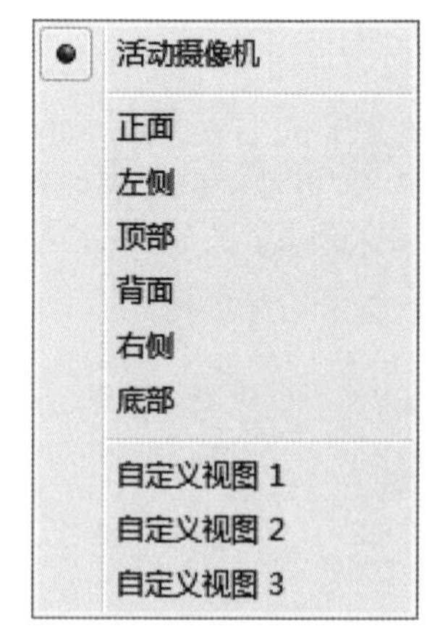

图 8-14

提示

【活动摄像机】视图需要用户先创建摄像机图层，才可以进行编辑。

2. 多视图编辑

在三维空间中，多视图编辑操作是经常用到的。在合成窗口底部的多视图编辑选项中，单击默认的【1个视图】选项，在弹出的下拉菜单中，共有9个选项，如图8-15所示，用户可以通过选择任意视图选项来切换不同的视图观察模式。

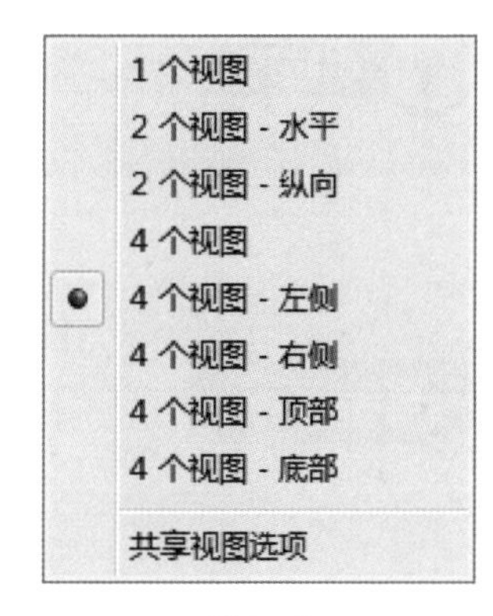

图8-15

8.2.5 调整三维图层参数

当将二维图层转换为三维图层后，【变换】属性组中的【锚点】、【位置】、【缩放】等属性中均加入了Z轴参数的设置。Z轴参数的设定，能够确定图层在空间纵深方向上的位置。同时，新增了【方向】及【X轴旋转】、【Y轴旋转】、【Z轴旋转】等参数。

1. 设置锚点

图层的旋转、位移和缩放是基于一个点来操作的，这个点就是锚点，用户可以通过按A键来快速开始锚点参数的设置。除了通过更改锚点参数调整中心点的位置，还可以通过工具栏中的【锚点工具】来实现。

选择工具栏中的【锚点工具】，将鼠标指针放置在3D轴控件上，用户可以单独地对某一轴向（X轴、Y轴、Z轴）进行移动，也可以将鼠标指针放置在3D轴控件的中心位置，对3个轴向同时进行调整，被调整对象本身的显示位置并不会发生改变。

2. 设置位置与缩放

在【时间轴】面板中，展开【变换】属性组，在【位置】属性中，通过改变Z轴参数，能够调整对象在三维空间中纵深方向上的位置。其中，绿色箭头代表Y轴，红色箭头代表X轴，蓝色箭头代表Z轴。

在【缩放】属性中，同样加入了Z轴的参数设置。但是，由于After Effects中的三维图层是由二维图层转换而来的，在默认情况下，图层本身是不具有厚度的。所以，在【缩放】属性中调整Z轴的参数，图像本身在厚度上并没有发生任何改变。

3. 设置方向与旋转

在【方向】属性中，可以分别在X轴、Y轴、Z轴方向上使对象旋转；在【旋转】属性中，X轴、Y轴、Z轴的旋转参数多了圈数的设置，用户可以直接通过设置圈数来快速地完成大角度的图像旋转操作。以上两种方式均可以完成三维对象不同方向上角度的调整。

使用【方向】或【旋转】属性进行三维对象的旋转操作时，都是以对象的锚点为中心点进行的。由于【旋转】属性中的圈数以360°为一圈，在默认情况下，用户需要通过设置关键帧动画才能查看旋转效果。

小技巧

在【合成】面板中，拖动 3D 轴控制手柄，按住 Shift 键进行旋转，可以将旋转角度限制为以 45° 为增量。

课堂案例 三维图册

素材文件	素材文件\第 8 章\素材 1.jpg ~ 素材 6.jpg、背景.jpg
案例文件	案例文件\第 8 章\三维图册.aep
视频教学	视频教学\第 8 章\三维图册.mp4
案例要点	掌握三维图层的属性控制方法

扫码观看视频

Step 01 新建项目，并将其命名为“三维图册”。新建合成，在【合成设置】对话框中，设置【合成名称】为“三维图册”、【预设】为【HDV/HDTV 720 25】、【持续时间】为 125 帧，如图 8-16 所示。

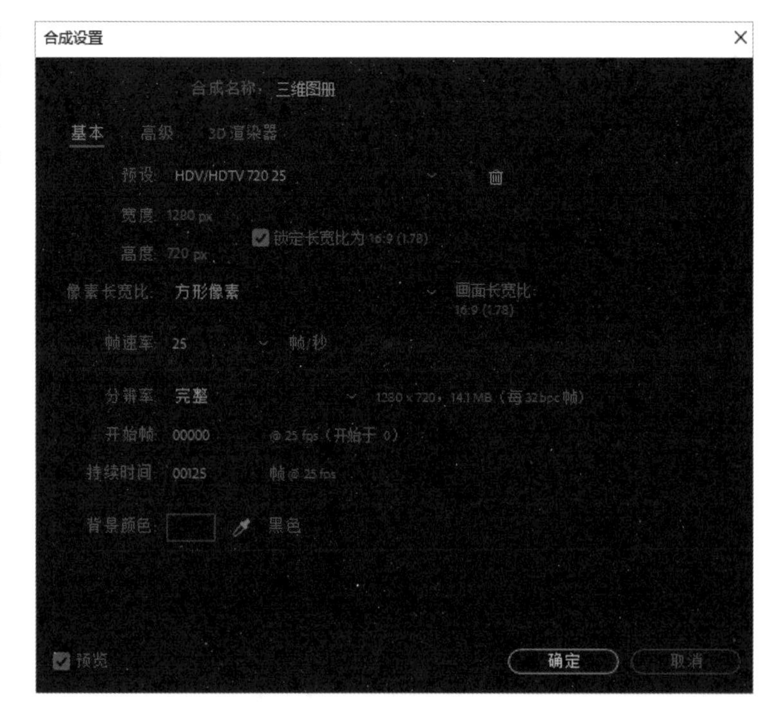

图 8-16

Step 02 批量导入“素材 1.jpg”～“素材 6.jpg”，将 6 张素材拖进【时间轴】面板，将所有图层转换为三维图层，如图 8-17 所示。

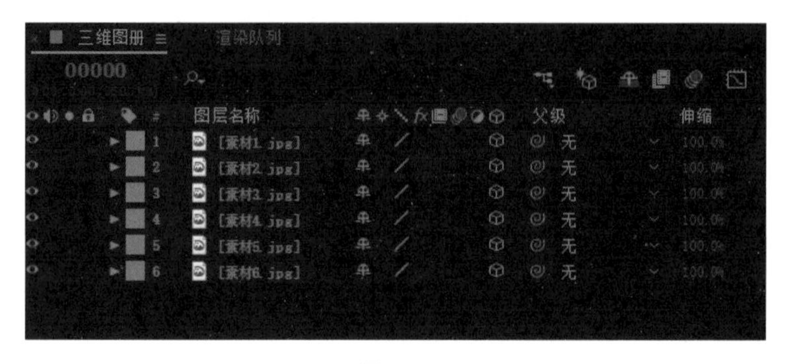

图 8-17

Step 03 全选所有图层，按 A 键打开图层的【锚点】属性，将其设置为（410,136.5,0），如图 8-18 所示。

Step 04 将【当前时间指示器】移动至 0:00:00:00 位置，选择所有图层，单击【*Y* 轴旋转】属性的时间变化秒表，如图 8-19 所示。

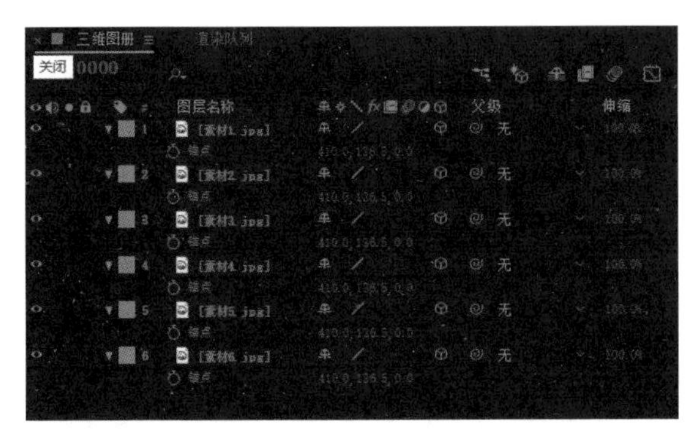

图 8-18

图 8-19

Step 05 将【当前时间指示器】移动至 0:00:02:00 位置，选择所有图层，将【*Y* 轴旋转】属性设置为【0×-180°】，如图 8-20 所示。

图 8-20

Step 06 单击“素材 6.jpg”，按住 Shift 键的同时单击“素材 1.jpg”，从下至上选中素材，执行【动画】>【关键帧辅助】>【序列图层】命令，选中【重叠】复选框，将【持续时间】设置为 115 帧，单击【确定】按钮，如图 8-21 所示。

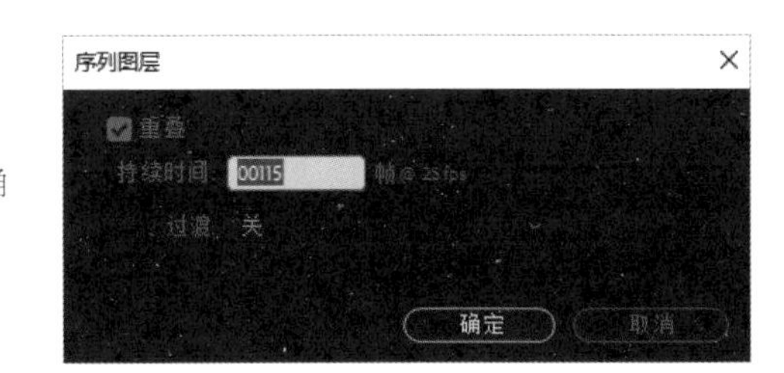

图 8-21

Step 07 新建纯色层，设置图层的【名称】为“封底”、【大小】为 820×227 像素、【颜色】为白色，并将该图层移动到底端，如图 8-22 所示。

Step 08 将“背景.jpg”拖进【时间轴】面板，并移动到底端，最终效果如图 8-23 所示。

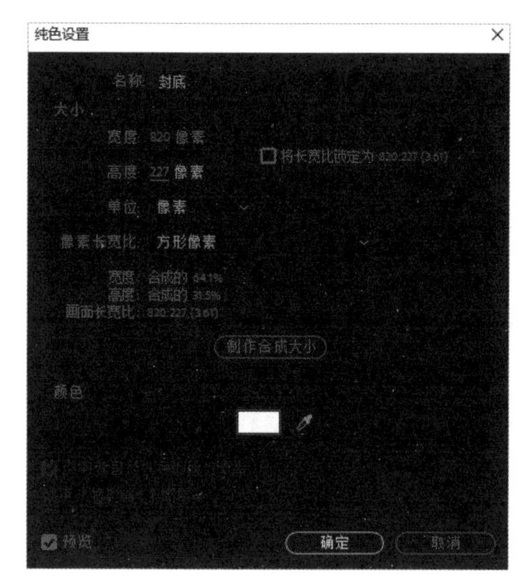

图 8-22

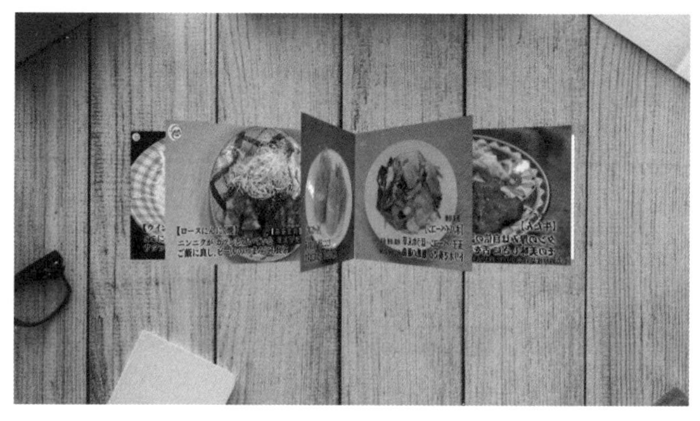

图 8-23

8.2.6 三维图层的材质属性

当将二维图层转换为三维图层后，会添加【材质选项】属性。通过设置相关选项，可以为图层设置阴影、光泽、是否接受照明等，如图 8-24 所示。

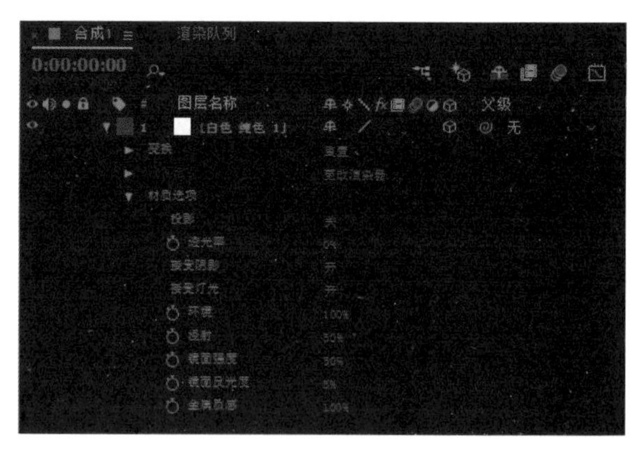

图 8-24

提示

三维图层的材质属性是与灯光系统配合使用的，当场景中不含灯光图层时，材质属性不起作用。

投影：用于决定三维图层是否投射阴影，主要包括【关】、【开】、【仅】3 种类型。默认选项是【关】，表示图层不投射阴影；【开】表示投射阴影；【仅】表示只显示阴影，原始图层将被隐藏。

透光率：设置对象经过光照的透明程度，用于表现半透明对象在灯光照射下的效果，主要体现在投影上。透光率默认为 0，代表投影颜色不受图层本身颜色的影响，透光率越高，对图层中的对象影响越大。当透光率为 100% 时，阴影颜色受图层中对象本身的影响最大。

接受阴影：设置图层本身是否接受其他图层阴影投射的影响，有【打开】、【只有阴影】、【关闭】3 种模式。【打开】表示接受其他图层的投影影响；【只有阴影】表示只显示受影响的部分；【关闭】表示不受到其他图层的投影影响。默认设置为【打开】。

接受灯光：设置图层是否接受灯光的影响。【开】表示图层接受灯光的影响，图层的受光面会受到灯光强度、角度及灯光颜色等参数的影响；【关】表示图层只显示自身的默认材质，不受灯光照射的影响。

环境：设置图层受环境光影响的程度。此参数只有在三维空间中设置环境光的时候才产生效果。在默认情况下为 100%，表示受环境光的影响最大；当参数为 0 时，不受环境光的影响。

漫射：设置漫反射的程度，在默认情况下为50%。数值越大，反射光线的能力越强。

镜面强度：调整图层镜面反射的程度，数值越高，反射程度越高，高光效果越明显。

镜面反光度：设置图层镜面反射的区域，用于控制高光点的光泽度，数值越小，镜面反射的区域就越大。

金属质感：用于控制图层的光泽感。数值越小，受灯光影响强度越高；数值越高，越接近图层本身的颜色。

8.3 摄像机系统

在 After Effects 中，用户可以像在现实生活中一样，通过摄像机图层以任何角度和距离观察三维空间中的图像。还可以通过设置摄像机的参数信息并记录下来添加动画效果。

8.3.1 新建摄像机

当用户需要为合成添加摄像机时，可以执行【图层】>【新建】>【摄像机】命令，如图8-25所示。用户也可以在【时间轴】面板中的空白区域单击鼠标右键，在弹出的快捷菜单中选择【新建】>【摄像机】命令，来完成摄像机图层的创建。

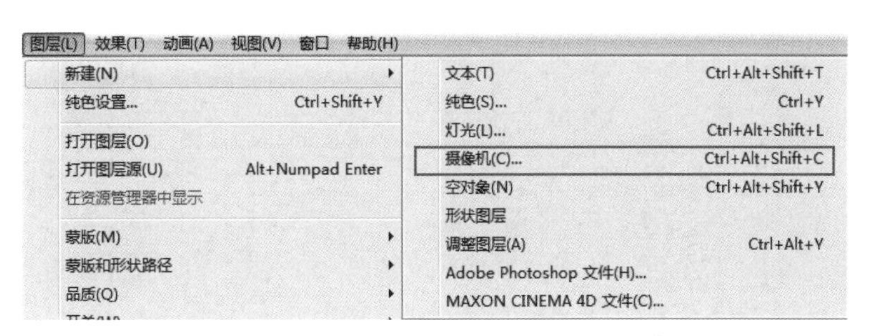

图8-25

提示

如果在场景中创建了多个摄像机图层，可以在【合成】面板中将视图设置为【活动摄像机】，通过多个角度进行视图的观察和显示。【活动摄像机】视图显示的是【时间轴】面板中位于最上层的摄像机图层显示的角度。

8.3.2 摄像机的属性设置

在创建摄像机图层时，会弹出【摄像机设置】对话框，通过该对话框用户可以对摄像机的基本属性进行设置，如图8-26所示。

提示

用户也可以在【时间轴】面板中双击摄像机图层，或者选择摄像机图层，执行【图层】>【摄像机设置】命令，进行摄像机属性的设置。

类型：包括【单节点摄像机】和【双节点摄像机】两个选项。【双节点摄像机】具有目标点参数，摄像机的拍摄方向由目标点决定，摄像机本身围绕目标点定向。【单节点摄像机】无目标点，由摄像机本身的位置和角度决定拍摄方向，如图 8-37 所示。

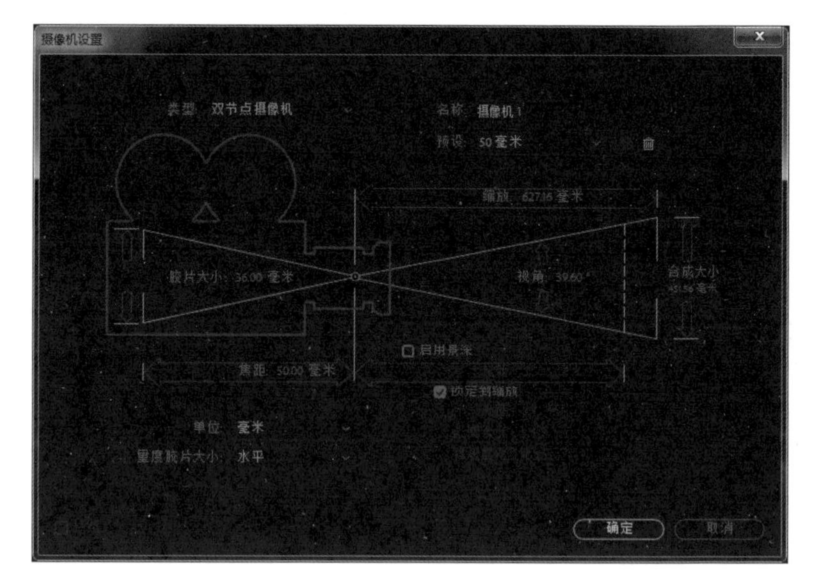

图 8-26

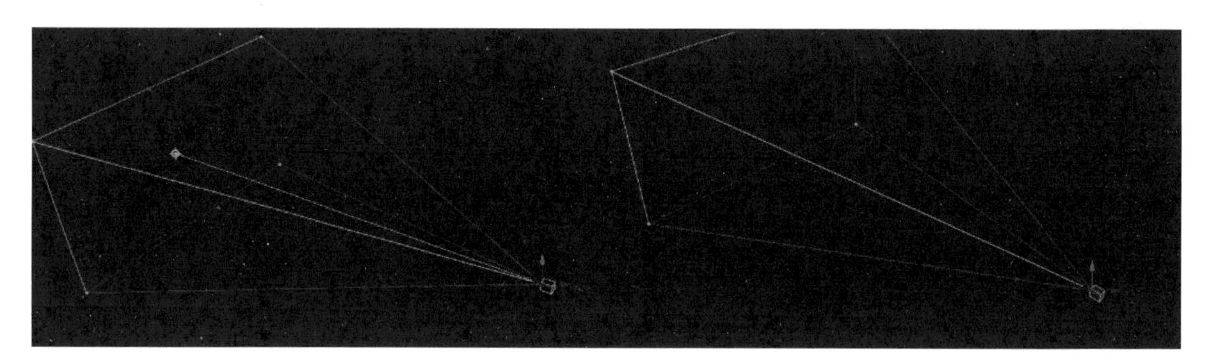

图 8-27

名称：用于设置摄像机的名字。

预设：共提供了 9 种常用的摄像机设置参数，根据焦距区分。用户可以根据需要直接选择使用，如图 8-28 所示为不同焦距的显示效果。

图 8-28

技术专题：广角镜头和长焦镜头

广角镜头的焦距短于标准镜头的焦距，视角大于标准镜头的视角。从某一点观察的范围比正常的人眼在同一视点看到的范围更为广泛，广角镜头的场景透视效果最为明显。

长焦镜头的焦距长于标准镜头的焦距，视角小于标准镜头的视角。在同一距离能拍出比标准镜头范围更大的影像，所以拍摄的影像空间范围较小，更适合拍摄远处的对象。

缩放：用于设置从镜头到图像的平面距离。

胶片大小：用于设置胶片曝光区域的大小，与合成设置的大小相关。

视角：即在图像中捕获的场景宽度，也就是摄像机实际观察到的范围，由焦长、胶片尺寸和变焦 3 个参数来确定。

启用景深：选中该复选框，表示将启用景深效果。

焦距：设置从摄像机到图像最清晰的距离。

锁定到缩放：选中该复选框，可以使焦距值与变焦值匹配。

光圈：用于设置镜头孔径的大小。数值越大，景深效果越明显，模糊程度越高。

光圈大小：用于设置焦距与孔径的比例。光圈值与孔径成反比，孔径值越大，光圈值越小。

模糊层次：用于设置景深模糊程度。数值越大，景深效果越明显。

单位：设置摄像机采用的测量单位，包括像素、英寸和毫米。

量度胶片大小：用于描述胶片大小，包括水平、垂直和对角。

提示

在真实的摄像机中，增大光圈数值允许进入更多光量，这会影响曝光度，而在After Effects中则忽略了此光圈值更改的结果。

8.3.3 设置摄像机运动

在使用真实的摄像机进行拍摄时，经常会移动镜头来增加画面的动感。常见的移动镜头的操作有推、拉、摇、移。当在合成中创建了三维图层和摄像机后，就可以使用摄像机移动工具进行模拟操作。

推镜头：拍摄制作视频时经常使用的方法之一，使摄像机镜头与画面逐渐靠近，画面内的景物逐渐变大，使观众的视线从整体看到某一布局。在 After Effects 中，有两种方法可以实现推镜头的效果。一种是通过改变摄像机图层的 Z 轴参数来完成，使摄像机向被拍摄物体移动，从而达到主体物被放大的效果。另一种是保持摄像机的位置参数不变，通过修改摄像机选项中的缩放参数来实现推镜头效果。这种方式保证了摄像机与被拍摄物体之间的位置不变，但会造成画面透视关系的变化。

拉镜头：使用摄影机拍摄时向后移动，逐渐远离被摄主体，画面从一个局部逐渐扩展，景别逐渐扩大，观众视点后移，看到局部和整体之间的联系。拉镜头的操作方法与推镜头正好相反。

摇镜头：当不能在单个静止的画面中包含所要拍摄的对象时，或者要拍摄的对象是运动的，可以通过保持摄像机的机位不动，变动摄像机镜头轴向的方法来实现。在 After Effects 中，可以通过移动摄像机的目标兴趣点来模拟摇镜头的效果。

移镜头：在水平方向和垂直方向按照一定的运动轨迹进行拍摄，机位发生变化，这种边移动边拍摄的方法被人们称为移镜头拍摄。

在工具栏中，单击【摄像机工具】按钮，在弹出的下拉列表中会显示常用的摄像机操作工具。用户也可以通过按住 C 键循环切换摄像机工具，如图 8-29 所示。

图 8-29

统一摄像机工具：在各种摄像机工具之间切换最简单的方法是选择【统一摄像机工具】，然后使用三键鼠标分别对摄像机进行旋转（鼠标左键）、在 *XY* 轴向上平移（鼠标中键）及在 *Z* 轴上推拉（鼠标右键）。

轨道摄像机工具：使用该工具，可以通过围绕目标点移动来旋转三维视图或摄像机。

跟踪 *XY* 摄像机工具：使用该工具，可以在水平或垂直方向上调整三维视图或摄像机。

跟踪 *Z* 摄像机工具：使用该工具，可以沿 *Z* 轴将三维视图或摄像机调整到目标点。

灯光

灯光图层配合三维图层的质感属性，会影响三维图层的表面颜色。用户可以为三维图层添加灯光照明效果，模拟更加真实的自然环境。

8.4.1 创建灯光

当用户需要为合成添加灯光照明效果时，可以执行【图层】>【新建】>【灯光】命令；用户也可以在【时间轴】面板的空白区域单击鼠标右键，在弹出的快捷菜单中选择【新建】>【灯光】命令，来完成灯光图层的创建，如图 8-30 所示。

图层(L) 效果(T) 动画(A) 视图(V) 窗口 帮助(H)
新建(N) ▸
图层设置... Ctrl+Shift+Y
打开图层(O)
打开图层源(U) Alt+Numpad Enter
在资源管理器中显示
蒙版(M) ▸
蒙版和形状路径 ▸
品质(Q) ▸

文本(T) Ctrl+Alt+Shift+T
纯色(S)... Ctrl+Y
灯光(L)... Ctrl+Alt+Shift+L
摄像机(C)... Ctrl+Alt+Shift+C
空对象(N) Ctrl+Alt+Shift+Y
形状图层
调整图层(A) Ctrl+Alt+Y
Adobe Photoshop 文件(H)...
MAXON CINEMA 4D 文件(C)...

图 8-30

在【时间轴】面板中双击灯光图层或选择灯光图层，执行【图层】>【灯光设置】命令，可以修改灯光设置。

8.4.2 灯光属性

在【灯光设置】对话框中，可以设置灯光的类型、强度等参数，如图 8-31 所示。

名称：设置灯光的名称。

灯光类型：设置灯光的类型，包括点光、平行光、聚光、环境 4 种类型。

技术专题：灯光类型

平行光：平行光可以理解为太阳光，光照范围无限，可照亮场景中的任何地方，并且光照强度无衰减，如图 8-32 所示。

点光：点光源从一个点向四周 360° 发射光线，类似于裸露的灯泡的照射效果，被照射物体会随着与发光点之间的距离而产生衰减效果，如图 8-33 所示。

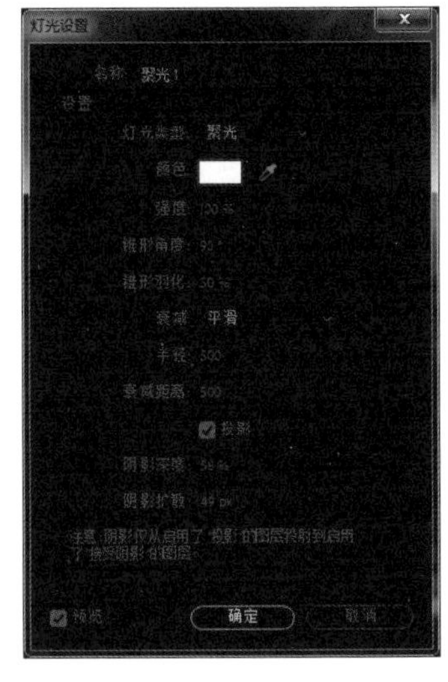

图 8-31

图 8-32

图 8-33

聚光：聚光效果类似于手电筒发射的圆锥形的光线，光线具有明显的方向性，圆锥的角度决定了照射范围，用户可通过圆锥角度调整照射范围。这种光容易生成有光区域和无光区域，如图 8-34 所示。

环境：此类型属于有助于提高场景的总体亮度且不投影的光照，没有方向性，如图 8-35 所示。

图 8-34

图 8-35

提示

如果将【强度】设置为负值，灯光不会产生照射效果，并且会吸收场景中的亮度。

颜色：用于设置灯光的颜色。

强度：用于设置灯光的强度，数值越大，强度越大。

锥形角度：用于设置圆锥的角度，当选择【聚光】类型时此选项被激活，用于控制光照范围。

锥形羽化：用于设置聚光照射的边缘柔化，一般与【锥形角度】参数配合使用，为聚光照射区域和不照射区域的边界设置柔和的过渡效果。羽化值越大，边缘越柔和。

衰减：用于设置环境光之外的灯光衰减。包括【无】、【平滑】、【反向平方限制】3种衰减类型。其中，【无】表示灯光在照射过程中不产生任何衰减；【平滑】表示从衰减距离开始平滑线性衰减至无任何灯光效果；【反向平方限制】表示从衰减位置开始按照比例减少，直至无任何灯光效果。

半径：用于设置光照衰减的半径。在指定距离内，灯光不产生任何衰减。

衰减距离：用于设置光照衰减的距离。

投影：用于设置灯光是否投射阴影。需要注意的是，只有被灯光照射的三维图层的质感属性中的投射阴影选项同时打开，才可以产生投影。

阴影深度：用于设置阴影的浓度，数值越高，阴影效果越明显。

阴影扩散：用于设置阴影边缘的羽化程度，阴影扩散值越高，边缘越柔和。

课堂案例 三维相机投影

素材文件	素材文件\第8章\小巷.jpg	扫码观看视频
案例文件	案例文件\第8章\三维相机投影.aep	
视频教学	视频教学\第8章\三维相机投影.mp4	
案例要点	掌握仅使用照片制作三维场景的方法	

Step 01 创建项目。双击【项目】面板，导入素材“小巷.jpg”，根据素材尺寸创建合成，设置【合成名称】为“三维相机投影”，设置【持续时间】为100帧，如图8-36所示。

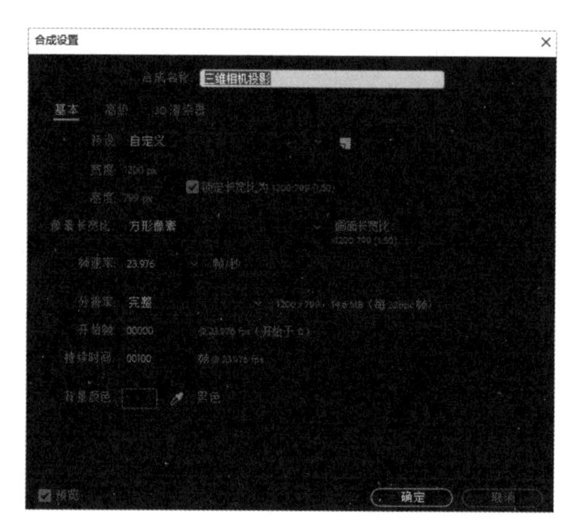

图8-36

Step 02 单击“小巷.jpg”图层，按 Ctrl+Shift+C 组合键创建预合成，将新合成名称设置为“[参考]”，按 Crtl+D 组合键，复制图层“[参考]”，并重命名为“投影”，如图 8-37 所示。

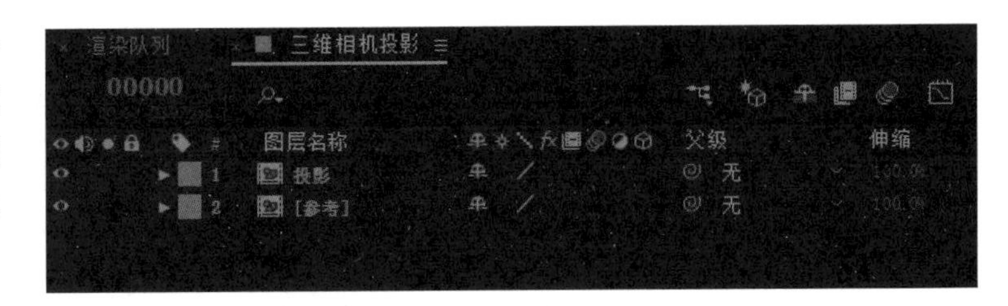

图 8-37

Step 03 在【时间轴】面板上单击鼠标右键，在弹出的快捷菜单中选择【新建】>【灯光】命令，新建灯光。将【灯光类型】设置为【点】，选中【投影】复选框，如图 8-38 所示。

Step 04 在【时间轴】面板上单击鼠标右键，在弹出的快捷菜单中选择【新建】>【摄像机】命令，将【预设】设置为【35 毫米】，如图 8-39 所示。

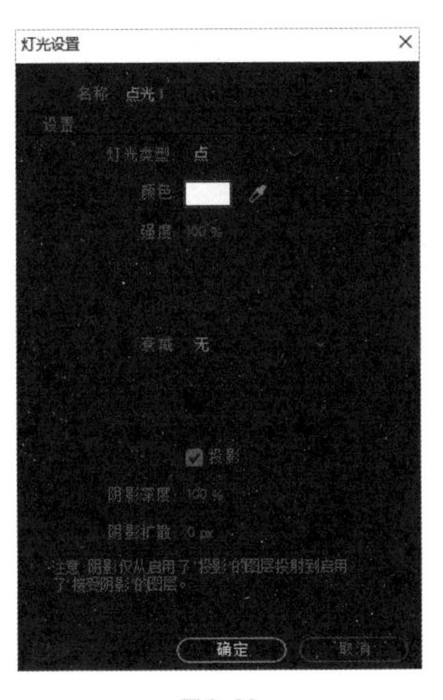

图 8-38

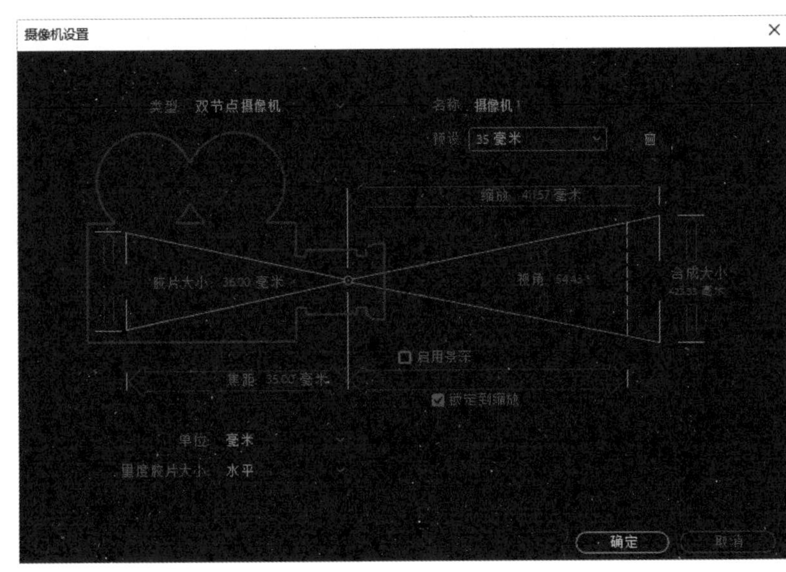

图 8-39

Step 05 新建纯色层，并重命名为“墙 1”。单击“墙 1”图层，执行【效果】>【生成】>【网格】命令，设置网格的【大小依据】为【宽度滑块】、【宽度】值为 50，如图 8-40 所示。

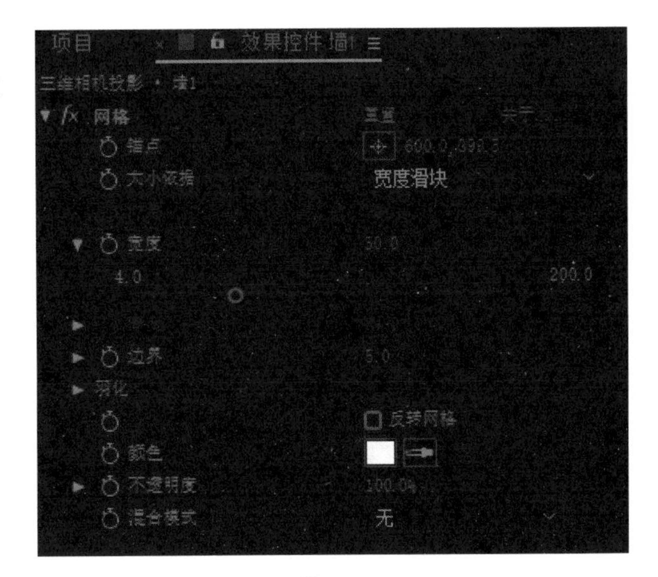

图 8-40

Step 06 打开“墙 1”和“投影”两层的三维图层开关，加选“摄像机 1”“点光 1”“投影”3 个图层。按 P 键，打开图层的【位置】属性，复制“摄像机 1”的【位置】属性到“点光 1”和“投影”的【位置】属性。单独调整“投影”的 Z 轴参数和【缩放】属性，使摄像机视角中的投影与合成的大小相匹配，如图 8-41 所示。

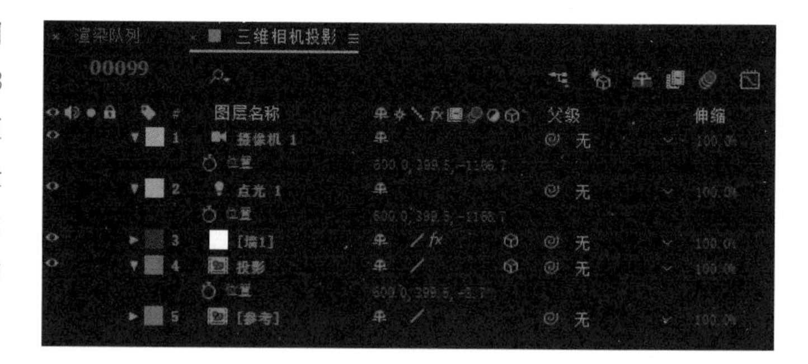

图 8-41

Step 07 展开“投影”的图层属性，在【材质选项】中设置【投影】为【仅】、【透光率】值为 100%，如图 8-42 所示。

Step 08 展开“墙 1”的图层属性，在【材质选项】中设置【接受灯光】为【关】，如图 8-43 所示。

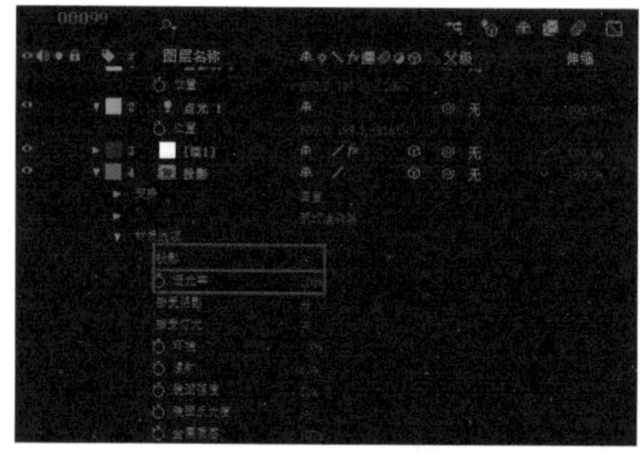
图 8-42

图 8-43

Step 09 单击“墙 1”图层，按 R 键，将【旋转】属性设置为（90° ,0° ,0° ），移动“墙 1”图像的位置，在摄像机视角内匹配图片中的地面，效果如图 8-44 所示。

Step 10 单击“墙 1”图层，按 Ctrl+D 组合键快速复制“墙 1”两次，将新图层分别命名为“墙 2”和“墙 3”。按 R 键，将“墙 2”和“墙 3”图层的【旋转】属性设置为（0° ,90° ,0° ）。移动“墙 2”和“墙 3”图像的位置，在摄像机视角内匹配图片中两侧的墙壁，如图 8-45 所示。

图 8-44

图 8-45

Step 11 拖动“墙 1”“墙 2”“墙 3”图像的缩放手柄，调整网格尺寸，效果如图 8-46 所示。

Step 12 单击“墙 1”图层，按 Ctrl+D 组合键复制，将新图层命名为“墙 4”。将“墙 4”图像作为镜头正面底部的墙面，调整【缩放】和【位置】属性，效果如图 8-47 所示。

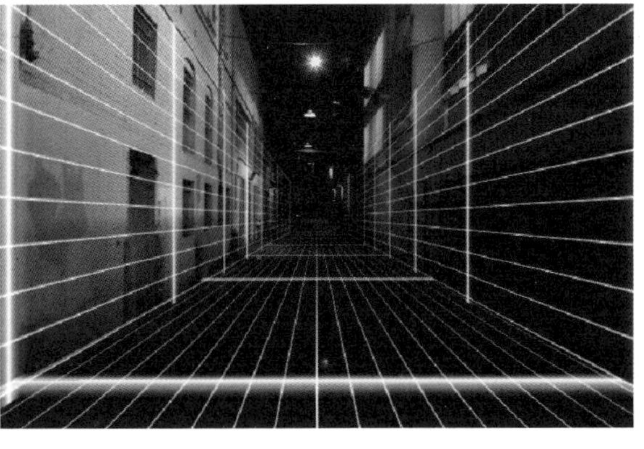

图 8-46

图 8-47

Step 13 隐藏“参考”图层，显示“投影”图层，将“墙 1”至“墙 4”图层的【效果】开关关闭，如图 8-48 所示。

Step 14 按 Ctrl+K 组合键打开【合成设置】对话框，选择【3D 渲染器】选项卡，单击【选项】按钮，将【阴影图分辨率】设置为 3000，如图 8-49 所示。

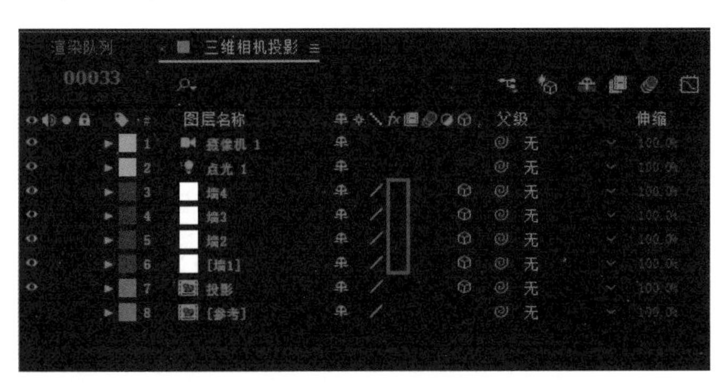

图 8-48

图 8-49

Step 15 单击“摄像机 1”图层，将【当前时间指示器】移动至 0:00:00:00 位置，按 P 键，单击【位置】属性的时间变化秒表。将【当前时间指示器】移动至 0:00:04:00 位置，将【位置】属性设置为（600,400,-750），如图 8-50 所示。

Step 16 按 0 键预览效果，调整网格图层位置，案例完成。

图 8-50

课堂练习 三维场景搭建

素材文件	素材文件 \ 第 8 章 \ 墙面.jpg	扫码观看视频
案例文件	案例文件 \ 第 8 章 \ 三维场景搭建.aep	
视频教学	视频教学 \ 第 8 章 \ 三维场景搭建.mp4	
练习要点	仅使用图片素材进行三维场景的搭建，加深对三维空间概念的理解，重点掌握【折叠变换】的使用方法，掌握【灯光属性】及【摄像机属性】在项目中的应用	

1. 练习思路

- 根据项目需求设置序列。
- 利用【颜色校正】加工素材。
- 在三维图层模式下搭建场景。
- 为灯光和摄像机添加流畅的动画效果。
- 运用效果控件为场景统一增色。

2. 制作步骤

（1）设置项目

Step 01 创建项目，设置项目名称为“三维场景搭建”。

Step 02 新建合成，在【合成设置】对话框中，设置【合成名称】为“场景”，设置合成【预设】为【HDTV1080 24】、【持续时间】为 200 帧，如图 8-51 所示。

Step 03 双击【项目】面板，导入素材“墙面.jpg”。

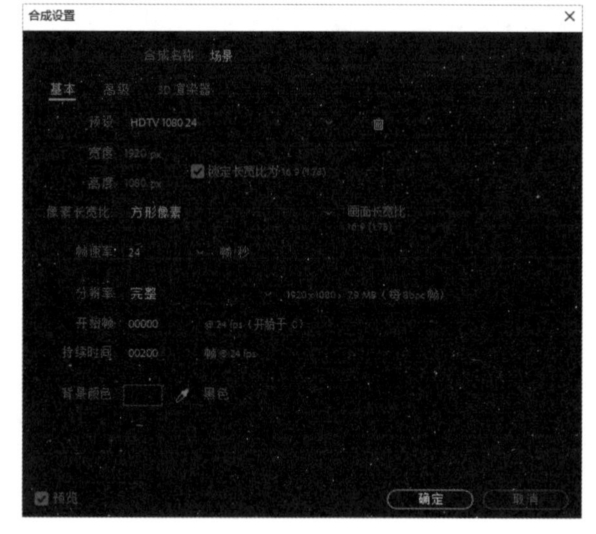

图 8-51

（2）加工素材

Step 01 将【项目】面板中的“墙面.jpg”拖到【时间轴】面板中，单击“墙面.jpg”图层，执行【效果】>【颜色校正】>【色调】命令，如图 8-52 所示。

Step 02 单击“墙面.jpg”图层，执行【效果】>【颜色校正】>【曲线】命令，调整曲线形态，如图 8-53 所示。

Step 03 按 S 键，将“墙面.jpg”的【缩放】属性调整为（188,165）。按 Ctrl+Shift+C 组合键创建预合成，将新合成名称设置为“墙面”，选择【将所有属性移动到新合成】单选按钮，如图 8-54 所示。

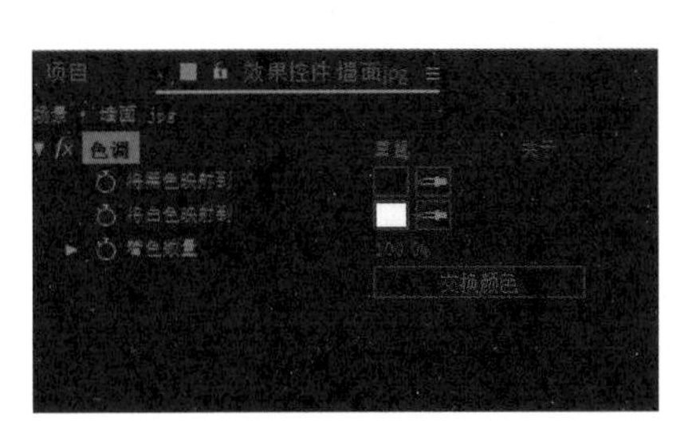

图 8-52

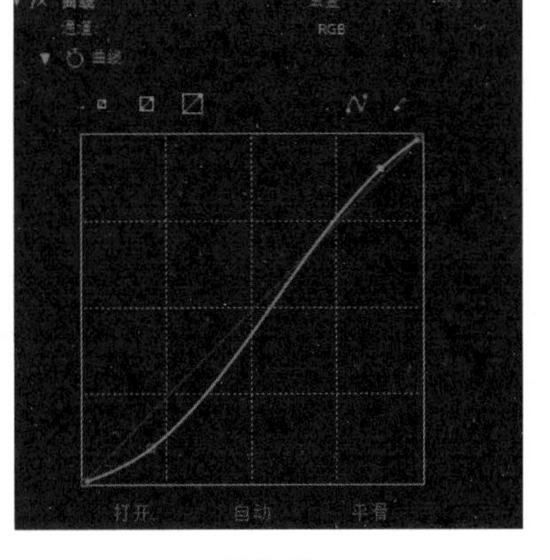

图 8-53

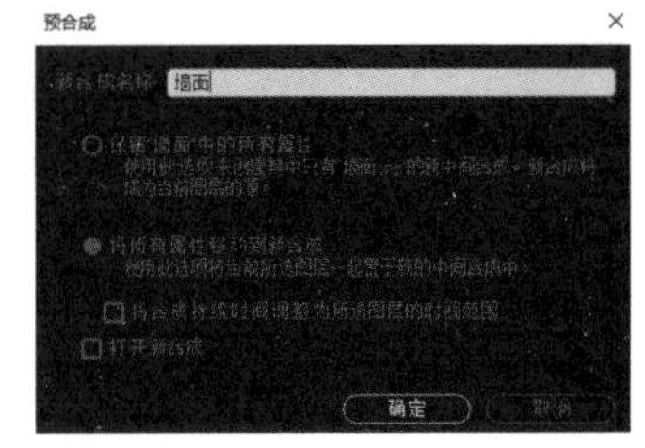

图 8-54

（3）搭建场景

Step 01 单击“墙面.jpg”图层，单击鼠标右键，在弹出的快捷菜单中选择【重命名】命令，重命名“墙面.jpg”为“墙面 1”，开启三维图层开关，将【方向】属性设置为（0°，90°，0°），将【位置】属性设置为（1500,540,0），效果如图 8-55 所示。

Step 02 单击“墙面 1”图层，按 Ctrl+D 组合键，复制“墙面 1”图层，得到“墙面 2”图层，将“墙面 2”图层的【位置】属性设置为（450,540,0），如图 8-56 所示。

图 8-55

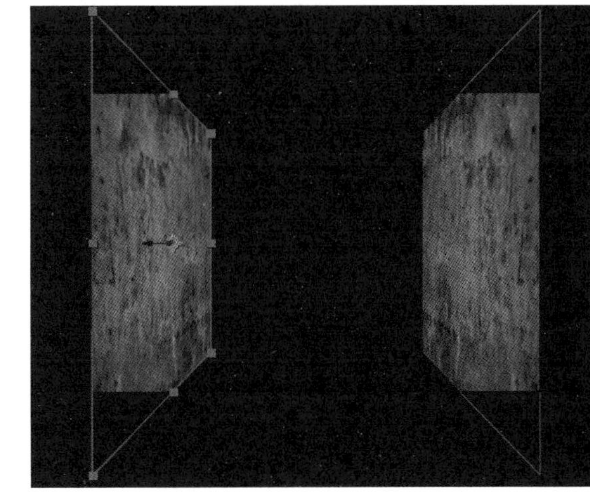
图 8-56

Step 03 单击“墙面 2”图层，按 Ctrl+D 组合键，复制“墙面 2”图层，得到“墙面 3”图层，将“墙面 3”图层的【方向】属性设置为（90°，90°，0°），将【位置】属性设置为（960,0,0），效果如图 8-57 所示。

Step 04 单击“墙面 3”图层，按 Ctrl+D 组合键，复制“墙面 3”图层，得到“墙面 4”图层，将“墙面 4”图层的【位置】属性设置为（960，1080，0），如图 8-58 所示。

图 8-57

图 8-58

Step 05 单击“墙面 4”图层，按 Ctrl+D 组合键，复制“墙面 4”图层，得到“墙面封底”图层，将“墙面封底”图层的【方向】属性设置为（0°,0°,0°），将【位置】属性设置为（960,1080,2000）。单击“墙面 1”图层，执行【效果】>【风格化】>【动态拼接】命令，将【输出宽度】设置为 2000，如图 8-59 所示。

Step 06 单击【动态拼接】选项，复制【动态拼接】效果节点到“墙面 2”“墙面 3”“墙面 4”图层，效果如图 8-60 所示。

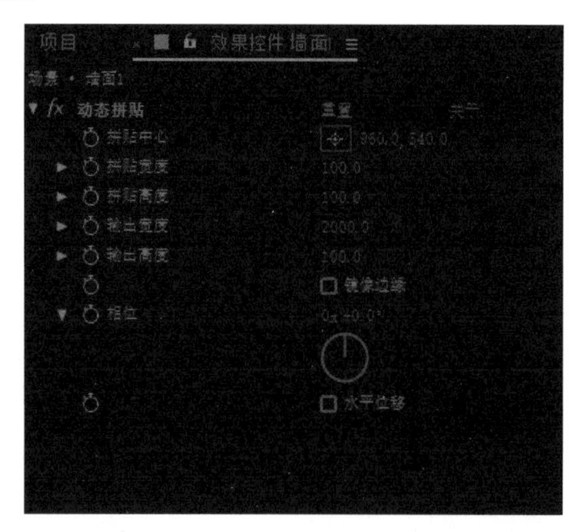

图 8-59

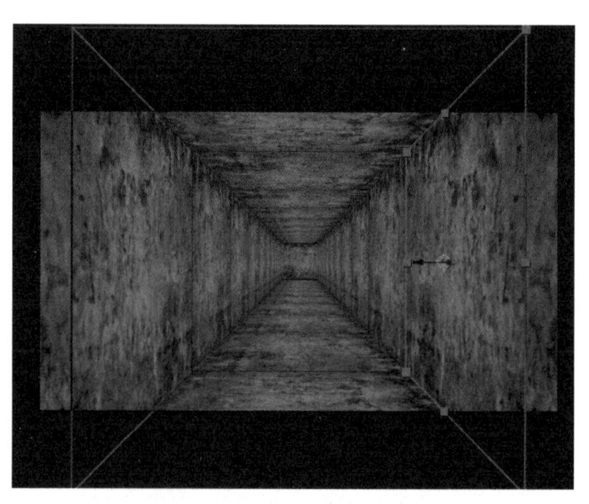

图 8-60

Step 07 按 Ctrl+Shift+C 组合键创建预合成，将新合成名称设置为“[隧道]”，开启三维图层开关，再开启折叠变换开关，如图 8-61 所示。

图 8-61

（4）设置灯光与摄像机

Step 01 创建灯光。设置【灯光类型】为【点】、【颜色】为（R:70,G:130,B:200）、【强度】为200%，选中【投影】复选框，设置【衰减】为【平滑】、【半径】为950、【衰减距离】为2000，如图8-62所示。

Step 02 创建摄像机。设置【预设】为【35毫米】，如图8-63所示。

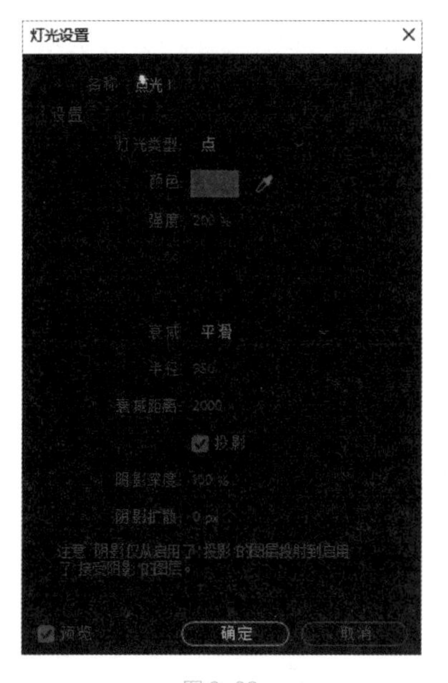

图8-62

图8-63

Step 03 创建文本图层，输入“AFTER EFFECT CC 2018”，设置【字体大小】为80像素、【行间距】为86像素。单击文本图层，按P键，将【位置】属性设置为（855,600,-200），效果如图8-64所示。

图8-64

Step 04 将当前时间指示器移动至0:00:00:00位置，单击【位置】属性和【目标点】属性的时间变化秒表。将【目标点】属性设置为（846,707,-10），将【位置】属性设置为（1440,1000,-5650），如图8-65所示。

图8-65

Step 05 将当前时间指示器移动至 0:00:02:00 位置，将【目标点】属性设置为（926,494,-10），将【位置】属性设置为（1225,880,-1414），如图 8-66 所示。

图 8-66

Step 06 框选全部关键帧，按 F9 键，添加缓动效果。按住 Alt 键的同时单击【位置】属性的时间变化秒表，打开表达式输入框，在【位置】属性的表达式框中输入【wiggle（1,25）】，添加抖动效果，如图 8-67 所示。

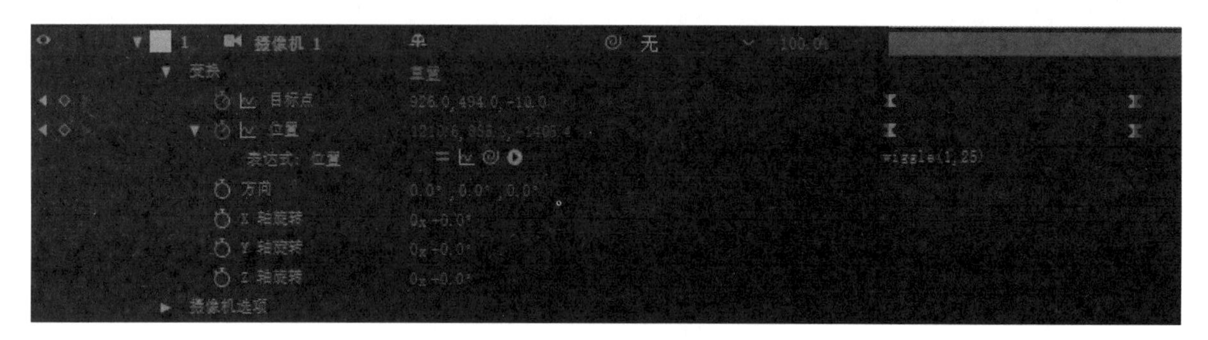

图 8-67

Step 07 展开【摄像机选项】属性，设置【景深】为【开】、【光圈】为 100 像素、【模糊层次】为 150%，如图 8-68 所示。

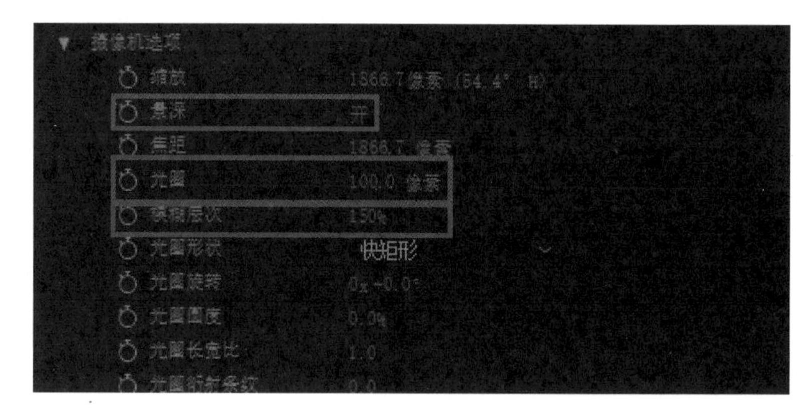

图 8-68

Step 08 按 0 键预览效果，如图 8-69 所示。

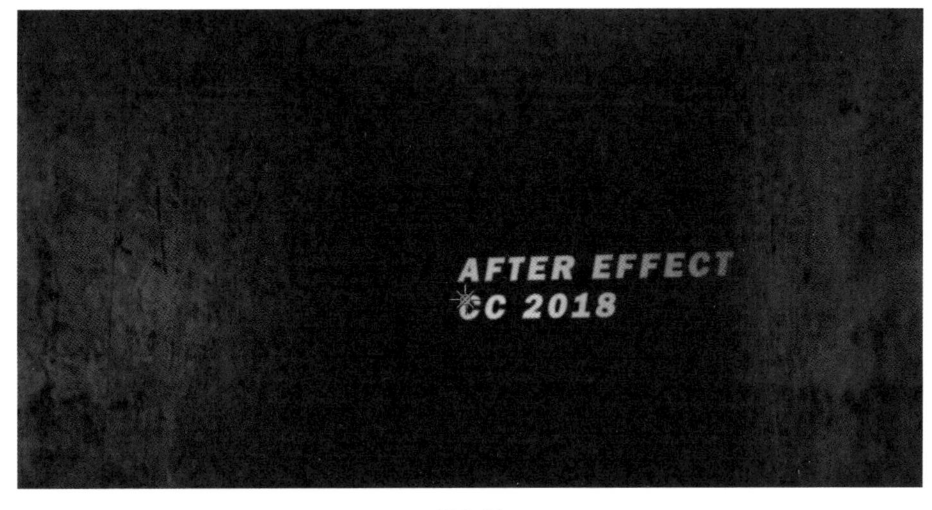

图 8-69

课后习题

一、选择题

1. 三维坐标系统中不包括下列的（　　）。

A. 本地轴模式

B. 三维轴模式

C. 世界轴模式

D. 视图轴模式

2. 拖动 3D 轴控制手柄，按住（　　）组合键，可以将旋转角度限制为以 45° 为增量。

A. Ctrl

B. Ctrl+W

C. Shift

D. Shift+W

3. 要表现三维对象在灯光照射下的半透明效果，需要调节材质属性中的（　　）。

A. 接受灯光

B. 接受阴影

C. 漫射

D. 不透明度

4. 下列哪种摄像机镜头类型的透视效果最为明显？（　　）

A. 长焦镜头

B. 移轴镜头

C. 微距镜头

D. 广角镜头

5. 切换摄像机图层控制工具的快捷键是（　　）。

A. 【A】键

B. 【W】键

C. 【C】键

D. 【U】键

二、填空题

1. 将二维图层转换为三维图层，除了【变换】属性中均多了 Z 轴信息，还添加了 ________ 属性。

2. 当场景中不含 ________ 时，三维图层的材质属性不起作用。

3. 摄像机可供选择的类型有两种，它们分别是 ________。

4. 想要使灯光照射的三维对象投射出阴影，需要在三维图层的材质属性中开启 ________。

5. 当场景中创建了多个摄像机图层时，【活动摄像机】默认显示 ________ 的摄像机。

三、简答题

1. 简述“点光源”和“环境光”的区别。

2. 简述“摇镜头”和“移镜头”的区别。

3. 简述启用逐字 3D 化的步骤。

四、案例习题

素材文件：练习文件 \ 第 8 章 \ 门.jpg

效果文件：练习文件 \ 第 8 章 \ 三维门.mov，如图 8-70 所示。

练习要点：

1. 根据素材设置项目文件。

2. 根据素材分析并搭建三维场景。

3. 注意控制好灯光和摄像机在案例中发挥的作用。

图 8-70

第9章 跟踪与稳定

运动跟踪是指通过对目标对象的位置信息进行解析，掌握其运动轨迹，并将该数据应用于另一个对象。在After Effects中，该目标对象通常是指图层、效果控制点，有时也可以通过表达式将该信息链接给其他属性。通过运动跟踪这一方式，用户可以在软件中实现很多特效，以及进行素材的匹配和保持运动画面的稳定。

AFTER EFFECTS

学习目标

- 掌握运动跟踪的基本原理
- 掌握跟踪工具的种类及调用方法
- 掌握对不同素材的运动进行跟踪的方法
- 掌握使素材保持运动稳定的方法
- 掌握其他跟踪工具的使用方法

技能目标

- 掌握反求摄像机的方法
- 掌握Mocha跟踪工具的使用
- 掌握跟踪数据的传递和调用

9.1 跟踪工具

在 After Effects 中，跟踪工具会将素材图像识别为一系列颜色信息点，将这些信息点视作一组与众不同的可视化元素。在一定的时间内，记录一组元素在每一个单位时间点的位置信息，并将每一帧的信息连接起来，形成一组运动轨迹。这一整套运动信息就是跟踪工具需要采集的内容，如图 9-1 所示。

图 9-1

9.1.1 跟踪工具组

用户可以在【动画】菜单中选择需要添加的跟踪工具，该菜单为用户提供了 5 种图像跟踪工具，如图 9-2 所示。

跟踪摄像机：用于分析视频序列，以便用户从原有的视频中提取出摄像机的运动轨迹和 3D 场景参数，通常用于实拍场景中合成 3D 元素。

变形稳定器 VFX：早期变形稳定器的升级版本，可以消除因摄像机移动造成的画面抖动效果。

跟踪运动：最常用的跟踪工具，可以打开【跟踪器】面板，如图 9-3 所示。

跟踪蒙版：仅适用于蒙版的跟踪工具，使蒙版跟随影片中的对象运动。

跟踪此属性：通常适用于矢量或标量的属性参数，是一种数据传递工具。

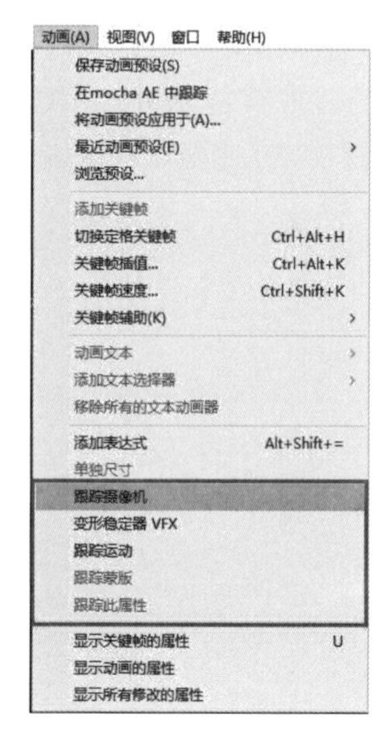

图 9-2

图 9-3

9.1.2 运动跟踪界面

执行【窗口】>【工作区】>【运动跟踪】命令，将把整个工作界面调整为最适合运动跟踪流程的布局，同时打开【跟踪器】面板，如图 9-4 所示。

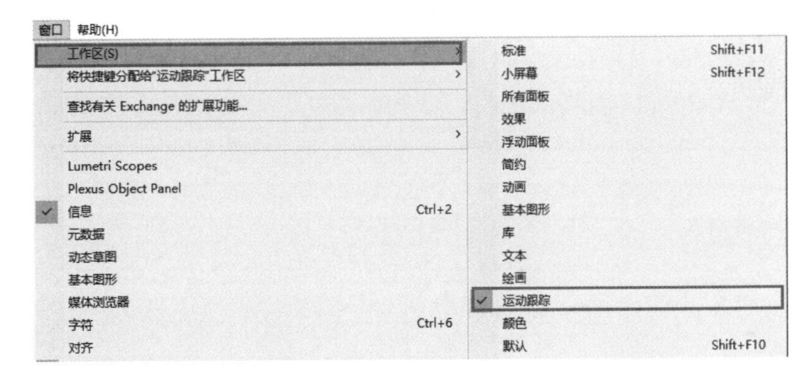

图 9-4

9.2 跟踪工具参数

9.2.1 【跟踪器】面板参数详解

跟踪器预设：提供了 4 种预设的跟踪器，其类型与【动画】菜单中提供的基本相同，分别是跟踪摄像机、变形稳定器、跟踪运动和稳定运动，如图 9-5 所示。

图 9-5

当使用跟踪摄像机、变形稳定器时，都会直接在指定素材的【效果控件】面板中新建效果器节点。只有激活跟踪运动、稳定运动，才会随之启用【跟踪器】面板中的其他参数，从而进行下一步手动操作。

运动源：指进行运动跟踪操作的源素材。该素材可以是原始视频素材，也可以是合成。打开该下拉列表，可以对不同的运动源进行切换。

当前跟踪：即跟踪点。在创建了跟踪运动后，在跟踪目标的素材面板中会出现跟踪器，根据跟踪类型的不同，跟踪器的数量也会随之变化。【当前跟踪】就是用来在不同跟踪器之间切换选择的工具。

跟踪类型：用于在不同跟踪类型之间切换，较为常用的是【变换】和【稳定】，如图 9-6 所示。

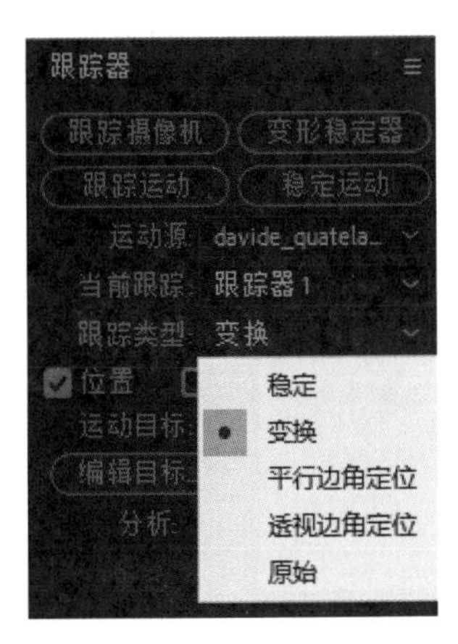

图 9-6

- 稳定：跟踪位置、旋转或缩放来针对被跟踪的（源）图层中的运动进行补偿。当跟踪位置时，此模式将创建一个跟踪点，并为源图层生成【锚点】关键帧。
- 变换：跟踪位置、旋转或缩放来应用于另一个图层。当跟踪位置时，此模式在被跟踪图层上创建一个跟踪点，并为目标设置【位置】关键帧；当跟踪旋转时，此模式在被跟踪图层上创建两个跟踪点，并为目标设置【旋转】关键帧；当跟踪缩放时，此模式将创建两个跟踪点，并为目标生成【旋转】和【缩放】关键帧。
- 平行边角定位：跟踪倾斜和旋转。此模式在【图层】面板中使用 3 个跟踪点（并计算第 4 个跟踪点的位置），并且在【边角定位】效果属性组中为 4 个角点设置关键帧，该效果属性组将被添加到目标。4 个附加点将标出 4 个角点的布置。
- 透视边角定位：跟踪被跟踪图层中的倾斜、旋转和透视变化。此模式在【图层】面板中使用 4 个跟踪点，并且在【边角定位】效果属性组中为 4 个角点设置关键帧，该效果属性组将被添加到目标。4 个附加点将标出 4 个角点的布置。如果将图像附加到正在打开的门或者附加到正在拐弯的公共汽车的侧面，则此选项非常有用。
- 原始：生成不使用【应用】按钮进行应用的跟踪数据。例如，可以将【附加点】属性的关键帧复制并粘贴到绘画描边的【位置】属性；还可以使用表达式将【立体声混合器】效果的效果属性链接到【附加点】属性的 X 坐标。跟踪数据被存储在被跟踪的图层上。对于此跟踪选项，【编辑目标】按钮和【应用】按钮不可用。用户可以通过从【跟踪器】面板菜单中选择【新建跟踪点】命令来向跟踪器添加跟踪点。

跟踪器附加点开关：在创建【变换】和【稳定】两种常见的跟踪器时，默认新建的跟踪器是一个，该跟踪器仅用于跟踪画面中平面位移的视觉元素。当画面中需要跟踪的元素出现旋转、缩放等其他维度的属性变化时，单一跟踪点就不能满足需求了。选中【旋转】和【缩放】复选框，将在当前跟踪器中新建跟踪点，并在进行跟踪时生成不同类型的关键帧，如图 9-7 所示。

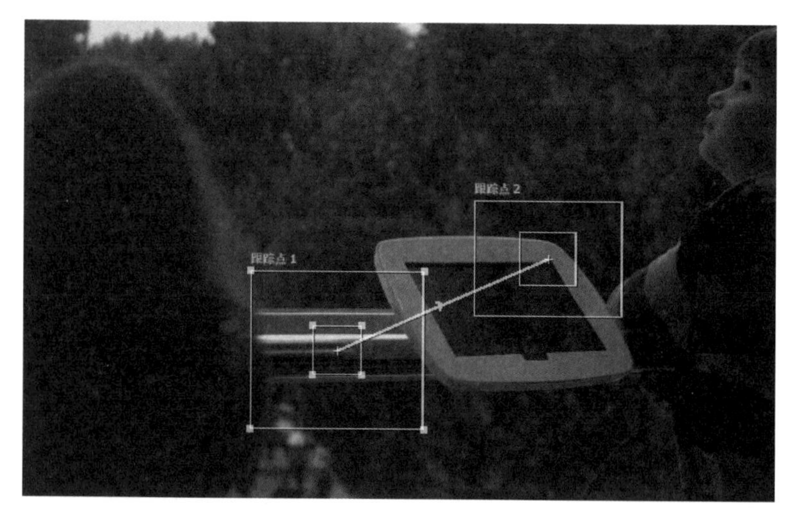

图 9-7

提示

每一次新建跟踪器，也包括切换不同的跟踪类型，都会在【时间轴】面板中素材【动态跟踪器】的【跟踪器】属性中新建跟踪点。取消选中【旋转】或【缩放】复选框并不会删除原有的跟踪点，只能手动删除，如图 9-8 所示。

运动目标：在完成了跟踪器的运动解析后，需要将跟踪信息作用于目标。单击【编辑目标】按钮，选择目标。一般【变换】跟踪类的运动目标都是其他需要合成在原视频中的其他素材图层，而【稳定】类型的运动目标通常是原视频自身，如图 9-9 所示。

如果选择了【原始】跟踪类型，则没有目标与跟踪器相关联。

运动跟踪选项：用于设置一个跟踪器及一个跟踪器中一组跟踪点的选项，如图 9-10 所示。

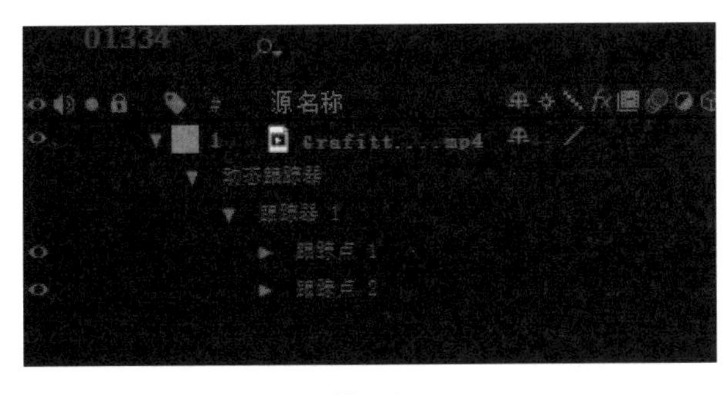

图 9-8

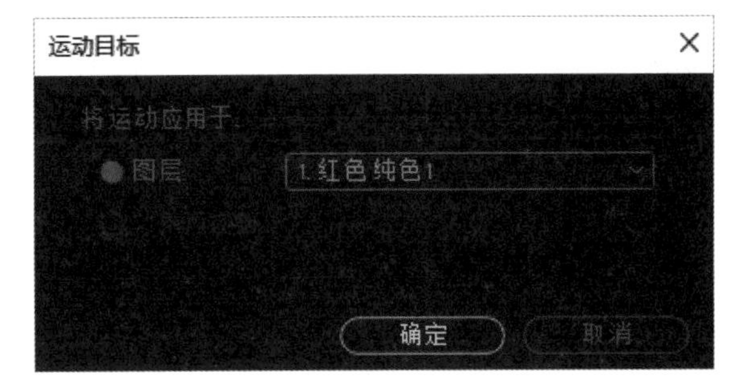

图 9-9

- 轨道名称：用于设置跟踪器的名称。可以通过在【时间轴】面板中选择某个跟踪器并在主键盘上按 Enter 键来重命名该跟踪器。
- 跟踪器增效工具：用于对所选跟踪器执行运动跟踪的增效工具，默认情况下为【内置】。
- 通道：在搜索特性区域的匹配项时，用于比较图像数据的组件。如果被跟踪的特性是一种与众不同的颜色，请选择【RGB】单选按钮，如果被跟踪的特性具有与周围图像不同的亮度（例如，在房间内燃烧的蜡烛），请选择【明亮度】单选按钮；如果被跟踪的特性具有一种高浓度的颜色，并且周围是同一颜色的各种变体（例如，与砖墙相对的亮红色围巾），请选择【饱和度】单选按钮。

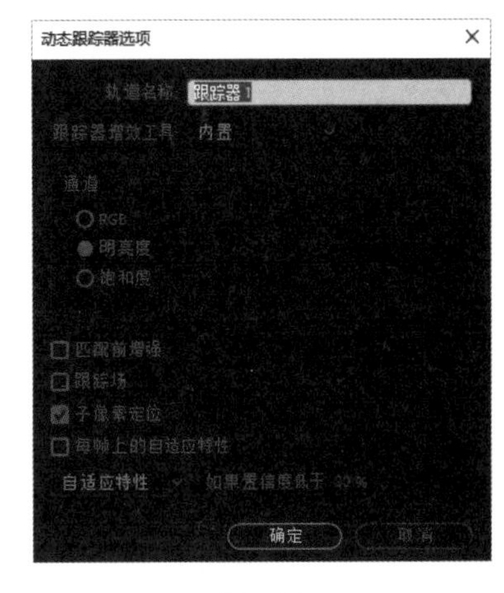

图 9-10

- 匹配前增强：暂时模糊或锐化图像以改善跟踪。模糊可以降低素材中的杂色。通常情况下，在粒状或有杂色的素材中，值为 2 ~ 3 像素足以产生较好的跟踪，夸大或调整图像的边缘可以使其更容易跟踪。
- 跟踪场：临时使合成的帧速率加倍并在每个场中插入完整的帧，以跟踪隔行视频两个场中的运动。
- 子像素定位：选中该复选框，将根据一小部分像素的精确度生成关键帧；当取消选中该复选框时，跟踪器会将生成的关键帧的值舍入到最近的像素。
- 每帧上的自适应特性：使 After Effects 适应每个帧的跟踪特性。在每个搜索区域内搜索的图像数据是前一个帧中特性区域内的数据，而不是在分析开始时特性区域中的图像数据。
- 如果置信度低于：指定在置信度属性值低于用户指定的百分比值时要执行的操作。
- 分析按钮：开始对源素材中的跟踪点进行帧到帧的分析，如图 9-11 所示。
    - 向后分析一帧：返回到上一帧来分析当前帧。
    - 向后分析：从当前时间指示器向后分析到已修剪图层持续时间的开始。
    - 向前分析：从当前时间指示器向前分析到已修剪图层持续时间的结束。
    - 向前分析一帧：通过前进到下一帧来分析当前帧。

图 9-11

- 重置：恢复特性区域、搜索区域，并将点附加在其默认位置，以及删除当前所选跟踪中的跟踪数据。已应用于目标图层的跟踪器控制设置和关键帧将保持不变。
- 应用：将跟踪数据（以关键帧的形式）发送到目标图层或效果控制点。

9.2.2 【时间轴】面板中的跟踪属性

每当在【跟踪器】面板中激活【跟踪运动】或【稳定运动】按钮时，就会在【时间轴】面板中所选图层下创建一个新的跟踪器。每个跟踪器都包含跟踪点，跟踪点下又包含一系列属性参数。当和其他图层属性相同时，也可以对跟踪器属性进行相应的修改和调整，如图 9-12 所示。

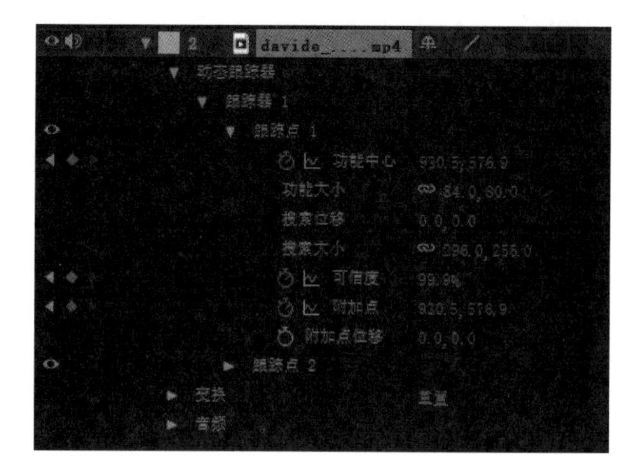

图 9-12

参数详解

功能中心：用于设置功能区域的中心位置。

功能大小：用于设置功能区域的宽度和高度。

搜索位移：用于设置搜索区域中心相对于特性区域中心的位置。

搜索大小：用于设置搜索区域的宽度和高度。

可信度：After Effects 通过它报告有关每个帧匹配程度的属性，通常它不是需要修改的属性。

附加点：用于设置为目标图层或效果控制点指定的位置。

附加点位移：用于设置附加点相对于特性区域中心的位置。

9.2.3 跟踪点调整及属性

跟踪点是【运动跟踪】操作的核心，每个跟踪点包括：一个 A（搜索区域）、一个 B（特性区域）、一个 C（附加点），如图 9-13 所示。

A（搜索区域）：定义 After Effects 未查找跟踪特性而要搜索的区域。被跟踪特性只需在搜索区域内与众不同，不需要在整个帧内与众不同。将搜索限制在较小的搜索区域，可以节省搜索时间并使搜索过程更为轻松，但存在的风险是所跟踪的特性可能完全不在帧之间的搜索区域内。

B（特性区域）：特性区域定义图层中要跟踪的元素。特性区域应当围绕一个与众不同的可视元素，最好是现实世界中的一个对象。不管光照、背景和角度如何变化，After Effects 在整个跟踪持续期间都必须能够清晰地识别被跟踪特性。

C（附加点）：指定目标的附加位置（图层或效果控制点），以便与跟踪图层中的运动特性进行同步。

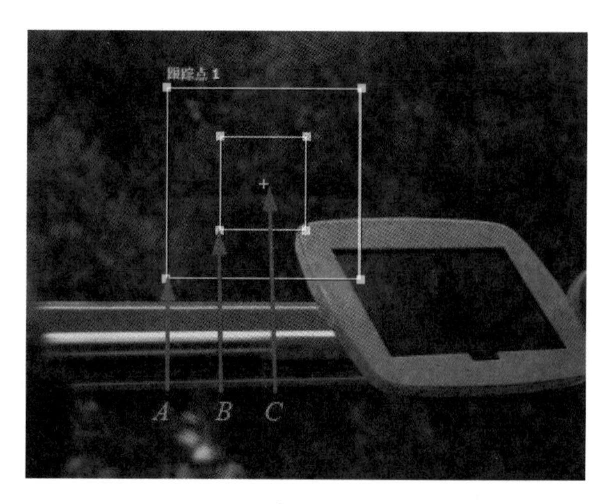

图 9-13

课堂案例 稳定运动

素材文件	素材文件 \ 第 9 章 \ 稳定运动.mov
案例文件	案例文件 \ 第 9 章 \ 稳定运动.aep
视频教学	视频教学 \ 第 9 章 \ 稳定运动.mp4
案例要点	掌握使用运动跟踪稳定画面的方法

扫码观看视频

Step 01 打开项目“稳定运动 .aep”，如图 9-14 所示。

Step 02 执行【窗口】>【跟踪器】命令，打开【跟踪器】面板。选择图像图层，单击【稳定运动】按钮。在【跟踪类型】下拉列表中，选择【稳定】选项。双击【稳定运动】图层，切换到素材模式，画面中新增“跟踪点 1”，如图 9-15 所示。

图 9-14

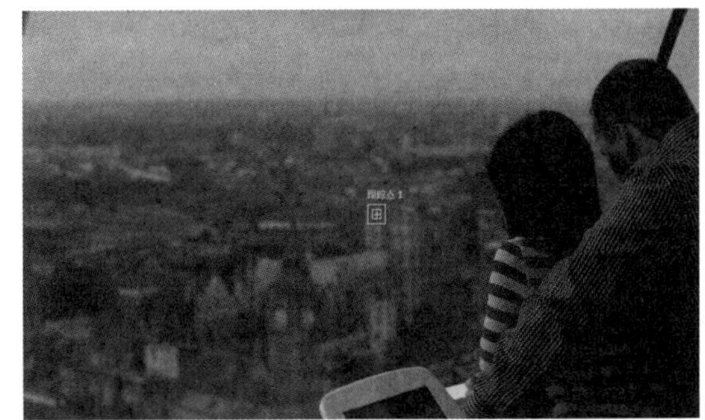

图 9-15

Step 03 浏览整段视频，调整“跟踪点 1”，将特性区域框选在整段视频素材中的，始终出现在画面内并且颜色对比度较高，位置相对稳定的元素上。调整搜索区域框，使其大小适中，如图 9-16 所示。

Step 04 单击【向前分析】按钮▶，等待当前时间指示器浏览完整段素材，如图 9-17 所示。

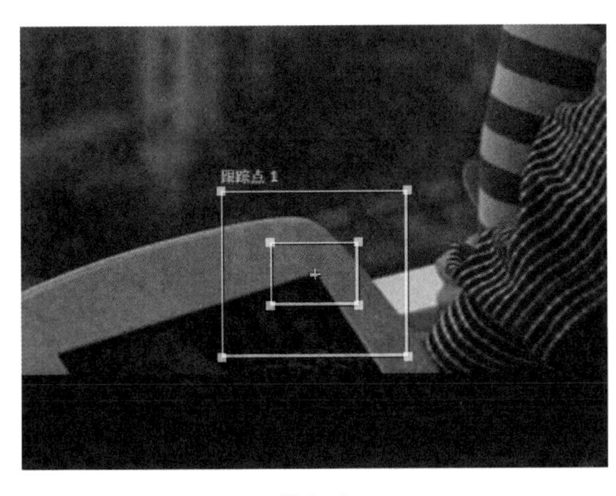

图 9-16

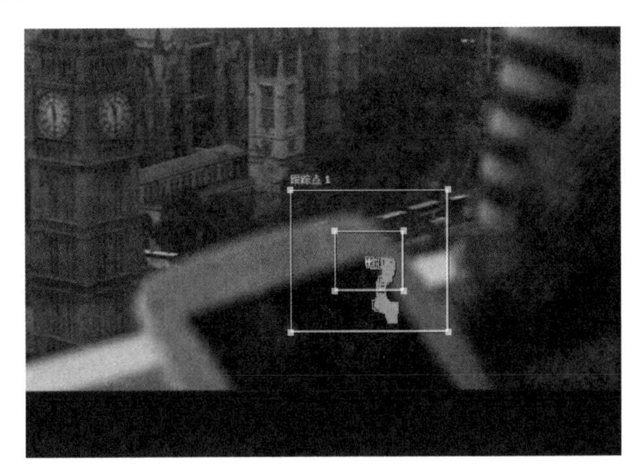

图 9-17

Step 05 单击【跟踪器】面板中的【应用】按钮，【应用维度】选择【*X*和*Y*】，单击【确定】按钮，如图 9-18 所示。

Step 06 单击【稳定运动】按钮，按 S 键，设置【缩放】属性为 110%。按 P 键，设置【位置】属性为（960,374）。按 0 键预览视频，确保视频边缘没有穿帮。

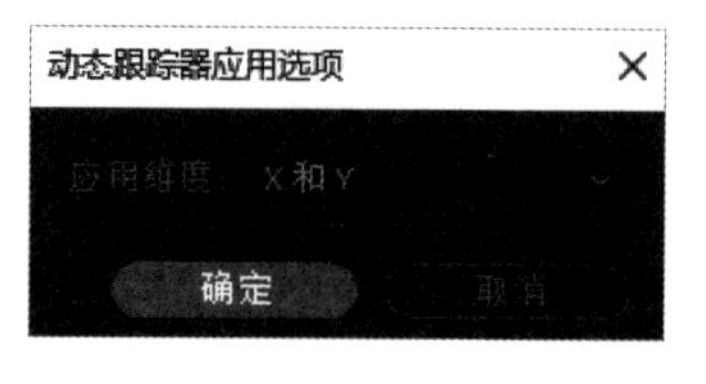

图 9-18

9.3 跟踪摄像机

9.3.1 解算摄像机的意义

运动跟踪的大部分操作和解算都是基于 2D 平面的，虽然在【跟踪类型】中可以添加【旋转】和【缩放】属性，但是面对透视明显的场景，仍然需要利用摄像机解算模块进行运动跟踪。使用【跟踪摄像机】命令，可以将平面的追踪信息 3D 化，并在 After Effect 中搭建与原视频匹配的 3D 空间，以便进一步进行合成工作。

9.3.2 3D摄像机跟踪器参数详解

分析 / 取消：用于开始或停止素材的后台分析。在分析期间，分析状态显示为素材上的一个横幅并且位于【取消】按钮旁。

拍摄类型：指定是以固定的水平视角、可变缩放还是以特定的水平视角来捕捉素材，更改此设置需要解析。

水平视角：指定解析器使用的水平视角，仅当拍摄类型为指定视角时才启用此选项。

显示轨迹点：将检测到的特性显示为带透视提示的 3D 点（3D 已解析）或由特性跟踪捕捉的 2D 点（2D 源）。

渲染跟踪点：控制跟踪点是否渲染为效果的一部分。

跟踪点大小：更改跟踪点的显示大小。

创建摄像机：创建 3D 摄像机。在通过菜单创建文本、纯色或空图层时，会自动添加一个摄像机。

高级控件：用于 3D 摄像机跟踪器效果的高级控件。

解决方法：提供有关场景的提示以帮助解析摄像机，可以尝试使用以下方法来解析摄像机。

- 自动检测：自动检测场景类型。
- 典型：将场景指定为纯旋转场景或最平场景之外的场景。
- 最平场景：将场景指定为最平场景。
- 三脚架全景：将场景指定为纯旋转场景。

采用的方法：当设置【解决方法】为【自动检测】时，这里将显示所使用的实际解决方法。

平均误差：显示原始 2D 点与 3D 点在源素材 2D 平面上重新投射的平均差异（以像素为单位）。如果跟踪 / 解析是完美的，则此误差将为 0，并且如果在 2D 源与已解析的 3D 跟踪点之间进行切换，也不会存在可见差异。用户可以使用此值来指示更改解决方法或进行其他更改，并因此而改进跟踪。

- 详细分析：启用此选项，会让下一个分析阶段执行额外的工作来查找要跟踪的元素。如果启用该选项，那么生成的数据量（作为效果的一部分存储在项目中）会更大且使计算机反应速度更慢。
- 跨时间自动删除点：当用户在【合成】面板中删除跟踪点时，相应的跟踪点（即同一特性 / 对象上的跟踪点）将在其他时间在图层上被删除。用户不需要逐帧删除跟踪点来提高跟踪质量。例如，如果跑过场景的人的运动不考虑确定摄像机的运动方式，则可以删除此人身上的跟踪点。
- 隐藏警告横幅：即使警告横幅指示需要重新分析素材，用户也不希望重新分析时，请使用此选项。

9.3.3 解算摄像机的步骤

Step 01 分析素材。选中需要解析的源素材，执行【动画】>【跟踪摄像机】命令，就可以为素材添加 3D 摄像机跟踪器节点，并且在添加的同时就开始解算摄像机了，如图 9-19 所示。

执行【效果】>【透视】>【3D 摄像机跟踪器】命令，也可以为素材添加 3D 摄像机跟踪器节点，如图 9-20 所示。

单击【跟踪器】面板中的【跟踪摄像机】按钮，如图 9-21 所示，也可以为素材添加【3D 摄像机跟踪器】节点。

添加【3D 摄像机跟踪器】节点后，计算机后台开始分析和解析素材。在这一过程中，视图中的素材会显示一个横幅。如果想停止这一解算，可以单击【取消】按钮，如图 9-22 所示。

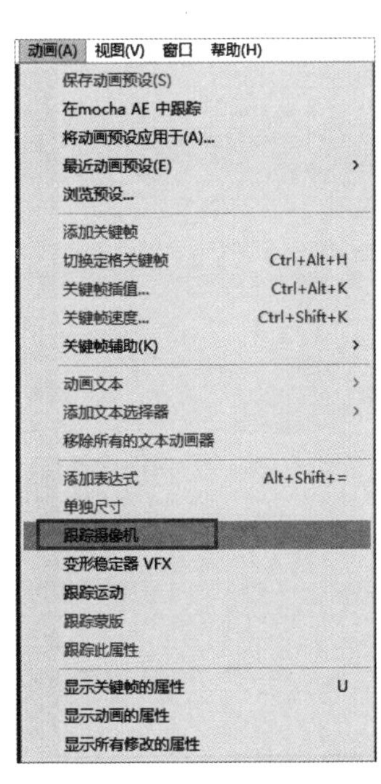

图 9-19

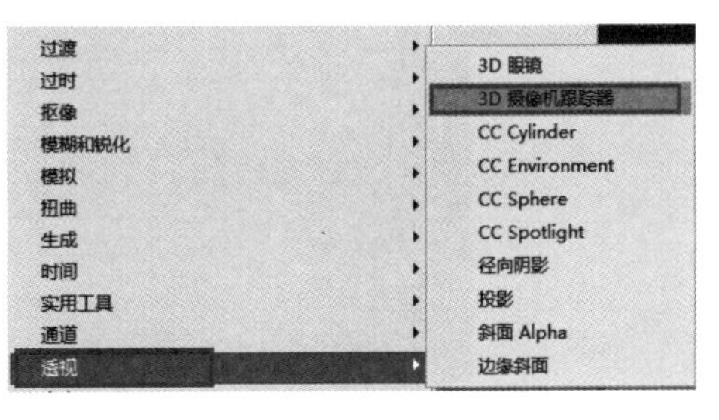

图 9-20

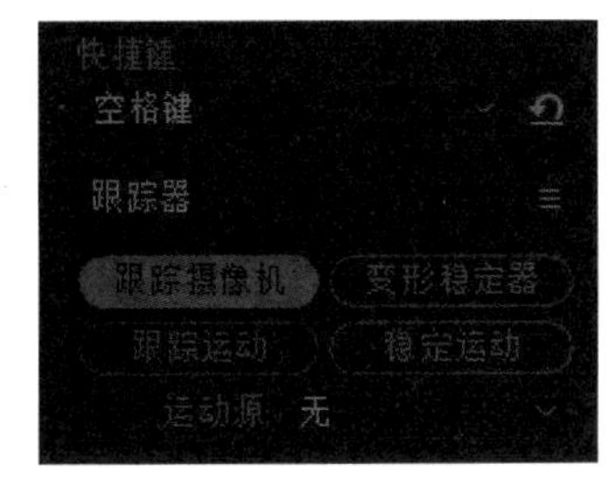

图 9-21

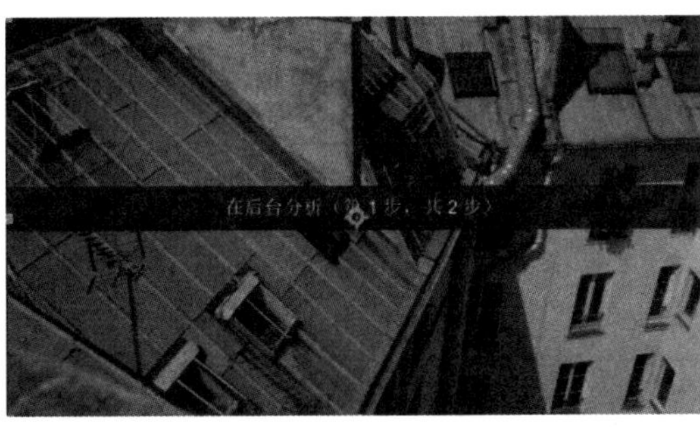

图 9-22

Step 02 调整解算结果。解算完成后，场景中会产生很多显示为着色"x"的跟踪点，这些跟踪点就是用来将新增素材放置于场景中的工具。可以根据需求，将现有的"x"删除，以达到最佳解算结果，如图 9-23 所示。

Step 03 添加内容。选中效果节点，选择一个或多个想要用作附加点的跟踪点。一般情况下，人们会选择画面中较为稳定的一个平面，使用鼠标在该平面上进行框选，如图 9-24 所示。

图 9-23

图 9-24

Step 04 在选取框上单击鼠标右键，可以选择想要创建的内容类型。类型主要包括以下几种：

- 文本。
- 纯色层。
- 用于目标中心的空图层。
- 用于每个选定点的文本、纯色层或空图层。
- 通过使用【创建阴影捕手】菜单命令为内容创建的“阴影捕手”图层（一个仅接受阴影的纯色层）。

Step 05 将目标物移动到场景中的指定位置，打开目标物的三维图层开关，调整其【位置】、【缩放】、【旋转】属性，使其匹配三维场景。

提示

当创建多个图层时，每个图层都有一个唯一的编号（或名称）。当创建多个文本图层时，则会对入点和出点进行修剪以匹配点的持续时间。

课堂练习 摄像机跟踪

素材文件	素材文件 \ 第 9 章 \ 田野.mov	扫码观看视频
案例文件	案例文件 \ 第 9 章 \ 摄像机跟踪.aep	
视频教学	视频教学 \ 第 9 章 \ 摄像机跟踪.mp4	
案例要点	掌握解算场景 3D 摄像机，并在场景中添加元素的技巧	

Step 01 打开项目“摄像机跟踪.aep”，单击素材“田野.mov”，单击【解释素材】按钮，将【覆盖开始时间码】设置为 00001，如图 9-25 所示。

Step 02 将素材“田野 .mov”拖到【新建合成】按钮上，创建合成，按 Ctrl+K 组合键，打开【合成设置】对话框，设置【合成名称】为“田野”、【开始帧】为 00001，如图 9-26 所示。

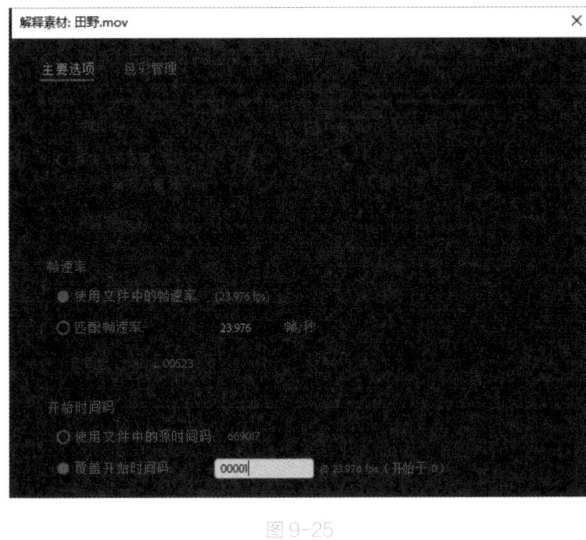

图 9-25

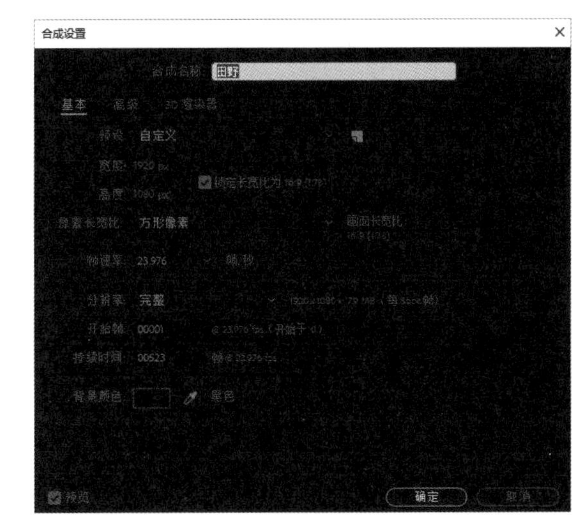

图 9-26

Step 03 单击“田野.mov”图层，执行【动画】>【变形稳定器 VFX】命令，等待【变形稳定器 VFX】稳定素材，如图 9-27 所示。解析完成后，画面中的轻微抖动消失。单击“田野.mov”图层，按 Ctrl+Shift+C 组合键，创建预合成，将【合成名称】设置为“田野”，选中【将所有属性移动到新合成】复选框。

Step 04 单击“田野”合成项目，执行【动画】>【跟踪摄像机】命令，等待【3D 摄像机跟踪器】解析素材，如图 9-28 所示。

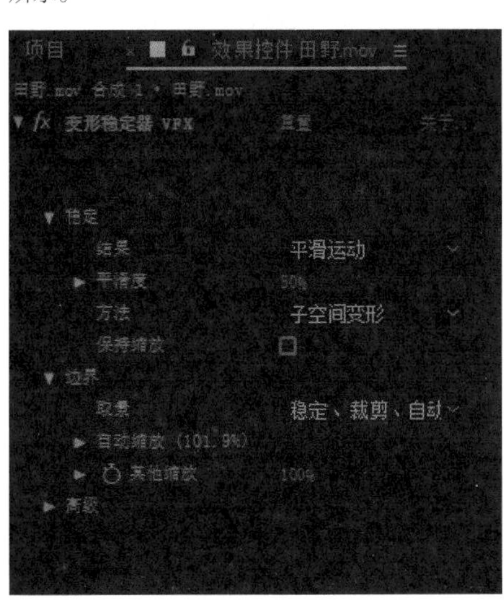

图 9-27

图 9-28

Step 05 将【当前时间指示器】移动到 00:00:07:07 位置，在【效果控件】面板中，单击【3D 摄像机跟踪器】节点，使用鼠标框选一系列跟踪点，确定跟踪平面，如图 9-29 所示。

Step 06 在红色指示平面上单击鼠标右键，在弹出的快捷菜单中选择【创建文本和摄像机】命令。双击文本图层，打开【字符】面板，设置【字体】为【Gloucester MT Extra Condensed】、【字体大小】为 15 像素。按 P 键，将【位置】属性设置为（-155,896,1690），按 R 键，将【旋转】属性设置为（4.7°，8°，0.1°），效果如图 9-30 所示。

图 9-29

图 9-30

Step 07 单击文本图层，执行【效果】>【生成】>【梯度渐变】命令，设置【渐变起点】为（750,500）、【渐变终点】为（750,950）、【起始颜色】为（R:255,G:255,B:255）、【结束颜色】为（R:178,G:150,B:110），如图 9-31 所示。

Step 08 将【当前时间指示器】移动到 00:00:07:07 位置，单击【3D 摄像机跟踪器】节点，使用鼠标框选一系列跟踪点，确定跟踪平面。在红色指示平面上单击鼠标右键，在弹出的快捷菜单中选择【光源和阴影捕手】命令，具体设置如图 9-32 所示。

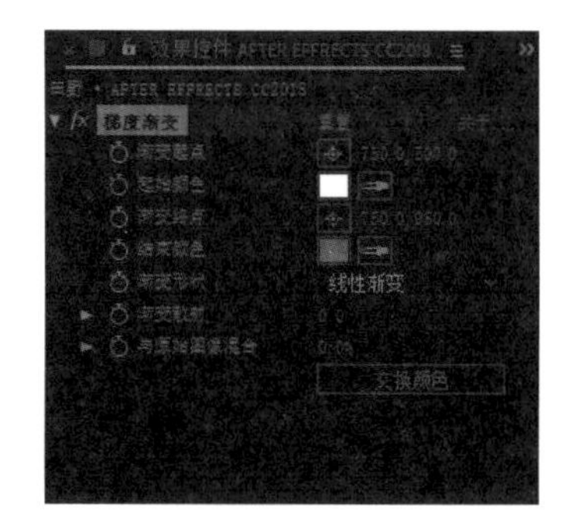

图 9-31

图 9-32

Step 09 双击“光源 1”，打开【灯光设置】对话框，设置【灯光类型】为【平行】、【阴影深度】为 50%，如图 9-33 所示。

Step 10 单击“阴影捕手 1”图层，按 S 键，将【缩放】属性设置为（1417,644,200）。再根据灯光方向，调整“光源 1”的【位置】属性，效果如图 9-34 所示。

Step 11 单击文本图层，执行【效果】>【模糊和锐化】>【方形模糊】命令，调整相关参数，设置【方向】为 0x+90°、【模糊长度】为 10，如图 9-35 所示。

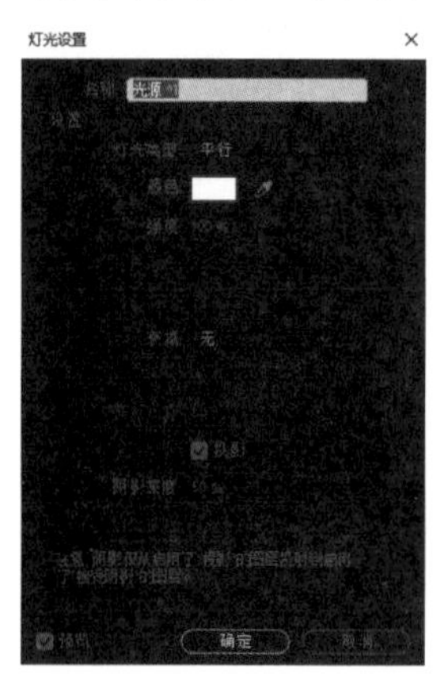

图 9-33

图 9-34

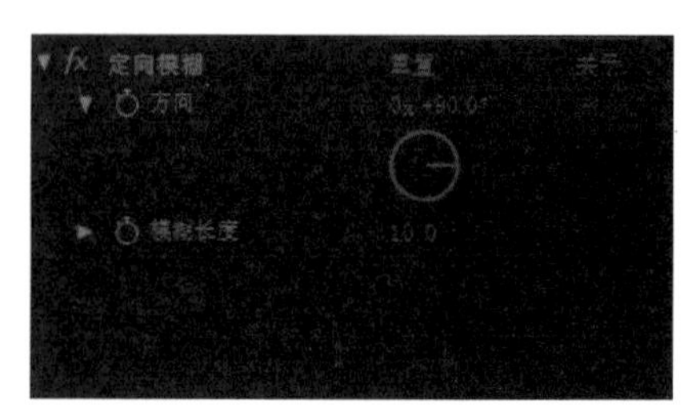

图 9-35

Step 12 将【当前时间指示器】移动到 00:00:07:18 位置，单击“田野”图层，按 Ctrl+D 组合键复制图层，将新图层重命名为“跟踪遮罩”，将其移动到【图层】面板最上方。使用【钢笔工具】绘制路标牌蒙版，如图 9-36 所示。

Step 13 按 M 键，展开【跟踪遮罩】的蒙版属性，单击【蒙版路径】的时间变化秒表，将【蒙版羽化】设置为（8.0,8.0）像素，如图 9-37 所示。

图 9-36

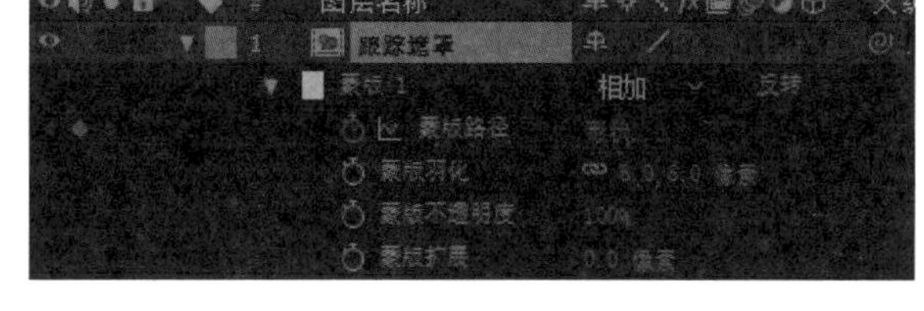

图 9-37

Step 14 在 00:00:07:02—00:00:07:22 时间范围内移动【当前时间指示器】，调整蒙版形状，使蒙版始终与路标牌位置和形状相匹配。在【时间轴】面板中将【跟踪遮罩】的持续时间设为 00:00:07:02—00:00:07:22，如图 9-38 所示。

图 9-38

Step 15 按 0 键预览视频，调整光照方向和蒙版形状，最终效果如图 9-39 所示。

图 9-39

9.4 运动跟踪的校正

在实际项目中，大多数情况下，如果拍摄对象、光照、环境产生移动，都会使原本清楚的图像变得不可辨认。在进行运动跟踪操作前，用户都会进行精心的规划和尝试，但特性区域仍然可能偏离预期的路径。重新调整特性区域和搜索区域、更改跟踪设置及重新尝试是自动跟踪流程的标准操作，如图 9-40 所示。

一般情况下，用户很少一次就得到一个良好的跟踪，可能需要分段跟踪拍摄，在特性已改变且区域已漂移的位置重新定义特性区域，甚至可能需要选择一个不同的特性进行跟踪。选择一个其运动与要跟踪的特性运动严格匹配的特性，然后使用附加点来放置目标。

在跟踪运动后，每个跟踪点在【图层】面板中都有一个运动路径，该路径显示了特性区域中心的位置。像对任何其他运动路径一样，用户可以在【图层】面板中微调该运动路径的关键帧。当用户希望在将运动跟踪数据应用于目标之前手动更改该数据时，修改运动路径最为有用。在某些情况下，手动修改由运动跟踪器创建的运动路径，比获取一个完美的跟踪更容易，如图 9-41 所示。

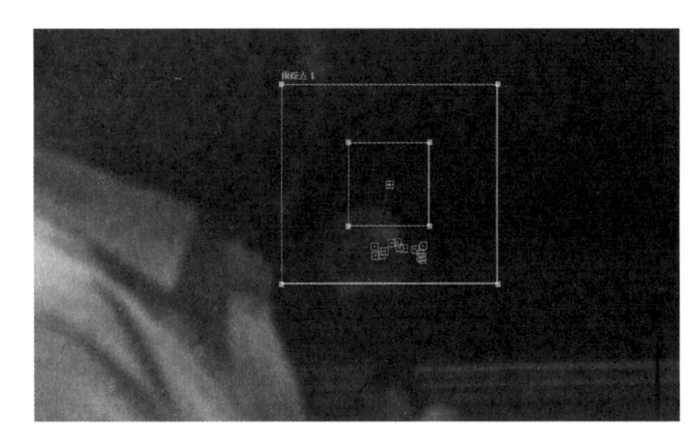

图 9-40

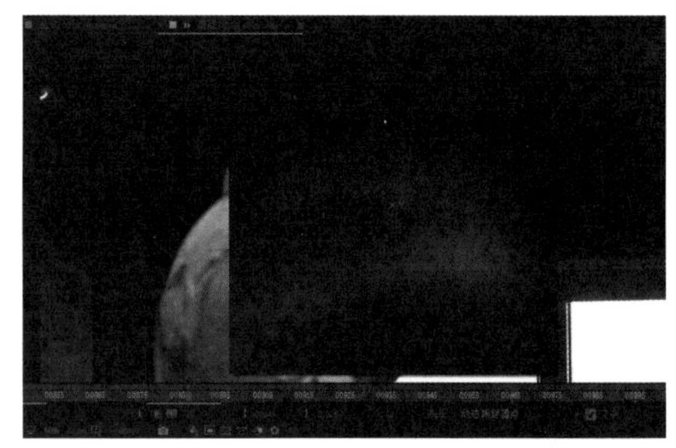

图 9-41

9.4.1 调整特性区域和搜索区域

Step 01 将【当前时间指示器】移动到最后一个跟踪良好的帧。

Step 02 按住 Alt 键的同时仅拖动特性区域和搜索区域，不拖动附加点，以此更正位置，如图 9-42 所示。

Step 03 如果要为多个连续的帧更正跟踪，请根据需要调整特性区域和搜索区域，然后单击【分析】按钮。观察跟踪以确保其准确。如果跟踪不准确，则停止跟踪，并调整特性区域，然后重新开始。

Step 04 当对跟踪满意后，单击【应用】按钮，将关键帧应用于目标图层或效果控制点。

图 9-42

9.4.2 修改跟踪设置

Step 01 将【当前时间指示器】移动到最后一个跟踪良好的帧。

Step 02 在【跟踪器】面板中，单击【选项】按钮。根据需要，更改【动态跟踪器选项】对话框中的设置，如图 9-43 所示。

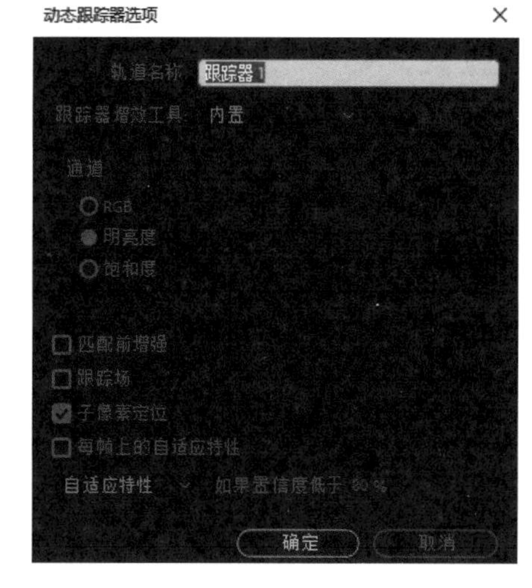

图 9-43

Step 03 在【跟踪器】面板中，单击【向前分析】或【向后分析】按钮。

Step 04 观察跟踪，以确保其准确。如果跟踪不准确，则停止跟踪，并调整设置，然后重新开始。

Step 05 当对跟踪满意后，单击【应用】按钮，将关键帧应用于目标图层或效果控制点。

课堂练习 屏幕替换

素材文件	素材文件 \ 第 9 章 \ 屏幕替换.mov、手机屏幕.jpg 和屏保.jpg	扫码观看视频
案例文件	案例文件 \ 第 9 章 \ 屏幕替换.aep	
视频教学	视频教学 \ 第 9 章 \ 屏幕替换.mp4	
练习要点	通过该案例加深读者对【跟踪摄像机】的理解，掌握调整跟踪设置和跟踪路径的技巧，以及通过跟踪将素材合成到源素材中的方法和注意事项	

1. 练习思路

- 根据视频素材设置项目和合成。
- 分析素材运动规律，寻找适当的跟踪手段。
- 调整跟踪参数，使跟踪效果符合需求。
- 合成素材，使画面风格自然统一。

2. 制作步骤

（1）设置项目

Step 01 创建项目，将项目名称设置为“屏幕替换”。

Step 02 导入素材“屏幕替换.mov”“手机屏幕.jpg”“屏保.jpg”。选择素材“屏幕替换.mov”，单击【解释素材】按钮，将【覆盖开始时间码】设置为 00001，如图 9-44 所示。

Step 03 拖曳素材“屏幕替换.mov”到【新建合成】按钮上，创建合成，按 Ctrl+K 组合键，打开【合成设置】对话框，设置【合成名称】为“屏幕替换”、【开始帧】为 00001，如图 9-45 所示。

图 9-44

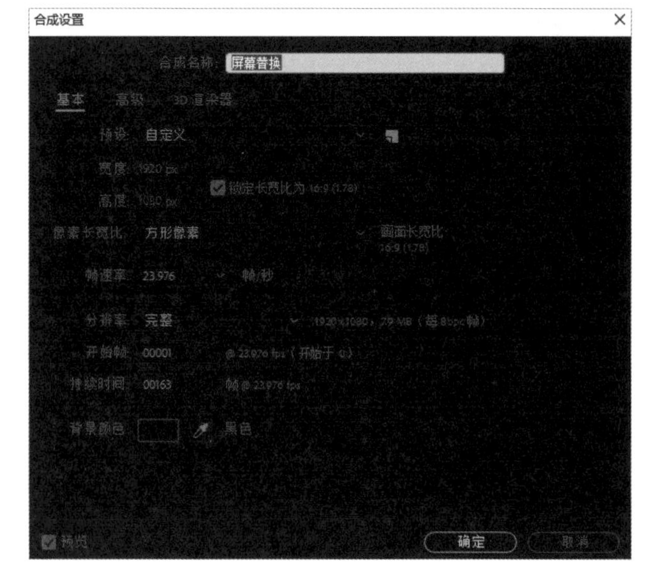

图 9-45

（2）跟踪摄像机

Step 01 单击“屏幕替换.mov”图层，单击鼠标右键，在弹出的快捷菜单中选择【重命名】命令，将其重命名为“屏幕替换”。执行【动画】>【跟踪摄像机】命令，等待 3D 摄像机跟踪器解析素材，如图 9-46 所示。

Step 02 选择计算机屏幕四角附近的跟踪点，使用鼠标加选跟踪点确定跟踪平面，确保红色指示图标完全平行于计算机屏幕，如图 9-47 所示。

图 9-46

图 9-47

Step 03 在红色目标圆上单击鼠标右键，在弹出的快捷菜单中选择【创建相机和实底】命令，初次创建的“跟踪实底 1”与屏幕之间可能产生一定的旋转角度，调整“跟踪实底 1”的【旋转】属性，使其平行于屏幕，如图 9-48 所示。

Step 04 在手机屏幕上同样寻找跟踪点，重复上述步骤，创建出平行于手机屏幕的“跟踪实底 2”，如图 9-49 所示。

图 9-48

图 9-49

（3）合成素材

Step 01 在【项目】面板中，按住 Alt 键，将素材“屏保.jpg”拖到“跟踪实底 1”上，替换“跟踪实底 1”，如图 9-50 所示。

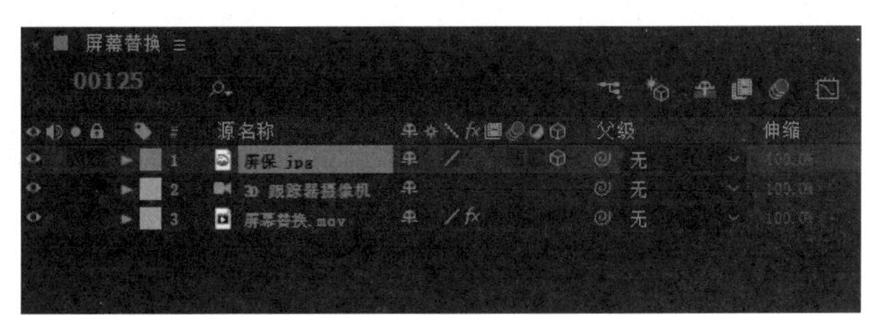

图 9-50

Step 02 调整屏保的【位置】【旋转】【缩放】属性，使其与视频中的计算机屏幕尽可能吻合，如图 9-51 所示。

Step 03 执行【效果】>【扭曲】>【边角定位】命令，通过调整【左上】【左下】【右上】【右下】4 个定位点，使屏保与屏幕匹配，如图 9-52 所示。

图 9-51

图 9-52

Step 04 按 0 键浏览视频，观察计算机屏幕边缘与屏保之间是否有因抖动出现的偏移，将【当前时间指示器】移动到出现偏移的时间节点，单击【边角定位】相应定位点的时间变化秒表，调整屏保的形状，如图 9-53 所示。

图 9-53

Step 05 在【项目】面板中，按住 Alt 键，将素材“手机屏幕.jpg”拖到“跟踪实底 2”上，替换“跟踪实底 2”。调整手机屏幕的【位置】属性，效果如图 9-54 所示。

Step 06 选择“屏保.jpg”，按 Ctrl+Shift+C 组合键，创建预合成，将【合成名称】设置为“屏保”，选中【将所有属性移动到新合成】复选框。双击“屏保”进入该合成，单击“屏保 .jpg”图层，执行【图层】>【蒙版】>【新建蒙版】命令，按 F 键，设置【蒙版羽化】为（10.0,10.0）像素，如图 9-55 所示。

图 9-54

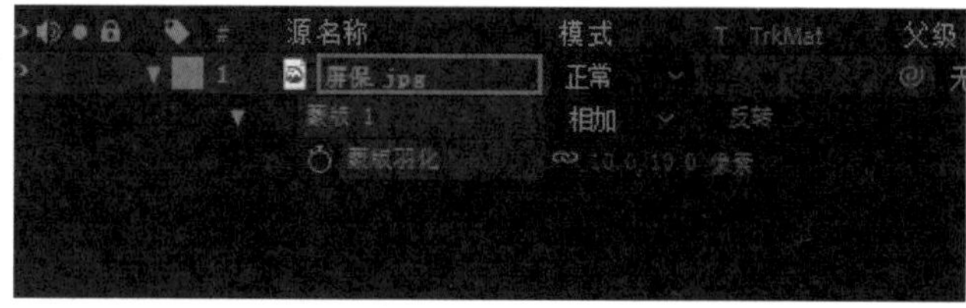

图 9-55

Step 07 回到“屏幕替换”合成，设置“屏保 .jpg”图层的叠加模式，再按 T 键，设置“不透明度”值为 70%，效果如图 9-56 所示。

Step 08 在“手机屏幕 .jpg”图层上重复上述操作，激活“屏保”和“手机屏幕”的运动模糊开关，效果如图 9-57 所示。

图 9-56

图 9-57

Step 09 按 Ctrl+D 组合键，复制“屏幕替换”图层，将新图层重命名为“屏幕替换 2”，并移动到【图层】面板的顶层。新建纯色图层，命名为“蒙版”，使用形状工具在蒙版上绘制遮挡镜头的墙壁形状，将“屏幕替换 2”的跟踪遮罩设置为“蒙版”图层，如图 9-58 所示。

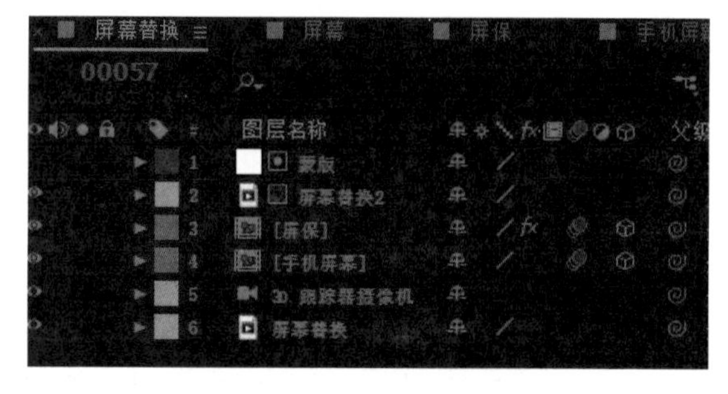

图 9-58

Step 10 单击“蒙版”图层，按 M 键展开图层的蒙版属性，单击【蒙版路径】的时间变化秒表，根据视频中墙面的移动，添加【蒙版路径】的关键帧动画，如图 9-59 所示。

Step 11 设置【蒙版羽化】为（60.0,60.0）像素、【蒙版扩展】为 65.0 像素，如图 9-60 所示。

图 9-59

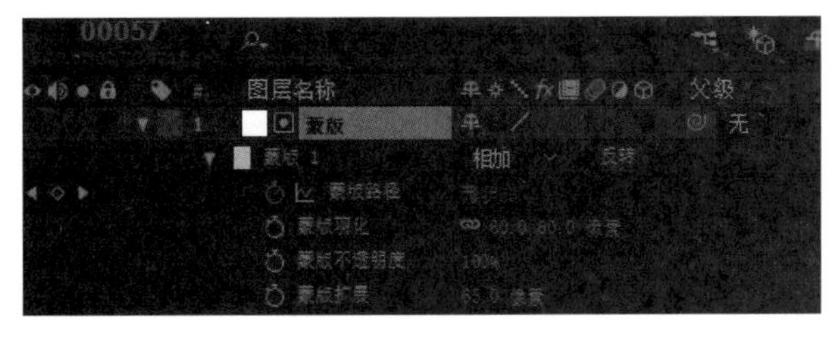

图 9-60

Step 12 按 0 键，预览最终效果，如图 9-61 所示。

图 9-61

课后习题

一、选择题

1. 跟踪器中用于确定跟踪对象的部分为（　　）。

A. 搜索区域　　B. 特性区域　　C. 关键帧标记　　D. 附加点

2. 想要一起移动特性区域和搜索区域，需要按住（　　）键同时拖动鼠标。

A.【Shift】　　B.【Alt+Shift】　　C.【Alt】　　D.【Win】

3. 下列哪种不属于预设的跟踪类型？（　　）

A. 稳定　　B. 变换　　C. 三点　　D. 原始

4. 运动跟踪选项中用于调整素材图像以提升跟踪效果的选项是（　　）。

A. 跟踪器增效工具　　B. 子像素定位工具　　C. 通道　　D. 匹配前处理

5. 在解析过的摄像机场景中，可以创建出一组灯光的命令是（　　　）。

A. 文本　　　　B. 纯色　　　　C. 空物体　　　　D. 阴影捕手

二、填空题

1. 在动态跟踪选项中，选中 _______ 将根据一小部分像素的精确度生成关键帧。

2. 跟踪类型中的 _______ 选项，会生成不使用【应用】按钮进行应用的跟踪数据。

3. 运动源指进行运动跟踪操作的源素材，该素材可以是 _______，也可以是 _______。

4. 解析摄像机的拍摄类型包括指定是 _______、_______，还是 _______ 来捕捉素材。

5. 使用 _______ 命令，可以恢复特性区域、搜索区域，并将点附加在其默认位置。

三、简答题

1. 简述稳定画面的工作流程。

2. 简述▶和▶按钮的区别。

3. 简述校正跟踪运动解算效果的两种方法。

四、案例习题

素材文件：练习文件 \ 第 9 章 \ 屏幕.mov、枫林.jpg 和晚霞.jpg。

效果文件：练习文件 \ 第 9 章 \ 第 9 章 \ 案例习题.mp4，如图 9-62 所示。

练习要点：

1. 根据素材设置项目文件。

2. 尝试使用不同的跟踪工具实现最终跟踪效果。

3. 注意合成素材与源素材之间光感的统一。

图 9-62

第10章 色彩调节与校正

随着影视后期技术的不断发展，传统的调色技术已经渐渐被数字调色技术取代。数字调色技术主要分为校色和调色。由于在前期拍摄时视频可能有一些偏色，这就需要通过校色使视频恢复原本的色彩。调色可以制作出一些特殊的艺术效果。因此，后期调色尤为重要。调色能够从形式上更好地配合画面内容的表达。画面是一部影片最重要的元素，画面颜色直接影响影片的内容。本章将详细介绍色彩的基础知识，以及调色的应用。

AFTER EFFECTS

学习目标

- 熟悉色彩的基础知识
- 掌握基础调色知识
- 掌握常用调色技巧

技能目标

- 掌握给视频调色的方法
- 掌握常用调色效果的应用

色彩基础

10.1.1 色彩

色彩可以说是人眼看到光后的一种感觉。这种感觉是人眼在光的折射影响下和心理相结合的产物。当光线进入人眼后被传输至大脑，大脑会对这种刺激产生一种感觉，这就是色。随后人脑对刺激程度给出一个强度的变化，而这种变化正是人们对光的理解。

三原色

色彩中最基础的 3 种颜色为三原色，原色是不能够再分解的基本颜色，并且可以合成其他颜色。通常意义上的三原色为红（Red）、绿（Green）、蓝（Blue）3 种颜色，将 3 种颜色以不同的比例混合，可以得到各种颜色。当 3 种颜色的混合达到一定程度，可以呈现白光的效果，这种颜色模式被称为加色模式。除了光的三原色，还有另一种三原色，即颜料三原色。生活中的印刷颜色，实际上都是纸张反射的光线。比如，人们在画画的时候调色，也会用这种方式。颜料吸收光线，而不是将光线叠加，因此颜料三原色就是能够吸收 RGB 的颜色，即黄、品红、青（CMY），也是 RGB 的补色。如图 10-1 所示，左边为色光三原色，右边为颜料三原色。

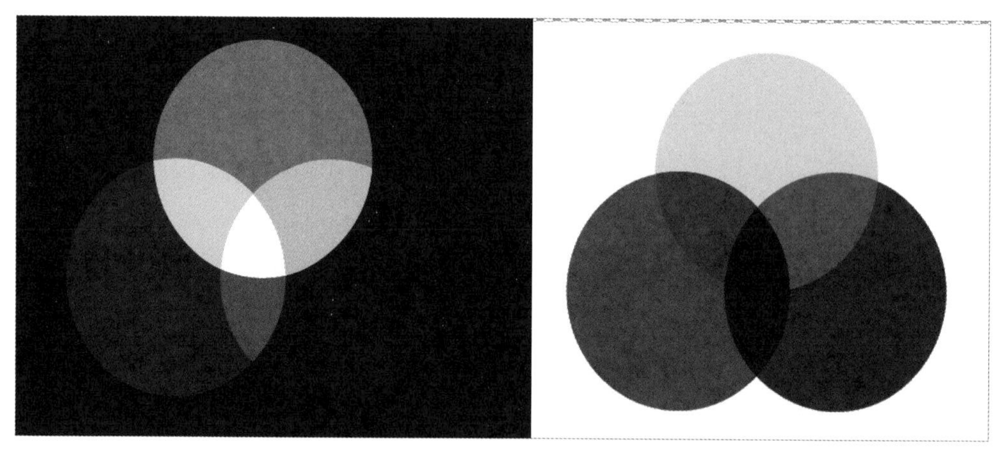

图 10-1

间色

由两种不同的原色相互混合得到的色彩就是间色，如黄色与蓝色混合后得到绿色，蓝色与红色混合后得到紫色。

复色

将不同的两种间色（如紫色和绿色、绿色和橙色）或相对应的间色（如黄色和紫色）相互混合得到的颜色就是复色。

10.1.2 色彩三要素

人们通常所说的色彩三要素即色彩的饱和度（纯度）、明度和色调（色相）。在日常生活中，人眼看到的任何彩色光都包含以上 3 个要素。

明度

人们常说的明度是指颜色的明亮程度。明度是由颜色中灰度所占的比例来决定的。在测试中，用 0 表示黑色，用 10 表示白色，用 0~10 以相同比例分割色条。色彩分为无彩色和有彩色，无彩色也存在着明度变化。有彩色的每一种颜色都有各自的明亮度。灰度测试卡如图 10-2 所示。

图 10-2

色相

色彩是基于光的物理反射使人的视觉神经产生的一种感觉。由于光波长短不同，因此会形成不同的色彩。色相就是各种不同色彩的差别。红色波长最长，紫色波长最短，把红、橙、黄、绿、蓝、紫和它们之间所对应的中间色，如红橙、黄橙、黄绿、蓝绿、蓝紫、红紫等色彩围成一个环，称为色相环。色相环上的都是高纯度的色彩，通常被称为纯色。色相环上的色彩是以人的视觉及感觉为基准进行等间隔排列的。这种方法还可以详细分出更多的色彩。以色相环中心为基点，形成 180° 角的两种颜色被称为互补色，如图 10-3 所示。

饱和度

通常情况下，人们使用彩度表示色彩的鲜艳程度，并且以不同的数值进行区分。每一种色彩都有其对应的彩度值，而无彩色的彩度值用 0 来表示。人们一般用色彩中所含灰色的程度来区别色彩的纯度高低。决定彩度值的因素有很多，通常色相是彩度值最明显的表现。在色相相同的情况下，不同的明度又会形成明显的彩度变化，如图 10-4 所示。

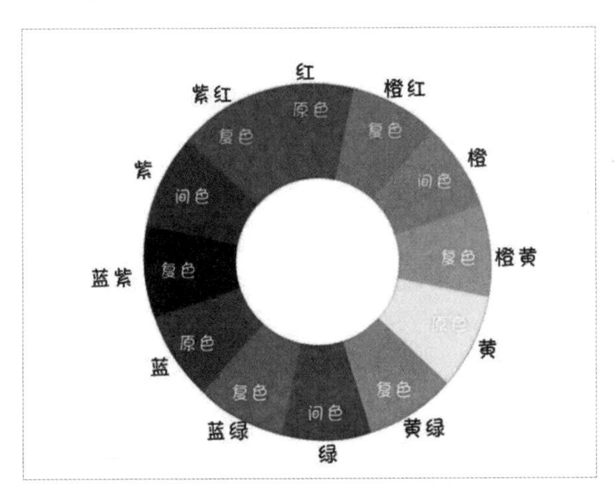

图 10-3

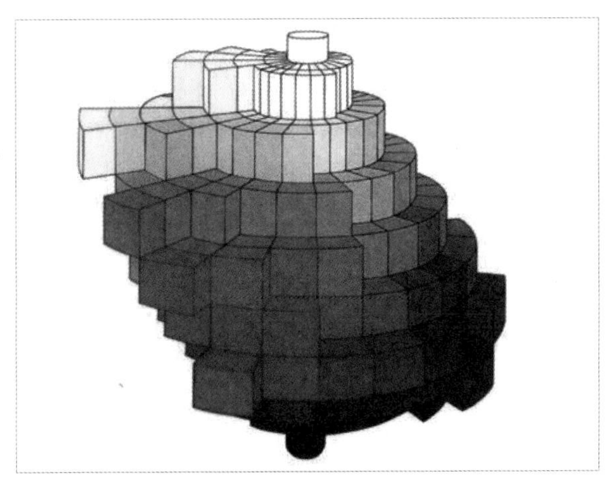

图 10-4

10.1.3 色彩三要素的应用空间

合理地运用色彩可以表现出不同的效果，比如，利用色彩表现空间感，可以通过明度、纯度、色相、冷暖和形状等因素来完成。

- 利用色彩明度表现空间时应注意，高明度色彩在空间上有靠前的效果，而低明度色彩在空间上则有靠后的效果。
- 利用冷暖颜色对比表现空间时应注意，偏暖的色彩在空间上会带来靠前的感觉，而偏冷的色彩在空间上会带来靠后的感觉。
- 利用颜色纯度表现空间时应注意，纯度高的色彩会带来靠前的感觉，纯度低的色彩则会带来靠后的感觉。
- 从画面效果来讲，色彩统一、完整就会给人靠前的感觉，而色彩零碎、边缘模糊就会给人靠后的感觉。
- 从透视关系来说，大面积的色彩会给人靠前的感觉，而小面积的色彩则会给人靠后的感觉。
- 从形状结构来说，规则有形的形状会给人靠前的感觉，而不规则、凌乱的形状则会给人靠后的感觉。

技术专题：颜色深度和高动态范围颜色

颜色深度（或位深度）即像素颜色的每通道位数（bpc）。每个 RGB 通道（红色、绿色和蓝色）的位数越多，每个像素可以表示的颜色就越多。

在 After Effects 中，用户可以使用每通道 8 位（8-bpc）、每通道 16 位（16-bpc）或每通道 32 位（32-bpc）色彩，如图 10-5 所示。

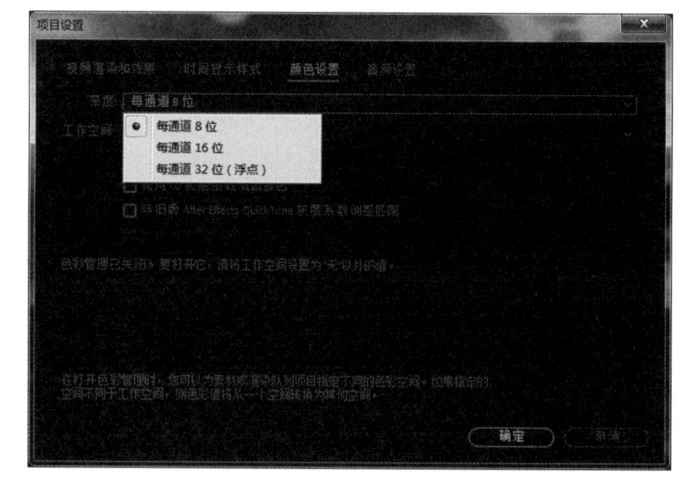

图 10-5

8-bpc 像素的每种颜色通道可以具有从 0（黑色）到 255（纯饱和色）的值。16-bpc 像素的每种颜色通道可以具有从 0（黑色）到 32 768（纯饱和色）的值。如果所有 3 种颜色通道都具有最大纯色值，则结果是白色。32-bpc 像素可以具有低于 0.0 的值和超过 1.0（纯饱和色）的值，因此 After Effects 中的 32-bpc 颜色也是高动态范围（HDR）颜色，比白色更明亮。

基础调色效果

【颜色校正】滤镜提供了【色阶】【曲线】【色相 / 饱和度】3 种效果，这是最基础的调色效果。

10.2.1 色阶

色阶用来表现图像的亮度级别和强弱分布，即色彩分布指数。在数字图像处理软件中，一般指灰度的分辨率，又称幅度分辨率或灰度分辨率。在 After Effects 中，可以通过【色阶】增强图像的明暗对比，如图 10-6 所示。

图 10-6

执行【效果】>【颜色校正】>【色阶】命令，在【效果控件】面板中展开色阶设置界面，如图 10-7 所示。

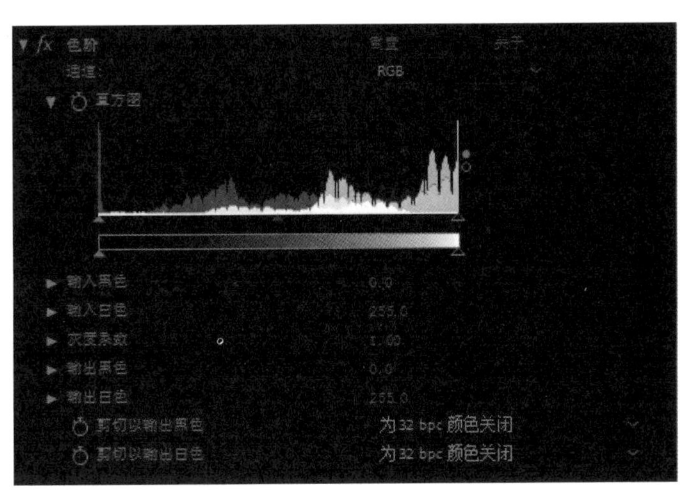

图 10-7

参数详解

通道：在该下拉列表中有 RGB、红色、绿色、蓝色和 Alpha 共 5 种可选通道，用户可以根据需要来进行选择，从而对单独的通道进行调节。

直方图：用户可以通过直方图直观地看到所选图像的颜色分布情况。例如，图像的高光区域、阴影区域及中间调区域的亮度情况。通过对不同部分进行调整来改变图像整体的色彩平衡和色调范围。用户可以通过拖动滑块进行颜色调整，将暗淡的图像调整得更为明亮。从图 10-8 中可以看到，绝大部分像素都集中在直方图的左侧区域，右侧区域分布的像素相对较少，所以照片中呈现出大面积的暗色。

图 10-8

提示

直方图有两种显示类型，单击直方图，可以在这两种类型之间切换：显示所有颜色通道直方图的着色版本和仅显示在“通道”下拉列表中选择的一个或多个通道的直方图。

输入黑色：控制图像中黑色所占的比例。

输入白色：控制图像中白色所占的比例。

灰度系数：控制图像中的灰度，调整图像中阴影部分和高光部分的相对值。

输出黑色：调整整体图像由深到浅的可见度。这个数值越高，图像越亮，直至图像整体变成白色。

输出白色：调整整体图像由浅到深的可见度。这个数值越低，图像越暗，直至图像整体变成黑色。

剪切以输出黑色 / 剪切以输出白色：用于确定明亮度值小于【输入黑色】值或大于【输入白色】值的结果。如果已打开剪切功能，则会将明亮度值小于【输入黑色】值的像素映射到【输出黑色】值，将明亮度值大于【输入白色】值的像素映射到【输出白色】值。如果已关闭剪切功能，则生成的像素值会小于【输出黑色】值或大于【输出白色】值，并且灰度系数值会发挥作用。

提示

【颜色校正】效果还提供了【色阶（单独控件）】效果，该效果是通过对每一个色彩通道的色阶进行单独调整，来设置画面整体效果的，使用方法跟【色阶】基本一致，如图 10-9 所示。

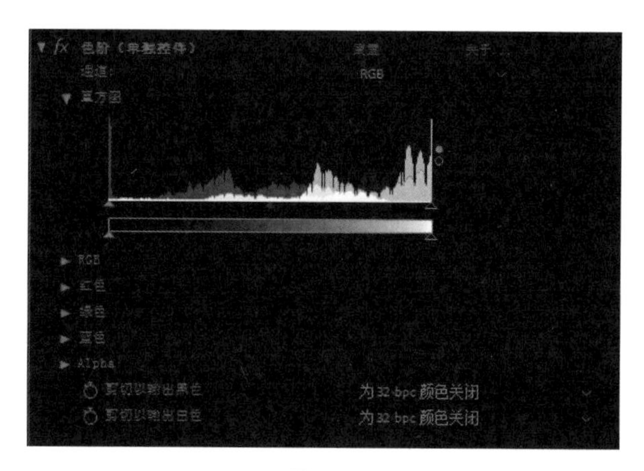

图 10-9

课堂案例 色阶校色

本练习效果如图 10-10 所示。

图 10-10

素材文件	素材文件 \ 第 10 章 \ 色阶校色.mov	扫码观看视频
案例文件	案例文件 \ 第 10 章 \ 色阶校色.aep	
视频教学	视频教学 \ 第 10 章 \ 色阶校色.mp4	
案例要点	掌握使用色阶进行基础校色的方法	

Step 01 打开项目“色阶校色 .aep”，如图 10-11 所示。

Step 02 单击“色阶校色 .jpg”图层，执行【效果】>【颜色校正】>【色阶】命令，设置【输入黑色】值为 12、【输入白色】值为 200、【灰度系数】值为 0.6，如图 10-12 所示。

图 10-11

图 10-12

10.2.2 曲线

在 After Effects 中，用户可以通过曲线灵活地调整图像的色调范围。用户可以使用这一功能对图像整体或对单独的通道进行调整。在精确调整颜色时，用户可以为暗淡的图像赋予新的活力，如图 10-13 所示。

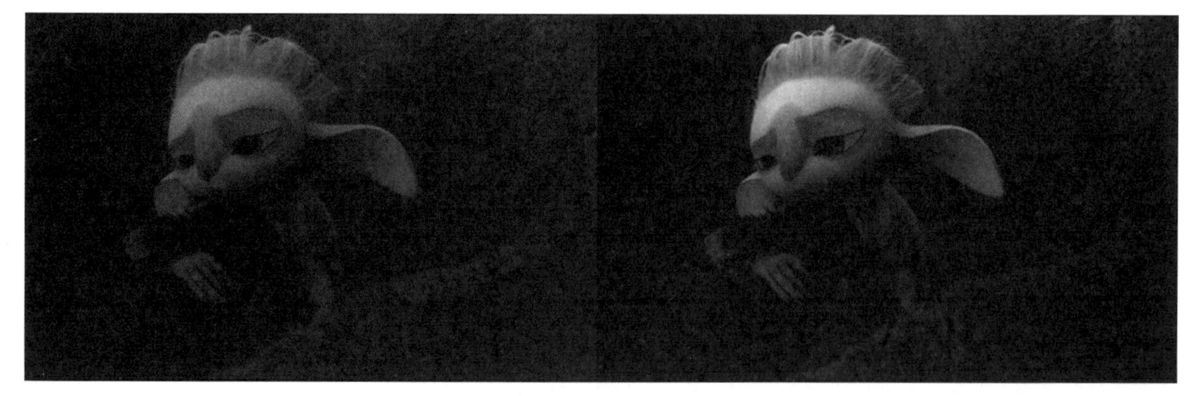

图 10-13

执行【效果】>【颜色校正】>【曲线】命令，在【效果控件】面板中展开曲线设置参数。曲线左下角的端点代表图像中的暗部区域，右上角的端点代表图像中的高光区域。往上移动端点会使图像变亮，往下移动端点会使图像变暗，使用 S 形曲线会增强图像的明暗对比，如图 10-14 所示。

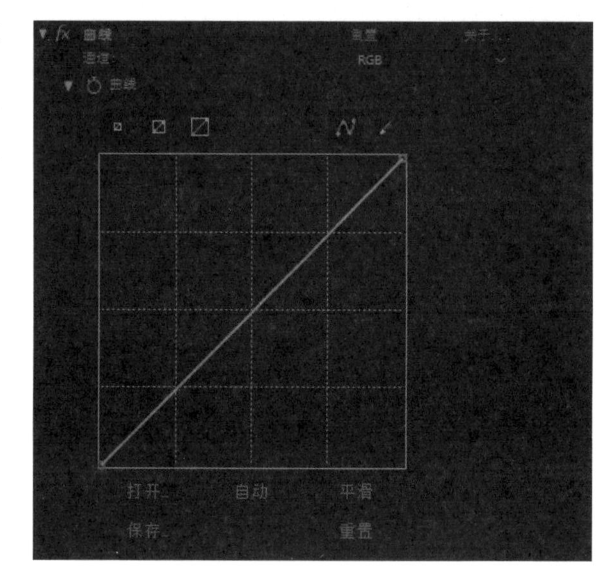

图 10-14

提示

S 形曲线可以降低暗部的亮度值，提高亮部区域的输出亮度，从而增强图像的明暗对比。

参数详解

通道：在该下拉列表中，有 RGB、红色、绿色、蓝色和 Alpha 共 5 种通道可选，用户可以根据需要来进行选择，从而对单独的通道进行调节。

曲线工具：用于在曲线上增加或删减锚点，通过设定不同的锚点，用户可以更加精确地对图像进行调控。

铅笔工具：对曲线进行自定义绘画。

打开：导入之前设定的曲线文件。

保存：对设定好的曲线进行保存。

平滑：对已修改的参数做出缓和处理，使得画面中的效果更加平滑。

自动：自动调整曲线。

重置：对已修改的参数进行还原设置，会把所有参数还原到未修改前的数值。

10.2.3 色相/饱和度

用户可以通过【色相/饱和度】来完成对图像的色彩调节，如图10-15所示。

图10-15

执行【效果】>【颜色校正】>【色相/饱和度】命令，在【效果控件】面板中展开【色相/饱和度】设置界面，如图10-16所示。

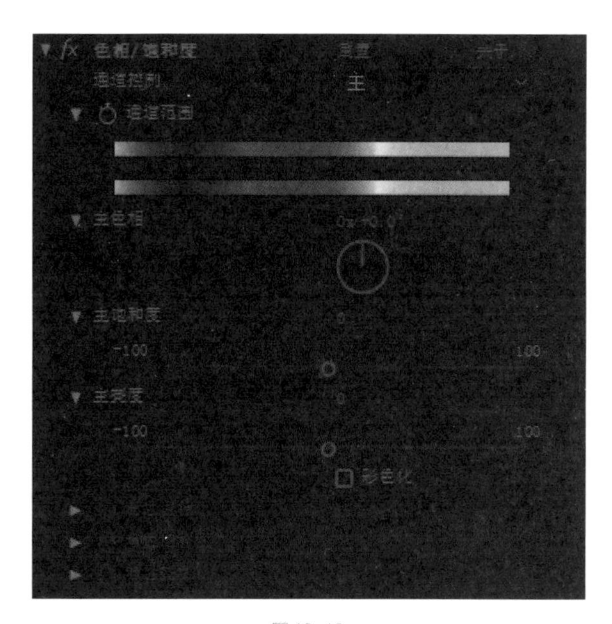

图10-16

参数详解

【着色色相】、【着色饱和度】、【着色亮度】这3个参数需要先选中【彩色化】复选框才可以进行调节。选择【彩色化】复选框，可以为转换为RGB图像的灰度图像添加颜色，或者为RGB图像添加颜色。

通道控制：在该下拉列表中，共有主、红色、黄色、绿色、青色、蓝色、洋红7种通道可选，用户可以通过【通道范围】下方的颜色条查看受影响的颜色范围。

通道范围：对图像的颜色进行最大限度的自主选择，显示通道受到影响的范围。

主色相：用于调整图像的颜色，并可以根据数值进行准确的控制。

主饱和度：用于调整图像的整体饱和度，取值范围为-100～100。当【主饱和度】值为-100时，图像变为黑白图像。

主亮度：用于调整图像的整体亮度，调整范围为-100～100。

着色色相：自主选择所需要的单一色相进行调整。

着色饱和度：对所选色相的饱和度进行调整，取值范围为0～100。

着色亮度：对所选色相的亮度进行调整，取值范围为-100～100。

重置：对已修改的参数进行还原，会把所有参数还原到未修改前的数值。

常用调色效果

10.3.1 亮度和对比度

用户可以通过【亮度和对比度】效果对图像的亮度和对比度进行调整。其中，亮度是指图像的明亮程度，而对比度则是指图像中黑色与白色的分布，即颜色的层次变化。对比度越高，层次变化就越多，色彩表现就越丰富。【亮度和对比度】效果能够同时调整画面的暗部、中间调和亮部区域，但只能针对于单一的颜色通道进行调整，如图 10-17 所示。

参数详解

亮度：用于修改目标图像的整体亮度。

对比度：用于修改目标图像的对比度，可以通过此选项增强图像的层次感，数值越大，对比度越高。

重置：对已修改参数进行还原，会把所有参数还原到未修改前的数值。

图 10-17

10.3.2 色光

用户可以通过【色光】效果对图像取样颜色进行转变，可以使用新的渐变颜色对图像进行上色处理，例如添加彩虹、霓虹灯彩色光的效果，同时可以为其设置动画效果，如图 10-18 所示。

图 10-18

执行【效果】>【颜色校正】>【色光】命令，在【效果控件】面板中展开【色光】设置界面，如图 10-19 所示。

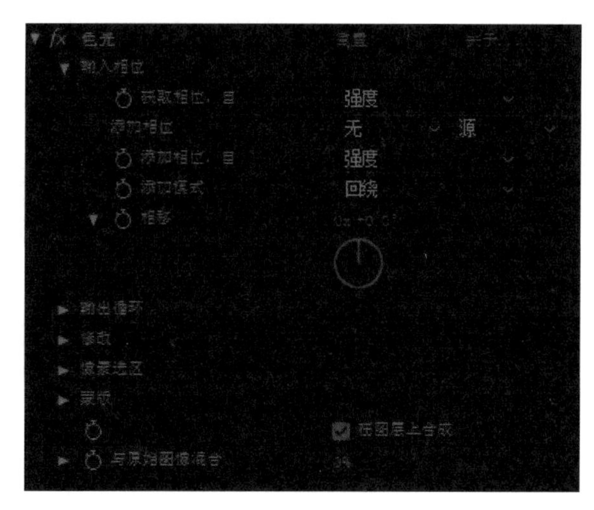

图 10-19

参数详解

输入相位：用于对图像颜色进行调整，共有 5 个可调整选项。【获取相位，自】用于自行选择由哪一类元素产生采光，提供了 10 种可选模式；【添加相位】用于更改图像颜色的来源位置和信息；【添加相位，自】用于指定由哪一个通道添加色彩，提供了 10 种可选模式；【添加模式】用于指定采光的添加模式，提供了 4 种模式；【相移】用于通过参数调整来进行图像颜色的改变。

输出循环：对图像颜色进行自定义设置，如相位、颜色、风格等，共有 4 个可调整选项。【使用预设调板】用于进行图像风格的选择，一共提供了 33 种风格；【输出循环】用于进行自定义颜色的设置；【循环重复次数】用于对循环次数进行更改，数值越高，图像中的杂点越明显；【插值调板】默认为选中状态，颜色会产生均匀的过渡效果。

修改：对图像颜色参数进行更改，共提供了 3 个选项。【修改】可以对图像的不同通道进行调整，提供了 14 个选项；【修改 Alpha】可以对图像的 Alpha 通道进行变更；【更改空像素】用于设置是否对空像素进行更改。

像素选区：对图像中的色彩影响范围进行调整，共提供了 4 个选项。【匹配颜色】选项可以对彩色光的颜色进行指定。【匹配容差】选项可以对颜色容差进行调整，容差越大，图像颜色范围越广；容差越小，图像颜色范围越小，取值范围为 0 至 1；【匹配柔和度】选项可以对图像的柔和度进行调整，柔和度会随着该值的增大而增大，受影响的区域与未受影响的区域将产生柔和的过渡；【匹配模式】用于设置颜色匹配模式。

蒙版：对图像进行蒙版的添加，共提供了 3 个选项。【蒙版图层】用于更改蒙版图层；【蒙版模式】用于设置蒙版的计算方式，共有 5 种模式。

在图层上合成：使蒙版图层在原始图层上进行合成。

与原始图像混合：完成自定义效果与原图像的混合，取值范围为 0 ~ 100%。

重置：对已修改参数进行还原，会把所有参数还原到未修改前的数值。

10.3.3 阴影/高光

【阴影 / 高光】效果可以用来完成对图像阴影和高光区域的调整。在高光调控部分，用户可以调整高光区域的层次和颜色，而且这一调整不会影响图像的阴影部分。在阴影调控部分，用户可以根据自身需求更改阴影部分的曝光值。使用该效果可调整图像中由于灯光太过强烈产生的灯光轮廓，或者图像中阴影区域不清楚的部分，如图 10-20 所示。

图 10-20

执行【效果】>【颜色校正】>【阴影/高光】命令，在【效果控件】面板中展开【阴影/高光】设置界面，如图 10-21 所示。

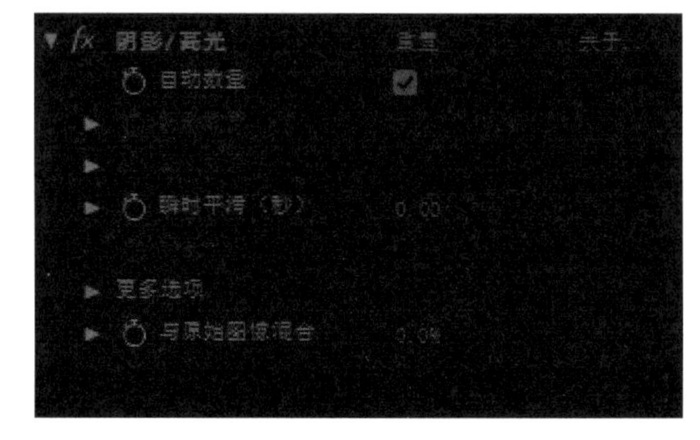

图 10-21

参数详解

自动数量：通过分析当前画面自动调整画面中阴影和高光的数量。需要注意的是，如果用户选择使用系统自动提供的参数，则不可以自行更改【阴影数量】、【高光数量】这两个参数值。

阴影数量：决定阴影在图像中所占的比例，数值越大，阴影区域越亮。

高光数量：决定高光在图像中所占的比例。只对图像的亮部进行调整，数值越大，高光区域越暗。

瞬时平滑（秒）：更改图像的平滑程度。

场景检测：检测所选场景。

更多选项：更改更多的参数设置，包含【阴影色调宽度】【阴影半径】【高光色调宽度】【高光半径】【颜色校正】【中间调对比度】【修剪黑色】【修剪白色】等 8 种可调参数。

与原始图像混合：决定修改后的效果图与原图像的融合程度，取值范围为 0 ~ 100%。

重置：对已修改参数进行还原，会把所有参数还原到未修改前的数值。

10.3.4 色调

【色调】效果可以将画面的黑色部分和白色部分使用指定的颜色进行替代。执行【效果】>【颜色校正】>【色调】命令，在【效果控件】面板中展开【色调】设置界面，如图 10-22 所示。

参数详解

将黑色映射到：指定图像中的黑色替代选定颜色。

将白色映射到：指定图像中的白色替代选定颜色。

着色数量：设置图像的染色程度，100% 为完全染色状态，0 为不染色。

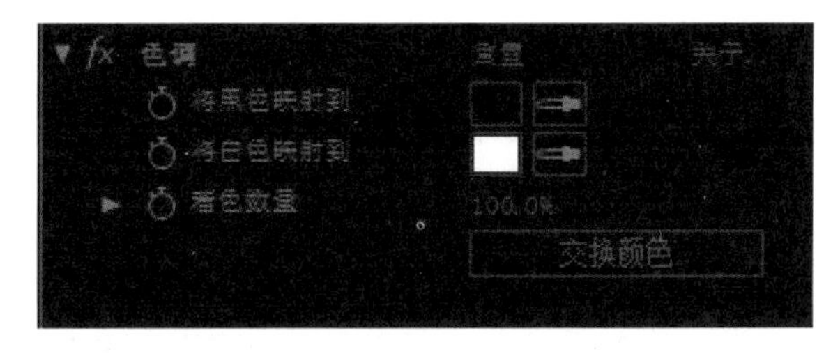

图 10-22

10.3.5 三色调

用户可以通过【三色调】效果来完成对图像中高光、中间调和阴影颜色的替换，如图 10-23 所示。

图 10-23

执行【效果】>【颜色校正】>【三色调】命令，在【效果控件】面板中展开【三色调】设置界面，如图 10-24 所示。

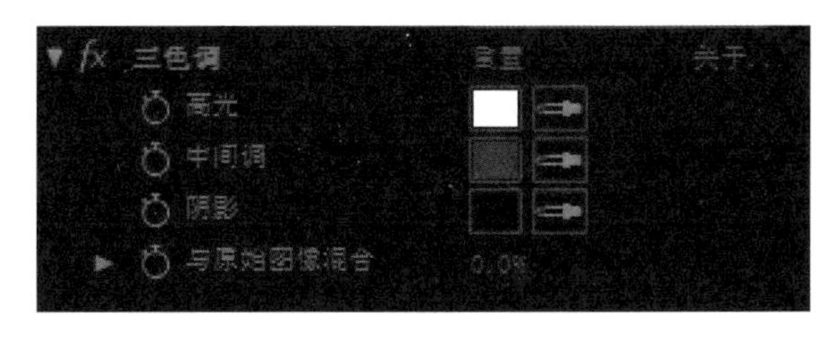

图 10-24

参数详解

高光：对图像中高光区域的颜色进行更改。

中间调：对图像中间调区域的颜色进行更改。

阴影：对图像中阴影区域的颜色进行更改。

与原始图像混合：决定修改后的效果与原始图像的混合程度，取值范围为 0 ~ 100%。

重置：对已修改参数进行还原，会把所有参数还原到未修改前的数值。

10.3.6 照片滤镜

用户可以通过【照片滤镜】效果为图像添加滤镜，以使图像色调统一，如图 10-25 所示。

图 10-25

执行【效果】>【颜色校正】>【照片滤镜】命令，在【效果控件】面板中展开【照片滤镜】设置界面，如图 10-26 所示。

图 10-26

参数详解

滤镜：为图像添加需要的颜色滤镜，共有 20 种默认效果及自定义选项供用户选择。

颜色：设置所选滤镜的颜色。注意：【颜色】只有在【滤镜】下拉列表中选择【自定义】选项时才可以激活【颜色】选项，变更颜色。

密度：更改颜色的附着强度，颜色强度会随着此值的增大而增大。调整范围为 0 ~ 100%。

保持发光度：对图像的整体亮度进行调控，可以在改变颜色的情况下仍旧保持原有的明暗关系。

重置：对已修改参数进行还原，会把所有参数还原到未修改前的数值。

10.3.7 颜色平衡

用户可以通过【颜色平衡】效果控制红、绿、蓝在阴影、中间调和高光部分的比例来完成对图像色彩平衡的调整，如图 10-27 所示。

图 10-27

执行【效果】>【颜色校正】>【颜色平衡】命令，在【效果控件】面板中展开【颜色平衡】设置界面，如图 10-28 所示。

图 10-28

参数详解

阴影红色平衡：设置阴影区域的红色平衡值，取值范围为 -100 ~ 100。

阴影绿色平衡：设置阴影区域的绿色平衡值，取值范围为 -100 ~ 100。

阴影蓝色平衡：设置阴影区域的蓝色平衡值，取值范围为 -100 ~ 100。

中间调红色平衡：设置中间调区域的红色平衡值，取值范围为 -100 ~ 100。

中间调绿色平衡：设置中间调区域的绿色平衡值，取值范围为 -100 ~ 100。

中间调蓝色平衡：设置中间调区域的蓝色平衡值，取值范围为 -100 ~ 100。

高光红色平衡：设置高光区域的红色平衡值，取值范围为 -100 ~ 100。

高光绿色平衡：设置高光区域的绿色平衡值，取值范围为 -100 ~ 100。

高光蓝色平衡：设置高光区域的绿色平衡值，取值范围为 -100 ~ 100。

保持发光度：用于设置是否保持原图像亮度。

重置：对已修改参数进行还原，会把所有参数还原到未修改前的数值。

10.3.8 更改颜色

用户可以通过【更改颜色】效果来完成对图像颜色的改变，也可以将画面中的某个特定颜色置换成另一种颜色，如图 10-29 所示。

执行【效果】>【颜色校正】>【更改颜色】命令，在【效果控件】面板中展开【更改颜色】设置界面，如图 10-30 所示。

图 10-29

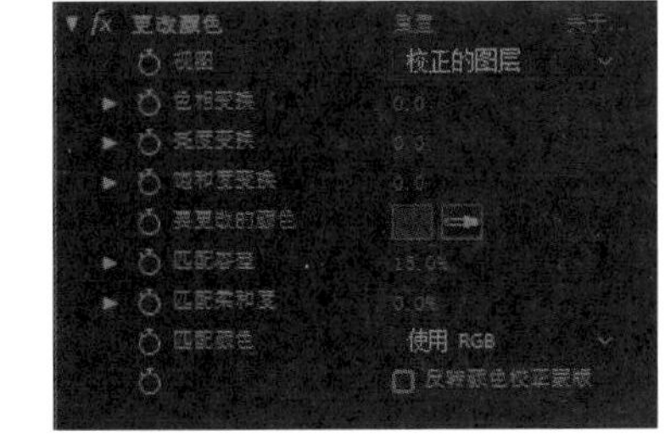

图 10-30

参数详解

视图：设置查看图像的方式。【校正的图层】用来观察色彩校正后的显示效果；【颜色校正蒙版】用来观察蒙版效果，也就是图像中被改变的区域。

色相变换：用于对图像的色相进行调整。

亮度变换：用于对图像的亮度进行调整。

饱和度变换：用于对图像的饱和度进行调整。

要更改的颜色：用于指定替换的颜色。

匹配容差：用于对图像颜色容差进行匹配，即指定颜色的相似程度，取值范围为 0 ~ 100%。此参数数值越大，被更改的区域越大。

匹配柔和度：用于对图像的色彩柔和度进行调节，取值范围为 0 ~ 100%。

匹配颜色：用于对颜色的匹配模式进行设置，共 3 种模式。

反转颜色校正蒙版：对蒙版进行反转，从而反转色彩校正的范围。

重置：对已修改参数进行还原，会把所有参数还原到未修改前的数值。

10.3.9 自动颜色、自动色阶、自动对比度

1. 自动颜色

用户可以通过【自动颜色】效果对目标图像自动校正匹配颜色，省去了用户手动调整的步骤，节约了用户的时间。【自动颜色】效果可以对图像中的阴影、中间调和高光进行分析，然后自动调节图像中的对比度和颜色。

执行【效果】>【颜色校正】>【自动颜色】命令，在【效果控件】面板中展开【自动颜色】设置界面，如图 10-31 所示。

图 10-31

参数详解

瞬时平滑（秒）：用于指定围绕当前帧的持续时间。

场景检测：默认为非选择状态，将忽略不同场景中的帧。

修剪黑色：用于对图像中黑色所占的比例进行调整，取值范围为 0 ~ 10%。

修剪白色：用于对图像中白色所占的比例进行调整，取值范围为 0 ~ 10%。

对齐中性中间调：默认为非选择状态，选中该复选框，将确定一个接近中性色彩的平均值，使图像整体色彩保持平衡。

与原始图像混合：对修改后和未修改的图像进行混合，取值范围为 0 ~ 100%。

重置：对已修改参数进行还原，会把所有参数还原到未修改前的数值。

2. 自动色阶

用户可以通过【自动色阶】效果自动校正目标图像的色阶，省略了用户手动调整的步骤，节约了用户的时间。【自动色阶】效果可以按比例分布中间色阶，并自动修剪白色和阴影。

执行【效果】>【颜色校正】>【自动色阶】命令，在【效果控件】面板中展开【自动色阶】设置界面，如图 10-32 所示。

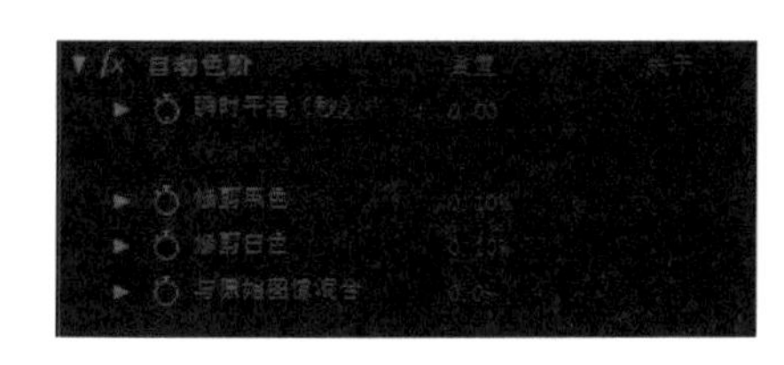

图 10-32

参数详解

瞬时平滑（秒）：用于指定围绕当前帧的持续时间。

场景检测：默认为非选择状态，将忽略不同场景中的帧。

修剪黑色：对图像中黑色所占的比例进行调整，取值范围为 0 ~ 10%。

修剪白色：对图像中白色所占的比例进行调整，取值范围为 0 ~ 10%。

与原始图像混合：对修改后和未修改的图像进行混合，调整范围为 0 ~ 100%。

重置：对已修改参数进行还原，会把所有参数还原到未修改前的数值。

3. 自动对比度

用户可以通过【自动对比度】效果自动校正目标图像的色彩对比度和颜色混合度，省略了用户手动调整的步骤，节约了用户的时间。

执行【效果】>【颜色校正】>【自动对比度】命令，在【效果控件】面板中展开【自动对比度】设置界面，如图 10-33 所示。

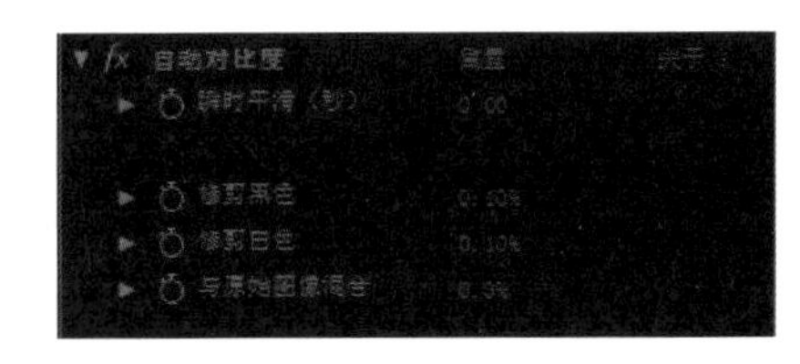

图 10-33

参数详解

瞬时平滑（秒）：用于指定围绕当前帧的持续时间。

场景检测：默认为非选择状态，将忽略不同场景中的帧。

修剪黑色：对图像中黑色所占的比例进行调整，取值范围为 0 ~ 10%。

修剪白色：对图像中白色所占的比例进行调整，取值范围为 0 ~ 10%。

与原始图像混合：对修改后和未修改的图像进行混合，取值范围为 0 ~ 100%。

重置：对已修改参数进行还原，会把所有参数还原到未修改前的数值。

课堂案例 复古校色

素材文件	素材文件 \ 第 10 章 \ 复古校色.mp4	扫码观看视频
案例文件	案例文件 \ 第 10 章 \ 复古校色.aep	
视频教学	视频教学 \ 第 10 章 \ 复古校色.mp4	
案例要点	掌握利用色相、饱和度、对比度调整图像色彩的方法	

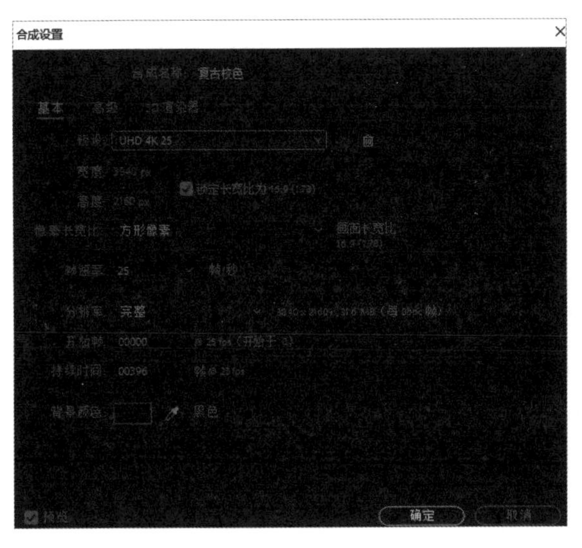

图 10-34

Step 01 将【项目】面板中的素材“复古校色.mp4”拖到【新建合成】按钮上，按 Ctrl+K 组合键，打开【合成设置】对话框，将【合成名称】设置为“复古校色”，如图 10-34 所示。

Step 02 在【时间轴】面板上单击鼠标右键，在弹出的快捷菜单中执行【新建】>【调整图层】命令，创建“调整图层 1”，如图 10-35 所示。

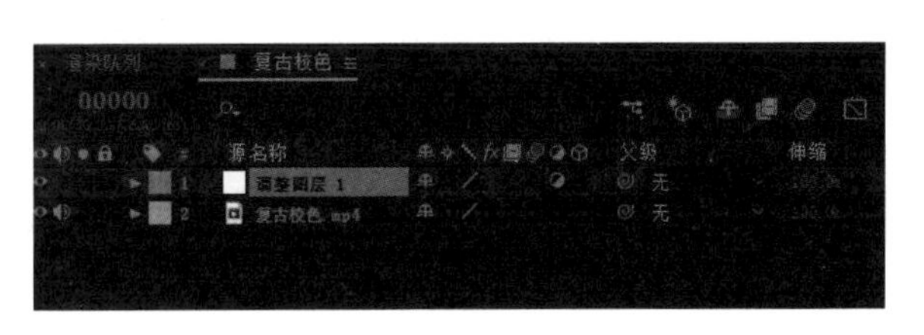

图 10-35

Step 03 单击“调整图层 1”图层，执行【效果】>【颜色校正】>【亮度和对比度】命令，设置【亮度】值为 20、【对比度】值为 -20，如图 10-36 所示。

Step 04 单击“调整图层 1”图层，执行【效果】>【颜色校正】>【色相 / 饱和度】命令，设置【主色相】为 0x-10.0°、【主饱和度】值为 -20、【主亮度】值为 10，如图 10-37 所示。

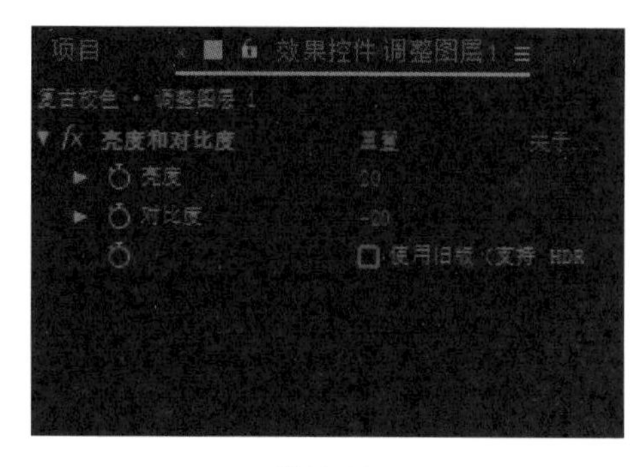

图 10-36

图 10-37

Step 05 执行【效果】>【模糊与锐化】>【摄像机镜头模糊】命令，设置【模糊半径】值为 2，如图 10-38 所示。

Step 06 执行【效果】>【杂色和颗粒】>【添加颗粒】命令，设置【查看模式】为【最终输出】、【预设】为【Eastman EXR 500T】、【强度】值为 1.5、【大小】值为 1.2、【动画速度】值为 0.7，如图 10-39 所示。

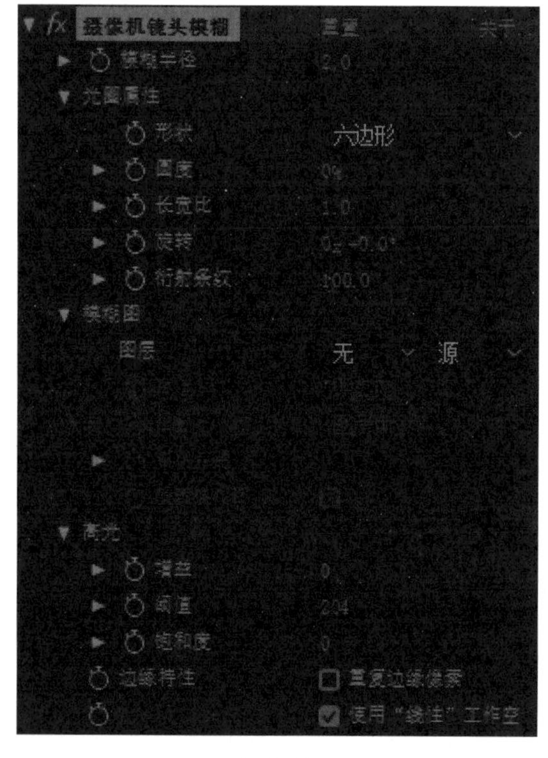

图 10-38

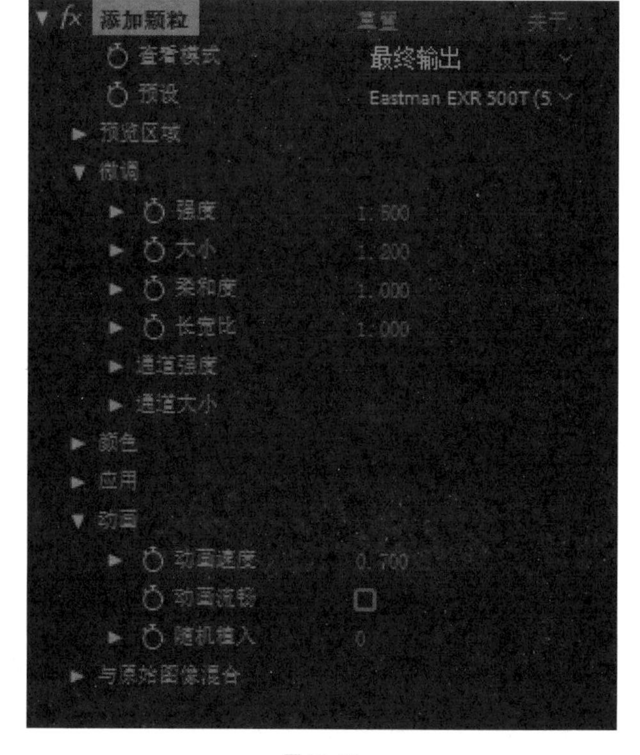

图 10-39

Step 07 按 0 键，预览视频，最终效果如图 10-40 所示。

图 10-40

课堂练习 日夜转换

素材文件	素材文件 \ 第 10 章 \ 前景.mp4 和背景.mp4
案例文件	案例文件 \ 第 10 章 \ 日夜转换.aep
视频教学	视频教学 \ 第 10 章 \ 日夜转换.mp4
练习要点	日夜转换是一种较为常见的后期处理技术，本案例可以加深读者对【色阶】、【曝光度】、【色相 / 饱和度】等校色效果的理解，掌握颜色校正与跟踪遮罩的结合使用

扫码观看视频

1. 练习思路

- 根据视频素材设置项目。
- 使用色彩校正参数提取需要的颜色通道。
- 将颜色通道作为蒙版结合前后景调整图像色调。
- 对整体素材进行校色处理，使画面统一。

2. 制作步骤

（1）设置项目

Step 01 创建项目，设置项目名称为“日夜转换”。

Step 02 新建合成。在【合成设置】对话框中，设置【合成名称】为“日夜转换”、【预设】为【UHD 4K 29.97】，如图 10-41 所示。

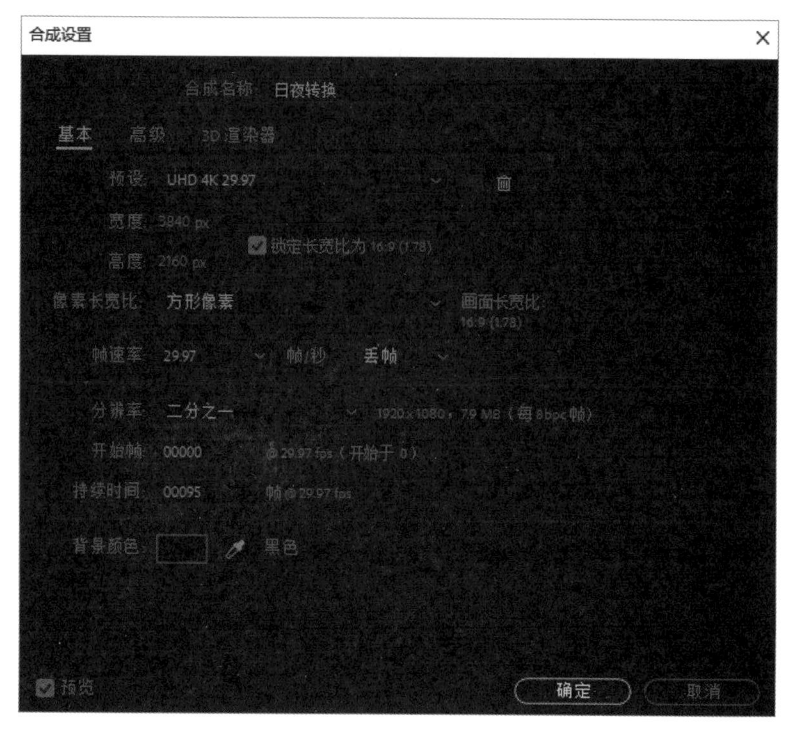

图 10-41

Step 03 双击【项目】面板，导入素材“前景.mp4”和“背景.mp4”，将素材“前景.mp4”和“背景.mp4”拖进【时间轴】面板中，将 [前景.mp4] 图层置于上层，并将 [背景.mp4] 图层的起始位置在【时间轴】面板中向后拖到 0:00:00:24 位置，如图 10-42 所示。

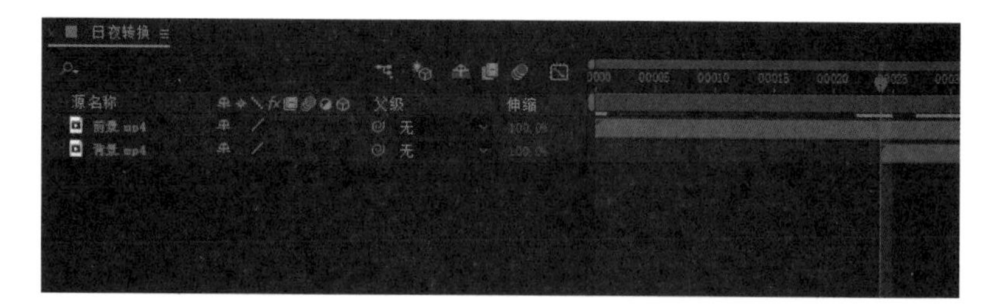

图 10-42

（2）提取通道

Step 01 单击“前景.mp4”图层，按 Ctrl+D 组合键复制图层，将新图层命名为“通道”，如图 10-43 所示。

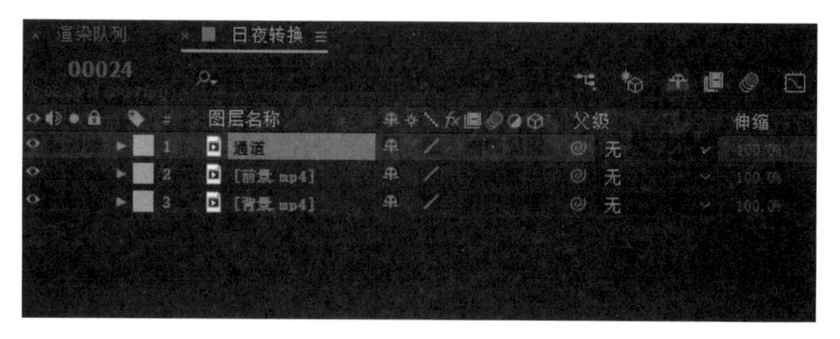

图 10-43

Step 02 单击“通道”图层，执行【效果】>【颜色校正】>【色相/饱和度】命令，设置【主饱和度】值为 -100，如图 10-44 所示。

Step 03 单击“[前景.mp4]”图层，将跟踪遮罩设置为【亮度反转遮罩】，如图 10-45 所示。

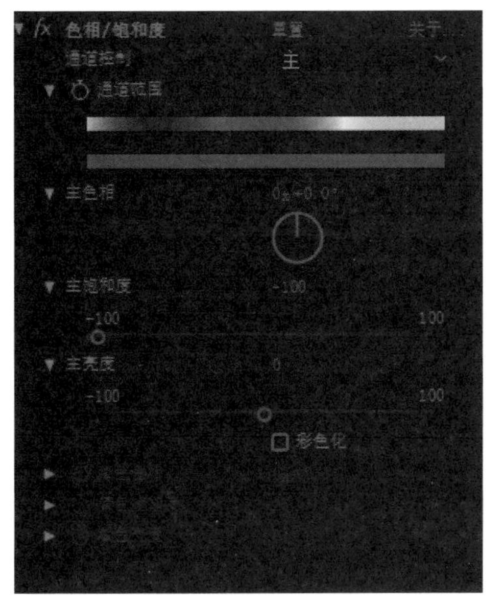

图 10-44

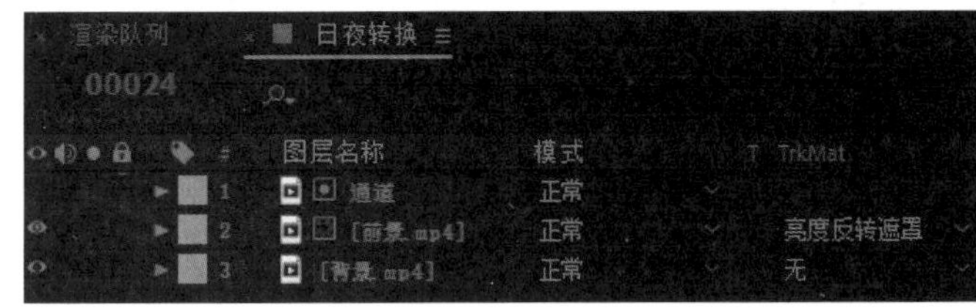

图 10-45

(3) 匹配素材

Step 01 单击“通道”图层，执行【效果】>【颜色校正】>【曝光度】命令，将当前时间指示器移动到【时间轴】面板中的 0:00:00:24 位置，单击【曝光度】属性的时间变化秒表，设置【曝光度】值为 -30，如图 10-46 所示。

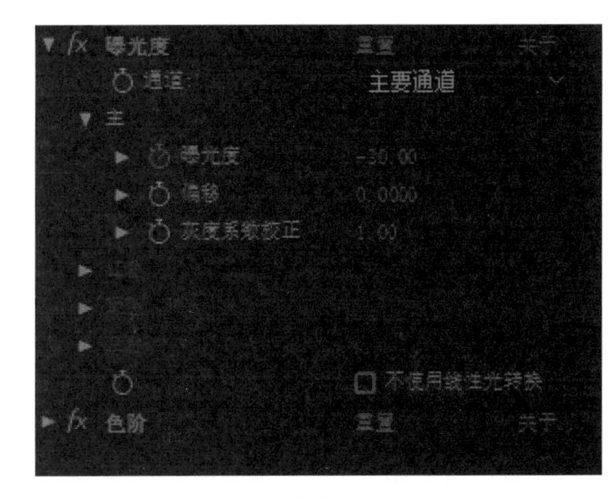

图 10-46

Step 02 将当前时间指示器移动到 0:00:02:00 位置，将【曝光度】值设置为 20；将当前时间指示器移动到 0:00:02:15 位置，将【曝光度】值设置为 40，如图 10-47 所示。

图 10-47

Step 03 单击“通道”图层，执行【效果】>【颜色校正】>【曝光度】命令，将【输出白色】设置为 150，如图 10-48 所示。

Step 04 单击 [前景 .mp4] 图层，按 T 键，展开【不透明度】属性，将当前时间指示器移动到 0:00:02:00 位置，单击【不透明度】的时间变化秒表，将当前时间指示器移动到 0:00:02:15 位置，将【不透明度】值设置为 0，如图 10-49 所示。

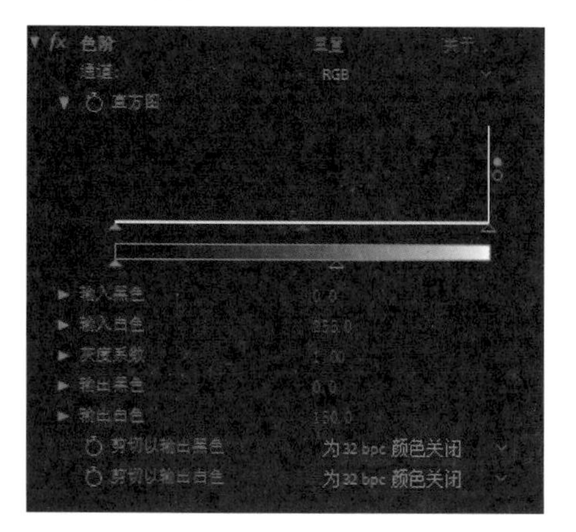

图 10-48

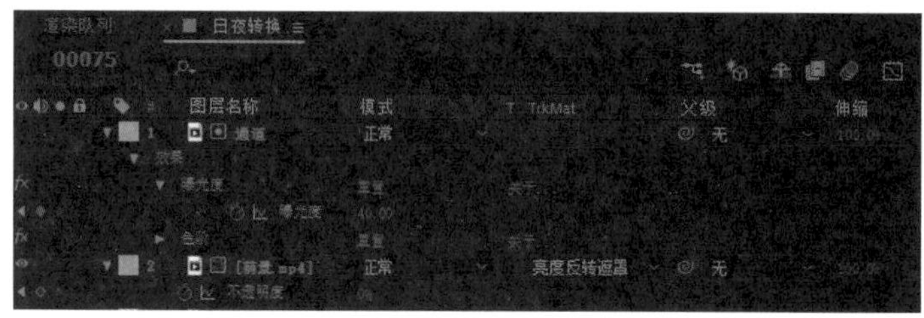

图 10-49

Step 05 按 0 键预览，案例最终效果如图 10-50 所示。

图 10-50

课后习题

一、选择题

1. 色彩三要素中不包括下列的（　　）。

A. 明度

B. 饱和度

C. 对比度

D. 色调

2. 8-bpc 像素每种颜色通道值的范围是（　　）。

A. 0 ~ 1

B. 0 ~ 16

C. 0 ~ 32

D. 0 ~ 255

3. After Effects 中使用的三原色是（　　）。

A. 红、黄、蓝

B. 红、绿、黄

C. 红、绿、蓝

D. 黄、绿、蓝

4. 想要使色彩在空间上给人靠前的感觉，需要（　　）。

A. 低纯度的冷色

B. 低纯度的暖色

C. 高纯度的冷色

D. 高纯度的暖色

5. 【自动对比度】效果控件的功能有（　　）。

A. 自动匹配画面颜色的曝光度

B. 自动匹配画面色彩的纯度

C. 自动匹配画面颜色的混合度

D. 自动匹配画面颜色的饱和度

二、填空题

1. 颜色深度（或位深度）是用于表示像素颜色的 ________（bpc）。

2. 在【色阶】的【效果控件】面板中，用户可以通过 ________ 选项控制图像中黑色所占的比例。

3. 在【曲线】的【效果控件】面板中，________ 曲线类型可以增强图像的明暗对比。

4. 在【色相/饱和度】的【效果控件】面板中，使用 ________ 选项可以自主选择所需的单一色相进行调整。

5. 使用 ________ 效果可以将画面的黑色部分和白色部分使用指定的颜色进行替代。

三、简答题

1. 简述间色和复色的区别。

2. 简述更改颜色的流程。

3. 简述【阴影/高光】与【三色调】效果的区别。

四、案例习题

素材文件：练习文件 \ 第 10 章 \ 大河.mov。

效果文件：练习文件 \ 第 10 章 \ 第 10 章 \ 案例习题.mov，如图 10-51 所示。

练习要点：分析素材，有目的地综合运用所学的各种校色效果控件，以达到良好的效果。

图 10-51

Chapter 11

第11章 抠像

抠像技术被广泛用于电影电视行业中，是一种将人物角色等要素从源素材中提取出来的常用手段。很多软件都内置了一些便捷的抠像工具，After Effects 也不例外。本章将从抠像的基础原理讲起，介绍 After Effects 中各种抠像工具的功能和应用场景，通过案例来训练大家对不同素材运用相应的抠像技巧。

AFTER EFFECTS

学习目标

- 掌握各种抠像控件的特性
- 了解各种抠像控件的使用方法
- 了解抠像技术在合成中的应用

技能目标

- 掌握蒙版与抠像相结合的抠像技巧
- 掌握细节部分的抠像技巧
- 掌握多种抠像工具结合使用的技巧

11.1 抠像技术介绍

“抠像”一词是从早期电视制作中得来的，英文称为“Key”，意思是吸取画面中的某一种颜色作为透明色，将它从画面中抠去，从而使背景透出来。在后期制作中加入新的背景，可以形成特殊的图像合成效果。为了方便后期更干净地去除背景颜色，同时不影响主体的颜色表现，通常情况下，一般选用背景颜色单纯、均匀的拍摄素材。无论是“抠蓝”还是“抠绿”，为了使光线布置得尽可能均匀，往往会在摄影棚内进行拍摄，如图 11-1 所示。

图 11-1

11.2 抠像效果组

在After Effects中，抠像是使图像中的某一部分透明，将所选颜色或亮度从图像中去除，实现背景透明化的处理。用户可以直接对一段视频做处理，这就极大地缩短了后期制作的时间，最终的抠像结果由前期拍摄素材的质量和后期制作的抠像技术共同决定，是一种非常有效的实用技术。

用户可以在【时间轴】面板中选择需要添加抠像效果的图层，执行【效果】>【抠像】命令，可以看到 Affter Effects 为用户提供了 10 种抠像处理效果，如图 11-2 所示。

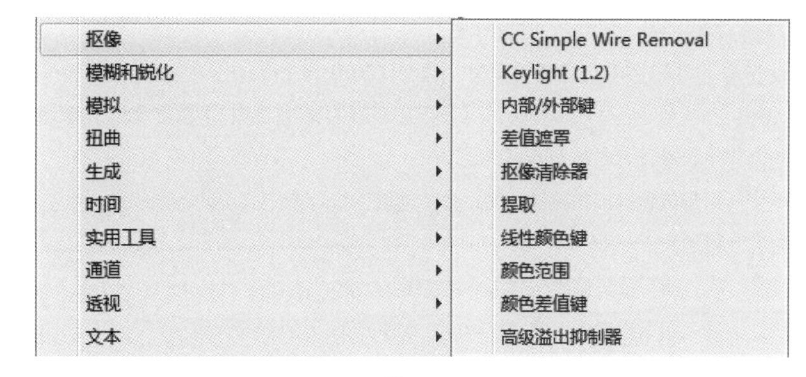

图 11-2

11.2.1 颜色键

使用【颜色键】抠像可以抠出与指定颜色相似的像素，是基础的抠像效果，如图 11-3 所示。

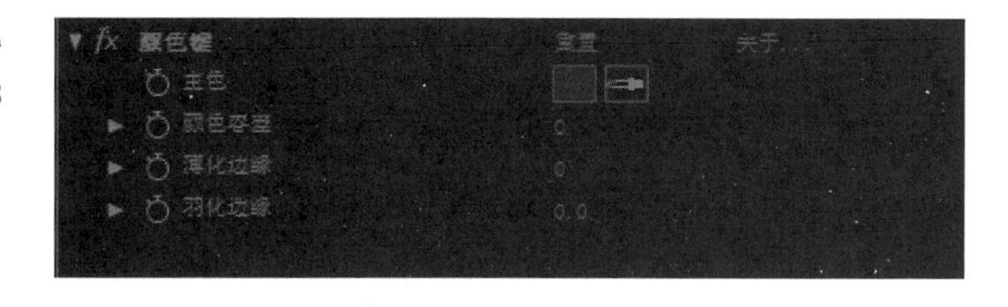

图 11-3

参数详解

主色：用于指定键出的颜色，单击【吸管工具】按钮，可以吸取屏幕上的颜色，也可以在【主色】色板中指定颜色。

颜色容差：用于设置抠取的颜色范围。数值越低，接近指定颜色的范围越小；数值越大，接近指定颜色的范围越大，抠取的颜色范围越大。

薄化边缘：用于设置抠出区域的边界宽度。

羽化边缘：用于设置边缘的柔化程度，数值越高，边缘越模糊。

提示

从 2013 年 10 月的 After Effects CC 开始，该抠像效果已被移到旧版效果类别。

11.2.2 亮度键

使用【亮度键】抠像可以抠出画面中指定亮度的区域，适用于保留区域的图像与抠除背景区域的亮度差异明显的素材，如图 11-4 所示。

图 11-4

参数详解

键控类型：用于指定亮度键的类型，【抠出较暗区域】将抠出颜色更暗的区域；【抠出较亮区域】将抠出颜色更亮的区域；【抠出亮度相似的区域】将抠出与【阈值】接近的亮度区域；【抠出亮度不同的区域】将保留与【阈值】接近的亮度区域。

阈值：用于设置遮罩基于的明亮度。

容差：用于设置键出的亮度范围。数值越低，接近指定亮度的范围越小；数值越大，接近指定亮度的范围越大，键出的亮度范围越大。

薄化边缘：用于设置键出区域边界的宽度。

羽化边缘：用于设置边缘的柔化程度，数值越高，边缘越模糊。

提示

从2013年10月的After Effects CC开始，【亮度键】抠像已被移到旧版效果类别。使用【颜色键】和【亮度键】进行抠像时，对于抠像素材的要求相对较高，只适合抠出保留区域和抠出区域颜色或明度差异明显的素材，并且只能产生透明和不透明两种效果。对于背景复杂的素材，这两种抠像方式一般得不到很好的效果。

11.2.3 颜色范围

使用【颜色范围】抠像可以在Lab、YUV或RGB颜色空间中指定抠出的颜色范围。对于包含多种颜色或亮度不均匀的背景，可以创建透明效果，如图11-5所示。

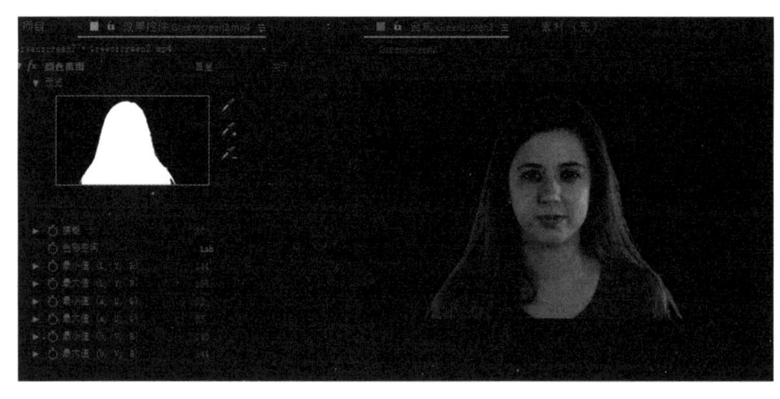

图11-5

参数详解

预览：查看图像的键出情况。黑色部分为抠出区域，白色部分为保留区域，灰色部分是过渡区域。

模糊：用于设置边缘的柔化程度。

色彩空间：指定键出颜色的模式，包括Lab、YUV、RGB三种模式。

最小值（L,Y,R）和最大值（L,Y,R）：指定颜色空间的第一个分量。最小值用于设置颜色范围的起始颜色，最大值用于设置颜色范围的结束颜色。

最小值（a,U,G）和最大值（a,U,G）：用于设置指定颜色空间的第二个分量。最小值用于设置颜色范围的起始颜色，最大值用于设置颜色范围的结束颜色。

最小值（b,V,B）和最大值（b,V,B）：用于设置指定颜色空间的第三个分量。最小值用于设置颜色范围的起始颜色，最大值用于设置颜色范围的结束颜色。

使用【主色吸管】可以吸取图像中最大范围的颜色，使用【加色吸管】可以继续添加抠出范围的颜色，使用【减色吸管】可以减去抠出范围中的颜色。

11.2.4 颜色差值键

用户可以通过【颜色差值键】将图像划分为A、B两个蒙版来创建透明度信息。蒙版B是用于指定键出颜色，蒙版A使透明度基于不含第二种颜色的图像区域。结合蒙版A和B即可创建α蒙版。【颜色差值键】适合处理带有透明和半透明区域的图像，如图11-6所示。

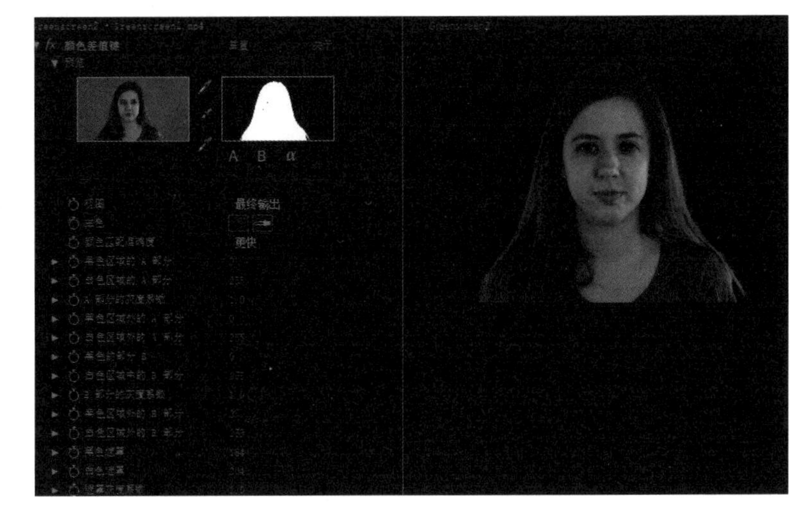

图11-6

参数详解

视图：用于设置图像在面板中的查看模式，系统一共提供了9种样式。

主色：用于指定键出的颜色，单击【吸管工具】按钮，可以吸取屏幕上的颜色，也可以单击【键颜色】色板指定颜色。

颜色匹配准确度：用于对图像中颜色的精确度进行调整，可以通过【更准确】选项来实现一定程度的溢出控制，系统提供了【更快】和【更准确】两种模式。

黑色区域的A部分：用于控制A通道中的透明区域。

白色区域的A部分：用于控制A通道的不透明区域。

A部分的灰度系数：用于对图像中的灰度值进行平衡调整。

黑色区域外的A部分：用于控制A通道中透明区域的不透明度。

白色区域外的A部分：用于控制A通道中不透明区域的不透明度。

黑色的部分B：用于控制B通道中的透明区域。

白色区域中的B部分：用于控制B通道中的不透明区域。

B部分的灰度系数：用于对图像中的灰度值进行平衡调整。

黑色区域外的B部分：用于控制B通道中透明区域的不透明度。

白色区域外的B部分：用于控制B通道中不透明区域的不透明度。

黑色遮罩：用于控制透明区域的范围。

白色遮罩：用于控制不透明区域的范围。

遮罩灰度系数：用于对图像透明区域和不透明区域的灰度值进行平衡调整。

11.2.5 线性颜色键

使用【线性颜色键】可将图像中的每个像素与指定的键出颜色进行比较，如果像素的颜色与键出颜色相同，则此像素将完全透明；如果此像素与键出颜色完全不同，则此像素将保持不透明度；如果此像素与键出颜色相似，则此像素将变半透明。选择【线性颜色键】抠像效果，将显示两个缩略图像，左侧的缩略图显示的是原始图像，右侧的缩略图显示的是抠像结果，如图 11-7 所示。

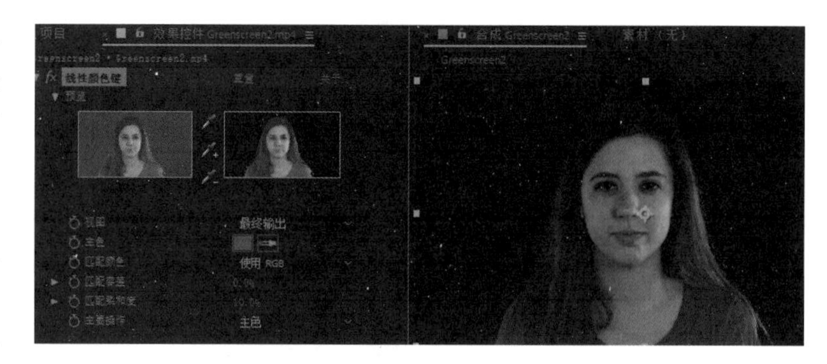

图 11-7

参数详解

视图：用于设置图像的查看方式，包括【最终输出】、【仅限源】和【仅限遮罩】3 种方式。

主色：用于指定键出的颜色，单击【吸管工具】按钮，可以吸取屏幕上的颜色，也可以单击【主色】色板指定颜色。

匹配颜色：用于设置抠像的颜色空间，一共有 3 种模式供用户选择，分别为【使用 RGB】、【使用色相】、【使用色度】，一般情况下，使用默认的 RGB 即可。

匹配容差：用于对键出颜色的范围进行调整，数值越大，被键出的范围越大。

匹配柔和度：设置透明区域与不透明区域的柔和度，通过减少容差值来柔化匹配容差。

主要操作：设置指定颜色的操作方式，有【主色】和【保持颜色】两种方式。【主色】用于设置移除的色彩，【保持颜色】用于设置保留的颜色。

课堂练习 线性颜色键抠像

素材文件	素材文件 \ 第 11 章 \ 线性颜色键.mp4	扫码观看视频
案例文件	案例文件 \ 第 11 章 \ 线性颜色键.aep	
视频教学	视频教学 \ 第 11 章 \ 线性颜色键.mp4	
案例要点	掌握使用【线性颜色键】抠像的方法	

Step 01 打开项目“线性颜色键.aep”，将素材拖到【新建合成】按钮上，依据素材格式创建合成，设置【合成名称】为“线性颜色键”，如图 11-8 所示。

Step 02 使用【钢笔工具】围绕角色绘制蒙版，确定抠像范围，拖动当前时间指示器，确保角色完全容纳在蒙版内部，如图 11-9 所示。

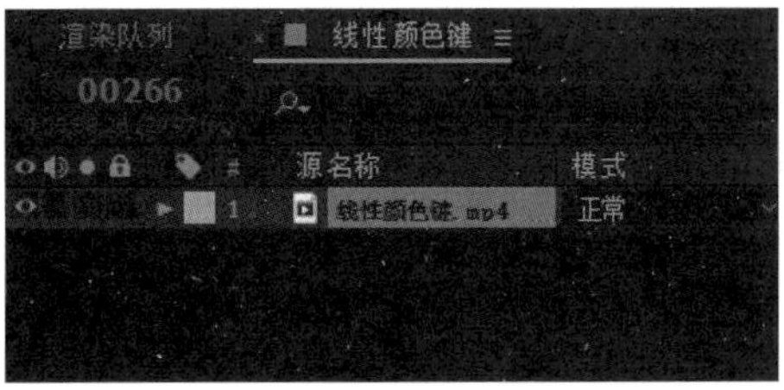

图 11-8

图 11-9

Step 03 单击“线性颜色键.mp4”图层，执行【效果】>【抠像】>【线性颜色键】命令，单击【主色】的【吸管工具】按钮，吸取图像中最大范围的背景颜色，效果如图 11-10 所示。

Step 04 设置【视图】模式为【仅限遮罩】，调整细节。设置【匹配容差】值为 12%、【匹配柔和度】值为 1%，效果如图 11-11 所示。

图 11-10

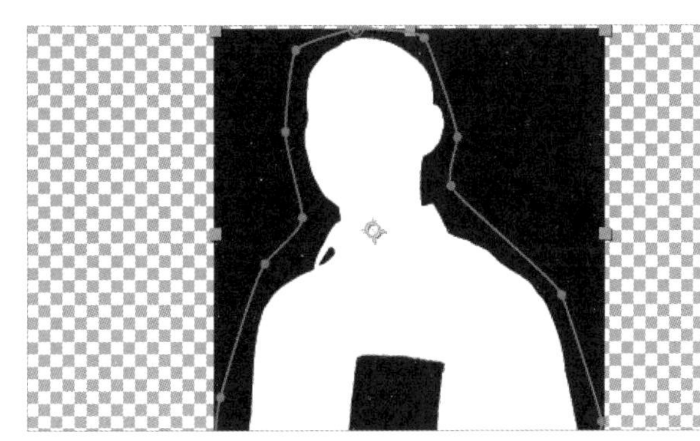

图 11-11

Step 05 在【效果控件】面板中，设置【视图】模式为【最终输出】，效果如图 11-12 所示。

Step 06 单击“线性颜色键.mp4”图层，按 Ctrl+D 组合键，复制图层，将新图层命名为“口袋”，删除“口袋”图层的【线性颜色键】节点，使用图形工具在胸口绿色部分绘制保护遮罩，效果如图 11-13 所示。

图 11-12

图 11-13

11.2.6 差值遮罩

【差值遮罩】适用于背景静止、摄像机固定的素材。使用【差值遮罩】进行抠像时，将把源图层和差异图层进行比较，抠出源图层和差异图层中位置和颜色匹配的像素，如图 11-14 所示。

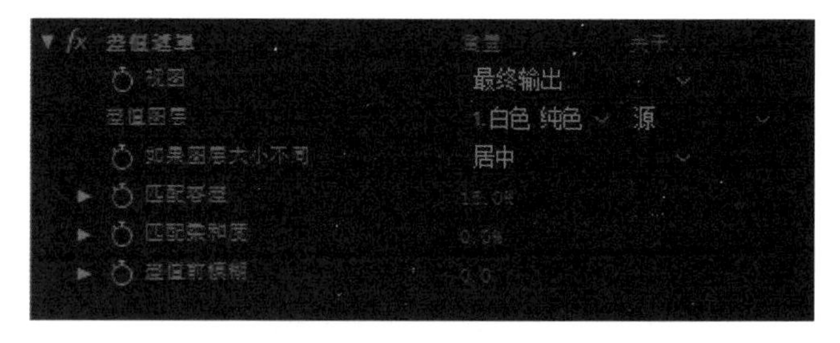

图 11-14

参数详解

视图：设置图像的显示模式，有【最终输出】【仅限源】【仅限遮罩】3 种模式供用户选择。

差值图层：用于设置对比差异参考的图层。

如果图层大小不同：对差异图层和源图层的尺寸进行调整匹配，有【居中】和【伸缩以适合】两种模式。

匹配容差：设置差异图层和源图层之间的颜色匹配程度。数值越高，透明度越高；数值越低，透明度越低。

匹配柔和度：设置透明区域与不透明区域的柔和度。

差值前模糊：对图像进行差值比较前的模糊处理，可以通过模糊来抑制杂色，不会影响图像最终输出的清晰度。

11.2.7 提取

【提取】一般用于图像中黑白反差较为明显、前景和背景反差较大的素材，可以指定抠出的亮度范围，如图 11-15 所示。

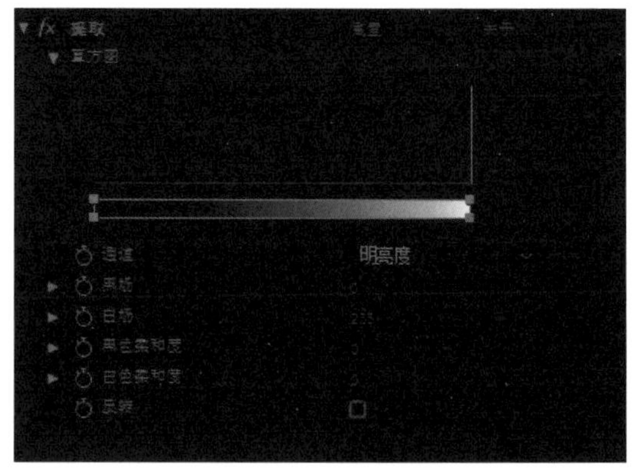

图 11-15

参数详解

通道：用于对图像的通道进行选择，有【明亮度】【红色】【绿色】【蓝色】【Alpha】5 种模式供选择。使用【明亮度】模式可以抠出画面中的亮部区域和暗部区域，使用【红色】【绿色】【蓝色】和【Alpha】模式可以创建特殊的视觉效果。

黑场：用于调整图像中黑色所占的比例，小于该值的部分将变透明。

白场：用于调整图像中白色所占的比例，大于该值的部分将变透明。

黑色柔和度：用于调整图像中暗色区域的柔和度。

白色柔和度：用于调整图像中亮色区域的柔和度。

反转：用于反转透明区域。

11.2.8 内部/外部键

使用【内部/外部键】抠像效果，需要创建遮罩来定义图像的内部和外部边缘，通过自动计算来实现抠出区域，如图 11-16 所示。

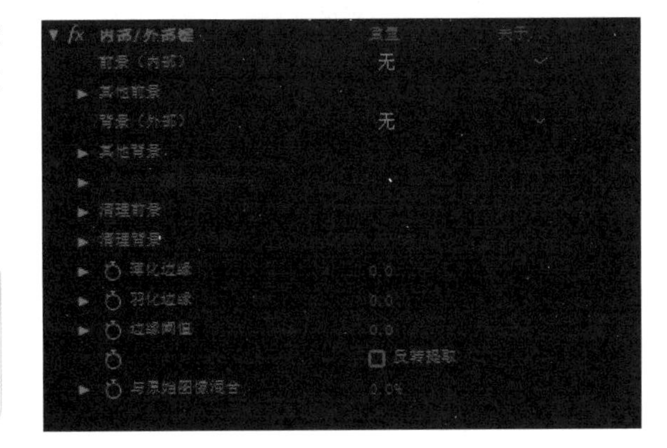

图 11-16

小技巧

使用【内部/外部键】抠像效果时，绘制的蒙版不需要完全贴合对象的边缘，遮罩模式需要设置为【无】。

参数详解

前景（内部）：用于对图像前景进行设置，在这里选择的素材将作为整体图像的前景使用。

其他前景：用于指定更多的前景。

背景（外部）：用于对图像背景进行设置，在这里选择的素材将作为整体图像的背景使用。

其他背景：用于指定更多的背景。

单个蒙版高光半径：当只有一个蒙版时，用于控制蒙版周围的边界大小。

清理前景：用于清除图像的前景。

清理背景：用于清除图像的背景。

薄化边缘：用于对图像边缘的厚度进行设置。

羽化边缘：用于对图像边缘进行羽化。

边缘阈值：用于对图像边缘容差值大小进行设置。

反转提取：选中该复选框，可将前景和背景进行反转。

与原始图像混合：用于对效果和原始图像的混合数值进行调整，当数值为 100% 时则只显示原始图像。

课堂案例 内部/外部键

素材文件	素材文件 \ 第 11 章 \ 内部外部键.mp4	扫码观看视频
案例文件	案例文件 \ 第 11 章 \ 内部外部键.aep	
视频教学	视频教学 \ 第 11 章 \ 内部外部键.mp4	
案例要点	掌握使用【内部/外部键】进行抠像的方法	

Step 01 打开项目“内部外部键.aep”，如图 11-17 所示。

Step 02 单击“素材.jpg”图层，使用【钢笔工具】沿图像边缘绘制闭合路径前景，将【蒙版 1】模式设置为【无】，效果如图 11-18 所示。

图 11-17

图 11-18

Step 03 单击“素材.jpg”图层，继续使用【钢笔工具】沿图像边缘绘制闭合路径背景，将【蒙版 2】模式修改为【无】，效果如图 11-19 所示。

图 11-19

Step 04 单击“素材.jpg”图层，单击鼠标右键，在弹出的快捷菜单中选择【效果】>【抠像】>【内部/外部键】命令，在【效果控件】面板中，设置【前景（内部）】为【蒙版 1】、【背景（外部）】为【蒙版 2】，效果如图 11-20 所示。

图 11-20

11.2.9 高级溢出抑制器

【高级溢出抑制器】效果不是用来抠像的，而是对抠像后素材的边缘颜色进行调整。通常情况下，完成抠像的素材边缘会受到周围环境的影响，【高级溢出抑制器】可以从图像中移除主色的痕迹，如图 11-21 所示。

图 11-21

参数详解

方法：有【标准】和【极致】两种方法。【标准】方法比较简单，可自动检测主要抠像颜色；【极致】方法基于 Premiere Pro 中的【极致键】效果进行溢出抑制。

抑制：用于控制抑制颜色的强度。

11.2.10 CC Simple Wire Removal

【CC Simple Wire Removal】主要用于抠出图像中的金属丝，可以设置的具体参数如图 11-22 所示。

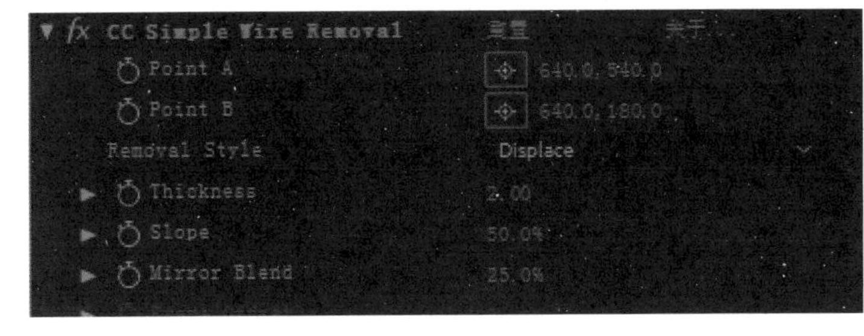

图 11-22

参数详解

Point *A*（点 *A*）：设置 *A* 点的位置。

Point *B*（点 *B*）：设置 *B* 点的位置，通过 *A* 点和 *B* 点位置共同定义需要擦除的线条。

Removal Style（移除风格）：移除风格一共有 4 个选项，默认选项为【Displace】（置换）。【Displace】（置换）和【Displace Horziontal】（水平置换）通过源图像中的像素信息设置镜像混合的程度，来进行金属丝的移除。【Fade】（衰减）只能通过设置【Thickness】（厚度）与【Slope】（倾斜）参数进行调整。【Frame Offset】（帧偏移）主要通过相邻帧的像素信息进行移除。

Thickness（厚度）：用于设置擦除线段的厚度。

Slope（倾斜）：用于设置擦除点之间的像素替换比例。数值越大，移除效果越明显。

Mirror Blend（镜像混合）：用于设置镜像混合的程度。

Frame Offset（帧偏移）：设置帧偏移的量，取值范围为 -120 ~ 120。

在使用【CC Simple Wire Removal】效果进行金属丝移除时，如果画面中有多条金属丝，用户需要多次添加【CC Simple Wire Removal】，重新设置各选项，才能够完成画面的清理。

11.2.11 Keylight(1.2)

对较早的 After Effects 用户来说，【Keylight(1.2)】是针对 After Effects 平台的一款外置抠像插件，用户需要专门安装才可以使用。随着 After Effects 的版本升级，【Keylight(1.2)】被整合进来，用户可以直接调用。【Keylight(1.2)】的参数相对复杂，但非常适合处理反射、半透明区域和头发，如图 11-23 所示。

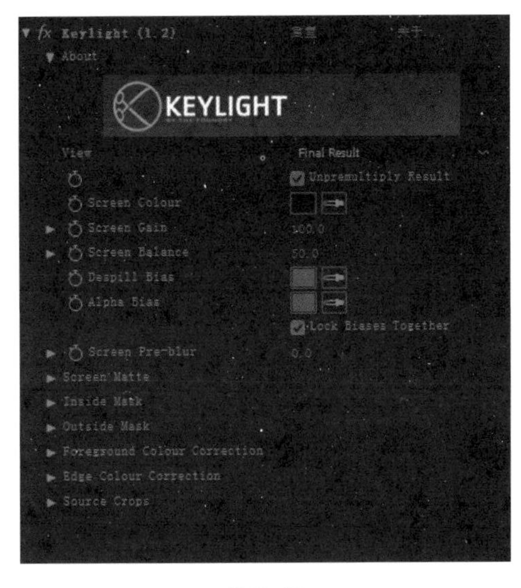

图 11-23

参数详解

View（视图）：用于设置图像在合成窗口中的显示方式，一共提供了 11 种显示方式，如图 11-24 所示。

Unpremultiply Result（非预乘结果）：使用预乘通道时，透明度信息不仅存储在 Alpha 通道中，也存储在可见的 RGB 通道中，后者乘以一个背景颜色值，则半透明区域的颜色偏向于背景颜色。选择该复选框，图像为不带 Alpha 通道的显示方式。

Screen Colour（屏幕颜色）：用于设置需要键出的颜色。用户可以通过【吸管工具】直接对需要去除背景的对象进行取样。

Screen Gain（屏幕增益）：用于设置键出效果的强弱。数值越大，键出的程度越大。

Screen Balance（屏幕均衡）：用于控制色调的均衡程度。均衡值越大，屏幕颜色的饱和度越高。

Despill Bias（反溢出偏差）：用于控制前景边缘的颜色溢出。

Alpha Bias（Alpha 偏差）：使 Alpha 通道向某一类颜色偏移。在多数情况下，不用单独调整。

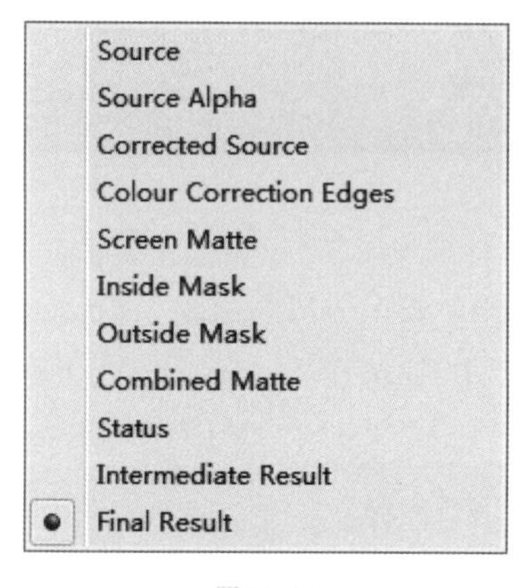

图 11-24

一般情况下，【Despill Bias】（反溢出偏差）与【Alpha Bias】（Alpha 偏差）为锁定状态，调整其中任意一个参数，另一个参数也会发生改变。用户可以通过【Lock Biases Together】（同时锁定偏差）解除关联状态。

Screen Pre-blur（屏幕预模糊）：在进行抠像之前先对画面进行模糊处理，数值越大，模糊程度越高。一般用于抑制画面的噪点。

Screen Matte（屏幕蒙版）：用于微调蒙版参数，更为精确地控制颜色键出的范围，如图 11-25 所示。

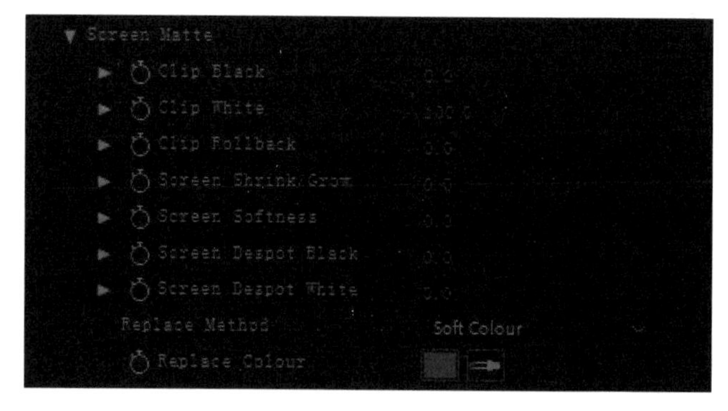

图 11-25

- Clip Black（消减黑色）：设定蒙版中黑色像素的起点值。适当提高该数值，可以增大背景图像的抠除区域。
- Clip White（消减白色）：设置蒙版中白色像素的起点值。适当降低该数值，可以减小图像的保留区域。
- Clip Rollback（消减回滚）：在使用消减黑色 / 消减白色选项对图像保留区域进行调整时，可以通过【Clip Rollback】（消减回滚）恢复消减部分的图像，这对于找回保留区域的细节像素是非常有用的。
- Screen Shrink/Grow（屏幕收缩 / 扩展）：用来设置蒙版的范围。减小数值为收缩蒙版的范围，增大数值为扩大蒙版的范围。
- Screen Softness（屏幕柔化）：用来对蒙版进行模糊处理，数值越大，柔化效果越明显。

- Screen Despot Black（屏幕独占黑色）：当白色区域有少许黑点或灰点的时候（即透明和半透明区域），调整此参数可以去除那些黑点和灰点。
- Screen Despot White（屏幕独占白色）：当黑色区域有少许白点或灰点的时候（即不透明和半透明区域），调整此参数可以去除那些白点和灰点。
- Replace Method（替换方式）：用于设置溢出边缘区域颜色的替换方式。
- Replace Colour（替换颜色）：用于设置溢出边缘区域颜色的补救颜色。

Inside Mask（内侧遮罩）：用于建立遮罩作为保留的区域，可以隔离前景。对于前景图像中包含背景颜色的素材，可以起到保护的作用，如图 11-26 所示。

- Inside Mask（内侧遮罩）：选择保留区域的遮罩。
- Inside Mask Softness（内侧遮罩柔化）：设置遮罩的柔化程度。
- Invert（反转）：反转遮罩的方向。
- Replace Method（替换方式）：用于设置溢出边缘区域颜色的替换方式，共有 4 种模式。
- Replace Colour（替换颜色）：用于设置溢出边缘区域颜色的补救颜色。
- Source Alpha（源 Alpha）：用于设置处理图像中自带 Alpha 通道信息的方式，共有 3 种模式。

Outside Mask（外侧遮罩）：用于建立遮罩作为排除的区域，对于背景复杂的素材可以建立【Outside Mask】（外侧遮罩）以指定背景像素，如图 11-27 所示。

- Outside Mask（外侧遮罩）：选择排除区域的遮罩。
- Outside Mask Softness（外侧遮罩柔化）：设置遮罩的柔化程度。
- Invert（反转）：反转遮罩的方向。

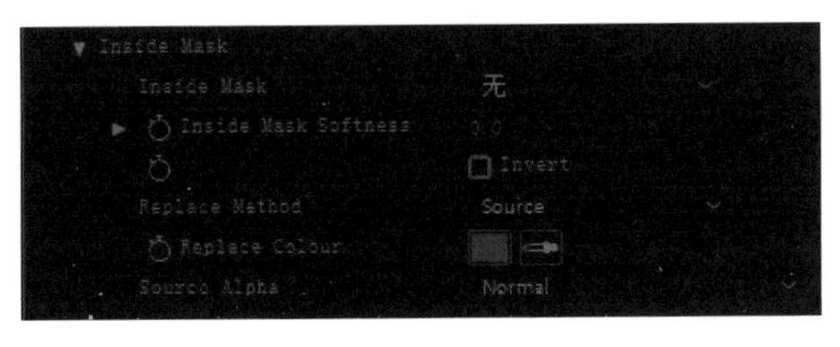

图 11-26

图 11-27

课堂案例 综合抠像

素材文件	素材文件 \ 第 11 章 \ 滑板.mov 和天空.jpg	扫码观看视频
案例文件	案例文件 \ 第 11 章 \ 综合抠像.aep	
视频教学	视频教学 \ 第 11 章 \ 综合抠像.mp4	
练习要点	本案例涉及【抠像】【颜色校正】【蒙版】等多模块节点，帮助读者掌握如何使用之前所学的内容提升抠像效率和抠像效果。在完成抠像后还涉及与背景层的合成，帮助读者掌握抠像作品的合成步骤和对效果的调整	

1. 练习步骤

- 根据素材设置项目，分析素材属性。
- 根据素材特质选取合适的抠像工具进行抠像。
- 结合多节点调整抠像细节。
- 合成背景，使用【颜色校正】工具调整前后景。
- 对整体合成效果进行调整，最终输出。

2. 制作步骤

（1）设置项目

Step 01 创建项目，设置项目名称为“综合抠像”。

Step 02 创建合成。在【合成设置】对话框中，设置【预设】为【HDTV 1080 24】、【合成名称】为“综合抠像”、【持续时间】为 80 帧，如图 11-28 所示。

Step 03 双击【项目】面板，导入素材“滑板.mov”和“天空.jpg”。

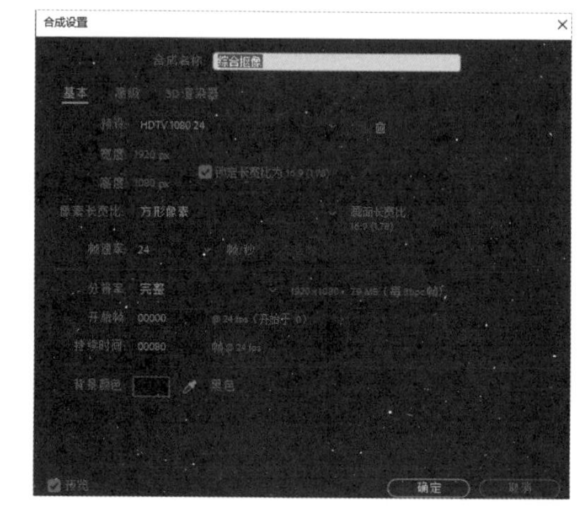

图 11-28

（2）前景抠像

Step 01 将素材“滑板.mov”拖到合成“综合抠像”的【时间轴】面板中，使用【钢笔工具】沿地平线绘制“蒙版 1”，如图 11-29 所示。

Step 02 单击“滑板.mov”素材，执行【效果】>【抠像】>【提取】命令，设置【通道】为蓝色、【白场】值为 208、【白色柔和度】值为 36，如图 11-30 所示。

图 11-29

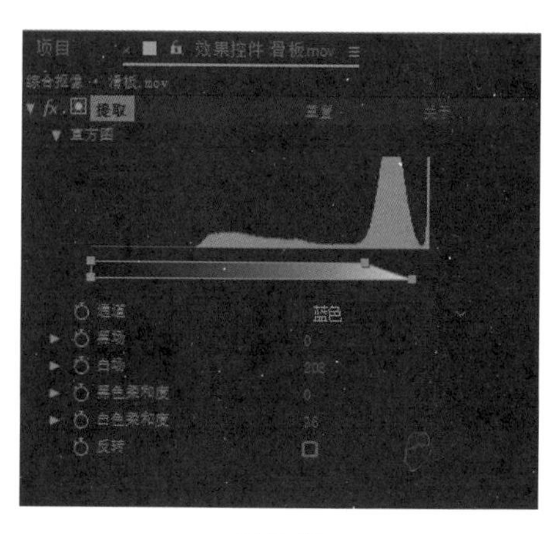

图 11-30

Step 03 单击“滑板.mov”源名称，依次展开【效果】>【提取】下拉选项，单击【合成选项】中的+图标，设置【蒙版参考 1】为【蒙版 1】，如图 11-31 所示。

图 11-31

（3）背景合成

Step 01 将素材“天空.jpg”拖到【时间轴】面板中，按 P 键，将【位置】属性设置为（960,168）。按 S 键，将【缩放】属性设置为 25%，效果如图 11-32 所示。

Step 02 执行【效果】>【色彩校正】>【色阶】命令，设置【输出黑色】值为 68，如图 11-33 所示。

图 11-32

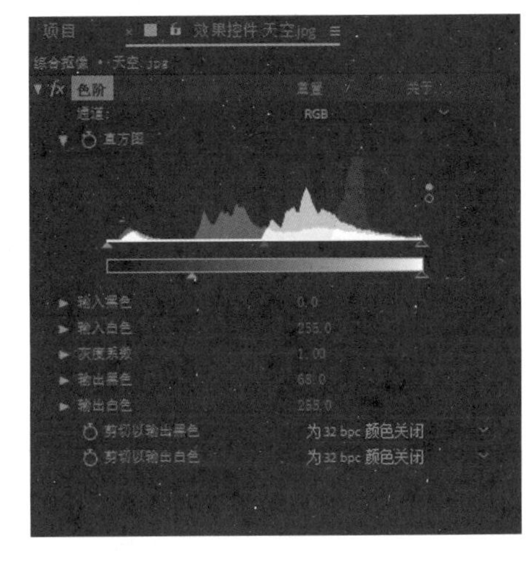

图 11-33

Step 03 新建调整图层，单击鼠标右键，在弹出的快捷菜单中选择【重命名】命令，将其重命名为“色彩校正”，如图 11-34 所示。

Step 04 单击“色彩校正”图层，执行【效果】>【色彩校正】>【色阶】命令，设置【输入黑色】值为 23、【灰度系数】值为 0.86、【输入白色】值为 216.8，如图 11-35 所示。

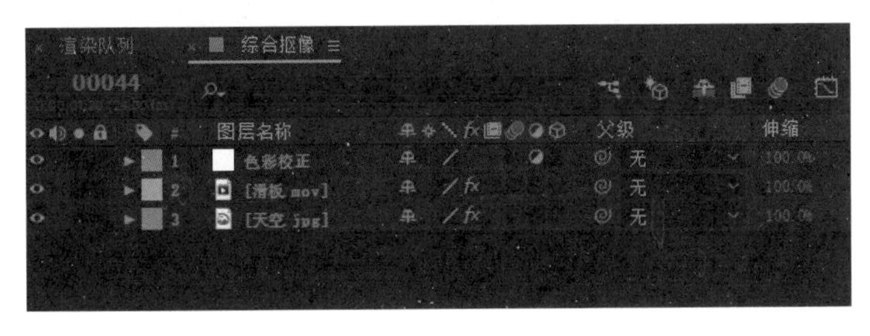

图 11-34

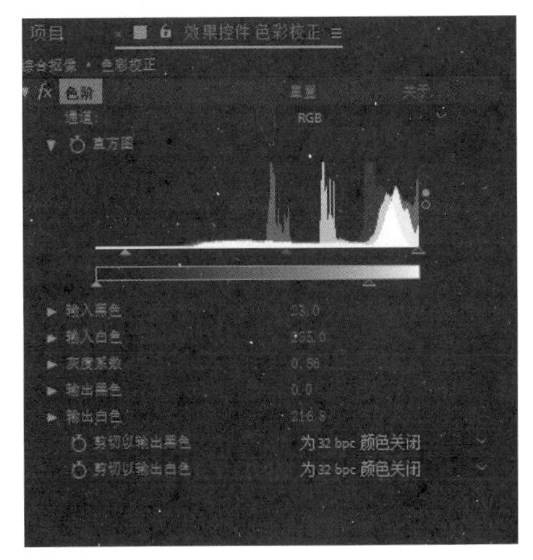

图 11-35

四．细节调整

Step 01 单击“滑板.mov”素材，执行【效果】>【遮罩】>【调整柔和遮罩】命令，设置【其他边缘半径】值为 0.8、【震颤减少】为【更平滑（更慢）】、【减少震颤】值为 100%，如图 11-36 所示。

Step 02 单击“[滑板.mov]”图层，按 Ctrl+D 组合键快速复制，将新图层命名为“边缘蒙版”，将“边缘蒙版”图层置于【图层】面板顶层，如图 11-37 所示。

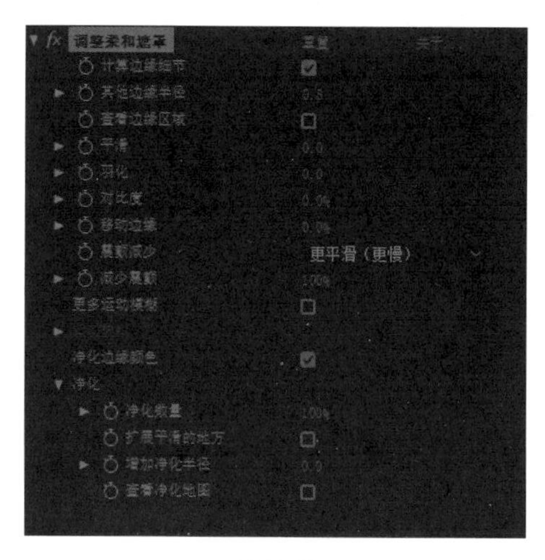

图 11-36

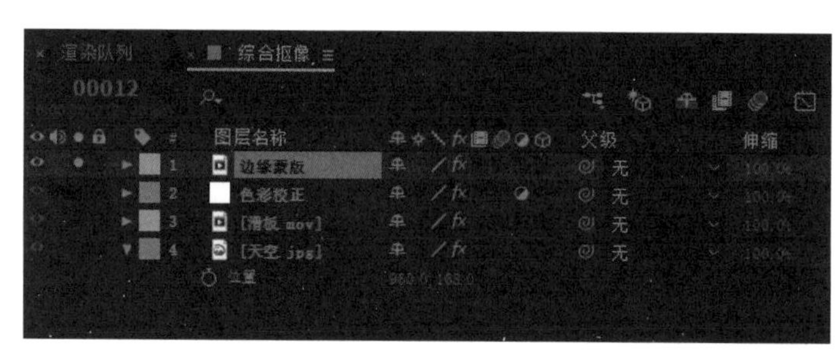

图 11-37

Step 03 删除“边缘蒙版”中的【调整柔和遮罩】节点，设置【提取】节点的【白场】值为 190、【白色柔和度】值为 60，如图 11-38 所示。

Step 04 执行【效果】>【通道】>【转换通道】命令，将【从获取红色】【从获取绿色】【从获取蓝色】都设置为【Alpha】，如图 11-39 所示。

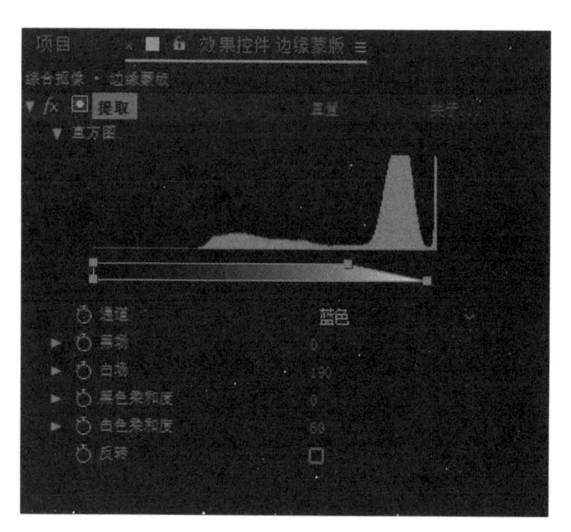

图 11-38

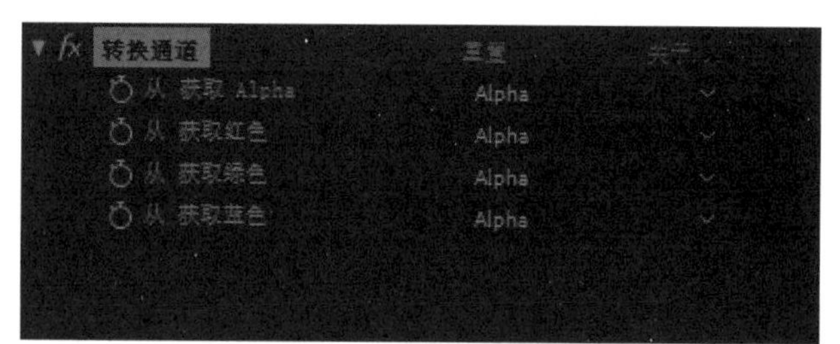

图 11-39

Step 05 执行【效果】>【风格化】>【查找边缘】命令，选中【反转】复选框，如图 11-40 所示。

Step 06 新建调整图层，单击鼠标右键，在弹出的快捷菜单中选择【重命名】命令，将图层重命名为“边缘模糊”，将“边缘模糊”图层的跟踪遮罩设置为【亮度】遮罩，如图 11-41 所示。

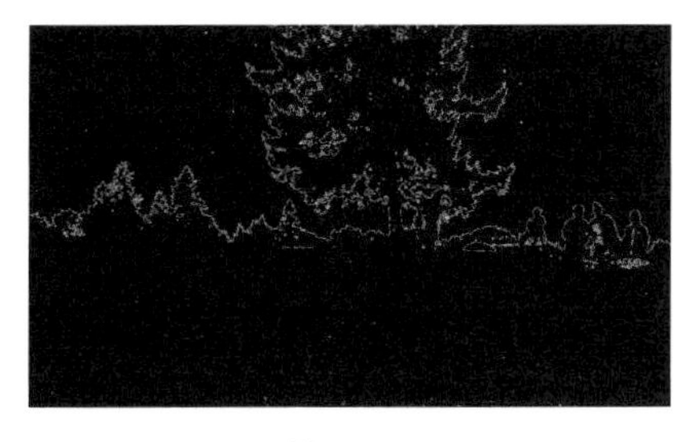

图 11-40

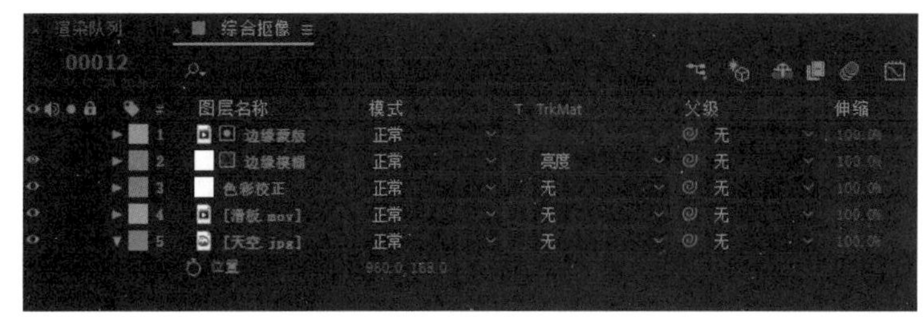

图 11-41

Step 07 单击“边缘模糊”图层，执行【效果】>【模糊和锐化】>【快速方框模糊】命令，将【模糊半径】值设置为 0.8，如图 11-42 所示。

Step 08 执行【效果】>【色彩校正】>【色阶】命令，将【灰度系数】值设置为 1.2，如图 11-43 所示。

图 11-42

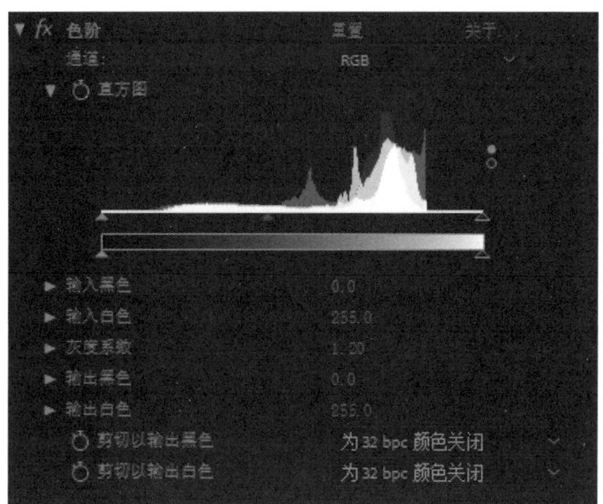

图 11-43

Step 09 根据效果调整“色彩校正”图层中的【色阶】参数，按 0 键预览，最终效果如图 11-44 所示。

图 11-44

课后习题

一、选择题

1. 下列哪种抠像节点已经被归入了旧版本效果类别？（　　）

A. 颜色插值键　　B. 线性颜色键　　C. 亮度键　　D. 内部/外部键

2. 应对多种颜色或背景不均匀的场景时，可以选用（　　）。

A. 颜色插值键　　B. 线性颜色键　　C. 颜色范围键　　D. 内部 / 外部键

3. 针对黑白反差较为明显的图像素材，可以选用（　　）。

A. 颜色范围键　　B. 线性颜色键　　C. 颜色插值键　　D. 提取

4. 【内部 / 外部键】中使用的蒙版模式应设置为（　　）。

A. 无　　B. 相加　　C. 相减　　D. 交集

5. 使用【Keylight(1.2)】效果抠像时，对于前景中包含背景颜色的素材，可以隔离前景的参数是（　　）。

A. Inside Mask（内侧遮罩）

B. Inside Mask Softness（内侧遮罩柔化）

C. Outside Mask（外侧遮罩）

D. Foreground Colour Correction（前景颜色校正）

二、填空题

1. 使用【颜色范围】效果抠像可以在 ________ 颜色空间中指定抠除的颜色范围。

2. ________ 适用于拍摄背景静止、摄像机固定的场景素材。

3. 【高级溢出抑制器】效果不是用来抠像的，而是对抠像后的素材 ________。

4. 【CC Simple Wire Removal】主要用于抠出 ________。

5. 【Keylight】参数相对复杂，但非常擅长处理 ________。

三、简答题

1. 简述使用【内部 / 外部键】效果抠像的流程。

2. 简述【薄化边缘】和【羽化边缘】参数的区别。

3. 简述【Inside Mask】和【Outside Mask】参数的区别。

四、案例习题

素材文件：练习文件 \ 第 11 章 \ 第 11 章练习素材.mp4 和海滩.jpg。

效果文件：练习文件 \ 第 11 章 \ 第 11 章练习.mp4，如图 11-45 所示。

练习要点：

1. 根据素材设置项目文件。

2. 使用【Keylight(1.2)】效果进行抠像。

3. 注意头发等位置的细节处理。

4. 对前后景进行适当的校色处理，使画面的整体性得到提升。

图 11-45

Chapter 12

第12章 综合案例

经过了前面的学习和训练，用户对于After EffectsCC 2018的操作和运用有了一定初步的理解。在本章，将着重讲解三个复杂案例的设计思路和制作流程，这三个案例分别为：高级影视抠像、影视场景搭建、能量特效。通过三个复杂案例，将帮助用户梳理之前的各个知识点，以及这些知识点在实战中的运用方法和操作技巧，进一步学习和掌握After EffectsCC 2018这款软件。

AFTER EFFECTS

学习目标

- 掌握复杂案例的设计与制作思路
- 掌握After Effects中各个模块的配合使用方法
- 了解影视级特效制作的要求与标准
- 了解提升画面整体视觉效果的若干手法

技能目标

- 掌握跟踪工具与抠像工具的配合使用方法
- 掌握3D摄像机跟踪器和蒙版工具的配合使用方法
- 掌握特效元素组件的制作与加工方法
- 掌握通过校色等手段提升画面整体效果的方法

高级影视抠像

影视抠像可以说是影视后期合成的基础技能，但是在应对实际的工作项目时，单一的抠像工具和仅使用抠像选项是无法满足复杂的项目需求的。本节将着重讲解使用复合工具应对复杂源文件的解决方案。

素材文件	素材文件 \ 第 12 章 \12.1\ 开车.mov、开车背景.mp4	扫码观看视频
案例文件	案例文件 \ 第 12 章 \12.1\ 影视抠像.aep	
视频教学	视频教学 \ 第 12 章 \12.1\ 影视抠像.mp4	
案例要点	掌握影视抠像与合成技巧	

1. 案例思路

- 分析素材，确定处理重点。
- 使用蒙版对素材进行抠像保护。
- 为蒙版添加关键帧，匹配源文件动态。
- 使用【Keylight(1.2)】对素材毛发进行抠像处理。
- 使用【Keylight(1.2)】和遮罩对玻璃进行抠像处理。
- 匹配背景，对整体画面进行校色。

2. 制作步骤

（1）创建项目

Step 01 新建项目，设置项目名称为“高级影视抠像”。

Step 02 新建合成，在【合成设置】对话框中，【预设】设为【HDTV 1080 24】，【合成名称】设为“高级抠像”，如图 12-1 所示。

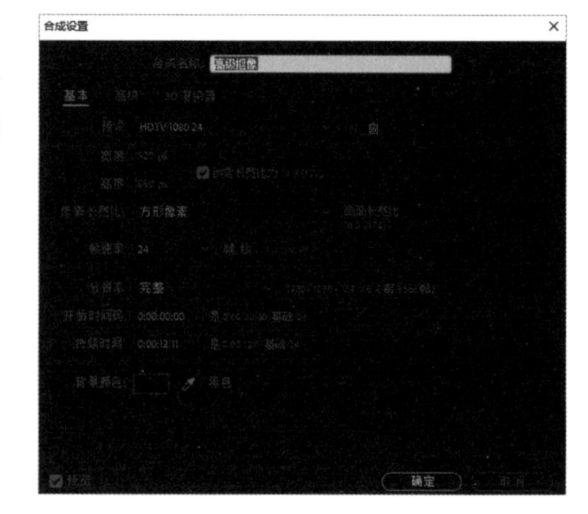

图 12-1

Step 03 双击【项目】面板，导入素材“开车.mov”和“开车背景.mp4”，如图 12-2 所示。

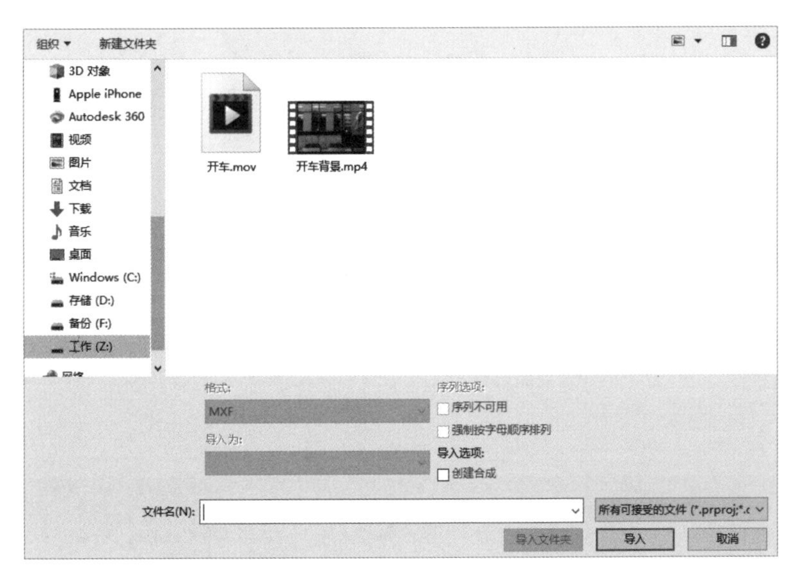

图 12-2

（2）创建蒙版

由于素材中的元素较多，并且存在较为明显的变焦效果，仅使用抠像组件会造成抠像成品的像素闪烁和抖动。针对场景中较为稳定、规则的部分，使用蒙版工具进行绘制和匹配动态，之后仅对毛发等不规则的部分进行抠像操作。

Step 01 将素材“开车.mov”拖进入【时间轴】面板，在“开车.mov”图层上单击鼠标右键，在弹出的快捷菜单中选择【重命名】命令，将图层重命名为“前景”。按 Ctrl+D 组合键，快速复制“前景”图层，将新图层重命名为“前景蒙版”，如图 12-3 所示。

Step 02 使用【钢笔工具】，在“前景蒙版”图层中绘制除了挡风玻璃和角色的全部蒙版，将蒙版重命名为“侧面蒙版”，效果如图 12-4 所示。

图 12-3

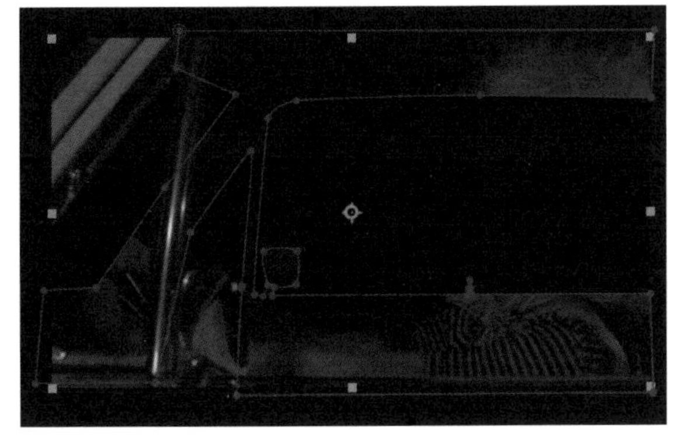

图 12-4

Step 03 按 M 键，展开“侧面蒙版”的属性，将当前时间指示器移动到时间轴的 00:00:06:08 位置，单击【蒙版路径】和【蒙版羽化】的时间变化秒表，将【蒙版羽化】设置为（9.0,9.0）像素，如图 12-5 所示。

Step 04 将当前时间指示器移动到 00:00:07:09 位置，微微调整蒙版路径位置，将【蒙版羽化】设置为（20.0,20.0）像素，如图 12-6 所示。

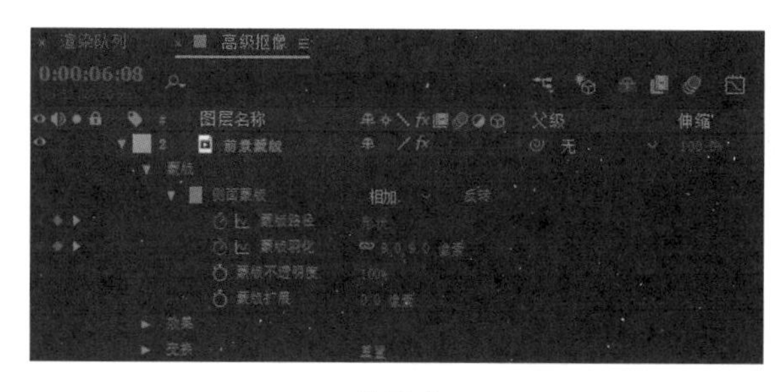

图 12-5

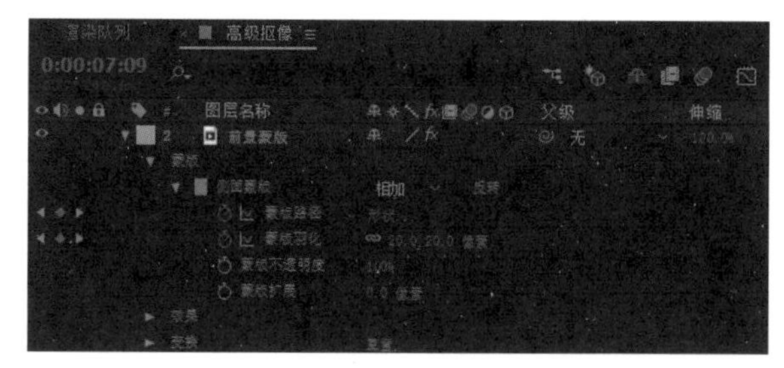

图 12-6

Step 05 将当前时间指示器移动到 00:00:11:08 位置，微微调整蒙版路径的位置，为【蒙版羽化】添加关键帧。将当前时间指示器移动 00:00:12:10 位置，将【蒙版羽化】设置为（9.0,9.0）像素，如图 12-7 所示。

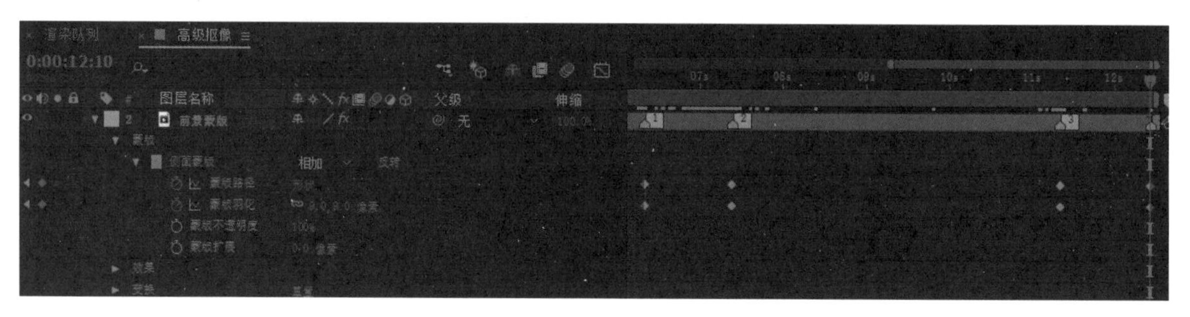

图 12-7

Step 06 单击“前景蒙版”图层，使用【钢笔工具】绘制剩余部分包括前景后视镜的全部蒙版，将蒙版重命名为“正面蒙版”，效果如图 12-8 所示。

Step 07 按 M 键展开【正面蒙版】属性，将当前时间指示器移动到 00:00:06:08 位置，单击【蒙版路径】和【蒙版羽化】的时间变化秒表，将【蒙版羽化】设置为（15.0,15.0）像素，如图 12-9 所示。

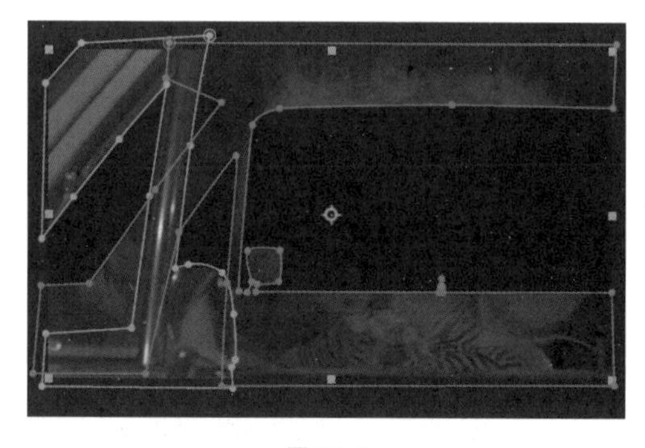

图 12-8

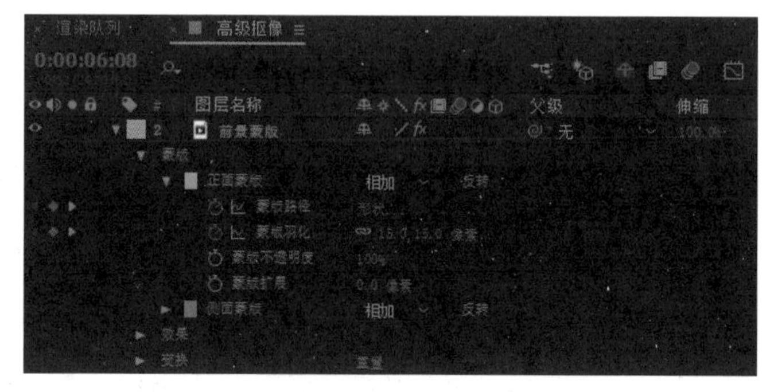

图 12-9

Step 08 将当前时间指示器移动到 00:00:07:09 位置，微微调整蒙版路径的位置，将【蒙版羽化】设置为（5.0,5.0）像素，如图 12-10 所示。

Step 09 将当前时间指示器移动到 00:00:11:08 位置，微微调整蒙版路径的位置，为【蒙版羽化】添加关键帧。将当前时间指示器移动到 00:00:12:10 位置，将【蒙版羽化】设置为（15.0,15.0）像素，效果如图 12-11 所示。

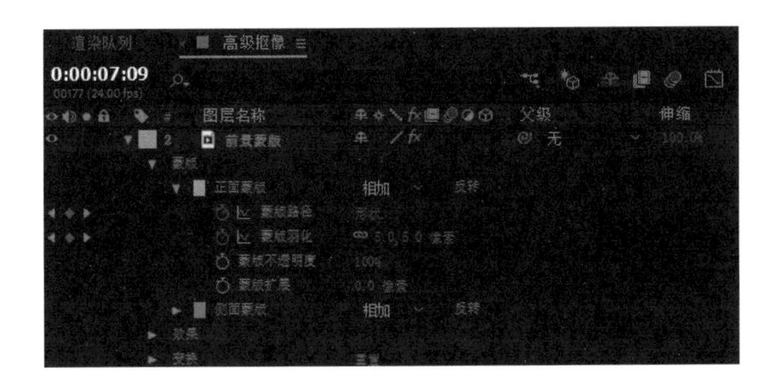

图 12-10

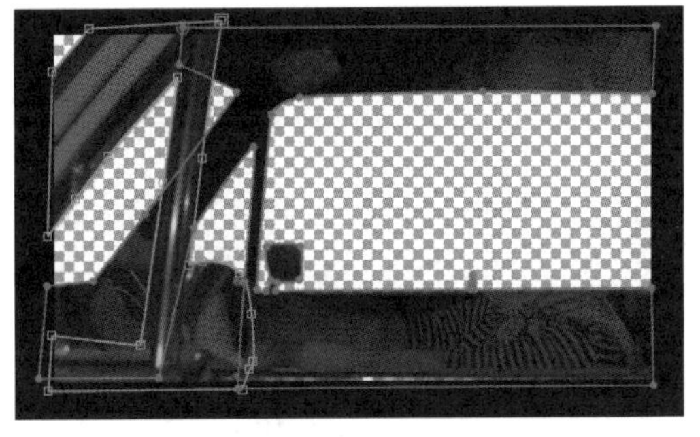

图 12-11

（3）分区抠像

Step01 单击“前景”图层，按 Crtl+D 组合键，复制图层，将新图层重命名为“前景人物”，使用【钢笔工具】绘制人物抠像的范围，如图 12-12 所示。

Step02 单击“前景人物”图层，执行【效果】>【抠像】>【Keylight(1.2)】命令。单击【Screen Colour】（屏幕颜色）的【吸管工具】，吸取绿屏，如图 12-13 所示。

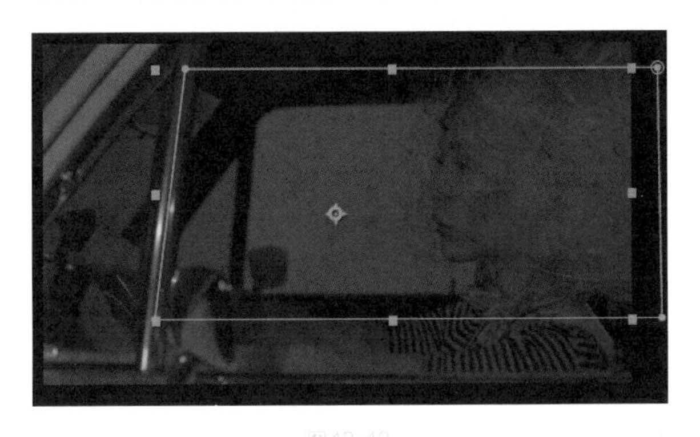

图 12-12

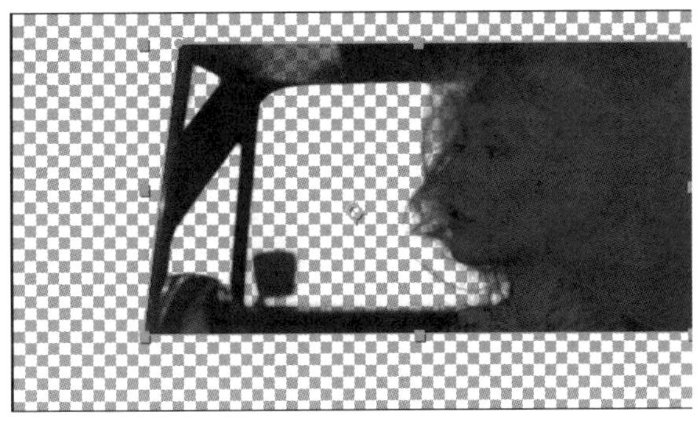

图 12-13

Step03 在【View】（视图）下拉列表中选择【Screen Matte】（屏幕蒙版）模式，检查抠像效果，如图 12-14 所示。

Step04 将当前时间指示器移动到 00:00:07:00 位置，观察头发细节的抠像情况，如图 12-15 所示。

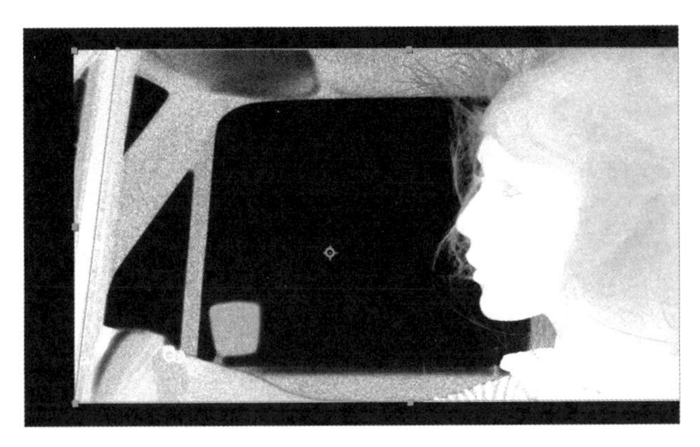

图 12-14

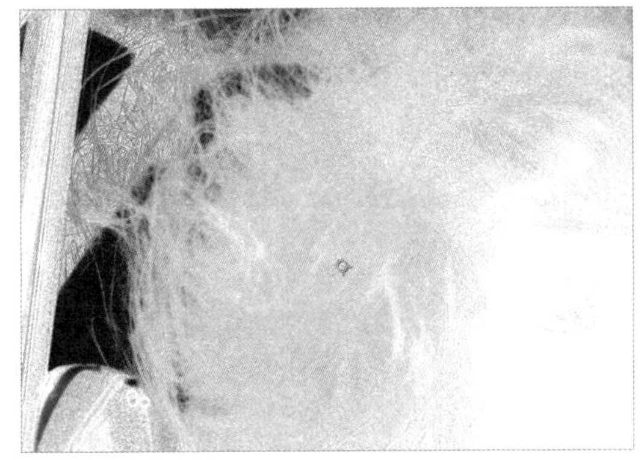

图 12-15

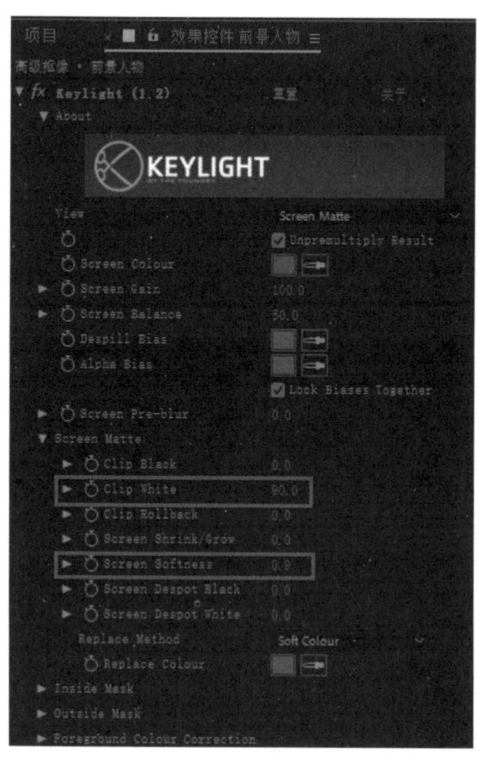

图 12-16

Step 05 将【Keylight(1.2)】的【Clip White】（消减白色）值设置为 90.0，将【Screen Softness】(屏幕柔化)值设置为 0.9，如图 12-16 所示。

Step 06 将显示模式由【Screen Matte】(屏幕蒙版)改为【Final Result】（最终成果），效果如图 12-17 所示。

图 12-17

Step 07 单击“前景”图层，按 Crtl+D 组合键，复制图层，将新图层重命名为“挡风玻璃”，使用【钢笔工具】绘制挡风玻璃抠像的范围，注意避开半透明的后视镜，如图 12-18 所示。

Step 08 单击“挡风玻璃”图层，执行【效果】>【抠像】>【Keylight(1.2)】命令。单击【Screen Colour】（屏幕颜色）的【吸管工具】，吸取绿屏，如图 12-19 所示。

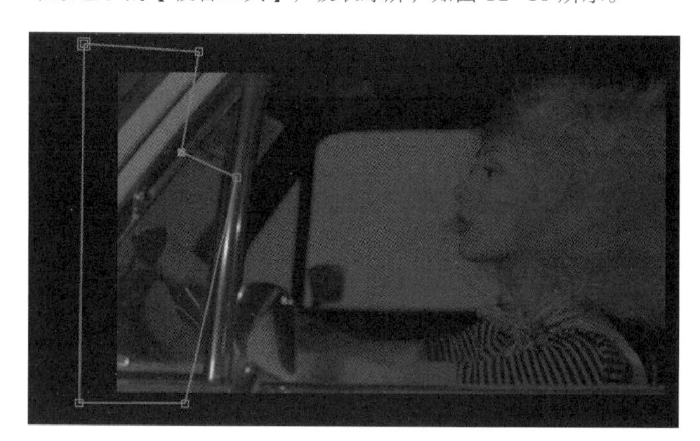

图 12-18

图 12-19

Step 09 在【View】（视图）下拉列表中选择【Screen Matte】（屏幕蒙版）模式，将【Clip Black】（消减黑色）值设置为 15.0，将【Clip White】(消减白色)值设置为 86.0，将【Screen Softness】(屏幕柔化)值设置为 2.0，如图 12-20 所示。

Step 10 将显示模式由【Screen Matte】（屏幕蒙版）设置为【Final Result】（最终成果），效果如图 12-21 所示。

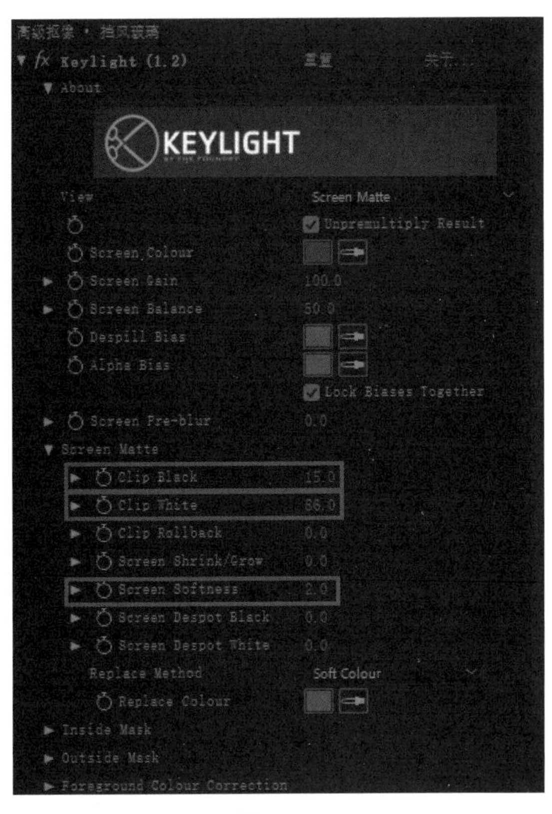

图 12-20

图 12-21

Step 11 在【时间轴】面板上单击鼠标右键，在弹出的快捷菜单中选择【新建】>【纯色层】命令，将【名称】设置为“后视镜”，如图 12-22 所示。

Step 12 使用【钢笔工具】在“后视镜”图层上绘制源文件中后视镜的形状，如图 12-23 所示。

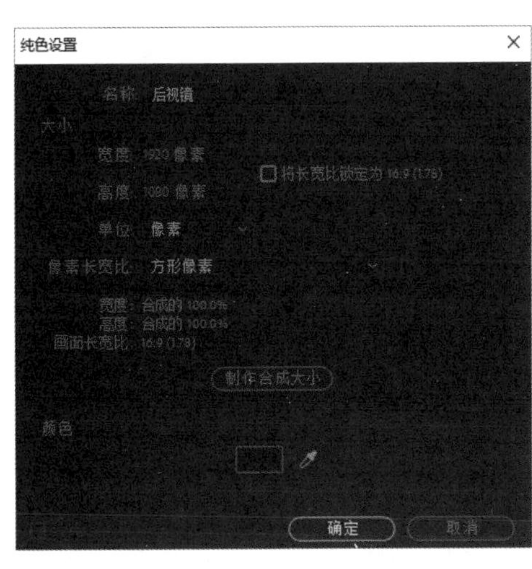

图 12-22

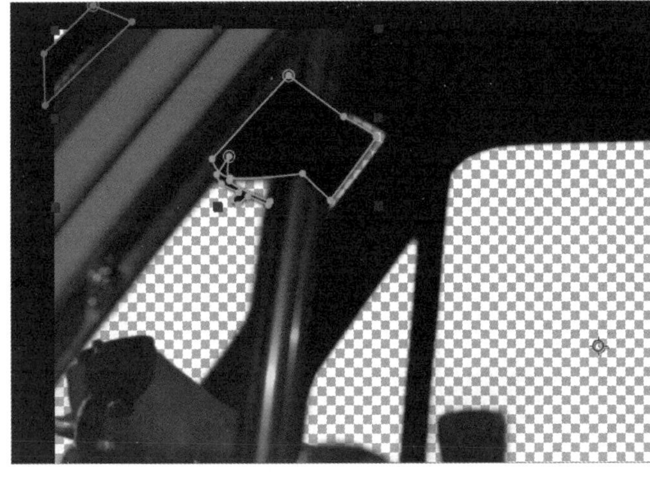

图 12-23

Step 13 根据源文件的效果对“后视镜”中蒙版的不透明度进行匹配。按 T 键，将【不透明度】值依次设置为 40%、100%、52%。将“后视镜”图层拖到“前景蒙版”和“挡风玻璃”图层之下，效果如图 12-24 所示。

Step 14 单击“前景”图层，按 Crtl+D 组合键，复制图层，将新图层重命名为“反射补丁”，使用【钢笔工具】绘制方向盘上由于金属反射绿幕而被抠除的部分，并根据手部动作为“蒙版路径”添加关键帧，如图 12-25 所示。

图 12-24

图 12-25

Step 15 加选“前景蒙版”“挡风玻璃”“后视镜”“前景人物”“反射补丁”图层，按 Ctrl+Shift+C 组合键，创建预合成，选中【将所有属性移动到新合成】单选按钮，将合成命名为“抠像蒙版”，如图 12-26 所示。

Step 16 将“前景”图层的跟踪遮罩设置为【Alpha 遮罩“[抠像蒙版]”】，如图 12-27 所示。

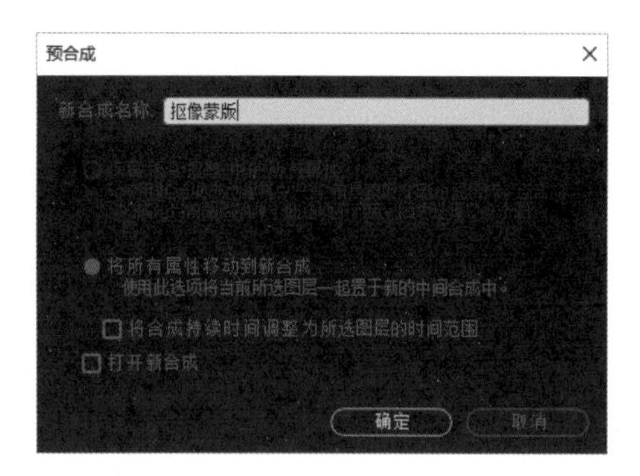

图 12-26

图 12-27

（4）背景合成与校色

Step 01 单击“前景”图层，执行【效果】>【抠像】>【高级溢出抑制器】命令，去除场景中绿幕的颜色影响，如图 12-28 所示。

Step 02 从【项目】面板中，将素材“开车背景.mp4”拖到【时间轴】面板中，重命名为“背景”。确保“背景”图层位于【图层】面板底层，如图 12-29 所示。

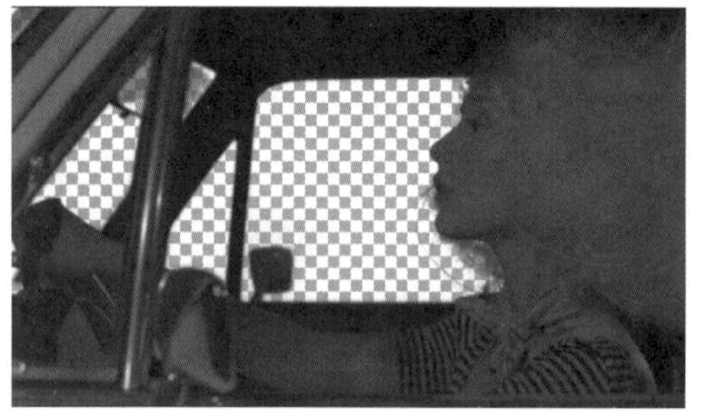

图 12-28

图 12-29

Step 03 单击“背景”图层，按 P 键，将【位置】属性设置为（960,390）。按 S 键，将【缩放】属性设置为 80%，效果如图 12-30 所示。

Step 04 单击“背景”图层，执行【效果】>【模糊和锐化】>【快速方框模糊】命令，将【模糊半径】值设置为 15.0，如图 12-31 所示。

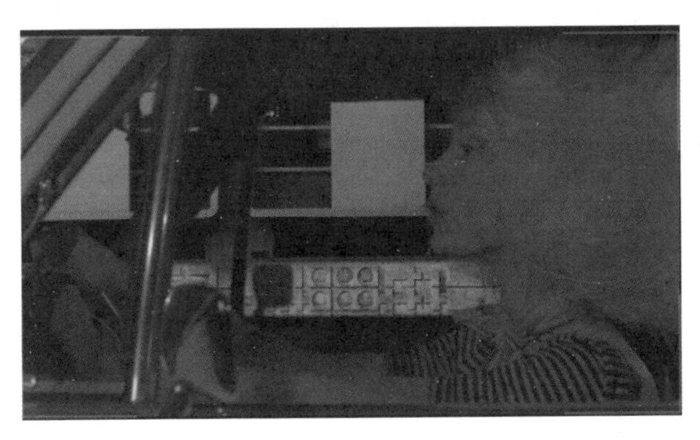
图 12-30

图 12-31

Step 05 单击“背景”图层，执行【效果】>【颜色校正】>【亮度和对比度】命令，设置【亮度】值为 30、【对比度】值为 15，如图 12-32 所示。

Step 06 在【时间轴】面板上单击鼠标右键，在弹出的快捷菜单中选择【新建】>【调整图层】命令，创建“调整图层 1”。单击“调整图层 1”，执行【效果】>【颜色校正】>【曲线】命令，调整曲线形态，如图 12-33 所示。

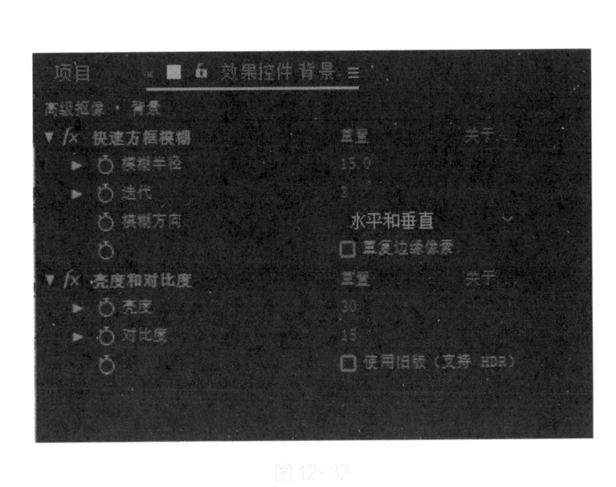

图 12-32

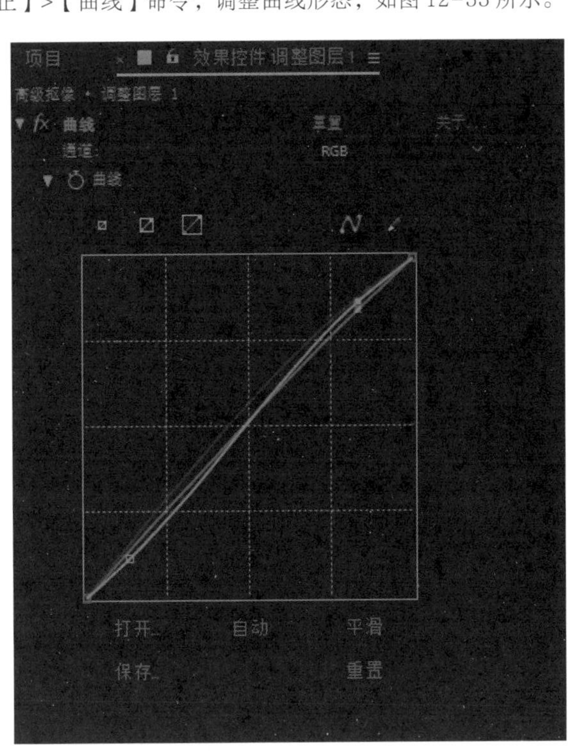

图 12-33

Step 07 按 0 键，预览视频，案例完成，最终效果如图 12-34 所示。

图 12-34

12.2 影视场景搭建

在影视行业中，为了节省经费或实现复杂的场景效果，经常使用后期软件进行 3D 场景的搭建。搭建 3D 场景，除了需要掌握扎实的软件技能，还需要拥有良好的空间感和审美能力。本节将从反求摄像机开始，逐步拆解场景，进一步为场景添加元素，最终通过校色等手段实现 3D 场景的搭建。

素材文件	素材文件 \ 第 12 章 \12.2\ 航拍.mov、航拍遮罩.mov、山.psd、烟.jpg 和天空.jpg
案例文件	案例文件 \ 第 12 章 \12.2\ 场景搭建.aep
视频教学	视频教学 \ 第 12 章 \12.2\ 场景搭建.mp4
案例要点	掌握反求摄像机和影视 3D 场景搭建的技巧

扫码观看视频

1. 案例思路

- 分析素材，设计新场景的造型和风格。
- 使用 3D 摄像机跟踪器反求主场景摄像机。
- 使用蒙版区分摄像机层次。
- 使用跟踪点为场景添加新元素。
- 使用粒子系统为场景添加云雾效果。
- 对场景进行校色，提升整体视觉效果。

2. 制作步骤

（1）创建项目

Step 01 新建项目，设置项目名称为“影视场景搭建”。

Step 02 新建合成，在【合成设置】对话框中，设置【合成尺寸】为 960px×540px、【帧速率】为 23.976 帧 / 秒、【合成名称】为“场景搭建”，如图 12-35 所示。

Step 03 双击【项目】面板，导入素材“航拍.mov”“航拍遮罩.mov”“山.psd”“烟.jpg”“天空.jpg”，如图 12-36 所示。

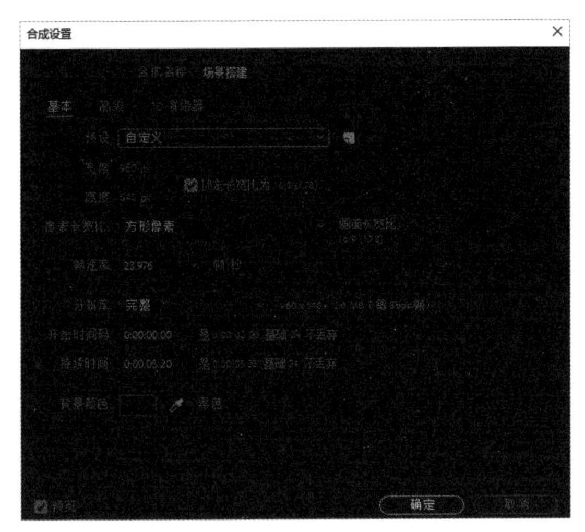

图 12-35

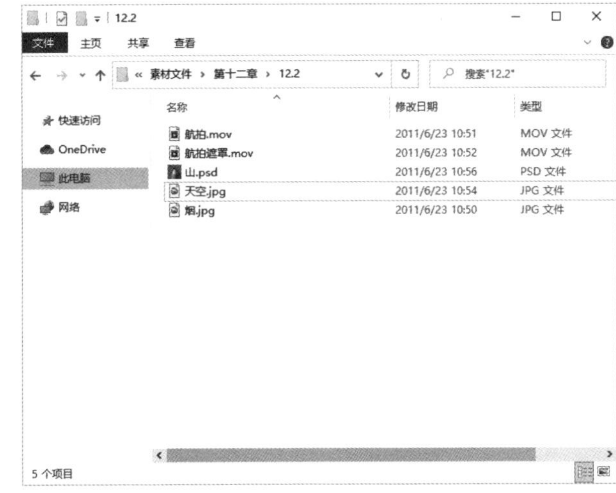

图 12-36

Step 04 在导入素材“山.psd”时，设置【导入种类】为【合成】，并选择【可编辑的图层样式】单选按钮，如图 12-37 所示。

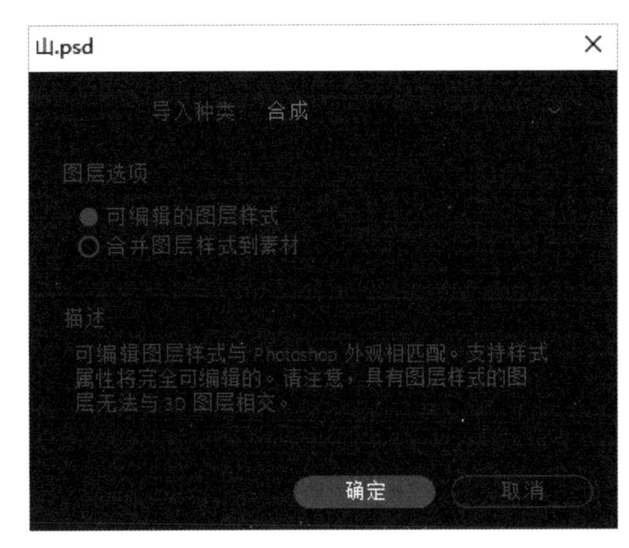

图 12-37

（2）解析场景

Step 01 将素材“航拍.mov”拖到合成“场景搭建”中，单击鼠标右键，在弹出的快捷菜单中选择【重命名】命令，将图层重命名为“底图”。单击“底图”图层，执行【动画】>【跟踪摄像机】命令，对场景进行解析，如图 12-38 所示。

Step 02 摄像机解析完成后，用鼠标随机选择场景中的跟踪点。单击鼠标右键，在弹出的快捷菜单中选择【创建空白和摄像机】命令，创建摄像机和空物体“跟踪为空 1”，如图 12-39 所示。

图 12-38

图 12-39

Step 03 移动当前时间指示器，在场景的中景和远景分别选择一个跟踪点。单击鼠标右键，在弹出的快捷菜单中选择【创建多个空白】命令，分别创建“跟踪为空 2”和“跟踪为空 3”，如图 12-40 所示。

图 12-40

（3）添加蒙版

Step 01 单击“底图”图层，按 Ctrl+D 组合键，快速复制图层，将新图层命名为“前景山”，删除“前景山”中的【跟踪摄像机】节点。将素材“航拍遮罩.mov”拖到【时间轴】面板中，将“航拍遮罩.mov”重命名为“前景遮罩”。将“前景山”的跟踪遮罩设置为【亮度】，如图 12-41 所示。

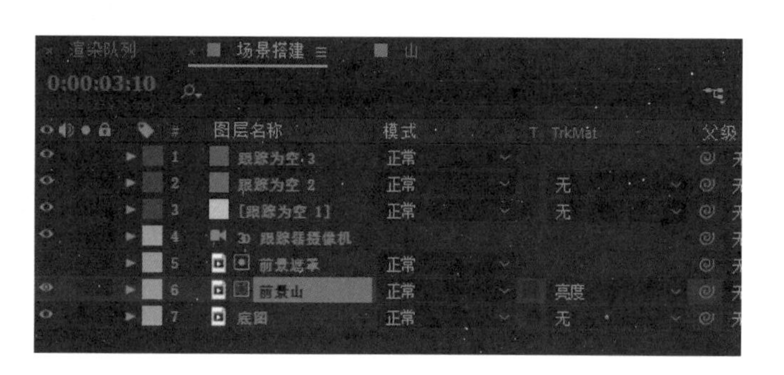

图 12-41

Step 02 单击【项目】面板，展开合成“山 个图层”文件夹，在其中找到素材“Layer1 copy/ 山.psd”，将其重命名为“远景山”，将素材“Layer1 copy3/ 山.psd”命名为“中景山”，如图 12-42 所示。

Step 03 将素材“远景山”拖到【时间轴】面板中，打开“[远景山]”图层的三维图层开关，如图 12-43 所示。

图 12-42

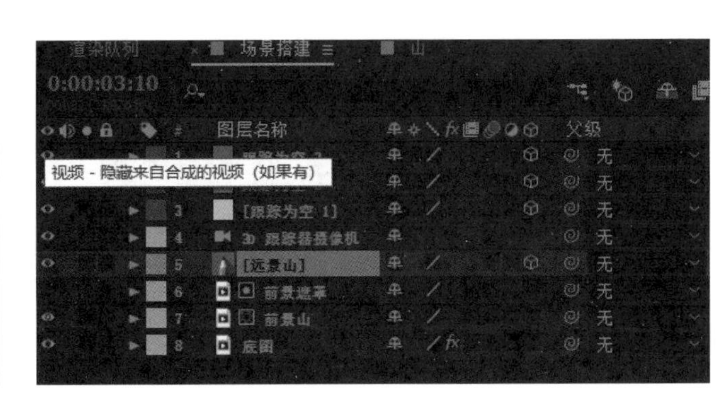

图 12-43

Step 04 单击“[跟踪为空 3]”图层，按 P 键，单击【位置】属性，按 Ctrl+C 组合键，复制该属性。单击“[远景山]”图层，按 P 键，展开图层的【位置】属性，单击【位置】属性，按 Ctrl+V 组合键，粘贴之前复制的属性信息，如图 12-44 所示。

图 12-44

Step 05 单击“[远景山]”图层，在视图中调整“[远景山]”图层的【位置】和【缩放】属性，最终“[远景山]”图层的【位置】属性为（109,904,14054）、【缩放】属性为 500%，效果如图 12-45 所示。

Step 06 在【时间轴】面板上单击鼠标右键，在弹出的快捷菜单中选择【新建】>【纯色层】命令，将图层颜色设为黑色，将图层命名为“[远景山遮罩]”。单击“[远景山]”图层，按 P 键，单击【位置】属性，按 Ctrl+C 组合键复制该属性。单击“[远景山遮罩]”图层，按 P 键，展开图层的【位置】属性，单击【位置】属性，按 Ctrl+V 组合键粘贴之前复制的属性信息，如图 12-46 所示。

图 12-45

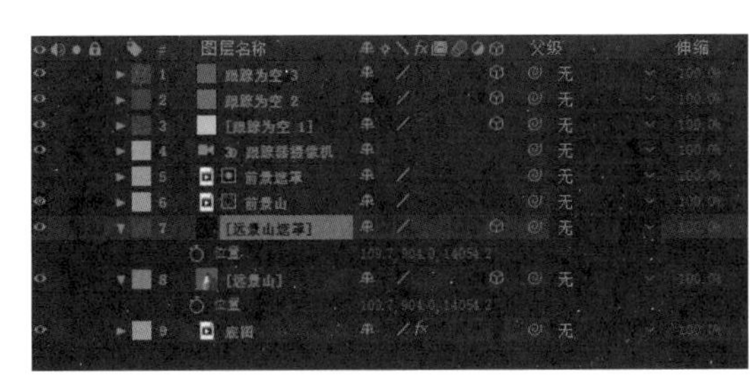

图 12-46

Step 07 单击“[远景山遮罩]”图层，按 S 键，将图层的【缩放】属性设置为 1100%，单击“[远景山]”和“[远景山遮罩]”图层的显示开关。单击“[远景山遮罩]”图层，使用【钢笔工具】在图层上绘制地平线的轮廓，如图 12-47 所示。

Step 08 打开“[远景山]”图层的显示开关，将“[远景山]”图层的跟踪遮罩设置为【Alpha 反转遮罩】，如图 12-48 所示。

图 12-47

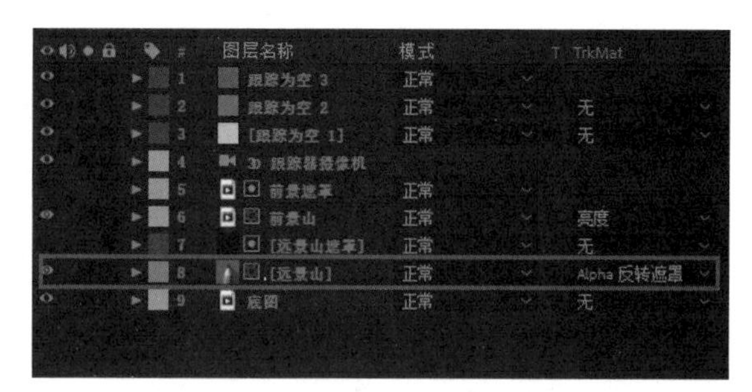

图 12-48

Step 09 将素材“中景山”拖到【时间轴】面板中，打开“[中景山]”图层的三维图层开关，按 P 键，将【位置】属性设置为（-55.0,557.7,13602.0），按 S 键，将【缩放】属性设置为（350.0,350.0,350.0），如图 12-49 所示。

Step 10 加选“前景遮罩”和“[前景山]”图层，按 Ctrl+Shift+C 组合键，创建预合成，将【合成名称】设置为“前景”。加选“远景遮罩”和“[远景山]”图层，按 Ctrl+Shift+C 组合键，创建预合成，将【合成名称】设置为“远景”，激活折叠变换开关，如图 12-50 所示。

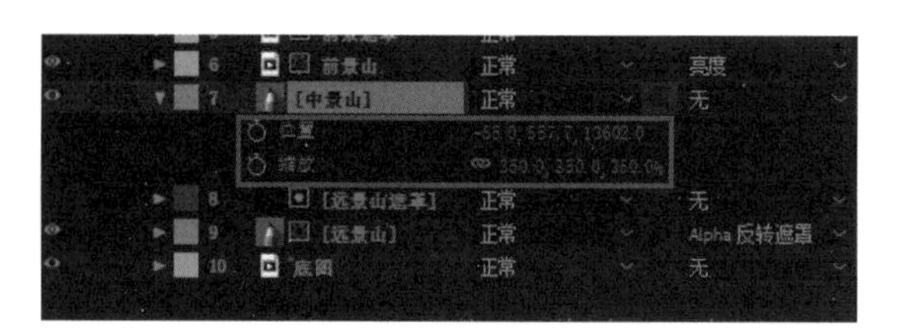

图 12-49

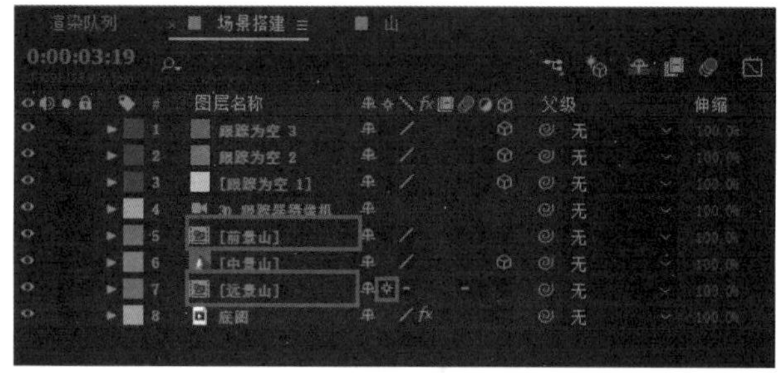

图 12-50

（4）添加云层

Step 01 单击【项目】面板，将素材“烟.jpg”拖到【新建合成】按钮上，根据素材新建合成。将【合成名称】设置为“云朵形状”，如图 12-51 所示。

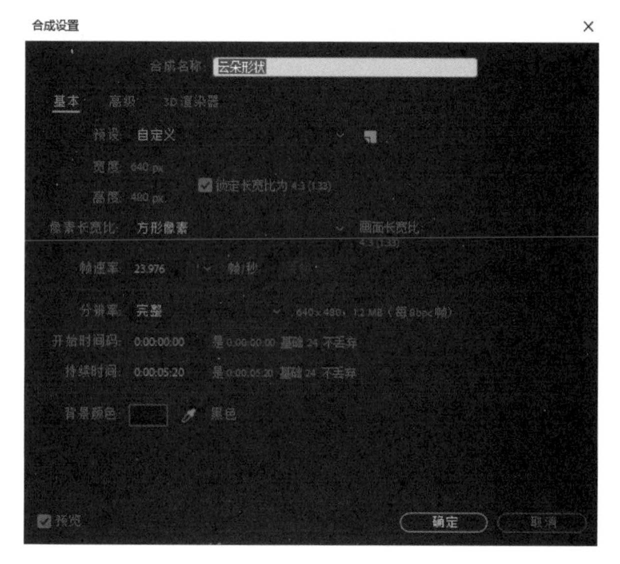

图 12-51

Step 02 在【时间轴】面板上单击鼠标右键，在弹出的快捷菜单中选择【新建】>【纯色层】命令，将图层颜色设置为白色，如图 12-52 所示，将“白色 纯色 1”图层的跟踪遮罩设置为【亮度】。

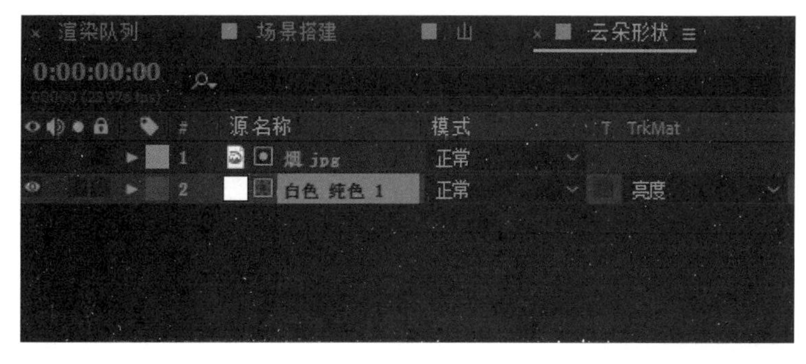

图 12-52

Step 03 将“云朵形状”合成从【项目】面板中拖到“场景搭建”合成的【时间轴】面板中，作为“[云朵形状]”图层，置于底层，如图 12-53 所示。

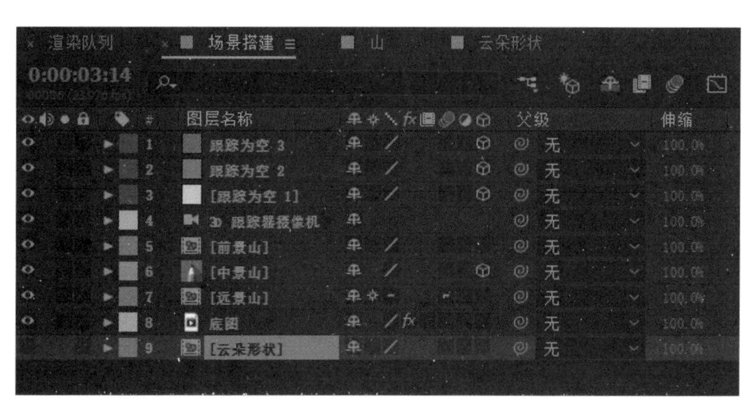

图 12-53

Step 04 在“场景搭建”合成中，在【时间轴】面板上单击鼠标右键，在弹出的快捷菜单中选择【新建】>【纯色层】命令，将图层颜色设置为黑色，将【名称】设置为“粒子”，如图 12-54 所示。

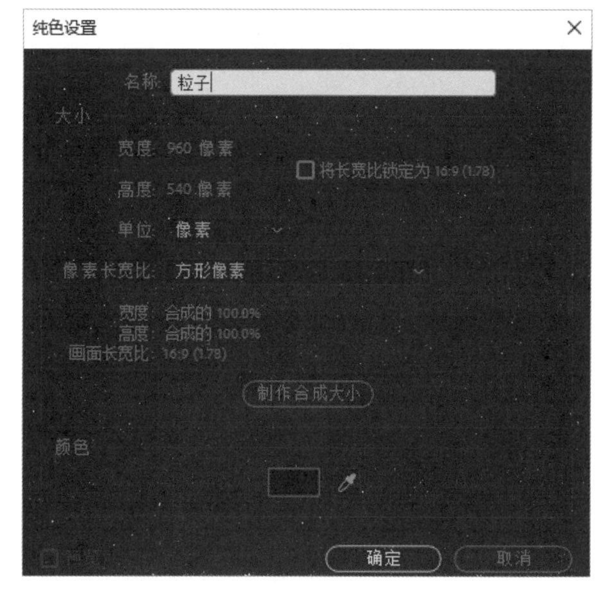

图 12-54

提示

以下环节将涉及一款 After Effects 插件，即由 RED GIANT 出品的 Trapcode 系列插件中的 Particular。庞大、便捷的外接插件也是 After Effects 这款软件的优势所在，要便捷地实现丰富多样的视觉特效，善于寻找和学习插件系统也是用户必须掌握的基础技能。

Step 05 单击“粒子”图层，执行【效果】>【RG Trapcode】>【Particular】命令，如图 12-55 所示。

Step 06 展开【Particular】模块的【Emitter（Master）】（发射器）选项，将当前时间指示器移至 0:00:01:00 位置，单击【Particles/sec】（每秒发射粒子数）的时间变化秒表，将【Particles/sec】（每秒发射粒子数）值设置为 400，如图 12-56 所示。

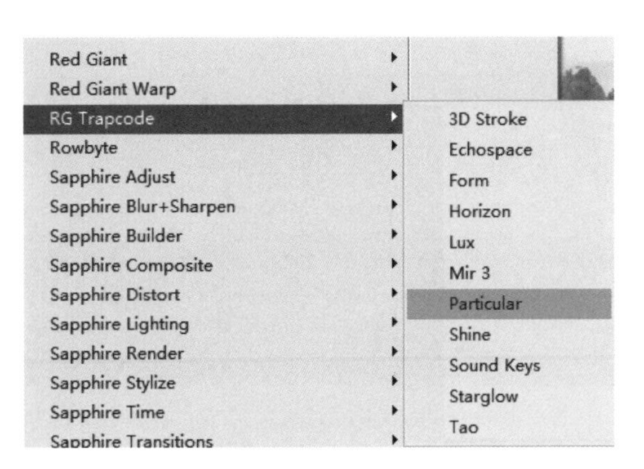

图 12-55

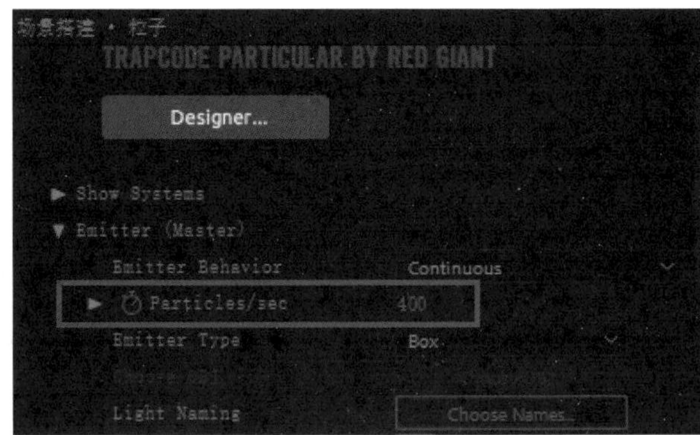

图 12-56

Step 07 将当前时间指示器移至 0:00:01:00 位置，将【Particles/sec】（每秒发射粒子数）值设置为 0，如图 12-57 所示。

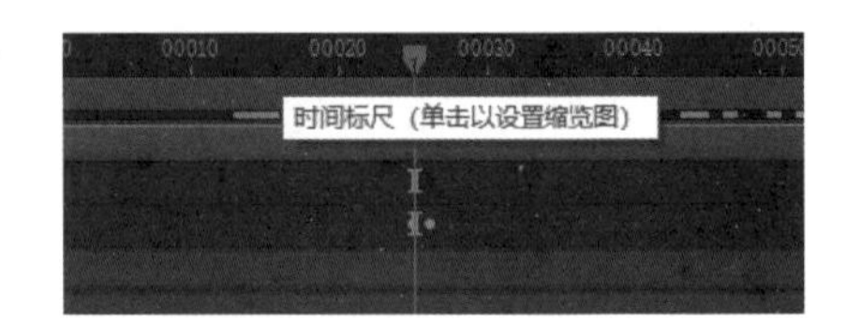

图 12-57

Step 08 将【Emitter Type】（发射器类型）设置为【Box】（盒状），将【Emitter Size】（发射器尺寸）设置为【*XYZ* Individual】（*XYZ* 独立），如图 12-58 所示。

Step 09 将【Emitter（Master）】（发射器）的【Position】（位置）属性设置为（480.0,302.0,1000.0），设置【Velocity】（发射速度）属性为 0，如图 12-59 所示。

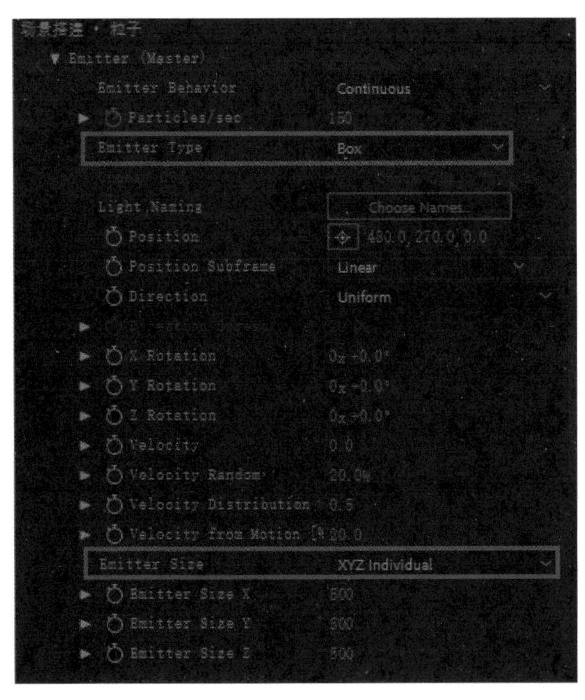

图 12-58

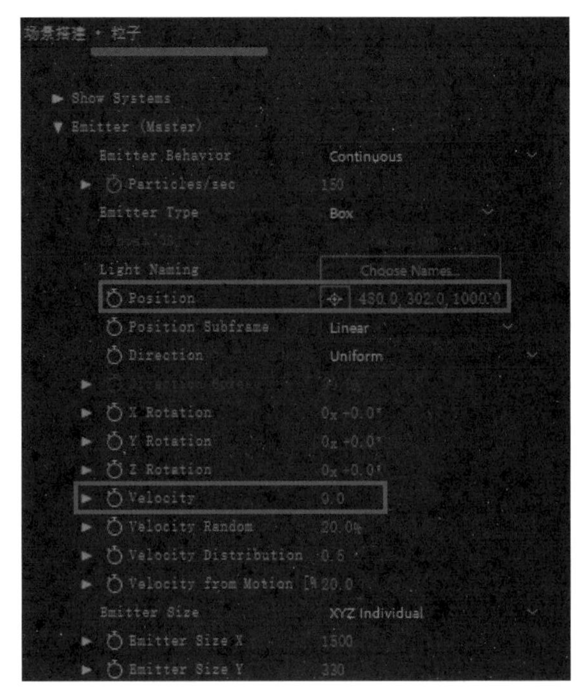

图 12-59

Step 10 将【Emitter Size】（发射器尺寸）设置为【*XYZ* Individual】，设置【Emitter Size *X*】为 1500、【Emitter Size *Y*】为 330、【Emitter Size *Z*】为 8000，如图 12-60 所示。

Step 11 展开【Particle（Master）】（粒子）选项，将【Life [sec]】（粒子寿命）设置为 10.0，将【Particle Type】（粒子类型）设置为【Textured Polygon】（贴图多边形），如图 12-61 所示。

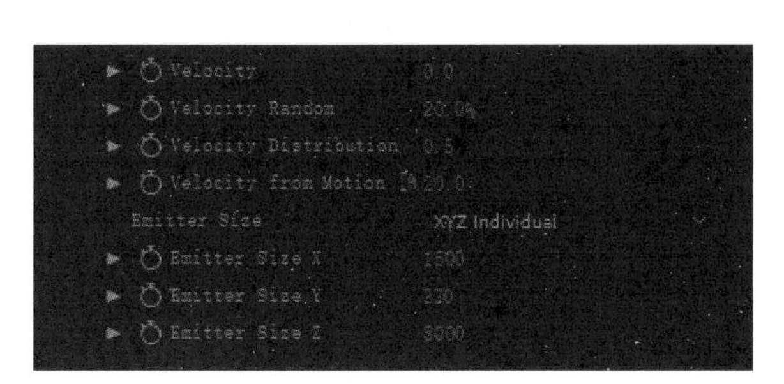

图 12-60

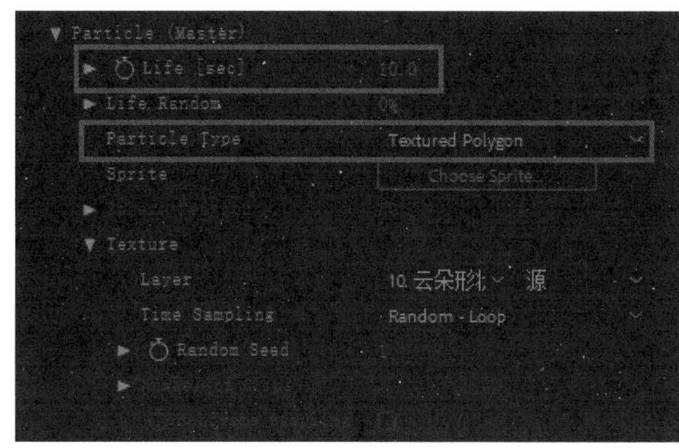

图 12-61

Step 12 展开【Texture】（贴图）选项，将【Layer】（图层）设置为【10. 云朵形状】，如图 12-62 所示。

Step 13 将【Size】（粒子尺寸）值设置为 160.0，将【Size Random】（尺寸随机）值设置为 25.0%，将【Opacity】（不透明度）值设置为 70.0，如图 12-63 所示。

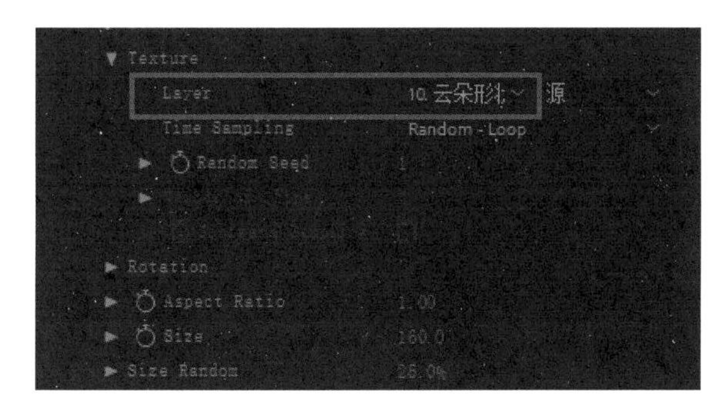

图 12-62

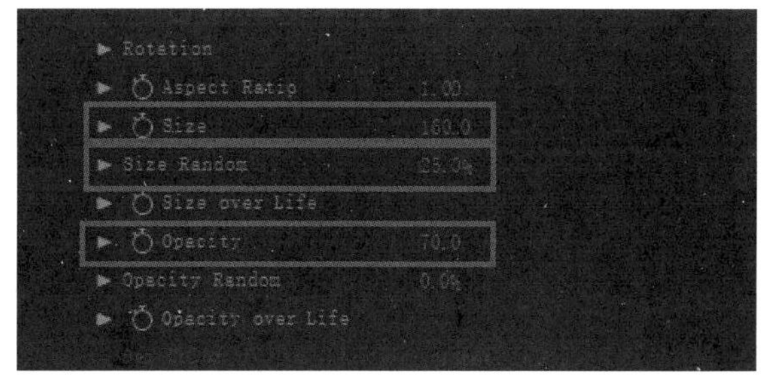

图 12-63

Step 14 展开【Visibility】（可视度）选项，将【Far Vanish】（远消失点）值设置为 3000，将【Far Start Fade】（远消失点开始距离）值设置为 2000，将【Near Start Fade】（近消失点开始距离）值设置为 50，如图 12-64 所示。

Step 15 云层添加完成后，根据效果微调参数，如图 12-65 所示。

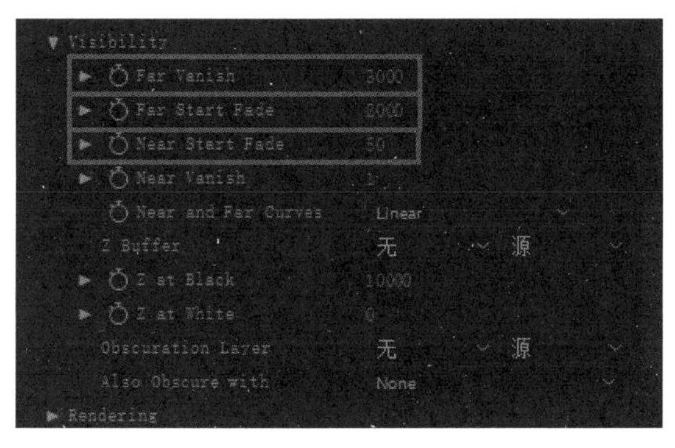

图 12-64

图 12-65

（5）替换天空

Step01 单击“底图”图层，执行【效果】>【抠像】>【提取】命令，如图 12-66 所示。

Step02 将【通道】设置为蓝色，将【黑场】值设置为 203，将【黑色柔和度】值设置为 5，选中【反转】复选框，如图 12-67 所示。

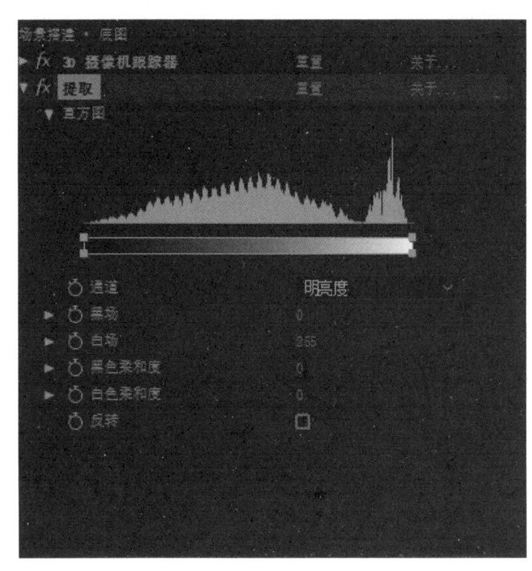

图 12-66

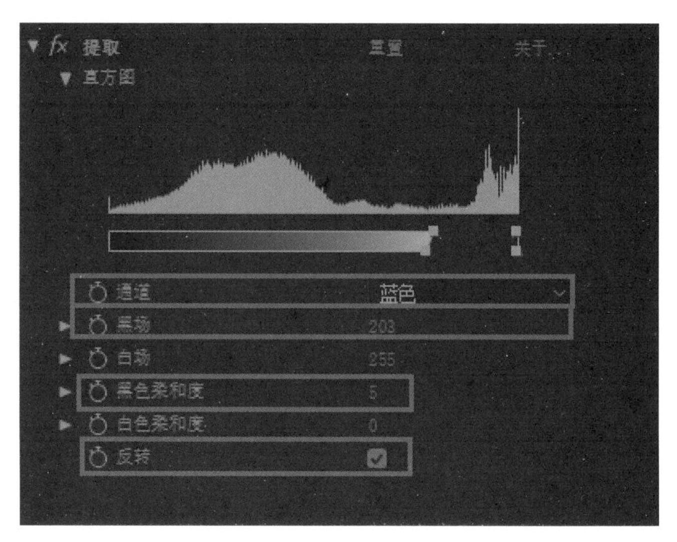

图 12-67

Step03 将素材“天空.jpg”拖到【图层】面板中，开启三维图层开关。单击“天空.jpg”图层，按 P 键将【位置】属性设置为（45.0,-3410.0, 14050.0），按 S 键，将【缩放】属性设置为（520.0, 520.0,520.0），如图 12-68 所示。

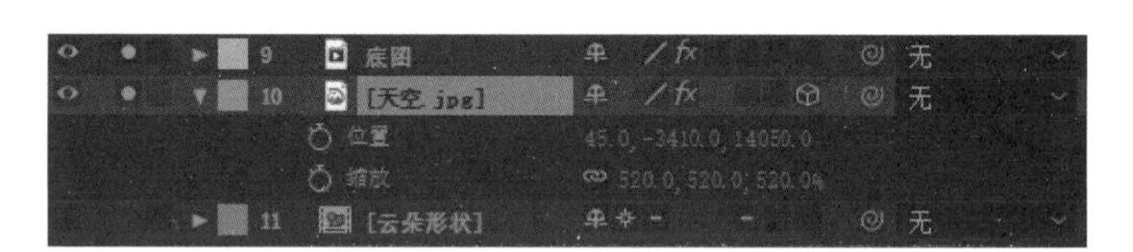

图 12-68

Step04 单击“天空.jpg”图层，执行【效果】>【扭曲】>【光学补偿】命令，将【视场（FOV）】设置为 75.0，选中【反转镜头扭曲】复选框，如图 12-69 所示。

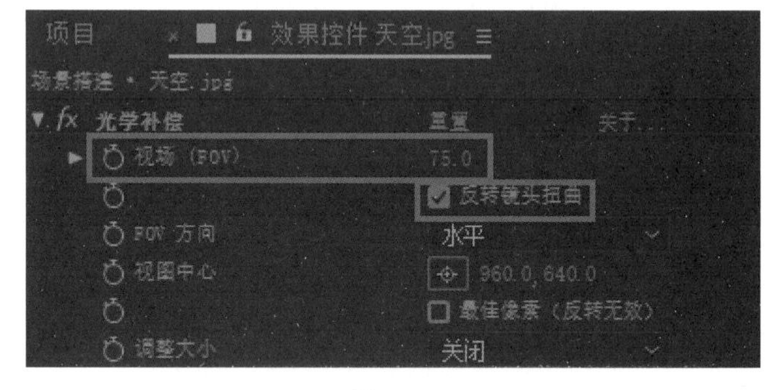

图 12-69

（6）颜色校正

下面使用【曲线】校色选项对不同分层进行校色。校色的重点是在确定场景整体冷色调的同时，对不同景别的图层进行明暗的调节。远景和近景较暗，而中景主体部分较亮。在调整明暗的同时，还要保留必要的细节。

Step01 单击“[前景山]”图层，执行【效果】>【颜色校正】>【色调】命令，再执行【效果】>【颜色校正】>【曲线】命令，调整曲线形态，如图 12-70 所示。

Step 02 单击【色调】和【曲线】效果节点，按 Ctrl+C 组合键进行复制，单击“[中景山]”图层，按 Ctrl+V 组合键，粘贴刚复制的节点，并调整曲线形态，如图 12-71 所示。

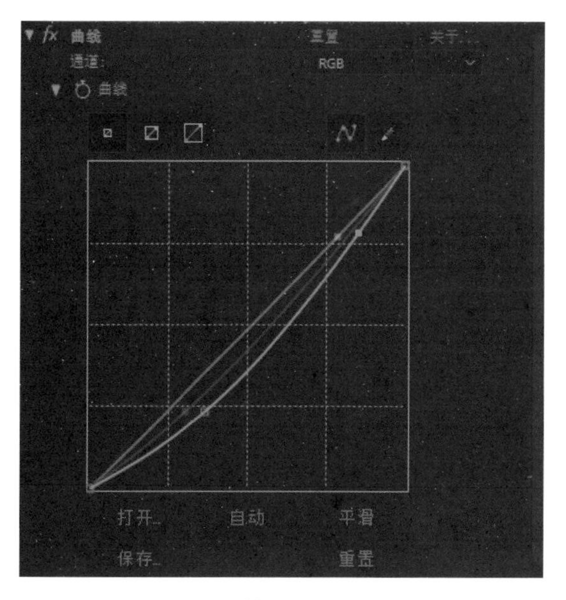

图 12-70

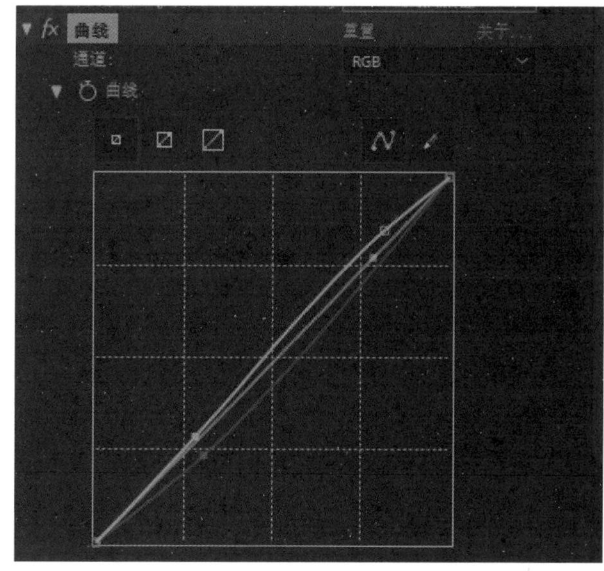

图 12-71

Step 03 单击【色调】和【曲线】效果节点，按 Ctrl+C 组合键进行复制，单击“[远景山]”图层，按 Ctrl+V 组合键，粘贴刚复制的节点，并调整曲线形态，如图 12-72 所示。

Step 04 单击【色调】和【曲线】效果节点，按 Ctrl+C 组合键进行复制，单击“底图”图层，按 Ctrl+V 组合键，粘贴刚复制的节点，并调整曲线形态，如图 12-73 所示。

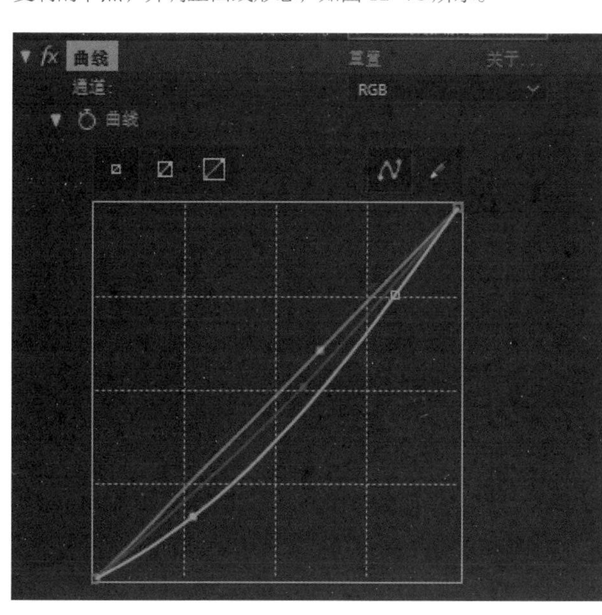

图 12-72

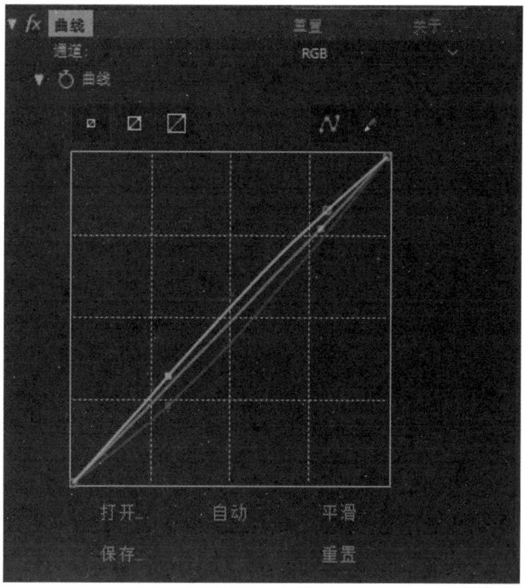

图 12-73

Step 05 单击“天空”图层，执行【效果】>【颜色校正】>【曲线】命令，调整曲线参数，如图 12-74 所示。

Step 06 双击“云朵形状”合成，单击“白色 纯白 1”图层，执行【效果】>【生成】>【填充】命令，将【颜色】设置为（R:209,G:234,B:254），如图 12-75 所示。

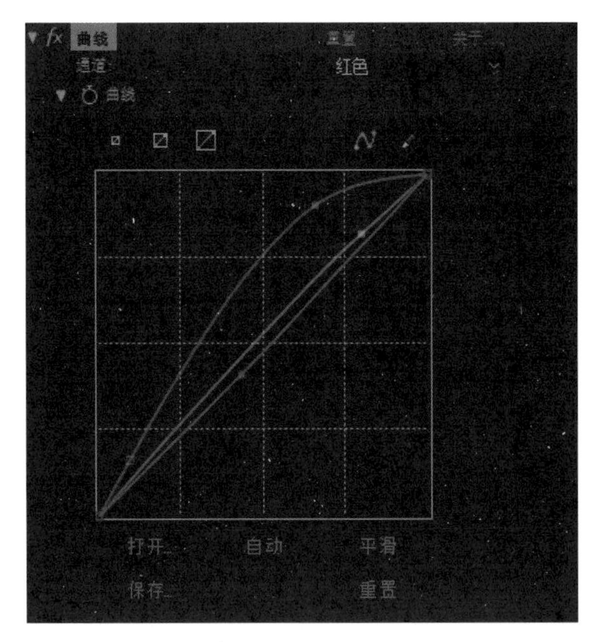

图 12-74

图 12-75

Step 07 按 0 键预览视频最终效果，如图 12-76 所示。

图 12-76

12.3 能量特效

在 After Effects 中，利用丰富的效果控件，配合自身携带的跟踪和抠像效果，可以实现种类繁多的视觉特效。本节将从素材制作开始，结合跟踪节点，配合模拟与校色控件，实现奇幻电影中较为常见的视觉特效。

素材文件	素材文件 \ 第 12 章 \12.3\ 光晕.mp4、人物.mp4、dovahkinn 字体包
案例文件	案例文件 \ 第 12 章 \12.3\ 能量特效.aep
视频教学	视频教学 \ 第 12 章 \12.3\ 能量特效.mp4
案例要点	从特效素材开始制作，掌握利用源视频的特效合成技巧

扫码观看视频

1. 案例思路

- 分析素材，设计特效的造型和风格。
- 使用文字和变形工具制作特效素材。
- 使用跟踪控件跟踪源视频。
- 将特效素材合成到源视频中并进行校色。
- 对场景进行校色，提升整体视觉效果。

2. 制作步骤

（1）创建项目

Step 01 新建项目，设置项目名称为“能量光效”。

Step 02 创建合成，在【合成设置】对话框中，设置【预设】为【HDTV 1080 24】、【合成名称】为“能量光效”，如图 12-77 所示。

Step 03 双击【项目】面板，导入素材“光晕.mp4” “人物.mp4”，如图 12-78 所示。

图 12-77

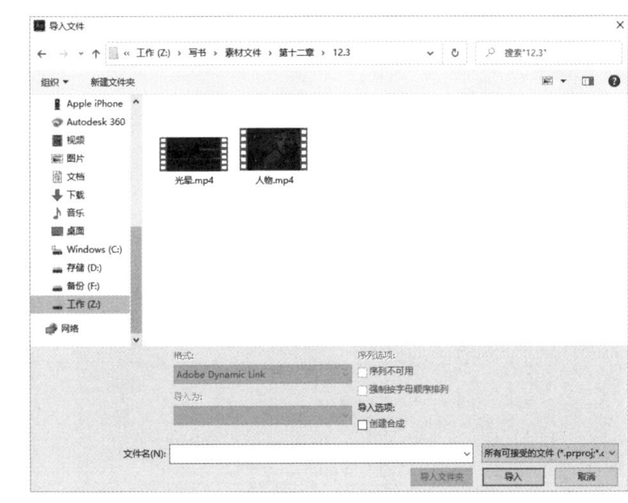

图 12-78

（2）跟踪源文件

Step 01 将素材“人物.mp4”拖到“能量光效”合成中，将其重命名为“人物”，如图 12-79 所示。

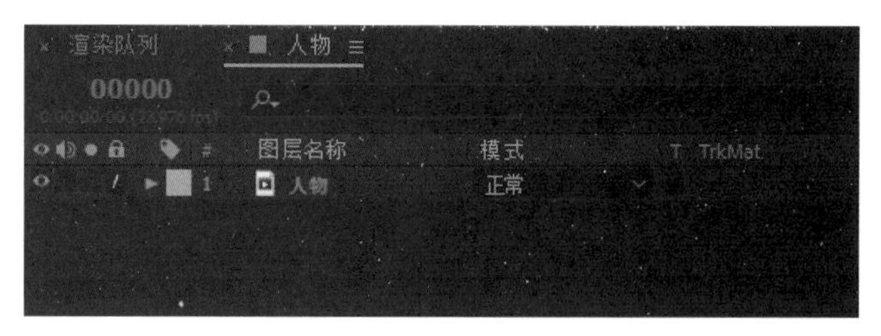

图 12-79

Step 02 双击“人物”图层，进入素材编辑界面，执行【动画】>【跟踪运动】命令，将当前时间指示器移动到 0:00:00:15 位置，将“跟踪点 1”定位到角色指尖位置，如图 12-80 所示。

Step 03 在【跟踪器】面板中单击【向前分析】按钮▶，开始跟踪素材运动。分析时长到 0:00:03:08 位置，手动调整部分关键帧位置，如图 12-81 所示。

图 12-80

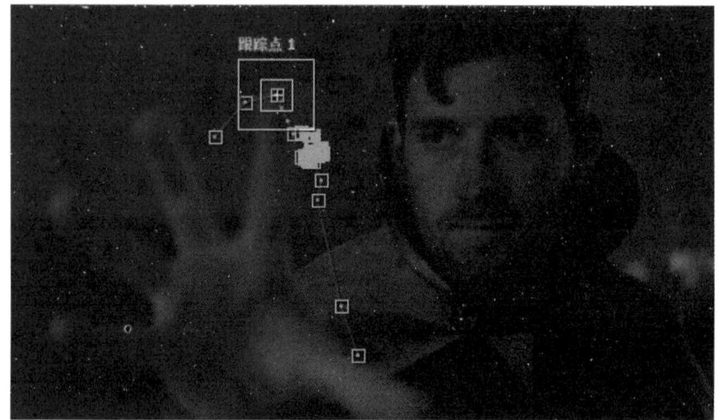

图 12-81

Step 04 在【时间轴】面板上单击鼠标右键，在弹出的快捷菜单中选择【新建】>【空物体】命令，新建“空 1”。按 P 键，将【位置】属性设置为（570.0,350.0）。在【跟踪器】面板中，单击【编辑目标】按钮，将【将运动应用于】设置为【1. 空 1】图层，如图 12-82 所示。

Step 05 在【跟踪器】面板中，单击【应用】按钮，设置【应用维度】为【X 和 Y】，如图 12-83 所示。

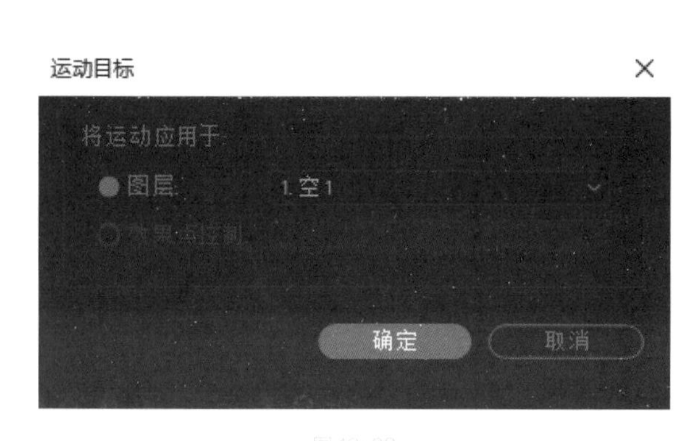

图 12-82

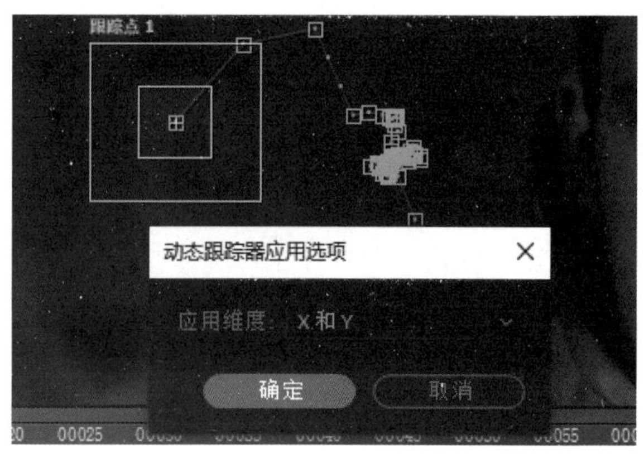

图 12-83

（3）素材制作

Step 01 新建合成，在【合成设置】对话框中，设置【预设】为【HDTV 1080 24】、【合成名称】为“文字”，如图 12-84 所示。

Step 02 单击【横排文字工具】，在合成居中位置创建文本图层，随机输入英文，字体选择【Dovahkiin】，设置字体大小为【30 像素】，在该图层上单击鼠标右键，在弹出的快捷菜单中选择【重命名】命令，将图层重名为“文字 1”，如图 12-85 所示。

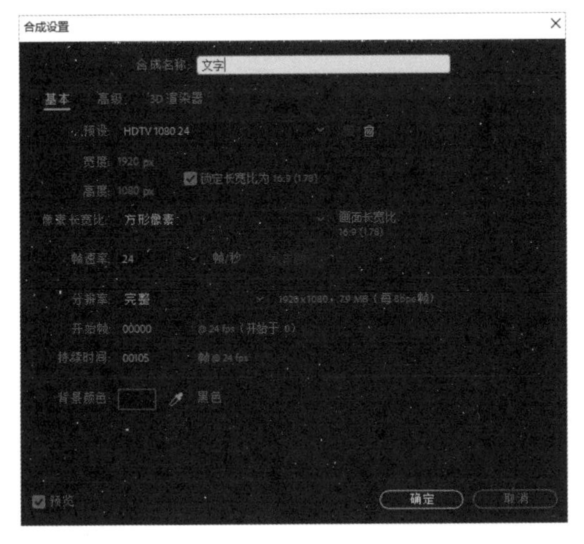

图 12-84

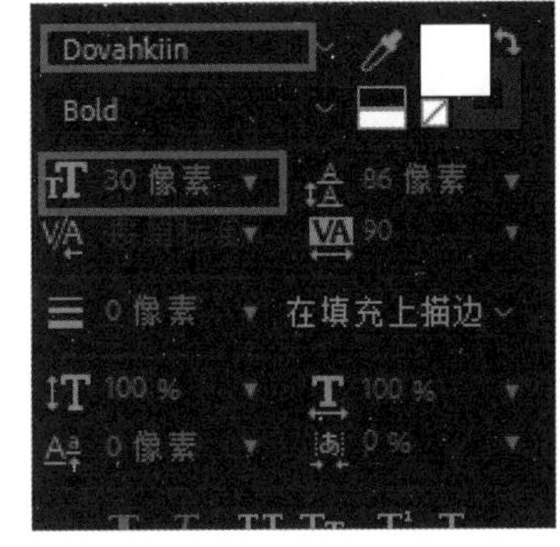

图 12-85

Step 03 单击“文字 1”图层，按 Ctrl+D 组合键，复制图层，将新图层命名为“文字 2”。单击“文字 2”图层，将字体大小设置为【20 像素】。单击“文字 2”图层，按 Ctrl+D 组合键，复制图层，将新图层命名为“文字 3”。单击“文字 3”图层，将字体大小设置为【14 像素】，调整文字在画面中的位置，效果如图 12-86 所示。

Step 04 在【时间轴】面板上单击鼠标右键，在弹出的快捷菜单中选择【新建】>【纯色层】命令，设置图层【颜色】为白色、【名称】为“线条”，如图 12-87 所示。

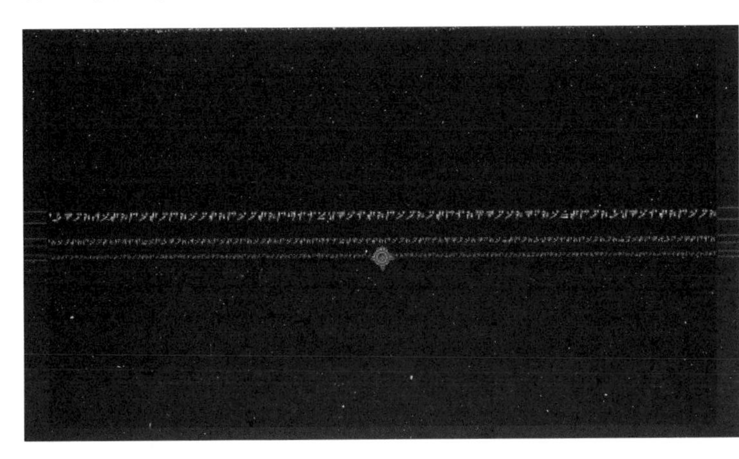

图 12-86

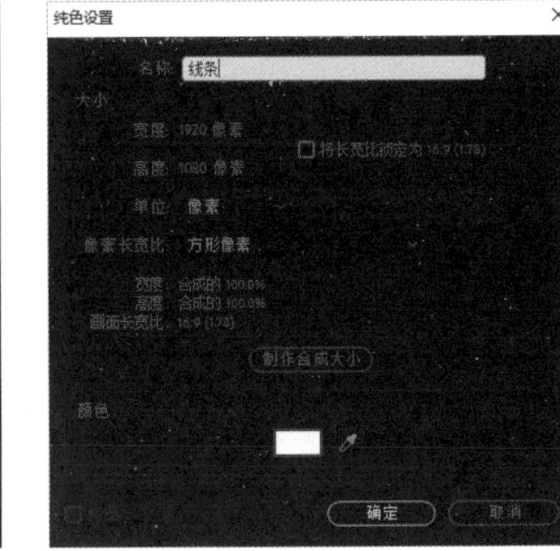

图 12-87

Step 05 单击“线条”图层，按 S 键，将【缩放】设置为（100.0，0.5%），如图 12-88 所示。

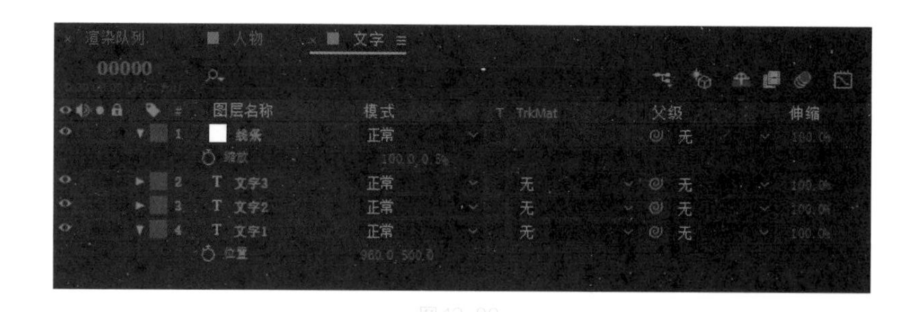

图12-88

Step 06 单击“线条”图层，按Ctrl+D组合键，快速复制图层若干次，调整“线条”图层与文本图层的位置，效果如图12-89所示。

Step 07 新建合成，在【合成设置】对话框中，设置【预设】为【HDTV 1080 24】、【合成名称】为“能量盾”，如图12-90所示。

图12-89

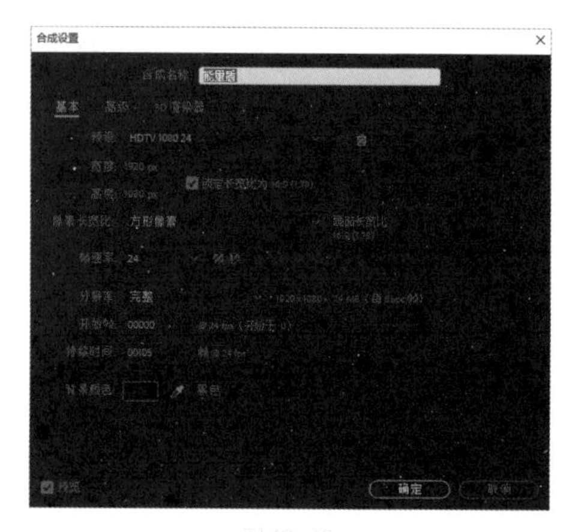

图12-90

Step 08 将“文字”合成拖到“能量盾”合成中，单击“[文字]”图层，执行【效果】>【扭曲】>【极坐标】命令，设置【转换类型】为【矩形到极线】、【插值】为100.0%，如图12-91所示。

Step 09 在【时间轴】面板上单击鼠标右键，在弹出的快捷菜单中选择【新建】>【形状图层】命令，将其重命名为“纹理”。依次展开【纹理】>【内容】选项，单击【添加】按钮 添加: ，在弹出的快捷菜单中选择【多边星形】命令，如图12-92所示。

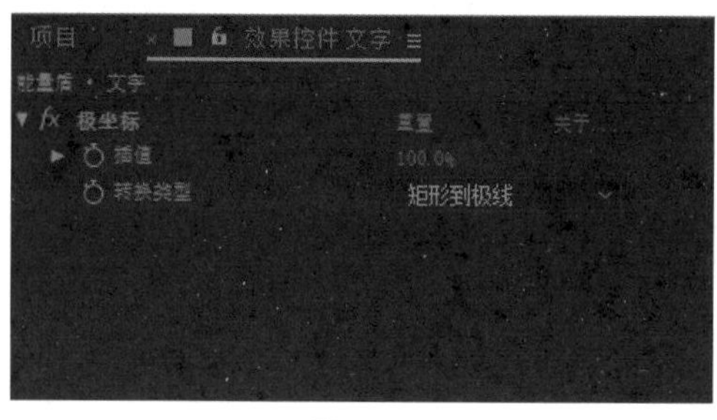

图12-91

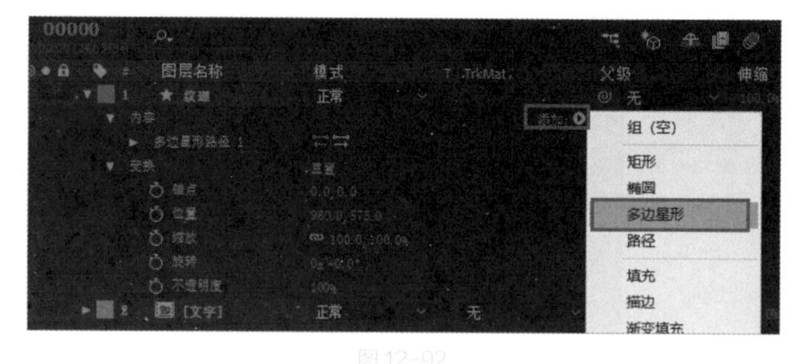

图12-92

Step 10 展开【多边星形路径 1】选项，设置【类型】为【多边形】、【点】为3.0、【位置】为（0.0,10.0）、【外径】值为75.0，如图12-93所示。

Step 11 单击【添加】按钮 添加: ，在弹出的快捷菜单中选择【矩形】命令。展开【矩形路径 1】选项，设置【大小】为（190.0,190.0），如图12-94所示。

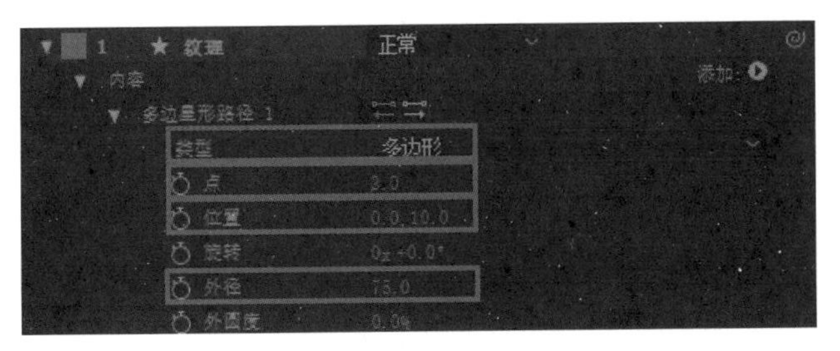

图 12-93

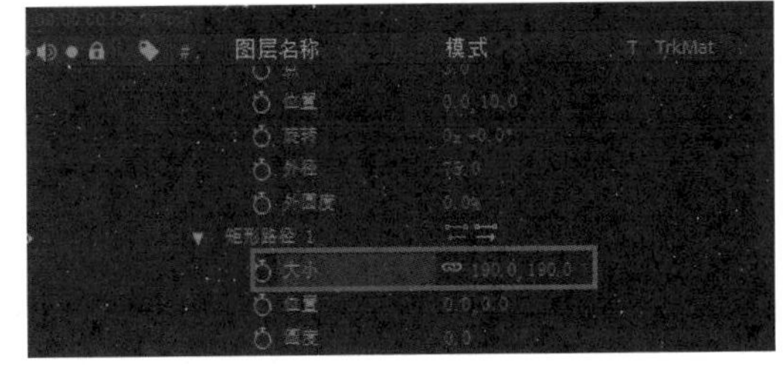

图 12-94

Step 12 单击【添加】按钮 添加: ，在弹出的快捷菜单中选择【椭圆】命令。展开【椭圆路径 1】选项，设置【大小】为（290.0,290.0），如图 12-95 所示。

Step 13 单击【添加】按钮 添加: ，在弹出的快捷菜单中选择【多边星形】命令。展开【多边星形路径 2】选项，设置【内径】值为 180.0、【外径】值为 205.0，效果如图 12-96 所示。

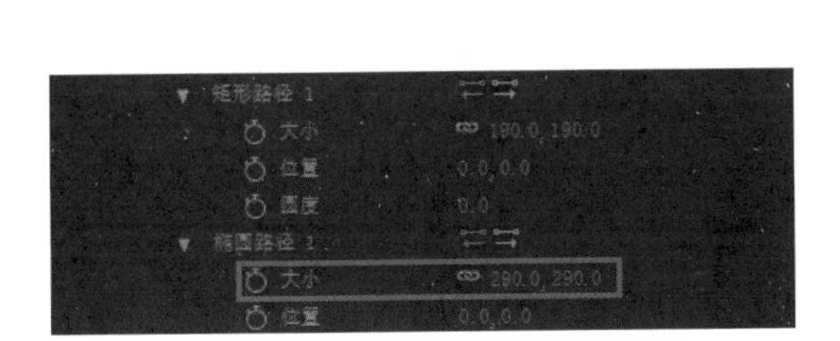

图 12-95

图 12-96

Step 14 单击【添加】按钮 添加: ，在弹出的快捷菜单中选择【描边】命令，展开【描边 1】选项，设置【描边宽度】值为 1.0，如图 12-97 所示。

Step 15 单击【添加】按钮 添加: ，在弹出的快捷菜单中选择【中继器】命令，展开【中继器 1】选项，设置【副本】值为 12.0，展开【变换：中继器 1】选项，设置【位置】为（0.0,0.0）、【旋转】为【0ₓ-30.0° 】，如图 12-98 所示。

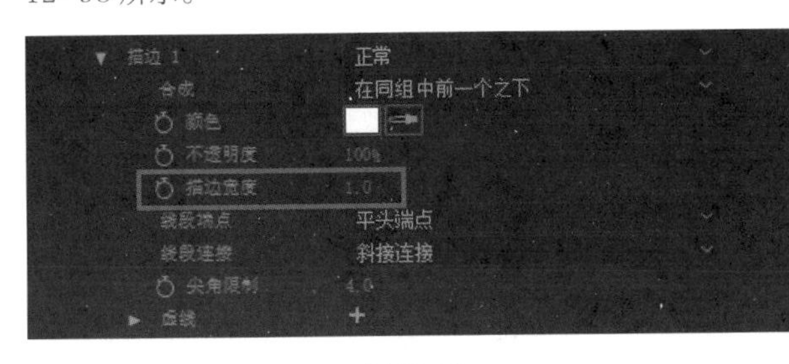

图 12-97

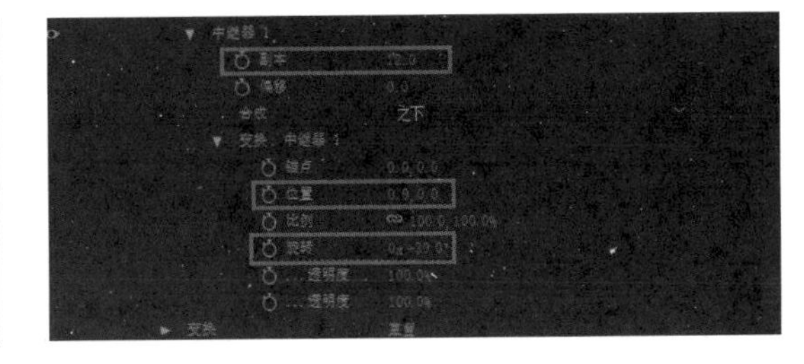

图 12-98

Step 16 根据效果调整路径形状，最终效果如图 12-99 所示。

图 12-99

（4）添加动画

Step 01 加选“纹理”和“[文字]”两个图层，按 S 键，将当前时间指示器移至 0:00:00:00 位置，单击两个图层的【缩放】属性的时间变化秒表，将【缩放】设置为 0，如图 12-100 所示。

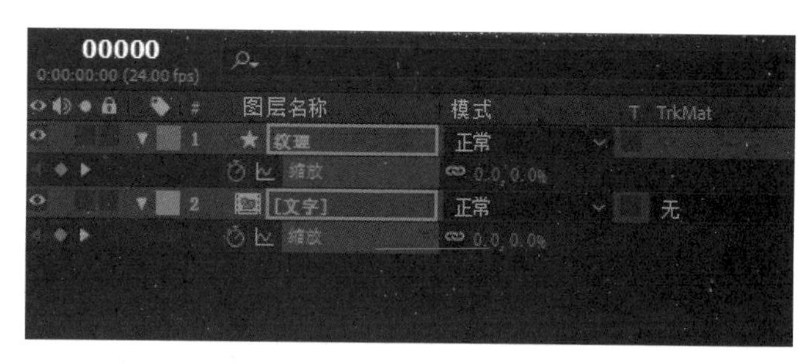

图 12-100

Step 02 将当前时间指示器移至 0:00:00:05 位置，将【缩放】设置为（100.0，100.0%），如图 12-101 所示。

图 12-101

Step 03 框选 0:00: 00:05 位置的关键帧，按 Shift+F9 组合键，将关键帧类型设置为缓入，打开关键帧曲线面板，调整关键帧的速度曲线，如图 12-102 所示。

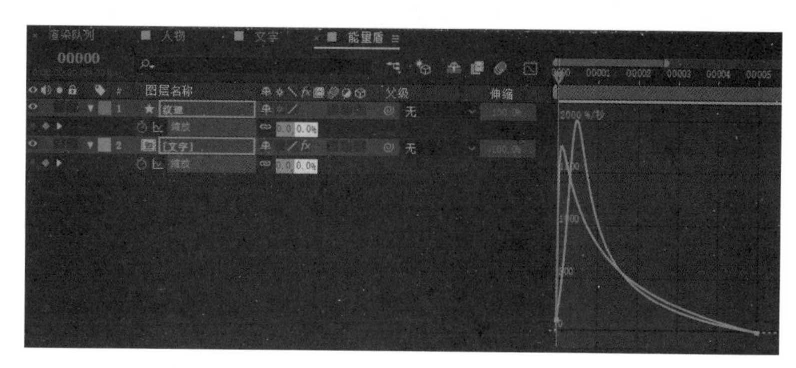

图 12-102

Step 04 将当前时间指示器移至 0:00:02:14 位置，在“纹理”和“[文字]”两个图层的【缩放】属性上添加关键帧。将当前时间指示器移至 0:00:02:14 位置，将两个图层的【缩放】属性设置为（100.0，100.0%），如图 12-103 所示。

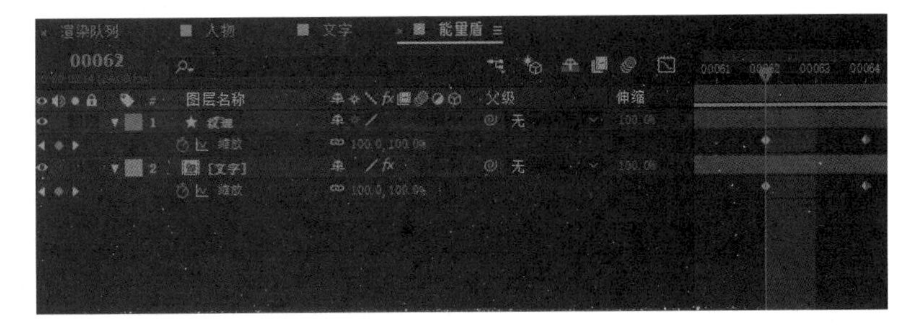

图 12-103

Step 05 单击“[文字]”图层，按 R 键，将当前时间指示器移至 0:00:00:00 位置，单击时间变化秒表。将当前时间指示器移至 0:00:02:16 位置，将图层的【旋转】属性设置为 90°。

Step 06 单击“纹理”图层，展开【矩形路径 1】选项，将当前时间指示器移至 0:00:00:00 位置，单击【大小】属性的时间变化秒表。将当前时间指示器移至 0:00:02:16 位置，将【大小】属性设置为（201.5,201.5），如图 12-104 所示。

图 12-104

Step 07 展开【多边星形路径 2】选项，将当前时间指示器移动到 0:00:00:00 位置，单击【内径】和【外径】属性的时间变化秒表。将当前时间指示器移至 0:00:02:16 位置，将【内径】属性值设置为 200.0，将【外径】属性值设置为 220.0，如图 12-105 所示。

图 12-105

Step 08 将“能量盾”合成拖进“能量光效”合成，将“[能量盾]”图层在【时间轴】面板上向后移动15帧，并将其【父级】物体设置为【2. 空1】，如图12-106所示。

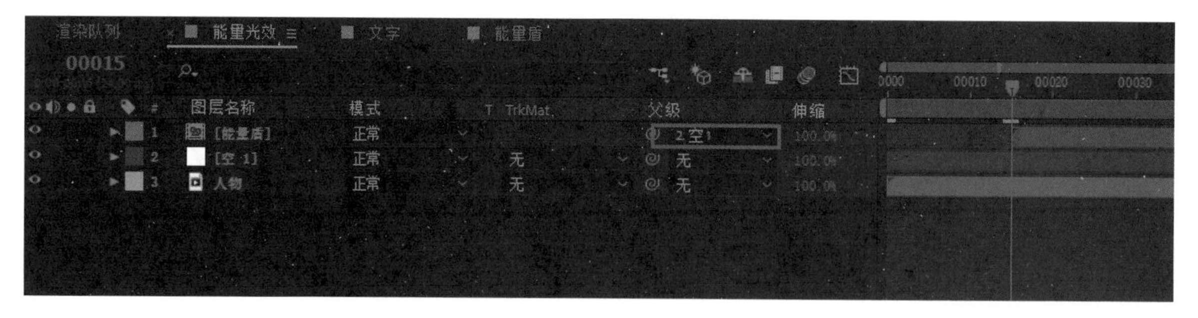

图12-106

Step 09 单击“[能量盾]”图层，按P键，将【位置】属性设置为(-114.5, 526.5)。按S键，将【缩放】属性设置为(220.0,220.0%)，效果如图12-107所示。

图12-107

（5）合成校色

Step 01 单击“[能量盾]”图层，执行【效果】>【杂色与颗粒】>【分型杂色】命令，将【对比度】值设置为400.0。展开【变换】选项，将【缩放】值设置为15.0，如图12-108所示。

Step 02 执行【效果】>【风格化】>【毛边】命令，设置【边界】值为0.50、【比例】值为55.0，如图12-109所示。

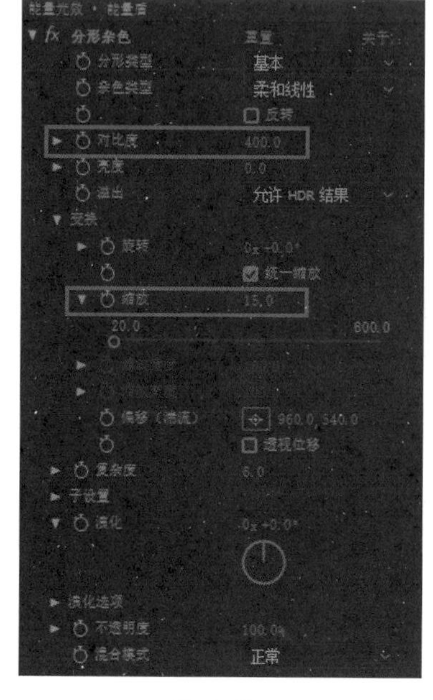

图12-108

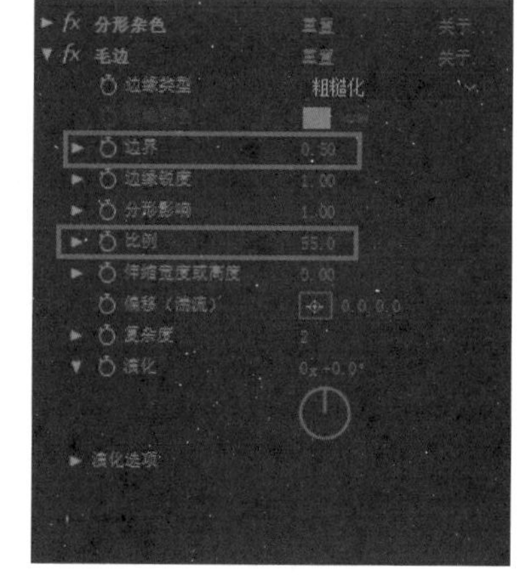

图12-109

Step 03 执行【效果】>【风格化】>【发光】命令，设置【发光阈值】为 2.0%、【发光半径】值为 50.0、【发光强度】值为 1.0、【发光颜色】为【A 和 B 颜色】。根据喜好调整【颜色 A】和【颜色 B】，如图 12-110 所示。

Step 04 按Crtl+D组合键，复制【发光】节点，得到【发光 2】节点，设置【发光阈值】为 65.0%、【发光半径】值为 190.0、【发光强度】值为 1.5，如图 12-111 所示。

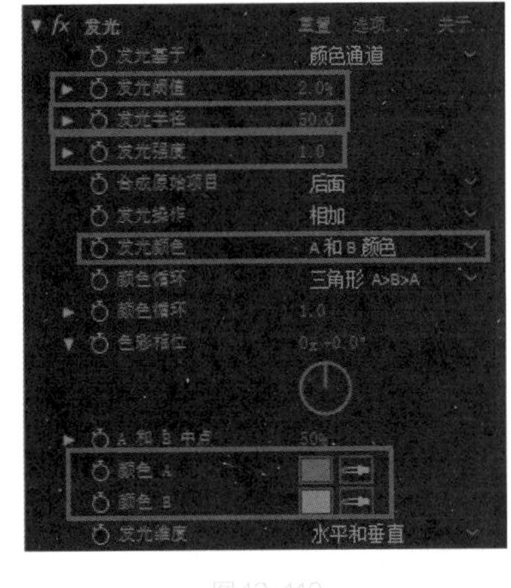

图 12-110

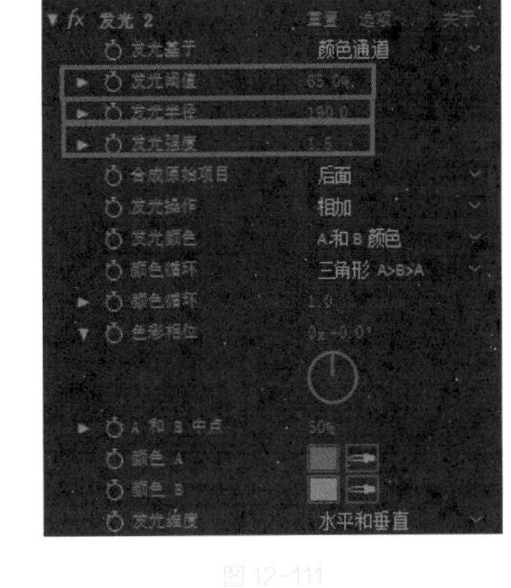

图 12-111

Step 05 执行【效果】>【颜色校正】>【色调】命令，根据自己的喜好，便捷地调整颜色，如图 12-112 所示。将“能量盾”图层的叠加模式改为“相加”。

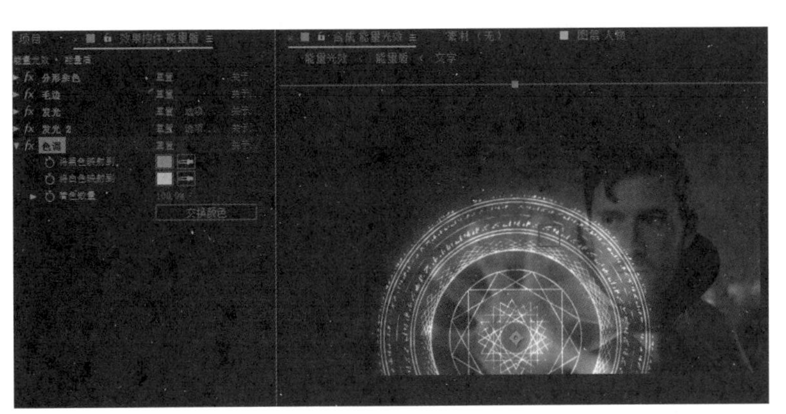

图 12-112

Step 06 在【时间轴】面板上单击鼠标右键，在弹出的快捷菜单中选择【新建】>【纯色层】命令，设置【名称】为“发光”，颜色选择与“能量盾”图层接近的颜色，如图 12-113 所示。

Step 07 将“发光”图层的【父级】设定为【空 1】，使用【钢笔工具】绘制不规则的遮罩。按 F 键，将边缘羽化值设置为 300 像素，将叠加模式设置为“相加”，效果如图 12-114 所示。

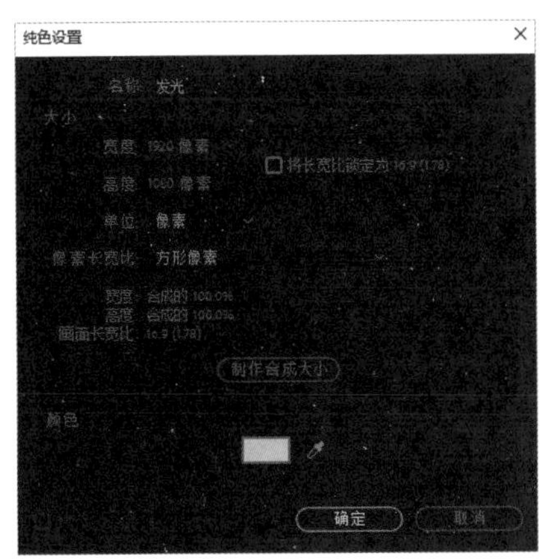

图 12-113

图 12-114

Step 08 将素材“光晕.mp4”拖到“能量光效”合成中，将该图层置于“图层”面板顶层，将叠加模式设置为【屏幕】，如图 12-115 所示。按 S 键，将【缩放】属性设置为（122,122%）。

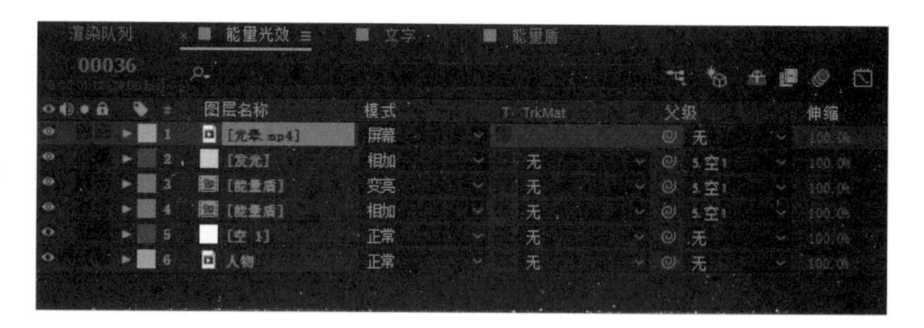

图 12-115

Step 09 在【时间轴】面板上单击鼠标右键，在弹出的快捷菜单中选择【新建】>【纯色层】命令，设置【名称】为“遮幅”、【颜色】为纯黑色，使用【矩形工具】绘制影片遮幅，如图 12-116 所示。

图 12-116

Step 10 根据画面效果微调特效动态和颜色。按 0 键，预览最终效果，如图 12-117 所示。

图 12-117